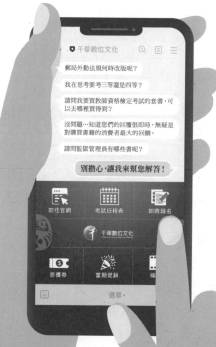

目次

第一章 會計基本概念

第二章 現金與銀行存款

第九章　現金流量表與財報分析

第十章　近年試題及解析

準備方向

由於近年國家考試、國民營考試逐步納入IFRS，為因應此一趨勢，不但針對會計學歷年來之命題趨勢加以重點整理，並配合最新的國際財務報導準則全面改版精編，每章均有精華式的重點整理及附有精準解析之模擬試題，增強臨場不亂且快速解題的功力，想戰勝考題、拿高分，絕對是您最佳的輔佐參考書！

以下乃準備的方向，供各位參考：

(一) 有關會計學觀念架構之建立以及想要作初步的全盤瞭解，最好以曾經讀過的會計學教科書為主。

(二) 針對每章中的主題去學習，各個擊破，以對各重點概念有充分的了解。

(三) 針對自身較不熟悉或不懂的部分整理筆記，使之成為自己的東西，做為平時或考前衝刺之用。

(四) 親自演練歷屆試題，在有限時間內解題，加快自己的解題速度，以適應考場的情境。

(五) 考前針對近年之命題趨勢及方向作準備，集中火力，即可考取高分。

總而言之，要有計畫地規劃讀書進度，並持之以恆的堅持到底，才能得到勝利的甜美果實。希望能對諸位的通關上榜有所助益。祝各位金榜題名。

陳智音

會計學高分要訣

會計學要取得分數，只有勤作題目來熟悉各會計方法，重複作題目，以訓練解題速度；多做題目，以訓練熟悉度。每個章節的重點整理讀完，搭配實戰演練的申論題及選擇題練習，每個章節的題目都是各年度考題中精選出來，因此章節後的題目出題趨勢都相當明確。即使考試中遇到較冷門的題目，那也只是佔低比率，大部分的題目都在書中列示，所以熟讀內容是考取高分非常好的方法。

各章節的重點中的重點，供各位參考：

第一章：會計原則、錯誤影響、權責現金制轉換等。

第二章：現金及銀行存款定義、零用金、銀行調節表等。

第三章：商業折扣、壞帳、貼現等。

第四章：存貨錯誤更正、存貨估計、存貨災害損失計算等。

第五章：持有至到期日金融資產、備供出售金融資產、長期債權投資相關等。

第六章：折舊方法、資產成本認定、資產出售損益認列等。

第七章：長期負債相關、或有負債等。

第八章：每股盈餘、股利，加權平均股數、合夥會計等。

第九章：現金流量表三個活動、各種比率算式等。

再次提醒，一定要熟記課本內容，並不斷的重複練習，熟記各類考題，直到看到題目在腦海裡出現此題所有相關觀念，如此一來便可以在會計科目輕鬆得分，請各位要堅持下去！祝福大家金榜題名！！

111年台電試題分析

考點	計算題合計	填充題合計	填充命題比率
會計基礎	－	－	－
現金及約當現金	－	1	5%
銀行調節表	－	－	－
應收帳款及票據	－	－	－
存貨	1	3	15%
投資	－	3	15%
不動產、廠房及設備	1	4	20%
無形資產及礦產資源	－	1	5%
生物資產及投資性不動產	－	－	－
負債	－	2	10%
權益	－	2	10%
現金流量表	1	3	15%
收入認列	－	－	－
財務報表分析	1	1	5%
合計	4	20	100%

111年可歸納出命題重點落在以下考點：

❶ 不動產、廠房及設備（20%）

不動產、廠房及設備一直為各類型會計學考試的重要考點，固定資產的成本計算及後續支出的計算、各種計算折舊、折舊方法及耐用年限改變的計算與對稅後淨利的影響，針對上述考點要多加練習。另，本年度出了一題政府補助會計處理，政府補助會計雖非主要考點，但仍需注意補助收入需要遞延認列，且判斷與資產有關還是收益有關，依照性質將遞延補助收入攤銷轉列收入或費用減項。

❷ 存貨（15%）

存貨一直是會計學最喜歡出題的部分，只要多加練習這不難理解，本年度考點有存貨所有權之認定、成本流動假設、存貨錯誤對盈餘影響及特殊評價（毛利法）估算期末存貨。

❸ 現金流量表（15%）

現金流量表亦為各類型會計學考試的常考考點，需要瞭解營業活動、投資活動、籌資活動，每一個項目是要歸類到什麼活動，以及每個項目如何調整，編製現金流量表的方法有直接法及間接法，編製時要留意每一個小地方，才能完成正確的現金流量表。

❹ 投資（15%）

投資的重要考點在於採用權益法投資之會計處理以及IFRS9公報適用之後，債務證券投資及權益證券投資之分類與會計處理也是重要考點。本年度考題落在採權益法之會計處理及債務證券投資會計處理。

❺ 權益（10%）

此為會計學的重要考點，原因是公司資金除借款，最大的資金來源為股東。本年度考題落在股利發放計算及庫藏股交易對股東權益及每股帳面價值的影響。

❻ 負債（10%）

負債常考重點為應付公司債會計處理、負債準備、或有負債的規定及近年出題的熱門考點：金融負債評價及負債準備。本年度考題落在產品保證負債及應付公司債折溢價攤銷觀念。

112年台電試題分析

考點	計算題合計	填充題合計	填充命題比率
會計基礎	－	2	10%
現金及約當現金	－	1	5%
銀行調節表	1	1	5%
應收帳款及票據	－	2	10%
存貨	1	6	30%
投資	－	1	5%
不動產、廠房及設備	－	3	15%
無形資產及礦產資源	－	－	－
生物資產及投資性不動產	－	－	－
負債	－	2	10%
權益	1	－	－
現金流量表	－	1	5%
收入認列	－	－	－
財務報表分析	1	1	5%
合計	4	20	100%

112年可歸納出命題重點落在以下考點：

① 存貨（30%）

存貨一直是各類型會計學考試的重要考點，尤其台電近年計算題都會出題，填充題出題比重也高，故此章節需多加練習。本年度考點：存貨會計處理錯誤（賒購誤記為現購）對財務報表的影響；另要熟悉銷貨成本及銷貨毛利的計算公式與相關會計分錄，才能針對此次考題求出銷貨毛利及毛利率；存貨特殊評價－毛利法及零售價估算火災損失及期末存貨之計算。

② 不動產、廠房及設備（15%）

不動產、廠房及設備與存貨相同都是各類型會計學考試的重要考點。本年度考點：不動產、廠房及設備原始成本衡量，要注意非屬達到可供使用狀態前之一切合理必要支出，不能列為固定資產成本（例如運送途中不慎損害修理費與年度例行保險費）；資產減損計算，填充題僅考基本觀念，因此基本觀念及計算務必多加練習及熟悉，才可輕易拿分；具有商業實質之資產交換後之折舊計算。

③ 會計基礎（10%）

會計基礎在會計學概要考試都會偶爾命題，只要會計基本觀念及觀念架構熟悉，該題型都可以輕易拿分。本年度考點：期後事項所發生之重大財務損失，於財務報表上要如何處理，掌握該損失金額是否可以估計與發生之可能性方可判斷是否該調整與揭露或不揭露；預收款項會計處理基本觀念（收到款項與收入實現）。

④ 應收帳款及票據（10%）

本年度考點：應收票據貼現，只要熟悉應收票據貼現觀念與公式就可拿分；呆帳費用提列計算，本年度僅考基本觀念，依照帳齡分析法提列呆帳，因此要熟悉呆帳提列、沖銷及沖銷後又收回之會計處理，用T字帳去解題，方可輕鬆拿分。

⑤ 負債（10%）

負債常考重點為應付公司債會計處理、負債準備、或有負債的規定及近年出題的熱門考點：金融負債評價及負債準備。本年度考點：產品保證負債（保固）及分期還本應付公司債會計處理觀念。

第一章　會計基本概念

課前導讀

此章為學習會計的基本功，故考生須加以瞭解及學習，務必要知道其意義或用途為何及其歸類；狹義之一般公認會計原則內容包括會計之品質特性、會計基本假設、會計基本原則及操作限制等部分，且此部分為命題重點，務必加以熟記。

重點整理

☑ 重點一　會計的基本假設及原則

一、會計的基本假設

(一) **企業個體假設**：係指業主個人的財產、債務與企業的財產、債務相互獨立，各為一單獨之經濟個體。

(二) **繼續經營假設**：係指企業帳上財產、債務之價值是基於預期繼續經營情況下設算存在的。

(三) **會計期間假設**：係指在預期繼續經營情況下，將期間劃分段落，以作為計算損益的時間單位，每一段落為一會計期間，通常以1/1~12/31為一會計年度稱為曆年制，其會計期末為12月31日。

※自然營業年度係指以企業年度淡季時為結算日的會計年度。

(四) **貨幣評價假設**：係指會計以貨幣為量化財務資訊的工具，並假設貨幣價值不變，或變動不大可以忽略。

二、會計原則

(一) **歷史成本原則**：係指會計的衡量是以原始成本為原則。所謂成本係指使資產達到可使用狀態及地點前一切合理且必要的支出。

(二) **收益原則**：會計上決定何時該認列收益的標準必須同時符合以下兩條件：

　1.已實現或可實現：即具備現金及對現金之請求權。

　2.已賺得：為賺取收益所必須履行之活動已全部或大部分完成。

(三) **配合原則**：係指當收入認列時，相對的成本或費用應同時認列。

(四) **重要性原則**：指會計事項或金額如不具重要性，在不影響財務報表使用的原則下，可不必嚴格遵守會計原則，從簡處理，但仍應符合會計原則。

☑ 重點二　會計資訊品質特性

一、廣泛性標準

決策有用性。

二、基本品質特性

(一) **攸關性**：指與決策有關的資訊，具有改變決策之能力。其組成項目如下：

預測價值	指一項資訊能幫助決策人預測過去、現在及未來事項之可能結果。
確認價值	指一項資訊能提供有關先前評估之回饋，代表具有確認價值。

(二) **忠實表述**：指資訊能免於錯誤、偏差，並忠實表達其事實真相。

完整性	在考量重要性及會計處理成本的限制下，均應完整提供、揭露所有對使用者決策有幫助的資訊。
中立性	指在制定或選用會計原則或政策時，應考慮「能否忠實表達其經濟實況」，而非「預期可能產生之經濟結果」。
免於錯誤	沒有錯誤或遺漏，且用以產生所報導資訊在選擇及適用過程中並無錯誤。

三、強化品質特性

(一) **可比性**：相同個體不同日期之資訊或不同個體之類似資訊可以相比較。

(二) **可驗證性**：指由不同人採用同一衡量方法，對同一事項加以衡量，得出相同或類似之結果。

(三) **時效性**：指資訊在決策前，及時提供給決策者。

(四) **可了解性**：資訊表達應讓使用者便於了解。

☑ 重點三　會計方程式及借貸法則

一、會計方程式

(一) **基本會計恆等式：**

資產＝負債＋權益

(二) **擴充會計恆等式：**

期末資產＝期末負債＋期初權益＋本期收入－本期費用

二、借貸法則

(一) **意義：**有借必有貸，借貸必相等。

(二) **借貸法則整個可以以下圖示之：**

借方	貸方
資產增加	資產減少
負債減少	負債增加
權益減少	權益增加
費用增加	費用減少
收入減少	收益增加

每一項借方皆可與貸方五種要素相對應，可產生25種變化。

※ 根據借貸法則一次的交易至少記錄兩個會計科目，一個位於左方，稱之為借方；一個位於右方，稱之為貸方，此種會計處理方式稱之為複式簿記。

☑ 重點四　會計循環

會計上記錄及處理交易事項的程序包括：「分錄」、「過帳」、「試算」、「調整」、「結帳」及「編表」共計六個程序。這個程序周而復始，至少每年循環一次，稱為會計循環（accounting cycle）。

> 企業經營及交易活動是連續不斷的，非至結束清算無法得知最終損益，但為適時提供資訊幫助管理者、投資人及債權人做決策，必須定期提供財務資訊。該期間長度須相等，才能前後期比較，此期間即為「會計期間」。若會計期間為一年，則稱為「會計年度」。會計年度日從每年1月1日至12月31日者，稱為「曆年制」。

☑ 重點五　分錄與日記簿

一、分錄

係依據借貸法則，按會計事項發生性質，所作的記錄程序。

二、日記簿

依據借貸法則，按會計事項發生的次序，所作序時記錄的簿記，用來表達會計事項的存在性及其時點。

☑ 重點六　過帳與總分類帳

一、過帳

係依據日記簿上所記載的分錄，按其會計科目分別歸類記入帳戶的借方或貸方的處理程序。

二、總分類帳

係依據日記簿上所記載的分錄，按其會計科目分別歸類記入帳戶的借方或貸方而成的帳簿，用來表達各帳戶（會計科目）的餘額及其變動。

> **小叮嚀**
> 分類帳是編表的主要依據。

三、總分類帳與明細分類帳

(一) **總分類帳**：係指所有帳戶（會計科目）所彙集而成的帳簿。

(二) **明細分類帳**：係指所有子目（如：客戶名稱）所彙集而成的帳簿。

(三) 明細分類帳各子目的合計，原則上應等同於總分類帳中該帳戶的總合計。

☑ 重點七　試算與試算表

一、意義

(一) **試算**：基於會計借貸平衡之原理，把總分類帳之借貸金額予以彙總，並檢查其分錄與過帳過程是否有發生錯誤，即稱為試算。

(二) **試算表**：將上述之工作表格化，以驗證借貸是否平衡之表格即稱為試算表。

二、功用

(一) 由試算表可大致看出企業經營績效與財務狀況之情況。

(二) 可驗證借貸是否平衡、分錄、過帳是否正確。

三、試算表之種類

(一) **總額試算表**：根據「等量加等量其和必相等」之原理編製。

(二) **餘額試算表**：根據「等量減等量其差必相等」之原理編製。

(三) **總餘額試算表**：同時列出總額及餘額之編製。

四、試算表之查驗

試算表若借貸不平衡，即表示試算表有可能發生錯誤，但試算表借貸平衡卻並不代表試算表完全正確，因為試算表有無法發現之錯誤。如下：

(一) 借貸雙方同時遺漏或同時重複記帳。

(二) 借貸科目誤用或顛倒。

(三) 借貸雙方發生同數之錯誤。

(四) 過錯帳戶，但方向沒錯。

(五) 原始憑證與分錄不符。

(六) 會計原理或原則錯誤。

五、檢查錯誤之方法

(一) **逆查法**：按會計程序相反之順序檢查（按試算➡過帳➡分錄反方向進行）。

(二) **特殊檢查法**：亦稱速查法。

　1. 其差額可被2除盡時：可能是過錯方向或重複過帳。

　2. 其差額可被9、99、999除盡時：可能是移位或倒置。

六、錯誤更正之方法

可分為「分錄更正法」與「註銷更正法」兩種。

(一) 已過帳但不影響借貸平衡的錯誤➡分錄更正法

(二) 未過帳或不影響借貸平衡的錯誤➡註銷更正法

七、分錄過帳錯誤對試算表借方、貸方總金額之影響

(一) **對總額式之影響**

　1. 若金額正確，而會計科目錯誤或借貸方向相反，則並無影響。

　2. 若金額錯誤時，借方出錯，就調借方，貸方有錯，就調貸方，即是把多記部分減回來，把少記部分加回去。

(二) **對餘額式之影響**

　1. **借方科目多記時**：若為資產與費用科目→借方多記

　　　　　　　　　若為負債、收入或資產評價科目→貸方少記

2. **貸方科目多記時**：若為資產與費用科目→借方少記

若為負債、收入或資產評價科目→貸方多記

☑ 重點八　**會計基礎與期末調整**

一、會計基礎的種類

種類	說明
現金基礎	收到現金時列為當期收入，支出現金時列為當期費用，期末不作調整。
權責基礎	亦稱應計基礎、先實後虛法，以權利義務的發生作為交易入帳的依據，在會計年度終了時，對預收收入、應收收入、預付費用及應付費用加以調整。
聯合基礎	亦稱先虛後實法，平時採用現金基礎，等期末時再將未實現之收入及未發生之費用轉入資產、負債之實帳戶，其最後損益與權責基礎相同。

二、應計基礎制與現金基礎制之轉換

(一) **收入類**：

現金基礎＝應計基礎＋(期初應收－期末應收)＋(期末預收－期初預收)

(二) **費用類**：

現金基礎＝應計基礎＋(期初應付－期末應付)＋(期末預付－期初預付)

(三) **損益類**：

現金基礎＝應計基礎＋(期初應收－期末應收)＋(期末預收－期初預收)－(期初應付－期末應付)－(期末預付－期初預付)

三、調整之意義

期末為了能更正確的表達企業的財務狀況與經營績效，使帳面上的實際情況互相符合，所作補正或修正之工作稱為調整。

四、調整之功能

(一) 確定收入與費用所歸屬的期間，使當期的收入費用能互相配合。

(二) 經過調整後所編製的財務報表，更能允當的表達企業的經營績效與財務狀況。

五、應調整之項目

應調整之項目彙整如下表：

項目	內容	分錄
應收收益	屬資產類。本期已實現而尚未收到的各項收益。	應收收入　　XXX 　　收入　　　　XXX
應付費用	屬負債類。本期已發生而尚未支付的各項費用。	費用　　　　XXX 　　應付費用　　XXX
預付費用	屬資產類。本期已支付，但尚未發生之費用。	◆採先實後虛法： 　費用　　　　XXX 　　預付費用　　XXX ◆採先虛後實法： 　預付費用　XXX 　　費用　　　　XXX
預收收入	屬負債類。本期已收取，但尚未實現之收入。	◆採先實後虛法： 　預收收入　XXX 　　收入　　　　XXX ◆採先虛後實法： 　收入　　　　XXX 　　預收收入　　XXX
用品盤存	屬資產類。購入文具在本期尚未耗用之部分。	◆採先實後虛法： 　文具用品　XXX 　　用品盤存　　XXX ◆採先虛後實法： 　用品盤存　XXX 　　文具用品　　XXX
壞帳	估計無法收回的應收帳款或應收票據。 應收帳款餘額百分比法 本期應提列之壞帳＝期末備抵壞帳應有餘額＋調整前備抵壞帳借方餘額－調整前備抵壞帳貸方餘額	壞帳　　　　XXX 　　備抵壞帳　　XXX

項目	內容	分錄
折舊	除土地外，其餘固定資產在使用期間所為成本分攤的程序。 1. 機器設備之成本包括發票價格、運費、安裝、試車等，「使機器設備達到可使用之地點與狀態的一切必要支出」，但不包括運送中之修理費。 2. 平均法（直線法）下每年提列 　折舊額＝$\dfrac{（成本－殘值）}{使用年限}$	折舊　　　XXX 　累計折舊　　XXX
攤銷	對無形資產與遞延資產以合理的方法，予以分攤各受益期間。	各項攤銷　　XXX 　某項資產　　XXX

六、帳戶之種類

(一) **實帳戶**：亦稱為永久性帳戶，指資產、負債、業主權益等帳戶。

(二) **虛帳戶**：亦稱為臨時性帳戶，指收益、費損等須在會計年度終了時結轉至本期損益之帳戶。

七、調整錯誤對報表之影響

(一) 若費用＋，則淨利－；若收入＋，則淨利＋。

(二) 若銷貨成本＋，則淨利－；若應付費用－，則費用－，當年淨利＋，次年淨利－。

(三) 若期末存貨－，則銷貨成本＋，淨利－，則當年資產－，業主權益－，次年淨利＋，但不影響次年資產負債表之內容。

(四) 預付費用、預收收入、應收收入、應付費用、存貨、用品盤存紀錄有誤時，將會影響到當年淨利，亦會影響到次年淨利與當年業主權益，但並不會影響到次年的業主權益。

☑ 重點九　結帳

一、結算工作底稿

(一) **目的**：會計人員於期末辦理結算時，為求工作方便，先將有關資料彙總在一張草稿紙之上，經驗算無誤之後，再將調整分錄及結帳分錄記入簿記，並編製財務報表。

(二) 格式

八欄式	試算表（借貸兩欄）＋調整分錄（借貸兩欄）＋綜合損益表（借貸兩欄）＋資產負債表（借貸兩欄）
十欄式	試算表（借貸兩欄）＋調整分錄（借貸兩欄）＋調整後試算表（借貸兩欄）＋綜合損益表（借貸兩欄）＋資產負債表（借貸兩欄）
十二欄式	試算表（借貸兩欄）＋調整分錄（借貸兩欄）＋調整後試算表（借貸兩欄）＋進銷（借貸兩欄）＋綜合損益表（借貸兩欄）＋資產負債表（借貸兩欄）

(三) 採用工作底稿之會計循環

分　錄 → 過　帳 → 試　算 → 編工作底稿 → 編財務報表 → 調　整 → 結　帳

(四) 編表與運用

1. 工作底稿編製完成後，可藉由工作底稿之資產負債欄編製資產負債表，依據損益欄編製綜合損益表，再將調整分錄記入日記簿，並過入總分類帳，以完成結帳程序。
2. 若本期產生淨損，則會出現在綜合損益表的貸方，資產負債表的借方；若本期產生淨利，則會出現在綜合損益表的借方，資產負債表的貸方。

二、結帳

(一) **意義**：將收益、費損等虛帳戶結清轉至本期損益帳戶；將資產、負債、業主權益之餘額結轉至下期。

(二) **虛帳戶結清**

1. **商品帳戶**

   (1) **結出銷貨成本**：將期初進、存貨有關帳戶結束，將已出售部分轉為銷貨成本，未出售部分轉為期末存貨。

   (2) **結出銷貨毛利**：將銷貨之有關帳戶、成本結清，求出銷貨毛利。

2.**非商品帳戶**：結清營業費用、結清營業外費用、結清營業外收入。

3.**本期損益之處理**：結算工作底稿的損益欄之借方是費損總額，貸方是收益總額，若帳戶有借餘，表示發生損失；有貸餘，表示發生利益。而對這一過渡性科目，其結帳後之餘額，不同企業組織有不同之處理：

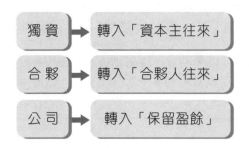

(三) **實帳戶結轉，有兩法**

1.**英美式結轉法**：又稱直接結轉法，不必作結帳分錄，直接在分類帳上結轉至下期，我國實務採用此法。

2.**大陸式結轉法**：在日記簿作分錄，並過帳結束此帳戶。

☑重點十　常發生的錯誤及回轉分錄

一、常發生的錯誤：

(一) **存貨錯誤：**

存貨錯誤致生影響彙整如下表：

	當期綜合損益表		當期資產負債表	
	銷貨成本	純益	存貨	保留盈餘
1. 期末存貨低估	高估	低估	低估	低估
2. 期末存貨高估	低估	高估	高估	高估
	下期綜合損益表		下期資產負債表	
	銷貨成本	純益	存貨	保留盈餘
1. 期初存貨低估	低估	高估	無影響	無影響
2. 期初存貨高估	高估	低估	無影響	無影響

(二) **資本支出及收益(費用)支出劃分不當的影響:**

1. **資本支出誤列收益(費用)支出:**當年度費用虛增,淨利虛減;以後年度費用虛減,淨利虛增。

2. **收益(費用)支出誤列資本支出:**當年度費用虛減,淨利虛增;以後年度之費用虛增,淨利虛減。

(三) **費用及收入錯誤的影響:**

1. 若費用多計,則淨利少計;若收入多計,則淨利多計。

2. 若費用少計,則淨利多計;若收入少計,則淨利少計。

(四) **資產及負債科目錯誤的影響:**預付費用、預收收入、應收收入、應付費用、用品盤存當年記錄有誤時,將會影響到當年淨利與當年業主權益,亦會影響到次年淨利,但並不會影響到次年的業主權益。

二、回轉分錄

(一) **定義:**企業在新會計年度開始時,可將上年度某些調整分錄先行沖回,即將原調整分錄之科目與金額,按借貸相反之方向記錄,借記原各貸記科目,貸記原各借記科目,此種分錄稱轉回分錄、沖回分錄或回轉分錄。

(二) **目的:**轉回分錄目的在簡化會計工作,使平時帳務處理一致,企業可自行決定是否作此分錄。

(三) **作回轉分錄時間點:**期初。

(四) **限制:**

1. 估計事項的調整:不可作轉回分錄。

2. 應收及應付事項:可作亦可不作轉回分錄。

3. 預收及預付事項:要看原來的帳務處理方式而決定。

   (1) 先實後虛的調整:不可作轉回分錄。

   (2) 先虛後實的調整:可作轉回分錄。

☑ 重點十一　**財務報導及財務報表**

企業遵循國際財務報導準則編製及表達一般目的財務報表。所謂一般目的財務報表,是指滿足通用目的的財務報表。完整的財務報表應包括為「財務狀況表」、「綜合損益表」、「權益變動表」、「現金流量表」、「附註」、「最早比較期間的期初財務狀況表」。

> 1. 企業應於IFRS轉換日編製初始的財務狀況表。
> 2. 企業因適用IFRS所造成的影響，視同「會計政策變動」，直接修改保留盈餘。
> 3. 企業在轉換日所作之估計，應與先前按GAAP所作之估計一致，除非有客觀證據顯示先前估計有誤。
> 4. 企業應說明轉換IFRS對其財務狀況、財務績效及現金流量的影響。

一、財務狀況表（金管會表示可沿用「資產負債表」名稱）

(一) **意義**：財務狀況表以前稱為資產負債表，為了更能反映其內涵及功能，乃改名，此報表乃用以代表企業在特定日期的財務狀況，屬於靜態報表。

(二) **格式**

XX公司
財務狀況表
XX年12月31日

資產		負債及權益	
流動資產		流動負債	
現金及約當現金	$ XXX	應付帳款	$ XXX
金融資產	XXX	短期借款	XXX
應收票據	XXX	長期借款十二個月內到期部分	XXX
應收帳款	XXX	本期所得稅負債	XXX
存貨	XXX	其他短期應付款	XXX
預付費用	XXX	其他流動負債	XXX
流動資產合計	$ XXX	流動負債合計	$ XXX
非流動資產		非流動負債	
透過其他綜合損益		應付公司債	$ XXX
按公允價值衡量之金融資產	$ XXX		
採用權益法之投資	XXX	長期借款	XXX
不動產、廠房及設備	XXX	非流動負債合計	XXX
投資性不動產	XXX	負債總計	$ XXX
無形資產	XXX	股東權益	
遞耗資產	XXX	股本	$ XXX
遞延所得稅資產	XXX	資本公積	XXX
其他資產	XXX	保留盈餘	XXX
商譽	XXX	其他權益	XXX
非流動資產合計	$ XXX	權益總計	$ XXX
資產總計	$ XXX	負債及權益總計	$ XXX

二、綜合損益表

(一) 意義：根據國際財務報導準則規定，綜合淨利包括「本期損益」和「本期其他綜合損益」（例如：其他綜合損益－金融資產未實現損益、資產重估增（減）值……）；因為綜合損益表所報導的內容為某一期間累積結果，屬於動態報表。

(二) 格式

「前期損益調整」僅適用下列項目：
1. 前期錯誤更正。
2. 會計政策變動（擬重編前期財務報表時）。
3. 採用新公布的會計原則，依規定應追溯調整以前年度損益者。

1. 格式一（單一報表法）：

XX公司
綜合損益表
X2年及X1年1月1日至12月31日

	X2年	X1年
銷貨收入	$ XXX	$ XXX
銷貨成本	(XXX)	(XXX)
銷貨毛利	$ XXX	$ XXX
營業費用	(XXX)	(XXX)
營業淨利	$ XXX	$ XXX
營業外收入	XXX	XXX
營業外支出	(XXX)	(XXX)
關聯企業淨利份額	XXX	XXX
繼續營業單位稅前淨利	$ XXX	$ XXX
所得稅	(XXX)	(XXX)
繼續營業單位淨利	$ XXX	$ XXX
停業單位損失	(XXX)	(XXX)
本期純益	$ XXX	$ XXX
其他綜合損益：		
金融資產公允價值變動	(XXX)	(XXX)
現金流量避險工具未實現損益	(XXX)	(XXX)
資產重估價	XXX	XXX
外幣換算調整數	XXX	XXX
本期綜合損益	$ XXX	$ XXX

2. 格式二（兩份報表法）：

XX公司

綜合損益表

X2年及X1年1月1日至12月31日

	X2年	X1年
銷貨收入	$ XXX	$ XXX
銷貨成本	(XXX)	(XXX)
銷貨毛利	$ XXX	$ XXX
營業費用	(XXX)	(XXX)
營業淨利	$ XXX	$ XXX
營業外收入	XXX	XXX
營業外支出	(XXX)	(XXX)
關聯企業淨利份額	XXX	XXX
繼續營業單位稅前淨利	$ XXX	$ XXX
所得稅	(XXX)	(XXX)
繼續營業單位淨利	$ XXX	$ XXX
停業單位損失	(XXX)	(XXX)
本期純益	$ XXX	$ XXX

XXX公司

綜合損益表

X2年及X1年1月1日至12月31日

	X2年	X1年
本期純益	$ XXX	$ XXX
其他綜合損益：		
金融資產公允價值變動	(XXX)	(XXX)
現金流量避險工具未實現損益	(XXX)	(XXX)
資產重估價	XXX	XXX
國外營運機構財務報表換算之兌換差額	XXX	XXX
本期綜合損益	$ XXX	$ XXX

三、權益變動表

(一) **意義**：用以表達在報導期間權益的變動，應區分為兩大類：

　　1. 與業主以其業主身分進行的交易所產生的權益變動，稱為「權益變動」。

　　2. 其他權益變動。

(二) **格式**

XX公司
權益變動表
XX年1月1日至12月31日

	股本	資本公積		保留盈餘		金融資產未實現損益	資產重估增值	現金流量避險工具未實現損益	國外營運機構財務報表換算之兌換差額	庫藏股票	合計
		股本溢價	庫藏股交易	法定公積	未分配盈餘						
期初餘額											
前期損益調整											
調整後期初餘額											
XX年權益變動											
盈餘分配											
現金股利											
本期綜合損益											
期末餘額											

四、現金流量表

現金流量表是企業的主要財務報表之一，以現金及約當現金的流入和流出為基礎，彙總說明企業在報導期間內的營業活動、投資活動和籌資活動。在本書第九章另有專章說明，在此不贅述。

五、附註

(一) **意義**：附註是財務報表不可分割的一部分，提供了在財務報表中列報項目的敘述性說明或明細內容，以及不符合在財務報表中認列的項目的資訊。

(二) **內容**：每一號國際財務報導準則公報都有規定須用附註揭露的資訊，IAS 1就財務報表附註揭露的整體結構加以規定，包括：

1. 會計政策的揭露。
2. 管理階層的判斷（不涉及估計）。
3. 估計不確定性的來源。
4. 資本的揭露。
5. 其他揭露。

六、首次適用IFRS之規定

(一) 原則全面追溯適用：

1. 企業應於IFRS轉換日編製初始的財務狀況表。
2. 企業因適用IFRS所造成的影響，視同「會計政策變動」，直接修改保留盈餘。
3. 企業在轉換日所作之估計，應與先前按GAAP所作之估計一致，除非有客觀證據顯示先前估計有誤。
4. 企業應說明轉換IFRS對其財務狀況、財務績效及現金流量的影響。

(二) 可選擇性豁免：

可選擇性豁免涵蓋了IASB認為追溯適用太過困難，或其可能導致成本超過使用者效益之準則。這些豁免企業可以選擇任一、全部、或完全不採用。該可選擇性豁免為：

1. 事業合併。
2. 股份基礎給付交易。
3. 保險合約。
4. 以公允價值或重估價視為不動產、廠房與設備及其他資產之應有成本。
5. 租賃。
6. 員工福利。
7. 累積換算差異。
8. 對子公司、合資及關聯企業之投資。
9. 子公司、關聯企業及合資之資產與負債。
10. 複合式金融工具。
11. 已認列金融工具之指定。

12. 金融資產或金融負債在原始認列時之公允價值衡量。

13. 屬於不動產、廠房與設備成本一部分之除役負債。

14. 特許服務交易安排。

15. 借款成本。

16. 由客戶移轉之資產。

(三) **強制性例外：**

強制性例外則涵蓋了追溯採用IFRS時被視為不適當之準則。這些例外係強制性的不能選擇。這些強制性例外為：

1. 會計估計。

2. 金融資產及負債之除列。

3. 避險會計。

4. 不具控制力股權之部分會計處理。

實戰演練

申論題

一　亞品公司為家電買賣業，採定期盤存制，該公司100年12月31日之財務資料：

租金收入	$25,000	管理人員薪資	$30,000
利息費用	12,000	其他管理費用	52,500
前期損益調整(貸餘)	20,000	100年1月1日存貨餘額	74,000
本期進貨	505,000	100年12月31日存貨餘額	82,000
進貨運費	18,000	進貨退出與折讓	22,000
銷貨人員薪資	50,000	銷貨淨額	1,100,000
銷售部門辦公用品費用	7,700	不動產、廠房及設備折舊費用	
全年流通在外普通股股數	50,000股	(70%屬於推銷部門，30%屬於管理部門)	50,000
所得稅費用	75,480	宣告股利	60,000

普通股流通在外股數全年無變動。

試編製亞品公司100年度多站式損益表。　　　　　　　（105年臺灣港務）

答

亞品公司

損益表

100年1月1日～12月31日

銷貨淨額		$1,100,000
銷貨成本		(493,000)
銷貨毛利		$607,000
營業費用		
推銷費用		
薪資費用	$50,000	
辦公用品	7,700	
折舊費用	35,000	(92,700)
管理費用		
薪資費用	$30,000	
其他費用	52,500	
折舊費用	15,000	(97,500)
營業淨利		$416,800
營業外收入		
租金收入		25,000
營業外支出		
利息費用		(12,000)
繼續營業單位稅前純益		$429,800
所得稅		(75,480)
繼續營業單位純益		$354,320
前期損益調整		(20,000)
本期純益		$334,320
每股盈餘		
繼續營業單位純益	$7.09	
前期損益	(0.4)	
本期損益	$6.69	

本期進貨淨額：$505,000＋$18,000－$22,000＝$501,000

銷貨成本：$74,000＋$501,000－$82,000＝$493,000

推銷部門折舊費用：$50,000*70%=$35,000

管理部門折舊費用：$50,000*30%=$15,000

二 以下為育安公司X3年部分交易：

1月15日	顧客陳先生以信用卡支付價款$2,500之商品，該批商品進貨成本1月15日$2,000，育安公司對於存貨紀錄採永續盤存制。另外，銀行收取2%手續費。
3月5日	借給安安公司$180,000，收到一張5月期，5%之票據，票據8月5日到期。
8月5日	安安公司無法如期付款，但育安公司評估將來仍可以全數回收款項。
11月10日	針對安安公司的欠款，經催收後僅回收$90,000，其餘無法收回。
12月20日	育安公司將應收帳款$300,000質押，向安怡銀行借款$240,000，除12月20日簽發$240,000的本票作為擔保品外，尚須按借款金額支付3.2%之手續費。

請完成上述日期之交易相關會計紀錄。　　　　　　　　（105年中華郵政）

答 1月15日

應收帳款	2,450	
手續費	50	
銷貨收入		2,500

$2,500×2%＝$50

銷貨成本	2,000	
存貨		2,000

3月5日

應收票據	180,000	
現金		180,000

11月10日

現金	90,000	
呆帳費用	90,000	
應收票據		180,000

12月20日

現金	232,320	
手續費	7,680	
應付票據		240,000

$240,000×3.2%＝$7,680

三 下列為各公司105年度之相關資料，試求下表中各空格中之數據。

	甲公司	乙公司	丙公司	丁公司
105年1月1日：				
資產	$180,000	$55,000	$195,000	$224,000
負債	100,000	(b)	112,500	98,000
105年12月3日：				
資產	226,000	75,000	300,000	(d)
負債	110,000	32,500	105,000	112,000
105年度：				
現金增資	(a)	7,500	15,000	21,000
現金股利	50,000	12,500	21,000	28,000
總收入	700,000	210,000	(c)	728,000
總費用	640,000	192,500	525,000	609,000

（105年臺灣港務）

答 甲公司

$700,000－$640,000－$50,000＋(a)

＝（$226,000－$110,000）－（$180,000－$100,000），(a)＝$26,000

乙公司

$210,000－$192,500－$12,500＋$7,500

＝（$75,000－$32,500）－（$55,000－(b)），(b)＝$25,000

丙公司

(c)－$525000－$21,000＋$15,000

＝（$300,000－$105,000）－（$195,000－$112,500），(c)＝$643,500

丁公司

$728,000－$609,000－$28,000＋$21,000

＝（(d)－$112,000）－（$224,000－$98,000），(d)＝$350,000

四 下表為甲公司及乙公司103年綜合損益表有關之財務資訊。

	甲公司	乙公司
銷貨收入	$2,970,000	$ (4)
銷貨退回	(1)	165,000
淨銷貨收入	2,739,000	3,135,000
銷貨成本	1,848,000	(5)
銷貨毛利	(2)	1,254,000
營業費用	495,000	(6)
淨利	$ (3)	$495,000

試作：

計算空格中之金額。　　　　　　　　　　　　　　　（台中快捷巴士）

答 (1) 銷貨退回＝2,970,000－2,739,000＝231,000

(2) 銷貨毛利＝2,739,000－1,848,000＝891,000

(3) 淨利＝891,000－495,000＝396,000

(4) 銷貨收入＝3,135,000＋165,000＝3,300,000

(5) 銷貨成本＝3,135,000－1,254,000＝1,881,000

(6) 營業費用＝1,254,000－495,000＝759,000

測驗題

( ) **1** 傑生公司購買辦公室用品$4,000並於帳上借記辦公用品;於會計期間結束時,盤點辦公室用品只剩下$1,500,請問此時適當之調整分錄應為: (A)借:辦公用品費用$1,500,貸:辦公用品$1,500 (B)借:辦公用品$2,500,貸:辦公用品費用$2,500 (C)借:辦公用品費用$2,500,貸:辦公用品$2,500 (D)借:辦公用品$1,500,貸:辦公用品費用$1,500。 （105年臺灣港務）

( ) **2** 甲公司2016年度銷貨成本為$600,000,期初存貨為$67,500,期末存貨為$60,000,期初應付帳款為$132,000,期末應付帳款為$138,000,則2016年支付供應商之現金為: (A)$585,000 (B)$586,500 (C)$598,500 (D)$601,500。 （105年中油）

( ) **3** 有關會計要素間關係之敘述,下列何者正確? (A)會計事項發生後,會計方程式之兩端必將發生同數額之增減 (B)資產增加時,業主權益必等額增加 (C)營業產生虧損即是代表資產減少 (D)負債與業主權益表示資金之來源。 （105年中油）

( ) **4** 甲公司平時購買文具用品以現款支付,並使用現金基礎記載文具之購買,期末透過帳面調整,以應計基礎編製財務報表。次期初再將帳面餘額轉為現金基礎。2016年初甲公司有文具$10,000,2016年度購買$100,000文具,2016年底文具尚餘$20,000,則甲公司2016年底之調整分錄為: (A)借記文具用品費用$110,000,貸記文具用品$110,000 (B)借記文具用品$10,000,貸記文具用品費用$10,000 (C)借記文具用品費用$90,000,貸記文具用品$90,000 (D)借記文具用品$20,000,貸記文具用品費用$20,000。 （105年中油）

( ) **5** 依據會計循環,下列哪一個會計項目不需要在期末時進行結帳分錄? (A)銷貨收入 (B)租金費用 (C)預付租金 (D)折舊費用。 （105年中油）

( ) **6** 公司於9月1日支付一年期的保險費$12,000,若採用記虛轉實法,則12月31日之期末調整分錄應借記: (A)保險費$4,000 (B)保險費$8,000 (C)預付保險費$4,000 (D)預付保險費$8,000。 （105年臺灣菸酒）

（　　）**7** 賒銷商品分錄時誤為借記應付帳款，則：　(A)試算表的合計金額依然正確　(B)試算表失去平衡　(C)試算表依然平衡　(D)可由試算發現錯誤。　　　　　　　　　　　　　　　　　　（106年桃園捷運）

（　　）**8** 下列敘述何者有誤？　(A)負債屬虛帳戶　(B)收入屬虛帳戶　(C)費用屬暫時性帳戶　(D)要瞭解損益，須結清虛帳戶。　　　（106年桃園捷運）

（　　）**9** 下列項目屬於權益中的「其他權益」項目者有幾項？a.法定盈餘公積，b.特別盈餘公積，c.透過其他綜合損益按公允價值衡量之金融資產未實現損益，d.不動產、廠房及設備之重估增值，e.國外營運機構財務報表換算之兌換差額，f.追溯適用及追溯重編之影響數　(A)2項　(B)3項　(C)4項　(D)5項。

（　　）**10** 某公司於107年2月1日預付一年期（12個月，每月$3,000）保險費$36,000，借記「預付保險費」；若107年年間及年底均未作相關之調整分錄，這將對該公司107年度綜合損益表有何影響？　(A)費用高估$36,000　(B)費用低估$36,000　(C)費用高估$33,000　(D)費用低估$33,000。

（　　）**11** TEPA劇場將於20X8年間舉辦四場公演，預計每季底於國家劇院開演。門票於20X7年10月開賣至12月底，已全數售出，共得款$60,000,000。若該劇場採曆年制，請問：20X8年4月1日之預收門票收入餘額為多少？　(A)$15,000,000　(B)$30,000,000　(C)$45,000,000　(D)$60,000,000。

（　　）**12** 某公司期末漏記應付租金之調整分錄，請問其影響為何？　(A)負債及權益皆高估　(B)負債及權益皆低估　(C)負債低估及權益高估　(D)負債高估及權益低估。

（　　）**13** 天恩公司在20X1年期初的辦公用品餘額為$3,500，當年購買辦公用品$8,400，共計支付現金$6,500，經期末盤點得知尚餘辦公用品$2,300。請問天恩公司20X1年應認列辦公用品費用為多少？　(A)$6,500　(B)$7,200　(C)$8,400　(D)$9,600。

(　　) **14** 天高公司在20X1年5月1日投保為期一年之火災保險，即日生效，並支付保費$3,420。請問20X1年底，天高公司應作調整分錄： (A)借記：預付保險費$3,420；貸記：現金$3,420 (B)借記：保險費用$285；貸記：預付保險費$285 (C)借記：保險費用$2,280；貸記：預付保險費$2,280 (D)借記：預付保險費$3,420；貸記：保險費用$3,420。

(　　) **15** 星星雜誌社在每月1日出版雜誌並郵寄給訂閱客戶。20X1年5月20日收到訂戶訂閱三年雜誌之款項$5,400，星星雜誌社將於20X1年6月開始寄送雜誌予該客戶。星星雜誌社在20X1年底之財務報表應表達： (A)收入$5,400 (B)預收收入$4,350 (C)負債$5,400 (D)資產增加$1,050。

(　　) **16** 大孝公司X7年底有應付薪資$15,500，X8年初未作任何轉回分錄，X8年1月5日支付薪資$20,000，公司將全數認列為薪資費用。X8年11月1日大孝公司預收6個月租金$36,000，全數認列為租金收入。若公司於X8年底未做任何更正與調整分錄，則X8年度淨利： (A)高估$8,500 (B)高估$19,500 (C)高估$28,500 (D)低估$3,500。

(　　) **17** 甲公司於X8年初設立時由股東投資現金$1,000,000，X8年底該公司之資產總額為$3,850,000，負債總額為$1,620,000，權益只有股本與保留盈餘二項。若甲公司X8年度費用總計為$1,865,000，則X8年度收入總計是多少？ (A)$1,230,000 (B)$2,230,000 (C)$3,095,000 (D)$4,095,000。

(　　) **18** A公司X1年初有資產$1,800,000，負債$1,200,000，X1年度綜合淨利為$400,000，若年度中股東增資$300,000，公司發放股利$150,000，則A公司X1年底權益為： (A)$750,000 (B)$850,000 (C)$1,000,000 (D)$1,150,000。

(　　) **19** A公司於X5年7月1日購入一批文具用品$5,000，借記「用品費用」帳戶，年底經盤點尚有$800的文具用品未耗用，若12月31日未作調整分錄，則X5年財務報表之影響為： (A)資產低估$800，權益低估$800 (B)資產高估$4,200，權益低估$4,200 (C)資產低估$800，權益高估$800 (D)資產高估$4,200，權益高估$4,200。

( ) **20** 甲公司X5年期初資產及負債分別為$3,000,000及$1,500,000，X5年現金增資$500,000、宣告並發放現金股利$300,000與股票股利$150,000。若結帳後資產及負債分別為$4,000,000及$2,100,000，則該公司X5年綜合損益為何？ (A)綜合淨損$50,000 (B)綜合淨利$200,000 (C)綜合淨利$350,000 (D)綜合淨利$400,000。

( ) **21** 不動產、廠房及設備的成本，以折舊的方式分攤於預計可使用的期間，是根據 (A)配合原則 (B)成本原則 (C)繼續經營假設 (D)報導期間假設。　　　　　　　　　　　　　　　　（108年桃園捷運）

( ) **22** 以現金償還應付帳款，會計恆等式有何影響？ (A)資產與權益同時減少 (B)資產減少，權益增加 (C)資產與負債同時減少 (D)資產減少，負債增加。　　　　　　　　　　　　　　（108年桃園捷運）

( ) **23** 下列有關會計處理程序，依會計循環之順序排列，何者正確？
(1)交易事項記入日記簿　(2)將日記簿之分錄過入分類帳　(3)交易發生取得原始憑證　(4)編製記帳憑證　(5)根據分類帳編製試算表
(A)(3)(4)(1)(2)(5)　　　　　　(B)(4)(3)(1)(5)(2)
(C)(3)(4)(2)(1)(5)　　　　　　(D)(4)(3)(1)(2)(5)。（108年桃園捷運）

( ) **24** 下列何項科目通常具有貸方餘額？ (A)現金 (B)文具用品 (C)資本公積 (D)股利。　　　　　　　　　　　　　　（108年臺灣菸酒）

( ) **25** 結帳分錄是指： (A)所有資產負債表的科目都要結帳 (B)所有實帳戶都必須結帳，而虛帳戶則不必結帳 (C)所有永久性科目都必須結帳，而虛帳戶則不必結帳 (D)所有虛帳戶都必須結帳，而實帳戶則不必結帳。　　　　　　　　　　　　　　　　（108年臺灣菸酒）

( ) **26** 收入金額$300,000，費用金額$500,000，則結清損益之結果為何？ (A)本期損益為貸方餘額$200,000 (B)本期損益為借方餘額$200,000 (C)本期損益為借方餘額$800,000 (D)本期損益為貸方餘額$800,000。　　　　　　　　　　　　（108年臺灣菸酒）

( ) **27** 若試算表中所發生借、貸方餘額發生差額為九的倍數，則可能為下列何種錯誤？ (A)借、貸方錯置 (B)過帳有誤 (C)交易紀錄錯誤 (D)移位錯誤。　　　　　　　　　　　　　　（108年臺灣菸酒）

解答及解析（答案標示為#者，表官方曾公告更正該題答案。）

1 (C)。購買辦公室用品

　　　　辦公用品(資產項目)　　　　　4,000
　　　　　　現金　　　　　　　　　　　　　　4,000
　　　期末帳上辦公室用品只剩下$1,500，因此須將辦公用品貸$2,500，轉借
　　　辦公用品費用。

2 (B)。$67,500＋本期進貨－$60,000＝$600,000，本期進貨＝$592,500

<table>
<tr><td colspan="3" align="center">應付帳款</td></tr>
<tr><td></td><td></td><td>132,000</td></tr>
<tr><td></td><td></td><td>592,500</td></tr>
<tr><td>支付供應商之現金</td><td></td><td></td></tr>
<tr><td></td><td></td><td><u>138,000</u></td></tr>
</table>

　　　2016年支付供應商之現金為：
　　　$132,000＋$592,500－$138,000＝$586,500

3 (D)。(A)會計事項發生後，會計方程式之兩端不一定會發生同數額之增減。
　　　　(B)資產增加時，「業主權益」、「收入」將等額增加，或者「資產」等
　　　　　額減少。
　　　　(C)營業產生虧損有可能代表「資產」減少或「負債」增加。

4 (D)。因為甲公司次期初會將帳面餘額轉為現金基礎，因此僅需作下列分錄：
　　　2016年12月31日調整分錄
　　　　文具用品　　　　　　　　　20,000
　　　　　文具用品費用　　　　　　　　　20,000

5 (C)。(1) 實帳戶為資產負債表之會計項目（資產、負債及權益），會延續下期
　　　　　永久存在；虛帳戶為綜合損益表除其他綜合損益外之會計項目，期末
　　　　　結轉歸零。
　　　　(2) 預付租金為實帳戶（資產類），因此不需要在期末進行結帳分錄。

6 (D)。9月1日分錄
　　　　保險費　　　　　　　　　12,000
　　　　　現金　　　　　　　　　　　　　12,000
　　　12月31日分錄
　　　　預付保險費　　　　　　　8,000
　　　　　保險費　　　　　　　　　　　　8,000
　　　本期保險費應為：$12,000÷12×4＝$4,000

7 (C)。賒銷商品分錄正確為借記應收帳款、貸記銷貨收入,而試算表可以發現的是不平衡的錯誤,本題為誤借應付帳款,仍有借有貸,故試算表依然平衡。本題(C)為正確。

8 (A)。負債屬於實帳戶,故本題(A)有誤。

9 (B)。屬於權益中的「其他權益」項目者有:c.透過其他綜合損益按公允價值衡量之金融資產未實現損益,d.不動產、廠房及設備之重估增值,e.國外營運機構財務報表換算之兌換差額三項。

10 (D)。期末應作調整分錄如下:
保險費用　　　　　　　　　　$33,000
　　預付保險費　　　　　　　　　　　$33,000
上述分錄未作,會使該公司107年度綜合損益表費用低估$33,000。

11 (C)。20X8年4月1日之預收門票收入餘額$=\$60,000,000/4 \times 3 = \$45,000,000$

12 (C)。期末漏記應付租金之調整分錄,會使負債低估,進而使權益高估。

13 (D)。天恩公司20X1年應認列辦公用品費用$=\$3,500 + \$8,400 - \$2,300 = \$9,600$

14 (C)。本題是記實轉虛,20X1年底,天高公司應作調整分錄:
保險費用　　　　　　　　$2,280
　　預付保險費　　　　　　　　　$2,280
$\$3,420 \times \dfrac{8}{12} = \$2,280$

15 (B)。星星雜誌社在20X1年底之財務報表應表達預收收入
$=\$5,400 \div 3 \times 2\dfrac{5}{12} = \$4,350$
星星雜誌社在20X1年底之財務報表應表達收入
$=\$5,400 \div 3 \times \dfrac{7}{12} = \$1,050$

16 (A)。X8年度淨利$=(\$36,000 - \$20,000) - (\$12,000 - \$4,500) = 8,500$(高估)

17 (C)。$\$3,850,000 - \$1,620,000 = \$2,230,000$
$\$2,230,000 - \$1,000,000 = \$1,230,000$
X8年度收入總計$=\$1,230,000 + \$1,865,000 = \$3,095,000$

18 (D)。A公司X1年底權益
$=$期初權益$+$增資$+$本期淨利$-$本期發放股利
$=(\$1,800,000 - \$1,200,000) + \$300,000 + \$400,000 - \$150,000$
$=\$1,150,000$

19 (A)。　X5年12月31日調整分錄：

用品盤存　　　　　　　　　　　　　$800

　　用品費用　　　　　　　　　　　　　　　　$800

漏作上述分錄，會使資產低估$800，權益低估$800。

20 (B)。　期初權益＝$3,000,000－$1,500,000＝$1,500,000

結帳後權益＝$4,000,000－$2,100,000＝$1,900,000

該公司X5年綜合損益＝$1,900,000－$1,500,000－$500,000＋$300,000

＝$200,000

21 (C)。　繼續經營假設。

22 (C)。　資產與負債同時減少。

23 (A)。　(3)交易發生取得原始憑證→(4)編製記帳憑證→(1)交易事項記入日記簿

→(2)將日記簿之分錄過入分類帳→(5)根據分類帳編製試算表

24 (C)。　現金→資產－借餘

文具用品→費用－借餘

資本公積→股東權益－貸餘

股利→屬於盈餘分配發放時會使股東權益減少－借餘

25 (D)。　所有虛帳戶都必須結帳，而實帳戶則結轉下期。

26 (B)。　收入　　　　　　　　　　　　$300,000

　　本期損益　　　　　　　　　　　$300,000

本期損益　　　　　　　　　$500,000

　　費用　　　　　　　　　　　　　$500,000

結清損益後本期損益為借方$200,000

27 (D)。　除九法→是以差數除以9來找錯帳的方法，適用由數字錯位和鄰數倒置所

引起的差錯。

第二章　現金與銀行存款

課前導讀

此章的重點內容在於零用金及銀行往來調節表，其中又以「銀行往來調節表」部分最為重要，考生必定要瞭解銀行往來調節表編製的方法，現金及銀行存款、零用金之意義、內容及會計處理。

重點整理

✔ 重點一　現金定義及內涵

一、現金的定義

會計學上所稱的現金，應同時具備以下幾個特性：

(一) **法定通貨**：現金必須是法律上許可，可以在當地自由流通的。

(二) **可自由運用**：現金必須是可以隨時動用，不受限制的資產。若是已限定用途或指定用途的財源，則屬於基金。

二、現金的內涵 常考

可稱為現金者：

(一) 庫存現金。　　　　　(二) 零用金、找零金。　　　　(三) 即期支票。

(四) 即期本票。　　　　　(五) 即期匯票。　　　　　　　(六) 郵政匯票。

(七) 支存、活存、活儲。

不可稱為現金者	性質
1.郵票	預付費用
2.印花稅票	預付稅捐
3.借條	其他應收款
4.遠期票據	應收票據

不可稱為現金者	性質
5.定期存款	依期限（自投資日起三個月以上到期）列為「按攤銷後成本衡量之金融資產」
6.受限制的存款	應記為「長期投資」及「基金」或「其他資產」（例如：存在外國或已倒閉銀行的存款）
7.指定用途的現金	基金
8.存出保證金	其他資產

三、特殊項目之表達

項目	表達
補償性存款：公司向銀行借款時，銀行經常將借款的一部分回存銀行不能使用，此種存款稱為「補償性存款」。	1. 短期借款合約：列為「流動資產」，但與現金分別列示。 2. 長期借款合約：列為「長期投資」或「其他資產」。例如：受限制的現金如為擴建廠房所做的準備或用以償還長期債務，則作為長期投資。
銀行透支： 簽發支票之金額＞銀行存款餘額。	1. 會計上紀錄為銀行透支，列為「流動負債」的科目。 2. 銀行透支原則上不可與現金抵銷。 （例外：若為同一銀行之存款與透支則可予以抵銷。）
約當現金： 如國庫券、商業本票、附買回條件的票券，同時符合： 1. 可隨時轉換成現金。 2. 投資日（取得日）至到期日短於3個月。	1. 一般公司作帳，都會將現金與約當現金的科目分開。 2. 只有在現金流量表時，才會把現金及約當現金當成一個代表名詞。

四、約當現金

所謂約當現金係指隨時可轉換成定額的現金，並且即將到期（通常為自投資日起算三個月內）的債務證券投資。而現行會計規定，須將約當現金併入現金科目，在財務狀況表上以「現金及約當現金」列載。

範例　下列為金山公司民國X1年12月31日資產負債表部分資料：

一銀支票戶存款借餘	80,000	暫付員工旅費	3,000
彰銀支票戶存款貸餘	10,000	員工借條	4,000
郵局活期儲蓄存款	35,000	銀行本票	50,000
新光人壽一年期幸福存單（解約時不損及本金）	20,000	二年期定期儲蓄存款（解約時，會損及本金）	10,000
郵票	1,000	遠期支票（六個月到期）	30,000
印花稅票	1,000	存出保證金	2,000
庫存現金	25,000	償債基金	20,000

試求：

(一) 該公司在資產負債表上，「現金及銀行存款」科目餘額為多少？

(二) 上述不屬於「現金及銀行存款」科目者，應如何表達？

答　(一)列入現金及銀行存款科目者：

一銀支票戶存款借餘	$ 80,000
郵局活期儲蓄存款	35,000
新光人壽一年期幸福存單	20,000
庫存現金	25,000
銀行本票	50,000
合計	$210,000

(二)彰銀支票戶存款貸餘$10,000列為流動負債。

郵票$1,000、暫付員工旅費$3,000列為預付費用。

印花稅票$1,000屬預付稅捐。

員工借條$4,000列為其他應收款。

二年期定期儲蓄存款$10,000列於長期投資及基金項下。

遠期支票$30,000列為應收票據。

存出保證金$2,000列於其他資產項下。

償債基金$20,000列於長期投資及基金項下。

五、現金的控制

現金的控制最主要的原則如下：

(一) 工作的劃分：一筆交易不能由一人或一個單位，從頭包辦到底。

(二) 會計與出納的嚴格獨立，不得同一人承辦。

(三) 每筆現金收入應立即入帳。

(四) 每筆現金支出應事先經過核准。

(五) 全部現金支出應簽發支票付款。

(六) 全部現金收入應全數存入銀行。

(七) 設置限額零用金以支付日常零星開支。

☑ 重點二　銀行往來調節表

一、銀行往來調節表之種類

(一) 簡單式調節表。

(二) 四欄式調節表（收支結餘調節表）。

二、銀行往來調節表之編法

(一) 由公司帳上及銀行對帳單兩者各調節至正確餘額法。

(二) 由公司帳上餘額調節至銀行對帳單餘額相等法。

(三) 由銀行對帳單金額調節至公司帳上餘額相等法。

三、調節的因素

(一) 銀行已記，公司未記（如：利息收入、託收票據、手續費、存款不足退票）。

(二) 公司已記，銀行未記（如：在途存款、未兌現支票）。

(三) 發生錯誤。

原因	公司帳上餘額		銀行對帳單金額	
	加項	減項	加項	減項
銀行已記，公司未記	利息收入、託收票據	手續費、存款不足退票	—	—
公司已記，銀行未記	—	—	在途存款	未兌現支票
公司或銀行發生錯誤	錯誤更正	錯誤更正	錯誤更正	錯誤更正

四、調節時應注意事項

(一) **保付支票**：係由銀行保證兌現的支票，在保付時，已將公司的存款扣除，因此，無須調節，若未兌現支票中有此部分時，須扣除。

(二) **退票（存入客票退票）**

　1. 存款不足：視為公司帳上餘額之減項，轉列為催收款項。

　2. 票據表面有問題：視為公司帳上餘額之減項，轉列為應收款項。

(三) **公司帳上月初餘額**：由於上月份已調節，故為調整後餘額，僅需調整本月份部分。

(四) **銀行對帳單月初餘額**：雖上月份已調整，但銀行沒有做調整分錄，故仍為調整前餘額，故上月份及本月份均需調節。

五、銀行往來調節表之格式

(一) 簡單式調節表之格式：

XX公司
銀行往來調節表
XX年X月X日

銀行對帳單餘額	$ XXX	公司帳上餘額	$ XXX
加：在途存款	XXX	加：利息收入	XXX
減：未兌現支票	(XXX)	託收票據	XXX
加減：錯誤更正	XXX	減：手續費	(XXX)
		存款不足退票	(XXX)
		加減：錯誤更正	XXX
正確餘額	$ XXX	正確餘額	$XXX

(二) 四欄式調節表之格式：

XX公司
銀行往來調節表
XX年X月X日

	期初餘額	＋ 本期存入	－ 本期支出	＝ 期末餘額
銀行對帳單餘額	$　A	$ XXX	$ XXX	$ XXX
加：在途存款				
上月	XXX	(XXX)		
本月		XXX		XXX
減：未兌現支票				
上月	(XXX)		(XXX)	
本月			XXX	(XXX)
正確餘額	$　C	$　D	$　E	$　F
公司帳上餘額	$　B	$ XXX	$ XXX	$ XXX
加：代收款項		XXX		XXX
託收款項		XXX		XXX
利息收入		XXX		XXX
減：手續費			XXX	(XXX)
存款不足退票			XXX	(XXX)
代付款項			XXX	(XXX)
正確餘額	$　G	$　H	$　I	$　J

※A：銀行於期初未調整前餘額

　B：公司於期初調整後餘額

　C＝G；D＝H；E＝I；F＝J

範例 力行公司102年9月份銀行往來資料如下：

1. 銀行對帳單上9月30日存款餘額$290,908。
2. 9月30日公司帳上存款餘額$131,027。
3. 力行公司付款支票上$8,675，銀行誤記在本公司存款戶內。
4. 在途存款$38,700。
5. 流通在外支票$186,283（其中有$5,000經銀行保付）。
6. 銀行收訖本公司託收票據本息，票據本金$8,000，銀行扣除收款手續費$30後，存入本公司存款帳金額為$8,100。
7. 公司向銀行借款$29,700，銀行已入帳，但本公司尚未入帳。
8. 顧客存款不足支票，退票金額$12,605。
9. 簽付供應商貨款支票$17,891，而本公司記帳人員誤記為$18,791。
10. 銀行扣除借款利息費用$122。

試作：
(一) 編製力行公司9月30日銀行往來調節表。
(二) 列示會計記錄。

答 (一)

力行公司
銀行往來調節表
102年9月30日

公司帳上餘額		$131,027	銀行結帳單上餘額		$290,908
加：銀行代收票據		8,130	加：在途存款		38,700
銀行借款		29,700	銀行誤記本公司支票		8,675
公司誤多記支票金額		900	減：未兌現支票		(181,283)
減：存款不足支票		(12,605)			
手續費		(30)			
利息費用		(122)			
正確餘額		$157,000	正確餘額		$157,000

(二)調整分錄：

　　1.利息費用　　　　　　　　　$122

　　　手續費　　　　　　　　　　30

　　　催收款項　　　　　　　　12,605

　　　　　銀行存款（現金）　　　　　　　　$12,757

　　2.銀行存款（現金）　　　$38,730

　　　　銀行借款　　　　　　　　　　　　$29,700

　　　　應付帳款　　　　　　　　　　　　　900

　　　　應收票據　　　　　　　　　　　　8,000

　　　　利息收入　　　　　　　　　　　　　130

☑ 重點三　零用金

一、設置目的

在於簡化零星支付手續及減輕會計及出納人員的日常工作。

二、帳務處理方法

零用金係一種定額制，其帳務處理方法如下：

(一) **設置時**（定額$50,000）

　　零用金　　　　　　　50,000

　　　現金　　　　　　　　　　50,000

(二) **支付時**

　　1.由零用金保管人員取得支出收據或憑證，並支付零用金。

　　2.不作分錄，但須在零用金登記簿上登記各項開支情形。

(三) **補充時**

　　1.有零用金短少時（零用金總額＞支出單據總額＋未使用零用金數額）：

　　各項費用　　　　　　48,800

　　現金短溢　　　　　　　200

　　　現金　　　　　　　　　　49,000

　　2.有零用金多出時（零用金總額＜支出單據總額＋未使用零用金數額）：

　　各項費用　　　　　　49,100

　　　現金短溢　　　　　　　　100

　　　現金　　　　　　　　　　49,000

現金短溢若有借餘（即短少），表示發生損失，應列在綜合損益表中的其他費用或損失項下。

現金短溢若有貸餘（即多出），表示發生利得，應列在綜合損益表中的其他收入項下。

3. 無零用金短溢時（零用金總額＝支出單據總額＋未使用零用金數額）：

各項費用	49,000	
現金		49,000

(四) **增加或減少定額零用金時**

1. 增加時：（增加定額至$60,000）

零用金	10,000	
現金		10,000

2. 減少時：（減少定額至$40,000）

現金	10,000	
零用金		10,000

(五) **結帳時未及時補充零用金時**

各項費用	12,000	
零用金		12,000

✔ 重點四　內部控制

一、內部控制的意義與目標

(一) 內部控制為企業為維護資產的安全、驗證會計資料的正確性與可靠性、提高經營績效、促進遵行管理當局的既定政策，而擬定的組織方案，以及所採用各種協調方法與措施。

(二) 企業內部控制制度的主要目標：

1. 財務報導的可靠性。
2. 營運的效率與效果。
3. 相關法令之遵循。

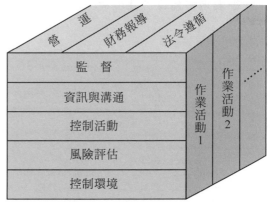

▲ 內部控制組成要素與目標及作業活動相互關係圖

二、內部控制的基本觀念

(一) 建立良好的內部控制制度，協助管理階層有效經營企業、正確編製財務
報表並提供可靠的會計資訊是管理當局的責任。

(二) 企業實施內部控制制度時，也適用重要性原則的觀念，而無法全面顧
及，僅能提供合理的保證。

(三) 內部控制制度的有效性取決於操作制度的人是否適任而且可靠，不論內部
控制的設置與施行如何審慎，由於人的因素，都無法保證其完全有效。

三、內部控制的組成要素

(一) 控制環境。

(二) 風險評估。

(三) 控制活動。

(四) 資訊與溝通。

(五) 監督。

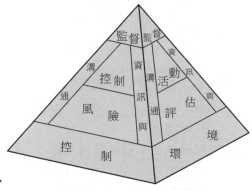

四、現金的內部控制

(一) **現金收入的控制**：務必作到隨收、
隨記、隨存。

內部控制各組成要素關係圖

(二) **現金支出的控制**：大額支出儘量採用支票付款，並設置及執行適當的付
款流程。

(三) **設置零用金制度**：支付零星支出。

(四) **編製現金預算**：就現金餘絀預先規劃投資或借款的途徑。

實戰演練

申論題

一　甲公司所有收支皆透過銀行支票戶，其X5年7月31日銀行調節表如下：

公司帳上餘額		$54,000
加：未兌現支票	$12,000	
銀行代收票據	4,000	16,000
		70,000
減：在途存款	$5,000	
銀行手續費	800	5,800
銀行對帳單餘額		$64,200

甲公司X5年8月份銀行存款資料如下：

	銀行帳	公司帳
存款記錄	$55,000	$64,000
支票記錄	38,000	41,000
手續費	1,700	800
代收票據	3,000	4,000
8/31存款餘額	82,500	?

甲公司帳列之存款記錄、支票記錄，不包括7月31日調節表之調整分錄於8月份入帳之部分。試作：

(一) 計算X5年7月31日正確銀行存款餘額。

(二) 計算X5年8月31日在途存款。

(三) 計算X5年8月31日未兌現支票。

(四) 計算X5年8月31日甲公司帳列銀行存款餘額。

(五) 計算X5年8月31日正確銀行存款餘額。　　　　　（105年中華郵政）

答 (一)X5年7月31日正確銀行存款餘額

　　＝$64,200＋$5,000－$12,000＝$57,200

(二)X5年8月31日在途存款

　　$64,000＝$55,000－$5,000＋X5年8月31日在途存款，

　　X5年8月31日在途存款＝$14,000

(三)X5年8月31日未兌現支票

$41,000＝$38,000－$12,000＋X5年8月31日未兌現支票，

X5年8月31日未兌現支票＝$15,000

(四)X5年8月31日甲公司帳列銀行存款餘額

銀行存入總額：$55,000＋$3,000＝$58,000

銀行支出總額：$38,000＋$1,700＝$39,700

X5年8月31日銀行對帳單餘額：

$64,200＋$58,000－$39,700＝$82,500

X5年8月31日甲公司帳列銀行存款餘額：

$82,500＋$14,000－$15,000＝$81,500

(五)X5年8月31日正確銀行存款餘額

＝$81,500＋$3,000－$1,700＝$82,800

二 丁丁公司有關零用金之各種交易事項如下：

1. 民國X1年3月1日撥款$6,000設立零用金。

2. 3月31日檢查零用金時，發現有下列支出單據：

文具用品費	$550	旅費	$2,500
雜費	$850	水電費	$650
現款	$1,500		

3. 當日補充零用金，並減至$5,000。

4. 4月30日零用金支出單據如下：

文具用品費	$300	旅費	$2,000
雜費	$1,200	水電費	$400
郵票	$250	現款	$820

5. 當日決定取消零用金制度。

試作上列有關零用金之分錄。

答 分錄：

3月1日設立零用金：

零用金	6,000	
現金		6,000

3月31日補足及減少零用金：

文具用品費	550	
旅費	2,500	
雜費	850	
水電費	650	
現金短溢		50
現金		3,500
零用金		1,000

4月30日取消零用金制度：

文具用品費	300	
旅費	2,000	
雜費	1,200	
水電費	400	
郵票	250	
現金	820	
現金短溢	30	
零用金		5,000

三 大仁公司所有現金收支均透過銀行支票帳戶，其7月31日的銀行往來調節表如下：

銀行對帳單餘額		$ 76,640
加：在途存款	$ 20,000	
銀行手續費	3,360	23,360
減：銀行代收票據	$ 4,000	
未兌現支票	41,600	45,600
公司帳上餘額		$ 54,400

8月份銀行對帳單及帳載資料如下：

	銀行對帳單	公司帳載
存入欄記錄	$641,600	$653,600
支出欄記錄	628,240	618,240

公司帳載存入記錄與支出記錄，均包括7月31日調節表的調整分錄於8月份入帳部分。其他資料如下：

(1)7月31日未兌現支票中，有$12,000於8月底仍未兌現。

(2)8月份銀行手續費$1,200，及8月銀行代為收訖之票據$6,400，大仁公司均尚未入帳。

(3)大仁公司發現8月23日購買設備所開立支票$88,400，銀行已兌付，但帳上誤記為$84,800。

(4)大仁公司發現8月25日銀行兌付大芒公司開立支票$5,000，誤記為公司支出。

試作：分別計算下列金額

(一) 8月31日在途存款。

(二) 8月31日未兌現支票。

(三) 8月份正確銀行存款存入金額。

(四) 8月份正確銀行存款支出金額。

(五) 8月31日正確銀行存款餘額。

答　(一)8月31日在途存款

　　　＝653,600－4,000＋6,400－641,600＋20,000＝34,400

　　(二)8月31日未兌現支票

　　　＝618,240－3,360＋1,200＋3,600－628,240＋5,000＋41,600

　　　＝38,040

　　(三)8月份正確銀行存款存入金額

　　　＝641,600＋34,400＝676,000

　　(四)8月份正確銀行存款支出金額

　　　＝628,240－5,000＋12,000＋26,040＝661,280

　　(五)8月31日正確銀行存款餘額

　　　＝76,640＋676,000－661,280＝91,360

大仁公司
銀行往來調節表
7月31日

	期初金額	本期存入	本期支出	期末金額
公司帳上餘額	54,400	653,600	618,240	89,760
加：上月代收票據	4,000	(4,000)		0
加：本月代收票據		6,400		6,400
減：上月手續費	(3,360)		(3,360)	0
本月手續費			1,200	(1,200)
錯誤更正			3,600	(3,600)
8月31日正確銀行存款餘額	55,040	656,000	619,680	91,360
銀行對帳單	76,640	641,600	628,240	90,000
加：上月在途存款	20,000	(20,000)		0
錯誤更正			(5,000)	5,000
減：上月未兌現支票	(41,600)		(41,600)	0
上月未兌現支票本期未兌現			12,000	(12,000)
本月在途存款		34,400		34,400
減本月未兌現支票			26,040	(26,040)
	55,040	656,000	619,680	91,360

四 興隆公司因現金出納、記帳與銀行往來調節表編製工作，均由會計員王某一人負責，以致發生弊案。11月份銀行結單上列示該公司11月30日的存款餘額為$1,695,000。同日該公司現金帳戶（包括庫存現金及銀行存款在內）之餘額為$1,970,831。11月底止流通在外支票，計有如下六筆：

支票號碼	金額	支票號碼	金額
#7062	$20,620	#7183	$17,000
#7284	26,145	#8621	17,519
#8623	34,100	#8632	17,280

此外，11月份銀行結單上列有一筆該公司尚未入帳的其他貸項$20,000。王某利用內部控制的缺失，將庫存現金只留$334,730外其餘悉數納入私囊，然後編製下列銀行往來調節表，企圖掩飾其舞弊。

公司帳面餘額，11月30日		$1,970,831
加：流通在外支票：		
#8621	$17,519	
#8623	34,100	
#8632	17,280	58,899
		$2,029,730
減：庫存現金		334,730
銀行結單餘額，11月30日		$1,695,000
減：未入帳貸項		20,000
實際現金餘額，11月30日		$1,675,000

試求：

(一) 王某總共挪用了多少現金？如何掩飾其舞弊行為？

(二) 編製正確的餘額或銀行往來調節表。

(三) 列述針對該公司內部控制缺失的改進意見。　　　　　（金融特考）

答 (一)

　1.王某所編的調節表漏列三張未兌現支票如下：

#7062	$20,620
#7183	17,000
#7284	26,145
合計	$63,765

又所列三張未兌現支票總數應為$68,899($17,519＋$34,100＋
$17,280)，而王某有意加錯誤列為$58,899，故挪用$10,000。
所以，王某故意低列未兌現支票為$73,765($63,765＋$10,000)。

　2.此外，11月份銀行對帳單上列有一筆公司未入帳的其他貸項（代表
公司的存款，或委託銀行託收款）$20,000，也被王某挪用。所以
挪用總數為：

低列未兌現支票	$73,765
加：公司未入帳的其他貸項	20,000
王某挪用的現金數	$93,765

(二)銀行往來調節表：

興隆公司
銀行往來調節表
民國XX年11月30日

公司帳上餘額		$1,970,831	對帳單餘額			$1,695,000
加：公司未入帳之貸項		20,000	減：未兌現支票			
減：庫存現金		(428,495)	＃7062	$20,620		
			＃7183	17,000		
			＃7284	26,145		
			＃8621	17,519		
			＃8623	34,100		
			＃8632	17,280	(132,664)	
正確餘額		$1,562,336	正確餘額			$1,562,336

※正確庫存現金
＝帳列庫存現金$334,730＋王某挪用數$93,765＝$428,495

(三)改進內部控制的意見：
1.將出納、記帳工作分開，不可由王某一人負責。且由會計部門指定專人負責編製銀行往來調節表。
2.不定期抽查盤點庫存現金。

五 馬修公司X1年5月31日編製錯誤的銀行調節表如下：

銀行對帳餘額單	$7,000
加：存款不足支票	3,500
銀行手續費	500
調整後銀行帳現金餘額	$11,000
公司帳現金餘額	$14,000
減：在途存款	(5,000)
加：未兌現支票	2,000
調整後公司帳現金餘額	$11,000

試作：
(一) 請編製正確的銀行調節表。
(二) 請依調節表製作調整分錄。　　　　　　　　　　（108年臺灣電力）

答 (一)銀行對帳餘額單 $7,000

        加：在途存款   5,000

        減：未兌現支票   (2,000)

        調整後銀行帳現金餘額 $10,000

        公司帳現金餘額 $14,000

        減：存款不足支票   (3,500)

        銀行手續費   (500)

        調整後公司帳現金餘額 $10,000

   (二)催收款項（應收帳款） $3,500

      手續費   500

          銀行存款 $4,000

測驗題

(   ) **1** 銀行對帳單餘額為$73,000，並知道下列事項：未兌現支票$2,800；在途存款$1,500；銀行代收款$2,000；銀行手續費$300。請問公司銀行存款正確的餘額應為多少？ (A)$79,600 (B)$70,000 (C)$69,300 (D)$71,700。 （105年臺灣港務）

(   ) **2** 甲公司零用金額度為$70,000，103年底零用金保管員手存零用金剩餘$8,800，因此提出單據共計$61,500請求撥補，則撥補後的零用金餘額為多少？ (A)$70,000 (B)$70,300 (C)$61,500 (D)$8,800。 （105年臺灣港務）

(   ) **3** 甲公司4月30日帳列銀行存款餘額為$7,250，而同一天之銀行對帳單餘額為$8,600。若調節項目僅有在途存款$5,000、銀行手續費$50、未兌現支票$4,200及銀行代收票據款等四項；則銀行代收票據款總額有多少？ (A)$2,200 (B)$2,100 (C)$600 (D)$500。 （105年中油）

(   ) **4** 甲公司8月底銀行對帳單餘額為$36,000，未兌現支票為$12,000，在途存款為$6,000。另外，銀行對帳單顯示有一張$500為乙公司開立之支票被銀行誤為甲公司之支票而扣款，則甲公司8月底之正確銀行存款應為： (A)$22,500 (B)$29,500 (C)$30,500 (D)$44,500。 （105年中油）

(　　) **5** 乙公司零用金開始設立時金額為$3,000，在零用金撥補日當天零用金保管人持有的零用金餘額為$200，當時零用金保管人持有的各項費用支出憑證總金額為$2,920，則進行撥補時相關的分錄為：　(A)借記：現金短溢$120　(B)貸記：現金短溢$120　(C)借記：零用金$2,920　(D)貸記：零用金$2,920。　　　　　　　　　　　（105年中油）

(　　) **6** 美倫公司5月份之銀行往來調節表中有在途存款$2,000及未兌現支票總額$1,500，6月份公司帳列存入金額為$30,000，當月開出支票總計有$23,800，而6月份銀行對帳單上顯示公司存入金額為$29,000、已兌付之支票款項為$24,000，則在編製6月份調整至正確餘額之銀行調節表時，下列何者正確？
(A)公司帳上存款餘額加在途存款$3,000、減未兌現支票$1,300
(B)銀行對帳單餘額加在途存款$2,000、減未兌現支票$1,500
(C)銀行對帳單餘額加在途存款$3,000、減未兌現支票$1,300
(D)公司帳上存款餘額加在途存款$1,000、減未兌現支票$200。
　　　　　　　　　　　（105年臺灣菸酒）

(　　) **7** 假設某一公司設置有零用金$500，期末經會計人員檢查零用金，發現剩餘$290，另相關支出憑證與收據金額共計有$200，則撥補零用金之分錄中應貸記：　(A)零用金$200　(B)零用金$210　(C)現金$200及現金短溢$10　(D)現金$210。　　　　　（105年臺灣菸酒）

(　　) **8** 編製調整至正確餘額之銀行調節表時，有關「客戶存款不足退票」應如何調整？　(A)公司帳列存款餘額之加項　(B)公司帳列存款餘額之減項　(C)銀行對帳單餘額之加項　(D)銀行對帳單餘額之減項。　　　　　　　　　　　（105年臺灣菸酒）

(　　) **9** 台中公司5月底銀行對帳單餘額為$476,000，5月底在途存款為$20,500，未兌現支票$44,000將於6月中兌現，銀行記錄顯示：該公司6月份存入金額為$102,000，支出金額為$140,900，6月份在途存款為$31,400，有未兌現支票$54,300，則該公司6月份正確之現金存入金額為：　(A)$151,200　(B)$112,900　(C)$137,000　(D)$114,100。　　　　　　　　　　　（106年桃園捷運）

（　　）**10** 甲公司年底盤點現金時，計有郵票$500、印花稅票$100、員工借
條$2,000、即期匯票$12,000、庫存現金$8,000、銀行存款$5,000、
存入保證金$5,000，則「現金及約當現金」應為： (A)$44,600
(B)$28,000　(C)$27,000　(D)$25,000。　　　　（106年桃園捷運）

（　　）**11** 當發現有未兌現支票之情況時，編製銀行調節表應如何處理？
(A)應列為銀行對帳單餘額的減項　(B)應列為銀行對帳單餘額的減
項，且應做調整分錄　(C)應列為公司帳上存款餘額的減項　(D)應列
為公司帳上存款餘額的減項，且應做調整分錄。　　　　（106年中鋼）

（　　）**12** 甲公司7月31日帳列銀行存款餘額為$390,000，於編製銀行調節表
時發現下列事項：開立支票$35,000，公司帳上誤記為$53,000；銀
行代收票據$50,000，公司尚未入帳；未兌現支票$45,000；在途存
款$32,000，則7月31日銀行對帳單存款餘額為何？ (A)$435,000
(B)$445,000　(C)$458,000　(D)$471,000。

（　　）**13** 乙公司107年1月31日銀行對帳單餘額為$350,000，1月31日銀行往來
調節表中有下列的應調節事項：銀行代收款$80,000、銀行手續費
$300、存款不足支票退票$40,000、在途存款$50,000、未兌現支票
$100,000。請問1月31日未作調節之前，乙公司帳列現金餘額應為
多少？ (A)$220,300　(B)$260,300　(C)$300,300　(D)$340,300。

（　　）**14** 大愛公司7月31日銀行往來調節表之未兌現支票$3,600已於8月初
陸續兌現，8月份公司帳列支票支出總數$38,500，但銀行對帳單
顯示8月份支付支票總數為$37,500，則大愛公司8月份銀行往來調
節表之未兌現支票金額為： (A)$1,000　(B)$2,600　(C)$3,600
(D)$4,600。

（　　）**15** 下列為永安公司8月31日之資訊。帳列銀行存款餘額為$351,860，銀
行對帳單之餘額則為$350,000。核對後發現(1)8月31日送存之$7,000
銀行尚未入帳；(2)公司支付辦公用品之支票$2,510，公司帳上誤記
為$2,150；(3)公司開出之支票尚有$5,500未兌現。請問：8月31日正
確之銀行存款餘額為何？ (A)$348,500　(B)$350,360　(C)$351,500
(D)$353,360。

(　) **16** 公司設置零用金$5,000，撥補時有文具用品$1,450、郵資費$1,800、雜支$1,550，且零用金尚餘$240，則下列撥補零用金之分錄何者正確？　(A)借記現金短溢$40　(B)借記費用$4,760　(C)貸記現金$4,760　(D)貸記零用金$4,800。

(　) **17** A公司11月30日帳列存款餘額為$80,000，11月底之未兌現支票為$9,000，在途存款為$12,000。12月份公司記錄存款為$176,000、銀行記錄存款$163,000，公司記錄支票付款$165,000、銀行記錄支票付款$158,000，則12月31日在途存款為：　(A)$1,000　(B)$13,000　(C)$16,000　(D)$25,000。

(　) **18** 公司設置定額零用金$5,000，零用金保管人手上現金餘額為$350，保管人提出各項費用支出憑證總和為$4,700，則撥補分錄為：(A)借記現金短溢$50　(B)借記費用$4,650　(C)貸記現金$4,700 (D)貸記現金短溢$50。

(　) **19** 甲公司使用零用金制度，當公司職員搭計程車出差而支付計程車資時，則甲公司之會計人員：　(A)立即借記交通費用　(B)立即貸記現金　(C)暫時不需做分錄，等後續撥補零用金時，再作分錄 (D)立即支付現金給零用金保管人。

(　) **20** 乙公司會計人員正編製銀行往來調節表，在進行調整事項時，下列何者需在公司帳上做調整分錄？　(A)銀行收取其他公司手續費而誤扣除公司存款金額時發生之錯誤　(B)未兌現支票　(C)在途存款 (D)銀行存款帳戶的利息收入。

(　) **21** 桃園公司X1年底編製財務報表時發現，現金包含：支票存款$50,000，保付支票$20,000，零用金$8,000，中央產業銀行二年期定期存單$80,000，償債基金$55,000，租借影印機時支付押金之收據$6,000，試問桃園公司「現金及約當現金」真正的餘額為何？(A)$219,000　(B)$213,000　(C)$158,000　(D)$78,000。

〔108年桃園捷運〕

(　) **22** 下列關於零用金之敘述，何者錯誤？　(A)零用金動支時應借記：各項費用，貸記：零用金　(B)若前期期末僅報銷，待次期方補充零用金，則補充時應借記：零用金，貸記：銀行存款　(C)若要調升零用金定額，則借記：零用金，貸記：銀行存款　(D)手存現金加上憑證費用金額，應等於零用金定額。　　〔108年桃園捷運〕

(　) **23** 經查桃園公司X8年財務報表，發現下列資料：
(1)台銀支票存款調整後餘額$28,750
(2)旅行支票$12,000
(3)土銀支票存款調整後餘額27,850
(4)零用金5,000
(5)合庫活期儲蓄存款22,150
(6)員工借條6,000
(7)客戶支票存款不足退票9,000
(8)郵票1,200
(9)遠期支票（2個月後到期）32,000
(10)庫存現金24,000
(11)預支旅費4,000
(12)新光2個月期定期存款58,000
桃園公司資產負債表上，「現金及約當現金」項目餘額多少？
(A)177,750　　　　　　　　(B)200,000
(C)330,000　　　　　　　　(D)以上皆非。　　　（108年桃園捷運）

(　) **24** 採用零用金制度時，哪種情況下不需要做分錄？　(A)設立帳戶時
(B)撥補時　(C)實際動支時　(D)帳戶餘額增減時。

（108年臺灣菸酒）

(　) **25** 某公司在編製完成銀行往來調節表後，下列何者需於公司帳上作調
整分錄？　(A)銀行手續費　(B)銀行誤將兌付他公司支票誤記為該
公司帳戶　(C)在途存款　(D)未兌現支票。　　　（108年臺灣菸酒）

解答及解析（答案標示為#者，表官方曾公告更正該題答案。）

1 (D)。$73,000＋$1,500－$2,800＝$71,700

2 (A)。帳上零用金科目設立後，維持定額不變。

3 (A)。銀行存款正確金額為：$8,600＋$5,000－$4,200＝$9,400
$7,250－$50＋銀行代收票據款＝$9,400，銀行代收票據款＝$2,200

4 (C)。$36,000＋$6,000－$12,000＋$500＝$30,500

5 (B)。(1) 零用金撥補時可能會出現「現金短溢」或「現金餘絀」，現金短溢
（現金餘絀）若為借方科目，視同費用類，反之若現金短溢（現金餘
絀）為貸方科目，視同其他收入。
本題因為撥補日當天零用金保管人剩餘\$200，故僅能撥\$2,800
(\$3,000－\$200)，貸方差額部分為「現金餘絀」。
(2) 本題撥補分錄如下：

各項費用　　　　　2,920
　　現金短溢　　　　　　　　120
　　銀行存款　　　　　　　　2,800

6 (C)。(1) 公司存款記錄＝銀行存款記錄–期初在途存款＋期末在途存款
公司支票記錄＝銀行支票記錄–期初未兌現支票＋期末未兌現支票
(2) 本題計算如下：
\$30,000＝\$29,000－\$2,000＋6月份在途存款，
6月份在途存款為\$3,000
\$23,800＝\$24,000－\$1,500＋6月份未兌現支票，
6月份未兌現支票為\$1,300

7 (D)。(1) 零用金撥補時可能會出現「現金短溢」或「現金餘絀」，現金短溢
（現金餘絀）若為借方科目，視同費用類，反之若現金短溢（現金餘
絀）為貸方科目，視同其他收入。
本題因為撥補日當天零用金保管人剩餘\$290，故僅能撥\$210(\$500－
\$290)，借方差額部分為「現金短溢」。
(2) 本題撥補分錄如下：

各項費用　　　　　200
現金短溢　　　　　10
　　現金　　　　　　　　　210
本題貸方以「現金」會計項目取代「銀行存款」會計項目。

8 (B)。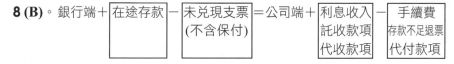

9 (B)。102,000－20,500＋31,400＝112,900

10 (D)。現金及約當現金＝12,000＋8,000＋5,000＝25,000

11 (A)。未兌現支票，公司帳已經付款，銀行對帳單尚未兌現，故應為銀行調節表
上作銀行對帳單餘額減項，不需再作調整分錄。故本題應選(A)。

12 (D)。甲公司7月31日帳列銀行存款餘額$390,000＋錯誤（$53,000－$35,000）＋代
收$50,000＝7月31日銀行對帳單存款餘額＋在途存款$32,000－未兌現支票
$45,000
7月31日銀行對帳單存款餘額＝$471,000

13 (B)。$350,000＋$50,000－$100,000＝$300,000
＝乙公司帳列現金餘額＋$80,000－300－$40,000
乙公司帳列現金餘額＝$260,300

14 (D)。大愛公司8月份銀行往來調節表之未兌現支票金額
＝$3,600＋$38,500－$37,500
＝$4,600

15 (C)。

永安公司 部分銀行往來調節表 X年8月31日	
銀行對帳單之餘額	$350,000
加：在途存款	7,000
減：未兌現支票	(5,500)
正確餘額	$351,500

16 (C)。撥補零用金之分錄：

各項費用	$4,800	
現金		$4,760
現金短溢		$40

17 (D)。12月31日在途存款＝$12,000＋$176,000－$163,000＝$25,000

18 (D)。撥補分錄為：

各項費用	$4,700	
現金		$4,650
現金短溢		$50

19 (C)。零用金支付費用時，暫時不需作分錄，等後續撥補零用金時，再作分錄。

20 (D)。公司的錯誤才需在公司帳上作調整分錄，如銀行存款帳戶的利息收入未作。

21 (D)。50,000＋20,000＋8,000＝78,000
二年期定期存單－金融資產
償債基金－基金
租借影印機時支付押金－存出保證金

22 (A)。 零用金動支時，不須做分錄

23 (A)。 $\$28,750＋\$12,000＋\$27,850＋\$5,000＋\$24,000＋\$22,150＋\$58,000$
＝$\$177,750$
員工借支－其他應收款
客戶支票存款不足退票－應收帳款
郵票－預付費用
遠期支票－應收票據
預支旅費－暫付款

24 (C)。 零用金制度動支時不需作分錄

25 (A)。 公司→(A)調整減項
銀行→(B)調整加項、(C)調整加項、(D)調整減項

NOTE

第三章　應收款項

課前導讀

本章為重要章節，考生務必瞭解各種應收款項及票據、貼現等之意義及會計處理，此為歷年來的重要考點，考生務必要加以熟記。

重點整理

☑ 重點一　應收款項之意義

一、意義

企業為了促銷商品，提高顧客購買力，往往同意顧客先進貨或先享受服務後付款，此種延遲收款的銷售方式稱為賒銷，所獲得的債權稱為應收帳款。根據IAS 39規定，應收帳款認列後需評估其是否存在減損的客觀證據，若有減損，則以應收帳款之帳面價值減去估計未來現金流量折現值的差額來衡量減損損失。而自107年起開始適用IFRS 9，應收帳款減損（呆帳）程序採**預期信用損失模式**，有別於過去之已確定損失模式。

二、分類

應收款項依其來源分為應收帳款、應收票據及其他，彙總說明如下表：

應收款項來源	種類	在資產負債表上的表達方式
企業從事主要的經營活動所產生對顧客的債權請求權	1. 應收帳款：因出售商品或提供勞務而發生對客戶的貨幣請求權。 2. 應收票據：發票人或付款人在特定日無條件支付一定金額給本企業之承諾。包括遠期支票、本票及承兌匯票。有正式債權憑證。	列為流動資產。
企業從事非主要的經營活動所產生債權請求權	1. 應收利息。　　4. 應收賠償款。 2. 應收租金。　　5. 應收員工借款。 3. 應收退稅款。　6. 其他應收款。	1. 金額小者可合併為其他應收款，金額大者單獨列示。 2. 依收現時間長短區分為流動資產或非流動資產。

✓ 重點二 應收帳款之認列及評價

一、認列時機

應收帳款應該在商品的所有權已移轉或勞務已提供完成後，才能認列。而銷貨何時完成或所有權何時移轉給買方，則視銷貨條件而定，在會計上，一般分成**起運點交貨**以及**目的地交貨**。開始採用IFRS 15之後，應收帳款的認列時點，與收入認列有關。依IFRS 15認列收入時，應收帳款應於銷售完成，貨物控制權移轉時，或勞務提供時認列。

(一) **起運點交貨**：在將貨品交付指定的運送人後該批貨品所有權即屬買方。

(二) **目的地交貨**：須待貨品運達買方之目的地或指定地點後，銷貨才屬完成。而在運送途中發生之損失以及運費皆由賣方負擔。

二、原始認列

應收帳款原始認列時應以交易時對價的公允價值入帳。

應收帳款金額的決定須考慮下列各項因素：

(一) **商業折扣**：係改變原始交易價格（例如：定價兩百的泳衣按七折出售），通常不入帳。

(二) **現金折扣**：為鼓勵顧客提早還款而給予的折扣，如2/10，n/30，意思是在十天內付款，可只付98%的貨款，若超過十天付款則必須在此十天後的二十天內以原價付款，也就是10天內只需付本金98元，11至30天需受付利息2元，故付款條件2/10，n/30的隱含利率為$(2/98) \times (365/20) = 37.2\%$（年利）。現金折扣若發生在現銷，其折扣不入帳，以收現數借記現金，貸記銷貨收入。至於賒銷的現金折扣，處理方法可分為總額法、淨額法、備抵法三種，說明如下：

  1. **總額法**：

    (1) 應收帳款及銷貨收入均依總額（扣除商業折扣後的淨額）入帳，並於實際發生時認列銷貨折扣金額。

    (2) 若期末尚有未超過折扣期限的應收帳款，不作調整分錄。

  2. **淨額法**：

    (1) 應收帳款及銷貨收入均依扣除銷貨折扣後的淨額入帳，若有顧客未享受的折扣，則作為其他收入處理。

(2) 期末對於已過折扣期限而顧客未付款之應收帳款，應作調整分錄如下：

　　　應收帳款　　　　　　　　　　　　XXX

　　　　　顧客未享銷貨折扣（列為營業外收入）　　　XXX

3. **備抵法**：

(1) 應收帳款依總額入帳，銷貨收入按淨額入帳，兩者之差以「備抵銷貨折扣」入帳。若客戶在折扣期限內付款，則沖銷備抵銷貨折扣。

(2) 若在折扣期限過後才收回應收帳款，應作成收現及將備抵銷貨折扣轉列為「顧客未享銷貨折扣」的分錄。

(3) 期末對於已過折扣期限而顧客未付款之應收帳款，應作調整分錄如下：

　　　備抵銷貨折扣　　　　　　　　　　XXX

　　　　　顧客未享銷貨折扣（列為營業外收入）　　　XXX

(三) **銷貨退回及折讓**：為銷貨的抵銷科目，且列在綜合損益表中減少銷貨收入。

範例 1　麗麗公司於X1年12月25日賒售商品$800,000，付款條件為2/10，n/30，該批銷貨及銷貨折扣在會計上採用二種不同處理方法。試求作：

(一) 分別就總額法及淨額法作X1年12月25日賒銷，同年12月31日期末調整，以及X2年1月4日收到帳款的分錄。

(二) 又假設上項帳款是在X2年1月24日到期才收到，在不同方法下又如何分錄？

答　總額法：

(一)X1/12/25賒銷商品時分錄：

應收帳款	800,000	
銷貨收入		800,000

X2/1/4收到帳款時分錄：

現金	784,000	
銷貨折扣	16,000	
應收帳款		800,000

　$800,000 \times 2\% = 16,000$

(二)X2/1/24折扣期間過後才收到帳款分錄：

現金	800,000	
應收帳款		800,000

　　淨額法：

(一)X1/12/25賒銷商品時分錄：

　　　　應收帳款　　　　　　784,000
　　　　　　銷貨收入　　　　　　　　　　784,000
　　　800,000×(1－2%)＝784,000
　　　X1/12/31期末調整時分錄：
　　　　不必作分錄。
　　　X2/1/4收到帳款時分錄：
　　　　現金　　　　　　　　784,000
　　　　　　應收帳款　　　　　　　　　　784,000

(二)X2/1/24折扣期間過後才收到帳款分錄：

　　　　現金　　　　　　　　800,000
　　　　　　應收帳款　　　　　　　　　　784,000
　　　　　　顧客未享銷貨折扣　　　　　　16,000

三、續後評價

應收帳款是金融工具的一種，遵循國際財務報導準則第9號公報的規定。應收帳款的續後評價應按攤銷後成本衡量，採用有效利率法攤銷。但除了應收分期帳款外，一般應收帳款的授信期間大多不超過一年，故不需考慮現值（因為現值與到期值差異不大）。若商品是按正常售價出售，則應收帳款亦無溢、折價問題。故應收帳款通常以原始認列金額評價。

四、應收帳款減損

(一)**意義**：除「透過損益按公允價值衡量」者外，均於報導期間結束日採取下列二步驟以評估減損損失：
　1.評估是否有客觀證據顯示已發生減損。
　2.如有客觀證據顯示應收帳款已發生減損時，應進一步衡量及認列減損損失。

(二)**應收帳款的減損評估流程包括四個步驟**
　1.決定應納入評估之資產範圍。　　2.判斷有無減損之客觀證據。
　3.個別評估減損。　　　　　　　　4.群組評估減損。

(三) **依照IFRS 9之規定，應收帳款減損（呆帳）程序採預期信用損失模式**
　　預期損失估計採三階段評估方式，評估金融資產之預期信用損失：
　1. 第一階段：金融資產自原始認列後，若信用風險並未顯著增加，應按報導日12個月預期信用損失衡量該金融資產之備抵損失。
　2. 第二階段：金融資產自原始認列後，若信用風險已顯著增加，應按存續期間預期信用損失衡量該金融資產之備抵損失。
　3. 第三階段：金融資產已發生信用減損之時，亦應按存續期間預期信用損失衡量該金融資產之備抵損失。

(四) **會計處理：** 應收帳款亦是國際會計準則第39號公報所規範的金融工具之一，是亦須於報導期間結束日評估減損損失，關於國際會計準則第39號公報對於應收帳款減損的估計及會計處理彙整說明如下表：

項目	應收帳款減損的估計及會計處理
減損損失的衡量	減損損失＝應收帳款的帳面金額－應收帳款估計未來現金流量按原始有效利率折算的現值
認列減損損失	減損損失（壞帳）　　　XXX 　　備抵壞帳　　　　　　　　　XXX
減損損失的迴轉	備抵壞帳　　　　　　XXX 　　減損損失迴轉利益　　　　　XXX 註： 1. 減損損失迴轉的金額不應使應收帳款的帳面金額超過其未認列減損損失情況下的攤銷成本。 2. 減損損失迴轉利益列入當期損益。

五、壞帳（減損損失）之認列

(一) **發生壞帳的原因：** 企業因賒銷交易，產生應收帳款可能無法收回的壞帳，應該在銷貨年度認列為費用，才能符合成本與收入配合原則。

(二) **壞帳的會計處理：**
　　會計上對於壞帳損失的處理方法有直接沖銷法及備抵法兩種，兩者的觀念及分錄做法整理如下表：

項目	直接沖銷法	備抵法
觀念	會計年終對於未來可能發生的壞帳,並不作調整分錄承認,應等到壞帳實際發生時才作成分錄,只有當帳款確定無法收回時,才將帳款沖銷,並承認損失。	會計年終對於未來可能發生的壞帳,預先估計使與銷貨收入能夠相互配合,符合會計上的配合原則。
期末估計	(依事實入帳,故不作估計)	壞帳　　　　XXX 　　備抵壞帳　　　　XXX
壞帳實際發生時沖銷壞帳	壞帳損失　　XXX 　　應收帳款　　　　XXX	備抵壞帳　　XXX 　　應收帳款　　　　XXX
沖銷後收回	現金　　　　XXX 　　其他收入　　　　XXX	應收帳款　XXX 　　備抵壞帳　　　　XXX 現金　　　　XXX 　　應收帳款　　　　XXX

(三) 基於權責基礎與配合原則,應採用「備抵法」,因「直接沖銷法」非
　　 GAAP,所以不可採用。

範例2 以下為義倉公司X1年3月31日之應收帳款帳齡分析表及壞帳率,若
其調整前備抵壞帳為貸餘$2,000,則應補提多少壞帳費用?

義倉公司
帳齡分析表
X1年3月31日

客戶名稱	未到期	1－30天	31－60天	61－90天	90天以上	合計金額
A	1,000					1,000
B			300			300
C	1,600					1,600
D				1,600	200	1,800
E	800					800

客戶名稱	未到期	1-30天	31-60天	61-90天	90天以上	合計金額
其他	32,600	20,000	8,400	400	3,100	64,500
合計	36,000	20,000	8,700	2,000	3,300	70,000
壞帳率	1%	3%	10%	20%	50%	

答

	未到期	1〜30天	31〜60天	61〜90天	90天以上	合計金額
金額	36,000	20,000	8,700	2,000	3,300	70,000
壞帳率	1%	3%	10%	20%	50%	
備抵壞帳	360	600	870	400	1,650	3,880

本期應提列數＝3,880－2,000＝1,880

分錄為：

壞帳費用	1,880	
備抵壞帳		1,880

(四) **壞帳的估計：**

1. **損益表法**：直接求出當期應提列之壞帳費用，故又稱「當期提列法」。
其分為銷貨淨額百分比法及賒銷淨額百分比法。
由於IFRS對財務報表要素的衡量較以資產負債表為重心，因此採用IFRS
後，損益表法適用之可能性大幅降低。

2. **資產負債表法**：先求出期末應有之備抵壞帳，再與調整前餘額相比較，
決定本期應提列之壞帳費用，故又稱「補足法」。其分為應收帳款餘額
百分比法及帳齡分析法。

(1) **應收帳款餘額百分比法**：估計壞帳之程序及分錄做法如下：

程序	應收帳款餘額百分比法
1.估計壞帳率	按照以往年度期末應收帳款實際發生壞帳的比率，再參照目前經濟情況酌加調整，以調整後的比率為估計壞帳率。
2.計算本期期末備抵壞帳應有餘額	期末備抵壞帳應有餘額＝期末應收帳款餘額×預計壞帳率

程序	應收帳款餘額百分比法
3. 計算本期應提列之壞帳金額	壞帳費用＝期末備抵壞帳應有餘額＋調整前備抵壞帳借方餘額－調整前備抵壞帳貸方餘額＝本期應提列的壞帳
4. 做調整分錄	壞帳費用　　　XXX 　　備抵壞帳　　　　　XXX

例如：應收帳款餘額為$100,000，備抵壞帳調整前貸方餘額為$500，採差額補足法提列壞帳5%，則壞帳調整分錄之金額為：

$100,000 \times 5\% - \$500 = \$4,500$

(2) **帳齡分析法**：本法按期末應收帳款的欠帳期間長短，分別估計其備抵壞帳率，加總後計算期末應有的備抵壞帳。估計壞帳之程序及分錄做法如下：

程序	帳齡分析法
1. 分析帳齡	將期末應收帳款依帳齡賒欠期間之長短加以分組，並統計各組應收帳款的合計數。
2. 估計壞帳率	依賒欠期間長短，估計每組應收帳款無法收回的比率（壞帳率）。
3. 計算本期應提列壞帳金額	期末應有之備抵壞帳金額＝Σ各組應收帳款餘額×各組壞帳率
4. 計算本期應提列之壞帳金額	壞帳費用＝期末備抵壞帳應有餘額＋調整前備抵壞帳借方餘額－調整前備抵壞帳貸方餘額＝本期應提列的壞帳
5. 作調整分錄	壞帳費用　　　XXX 　　備抵壞帳　　　　　XXX

☑ 重點三　應收票據的評價與會計處理

一、應收票據的種類

應收票據依其是否附息,可分為:

(一) **附息票據**:票據上有利息之記載者;票據到期時要清償本金及利息。

(二) **不附息票據**:票據上無利息之記載者;票據到期時,僅償還票面金額即可。

二、票據到期日的表達及計算

到期日的計算:

(一) **指定日付款**:即以指定付款日為到期日。

(二) **發票日後定期付款**:即從發票日後起算若干月或若干日為到期日。

(三) **見票日後定期付款**:即從見票日後起算若干月或若干日為到期日。

　　1. 以月計算到期日者,則為若干月後之相當日為到期日,如無相當日,則以該月底為到期日。

　　　　例如:1月31日一個月後到期,則到期日為2月28日(閏年為2月29日)。

　　　　　　　1月31日二個月後到期,則到期日為3月31日。

　　　　　　　1月31日五個月後到期,則到期日為6月30日。

　　2. 以日計算到期日者,則按實際日數計算到期日(算尾不算頭)。

　　　　例如:發票日為6月9日,發票日後90天到期,則到期日為9月7日,計算如下:

6/9至6/30	21天(6/9當天不算)
7月份	31
8月份	31
9月份	7(到期日)
合　計	90天

三、票據的利息

票據利息通常分為年息(亦稱週息)、月息及日息三種。如以分、厘表示如下:

利率		
種類	一分	一厘
年息	10.0%	1.00%
月息	1.0%	0.10%
日息	0.01%	0.001%

(一) 計算利息時，通常一年以360天，一個月以30天，一年以12個月計算。

(二) 利率如未寫明年或月的利率時，通常視為年利率。

　　例如：A公司有本金$300,000借給B公司使用，期間半年，則按1.年息、
　　　　　2.月息、3.日息一分計算如下：（考生注意以下計算）

　1. 年息一分：$300,000×10%÷2＝$15,000

　2. 月息一分：$300,000×1%×6個月＝$18,000

　3. 日息一分：$300,000×0.01%×180天＝$5,400

四、應收票據的會計處理

應收票據的原始評價，依票據是否為附息票據及不附息票據而有所不同，茲將兩者的作法整理如下表：

項目	附息票據		不附息票據		
收到票日時	應收票據　XXX 　應收帳款　　XXX		應收票據　XXX 　應收票據折價　　XXX 　應收帳款　　XXX		
年底收息時	現金　XXX 　利息收入　　XXX		應收票據折價　XXX 　利息收入　　XXX		
發票人拒付時	催收款項　XXX 　利息收入　　XXX 　應收利息　　XXX 　應收票據　　XXX		催收款項　XXX 應收票據折價　XXX 　利息收入　　XXX 　應收利息　　XXX 　應收票據　　XXX		
經催收後收回部分時	現金　XXX 備抵壞帳　XXX 　催收款項　　XXX		現金　XXX 備抵壞帳　XXX 　催收款項　　XXX		

項目	附息票據	不附息票據
經催收後 全數收回時	現金　　　　　XXX 　催收款項　　　　　XXX	現金　　　　　XXX 　催收款項　　　　　XXX

✔重點四　應收票據貼現

一、應收票據讓售也稱為「貼現」，票據貼現是指貼息取現的意思。應收票據貼現是在應收票據到期前，為週轉所需，將票據轉讓給銀行或他人，支付利息而提前取得現金。

二、應收票據貼現可分為不附息及附息票據貼現兩種，分別說明如下：

(一) 不附息票據的貼現

貼現息＝票據面額（到期值）×貼現率×期間

貼現可得現金＝票據面額（到期值）－貼現息

1. 貼現時分錄：

　　現金　　　　　　　XXX
　　應收票據貼現折價　XXX
　　　應收票據貼現　　　　　　XXX

2. 票據到期付款人兌付時分錄：

　　應收票據貼現　　　XXX
　　　應收票據　　　　　　　　XXX

3. 票據到期付款人拒絕付款時分錄：

　(1) 催收款項　　　　　XXX
　　　現金　　　　　　　　　　XXX
　(2) 應收票據貼現　　　XXX
　　　應收票據　　　　　　　　XXX

> **小叮嚀**
> 催收款項通常包括票據拒絕證書費。

(二) 附息票據的貼現

票據利息＝票據面額×票據利率×期間

票據到期值＝票據面額＋票據利息

貼現息＝票據到期值×貼現率×期間

貼現所得現金＝票據到期值－貼現息

應收未收利息＝票據面額×票據實際持有時間×票據利率

(三) 附息票據貼現的入帳方法

就貼現日票據的帳面價值（票據到期值＋應收未收利息）與貼現所得現金相比較，並求出應收票據貼現折價。

應收票據貼現折價＝（票據面值＋應收未收利息）－所得現金

貼現利益＝所得現金－（票據面值＋應收未收利息）

範例 振展公司本年中發生下列交易事項：

2/25 賒售商品$300,000給伍豪公司。

3/2 收到伍豪公司現金$100,000，及發票3/1五個月後到期支票$200,000乙紙，月利率0.5%清償2/25貸欠。

5/1 將伍豪公司支票持向銀行貼現，貼現率月利率0.5%。

8/1 票據到期，伍豪公司因短期資金週轉問題，無法付款，銀行向振展公司催討，並由該公司付清票據本息，且支付票據拒絕證書費$1,200。

9/1 收到伍豪公司還清欠款及過期利息（按月利率0.6%計算）。

答 分錄：

2/25	應收帳款	300,000	
	銷貨收入		300,000
3/2	現金	100,000	
	應收票據	200,000	
	應收帳款		300,000

5/1 票據利息＝$200,000×0.5%×5個月＝$5,000

票據到期值＝$200,000＋$5,000＝$205,000

貼現息＝$205,000×0.5%×3個月＝$3,075

貼現所得現金＝$205,000－$3,075＝$201,925

應收未收利息＝$200,000×0.5%×2＝$2,000

應收票據貼現折價

＝(票據面值＋應收未收利息)－貼現所得現金

＝($200,000＋$2,000)－$201,925＝$75

入帳如下：

	認列全部利息收入及貼現息	
5/1	應收利息　　　　　　　　2,000	
	利息收入	2,000
	現金　　　　　　　　　201,925	
	應收票據貼現折價　　　　　75	
	應收票據貼現	200,000
	應收利息	2,000
8/1	(1)催收款項　　　　　　206,200	
	現金	206,200
	$205,000（到期值）＋$1,200（拒絕證書費）＝$206,200	
	(2)應收票據貼現　　　　200,000	
	應收票據	200,000
9/1	現金　　　　　　　207,437.20	
	催收款項	206,200
	利息收入	1,237.20
	利息收入＝$206,200×0.6%×1	

(四) **應收票據貼現的表達方式**：應收票據貼現在票據到期付款人清償票據款以前，持票人（貼現人）對於應收票據貼現，在資產負債表上的表達如下：

1. 作為應收票據的減項。
2. 應收票據按淨額表達，應收票據貼現以括弧說明。
3. 應收票據按淨額表達，應收票據貼現以附註說明。

☑ 重點五　應收款項的轉讓

一、辨認

應收帳款之轉讓視為出售或是擔保借款，應以通過下列測試，方得將應收帳款視為出售處理：

(一) **移轉測試**：將應收帳款讓與或交付給該應收帳款發行人以外的個體。

(二) **風險與報酬測試**：應收帳款未來現金流量的淨現值及時間分布的波動性，使企業面臨的風險和報酬。

(三) **控制測試**：
1. 受讓人有實際能力將該應收帳款整體出售給非關係第三人。
2. 受讓人能單獨行使讓移轉能力（無須經移轉人同意）。
3. 受讓人無須對該移轉附加任何限制。

二、會計處理

(一) **企業若出售全部應收帳款資產**：
以下列二者之差額應計入當期損益：
1. 出售所得之價款。
2. 出售金融資產之帳面價值。

> **小叮嚀**
> 所稱價款，係指現金加上所取得其他新資產之公平價值，減除所承擔新負債之公平價值。

(二) **企業若僅出售金融資產之一部分並保留其他部分**：
出售部分應將下列二者之差額計入當期損益：
1. 出售部分金融資產所得之價款。
2. 出售部分金融資產之帳面價值，調整原為反映資產公平價值而列於業主權益之調整數。

(三) **企業若出售全部金融資產並產生新資產或承擔新負債時**：
應依公平價值認列新資產或新負債，並將下列二者之差額計入當期損益：
1. 出售所得之價款。
2. 出售金融資產之帳面價值。

範例 1 （企業若出售全部金融資產並產生新資產或承擔新負債）

小南公司於民國103年7月1日出售一筆應收款項予小西公司，取得現金$6,200,000，該應收款項之帳面價值為$6,000,000，公平價值為$6,600,000。小南公司未保留服務責任，但取得自小西公司購回類似應收款項（可隨時於市場取得）之選擇權，該選擇權之公平價值為$420,000。小南公司另承擔再買回逾期應收款項之有限追索權，其公平價值為$360,000。

答 103年7月1日

現金	6,200,000	
買回選擇權	420,000	

應收款項	6,000,000	
追索權負債	360,000	
處分金融資產利益	260,000	

出售利益＝出售價款－應收款項帳面價值

＝（6,200,000＋420,000－360,000）－$6,000,000

＝260,000

範例2（企業若出售全部應收帳款資產）

小南公司於民國103年6月15日出售一筆應收款項予小西公司，取得現金$5,300,000，該應收款項之帳面價值為$5,100,000，公平價值為$5,500,000。小南公司未保留服務責任，但取得自小西公司購回類似應收款項之選擇權。該應收款項並非於市場上隨時可得，且小南公司亦非以買回時之公平價值買回該應收款項。

答 103年6月15日

| 現金 | 5,300,000 | |
| 　應收款項 | | 5,300,000 |

範例3（企業若出售全部應收帳款資產並保留一成）

小南公司於出售一筆不附追索權之應收款項$300,000予小西公司，得款九成，保留一成以備未來可能發生之銷貨退回及折讓，並另支付5%的手續費，小西公司於買受帳款時估計壞帳金額大約為$5,000。俟實際發生之銷貨退回為$25,000，壞帳$4,000，餘款全部收清。試作兩家公司之分錄。

答

小南公司			小西公司		
成交時：					
現金	255,000		應收帳款	300,000	
應收款項－小西公司	30,000		現金		255,000
出售帳款損失	15,000		應付款項－小南公司		30,000
應收帳款		300,000	財務收入		15,000

估計壞帳時：			
無		壞帳	5,000
		備抵壞帳	5,000

收款時：			
無		現金	271,000
		應收帳款	271,000

結算時：			
現金	5,000	應付款項－小南公司	30,000
銷貨退回	25,000	現金	5,000
應收款項－小西公司	30,000	應收帳款	25,000
		備抵壞帳	5,000
		應收帳款	4,000
		壞帳	1,000

範例4（企業若出售一部分應收帳款資產）

小南公司於民國103年6月10日將90%之應收款項出售予小西公司，取得現金$5,940,000，小南公司將持續提供相關服務。此應收款項之帳面價值為$6,000,000，公平價值為$6,600,000。小南公司預期服務利益恰好適度補償執行服務機構之服務責任，故無須認列服務資產或服務負債。

答　103年6月10日

現金	5,940,000	
應收款項		5,400,000
處分金融資產利益		540,000

(一)出售應收款項公平價值之百分比＝5,940,000÷6,600,000＝90%

(二)出售應收款項分攤之帳面價值＝90%×6,000,000＝5,400,000

(三)出售利益＝出售價款－應收款項帳面價值
　　＝5,940,0000－5,400,000＝540,000

範例**5**　（未符合出售，視為借款之情形）

小南公司於民國103年6月10日將應收帳款$5,000,000出售予小西公司，取得現金$5,000,000，並簽約於二個月後以$5,100,000買回。該帳款非可隨時於市場取得，且小南公司非以當時之公允價值買回，試為小南公司作相關分錄。

答　103年6月10日

現金	5,000,000	
應收帳款移轉負債折價	100,000	
應收帳款移轉負債		5,100,000

103年8月10日

應收帳款移轉負債	5,100,000	
利息費用	100,000	
應收帳款移轉負債折價		100,000
現金		5,100,000

實戰演練

申論題

一　P百貨將與客戶的應收帳款，出售給Visa銀行之相關訊息如下：

(1)X1年11月1日P百貨將與客戶的應收帳款$1,000,000，出售給Visa銀行，Visa銀行負責向客戶收款，故未產生服務資產或服務負債。Visa銀行保留10%應收帳款作為銷貨退回及折讓緩衝之用，並收取應收帳款總額3%作為手續費，P百貨獲得現金$870,000。

(2)X1年11月中，Visa銀行收現$960,000，並有S百貨銷貨退回及折讓$40,000。

(3)X1年11月30日，雙方結算差額。請回答下列問題：

(一) 請根據IFRS 9規定，金融資產符合除列規定之移轉方式有幾種？並說明其內容為何。

(二) 若以無追索權方式出售應收帳款，請列示P百貨相關之分錄。

(三) 若以完全追索權方式出售應收帳款，請列示P百貨X1年11月1日之分錄。

(108年臺灣菸酒)

答 (一)

1. 移轉測試：企業將非現金之金融資金讓與或交付給該金融資產發行人以外的個體。
2. 風險與報酬測試：指金融資產未來現金流量的淨現值及時間分布的波動性，使企業面臨的風險和報酬。
3. 控制測試：
   (1)若受讓人有實際能力將該金融資產整體出售給非關係第三人。
   (2)若受讓人能單獨（無須經移轉人同意）行使該移轉能力。
   (3)若受讓人無須對該移轉附加任何限制。

測試結果有下列情況：

1. 未移轉金融資產→繼續認列金融資產。
2. 移轉金融資產、並移轉風險與報酬→除列金融資產。
3. 移轉金融資產、保留風險與報酬→繼續認列金融資產。
4. 移轉金融資產、未完全移轉亦未完全保留風險與報酬、放棄控制→除列金融資產。
5. 移轉金融資產、未完全移轉亦未完全保留風險與報酬、未放棄控制→在涉入範圍內繼續認列金融資產並認列相關的負債，其餘除列。

(二)11/1　成交時

現金	$870,000	
應收款項－VISA	100,000	
出售帳款損失	30,000	
應收帳款		$1,000,000

　　11/30 結算時

現金	$60,000	
銷貨退回及折讓	40,000	
應收款項－VISA		$100,000

(三)11/1　成交時

現金	$870,000	
應收款項－VISA	100,000	
應收帳款移轉負債折價	30,000	
應收帳款移轉負債		$1,000,000

二 C公司於2018年9月1日收到客戶開立3個月到期，面額為$30,000，利率為5%之票據一紙，以償還所欠貨款$30,000。該公司於11月1日將此票據持往銀行貼現，該票據貼現沒有追索權，貼現率為12%。試作：

(一) 計算11/1貼現時的貼現值

(二) 計算11/1貼現時的貼現損失

(三) 9/1~11/1應有之分錄。　　　　　　　　　　　　　　　　(108年臺灣菸酒)

答 (一)到期值＝$30,000＋（$30,000×5%×3/12）＝$30,375

　　貼現息＝$30,375×12%×1/12＝$304

　　貼現值＝$30,375－$304＝$30,071

(二)貼現損失＝（$30,000＋($30,000×5%×2/12)）－$30,071＝$179

(三)9/1　應收票據　　　　　　　$30,000

　　　　　應收帳款　　　　　　　　　　　　　$30,000

　　11/1　現金　　　　　　　　　$30,071

　　　　　貼現損失　　　　　　　　179

　　　　　應收票據　　　　　　　　　　　　　$30,000

　　　　　利息收入　　　　　　　　　　　　　　250

三 松果公司採應收帳款餘額百分比法提列呆帳：

期初應收帳款借餘為270,000元，備抵呆帳貸餘8,000元。

年度中賒銷150,000元，條件為2/10、n/30。

年度中帳款收現數為99,000元，其中50,000元未取得折扣。

沖銷應收帳款20,000元。

年底估計呆帳率為5%。

試問：

(一) 年底應收帳款餘額為何？

(二) 年度備抵呆帳提列數為何？

(三) 年底備抵呆帳餘額為何？　　　　　　　　　　　　　　(108年臺灣電力)

答 (一)年底應收帳款餘額：

$270,000＋$150,000－$50,000－（$49,000/0.98）－$20,000＝$300,000

(二)年度備抵呆帳提列數：

$300,000×5%＝$15,000

$15,000＋$20,000－$8,000＝$27,000

(三)年底備抵呆帳餘額：

$300,000×5%＝$15,000

測驗題

( ) **1** 應收帳款收現時，借記現金，貸記應付帳款。如果這項錯誤未加以更正，請問下列哪一個是正確的？ (A)負債總額低估（understated） (B)負債總額高估（overstated） (C)資產總額低估 (D)股東權益高估。 （105年臺灣港務）

( ) **2** 賒銷$1,000，目的地交貨，付款條件為3/10、n/30，顧客代付運費$50；若顧客於銷貨後第20天付清款項，則公司可收到多少現金？ (A)$920 (B)$950 (C)$1,020 (D)$1,050。 （105年中油）

( ) **3** 甲公司在2016年12月31日調整前分析其應收帳款帳齡時發現：應收帳款$1,700,000，備抵壞帳$125,000，經估計無法收回的帳款金額$180,000，請問2016年12月31日應收帳款之淨變現價值為何？ (A)$1,395,000 (B)$1,520,000 (C)$1,575,000 (D)$1,645,000。

（105年中油）

( ) **4** 大侖公司X9年初之備抵壞帳為貸餘$3,000，當年度曾沖銷壞帳$5,000，X9年底應收帳款餘額為$150,000，其中有一筆過期30天以上的帳款$20,000，該公司估計一般帳款無法收回之比率為1%，過期30天以上者為10%，則該公司X9年應調整認列之壞帳費用為： (A)$300 (B)$3,300 (C)$5,300 (D)$5,000。 （105年臺灣菸酒）

( ) **5** 賒銷商品$60,000，付款條件為3/10,2/20,n/30。10天內收到貨款時，退回1/6商品，試算收現金額？ (A)$49,000 (B)$48,500 (C)$58,200 (D)$60,000。 （106年桃園捷運）

（　　）**6** 甲公司X3年期初應收帳款餘額為$228,000，期末應收帳款餘額
$323,000，該公司於X3年7月1日沖銷應收帳款$19,000，並於X3
年12月31日提列呆帳費用$34,200。若該公司X3年之銷貨收入為
$3,230,000，則其X3年自現銷及應收帳款收到之現金數為多少？
(A)$3,116,000　(B)$3,309,800　(C)$3,325,000　(D)$3,363,000。

（106年桃園捷運）

（　　）**7** 年底進行調整分錄前，某公司調整前試算表中有以下資訊：應收
帳款餘額$97,250、備抵壞帳貸方餘額$951。假設壞帳率是應收
帳款的6%，請問調整分錄中的壞帳費用金額應為何？　(A)$951
(B)$3,992　(C)$4,884　(D)$5,835。　　　　　（106年中鋼）

（　　）**8** 甲公司X5年底調整前應收帳款淨額為$480,000，備抵壞帳為借餘
$5,000，若估計壞帳率為應收帳款總額的5%，則X5年綜合損益
表應列報壞帳損失為何？　(A)$24,250　(B)$28,750　(C)$29,000
(D)$29,250。

（　　）**9** 甲公司X5年底應收款總額較X5年初增加25%，X5年銷貨淨額為
$1,250,000，並沖銷呆帳$50,000，若X5年從客戶收到現金金額為
$800,000，則X5年底應收款總額為何？
(A)$1,600,000　　　　　　　　(B)$1,800,000
(C)$2,000,000　　　　　　　　(D)$2,250,000。

（　　）**10** 甲公司於X5年2月1日收到面額$500,000，6個月期，不附息之票
據，當時之市場利率為8%。若X5年4月1日該公司將此票據持向銀
行貼現，貼現率為12%，則可收到之現金金額為何？　(A)$480,000
(B)$489,600　(C)$490,000　(D)$499,200。

（　　）**11** 新莊公司出售三年期應收帳款（帳面金額為$5,250,000），具有對
顧客服務的義務，取得現金為$5,407,500。若未來收取之費用（即
服務收入）與服務之補償（服務成本）的現值分別為$157,500與
$294,000，請問：新莊公司出售應收帳款時之會計分錄為何？
(A)借：現金$5,250,000　　　(B)借：應收帳款$5,250,000
(C)貸：服務負債$157,500　　(D)貸：出售帳款利益$21,000。

( ) **12** 甲公司收到乙客戶寄來現金\$3,500及3個月後到期,年利率6%,面額
\$5,800的票據一紙,以抵償先前積欠之貨款\$9,300。該交易對甲公司
之影響,下列敘述何者正確?
(A)資產總額增加　　　　　　(B)負債總額增加
(C)資產總額不變　　　　　　(D)收入增加。

( ) **13** 大信公司X8年4月1日收到面額\$600,000,利率5%,6個月到期之附
息票據一紙,大信公司於6月1日因急需現金,遂持該票據向台中銀
行貼現,貼現率為8%,則大信公司可自台中銀行獲得多少現金?
(A)\$588,600　(B)\$590,400　(C)\$598,600　(D)\$602,000。

( ) **14** 公司賒銷商品一批,若發出貸項通知單,則所作之分錄為:
(A)借記:應收帳款;貸記:銷貨收入
(B)借記:銷貨退回與折讓;貸記:應收帳款
(C)借記:應收帳款;貸記:銷貨退回與折讓
(D)借記:銷貨收入;貸記:應收帳款。

( ) **15** 甲公司持有面額\$100,000,180天到期,附息8%之票據一張,90
天後向銀行辦理貼現,假定銀行之貼現率為10%,則此一票據
貼現甲公司可取得多少現金?(一年以360天計)　(A)\$100,000
(B)\$101,400　(C)\$104,000　(D)\$105,000。

( ) **16** 甲公司採用預期信用損失法處理應收帳款之壞帳,X1年底應收帳款
餘額為\$900,000,調整之前備抵損失為借方餘額\$2,000,甲公司估
計X1年底備抵損失應有之餘額為應收帳款餘額的1%,則甲公司年
底時應該提列之壞帳費用為:　(A)\$9,000　(B)\$2,000　(C)\$11,000
(D)\$14,000。

( ) **17** 雨聲公司出售三年期應收帳款(帳面金額為\$7,875,000),取得
現金為\$8,111,250,具有對顧客服務的義務。若未來收取之費用
(服務收入)與服務之補償(服務成本)的現值分別為\$236,250與
\$441,000,請問:出售應收帳款時之會計分錄,下列何者正確?
(A)借:現金\$7,875,000　　　(B)借:應收帳款\$7,875,000
(C)貸:服務負債\$31,500　　　(D)貸:出售帳款利益\$31,500。

(　) **18** 付款條件3/10、1/20、n/30，若於第25天付款，若一年以365天計
算，試問折扣之隱含年利率為
(A)75.26%　　　　　　　　(B)45.15%
(C)56.44%　　　　　　　　(D)112.89%。　　（108年桃園捷運）

(　) **19** 新屋公司於8月1日收到一張面值$95,000，票面利率8%，一年後到期
票據，並於同年11月1日向銀行貼現，認列貼現損失$1,995，請問貼
現率是多少？
(A)8%　　　　　　　　　　(B)9%
(C)10%　　　　　　　　　 (D)11%。　　（108年桃園捷運）

(　) **20** 新竹公司於X5/12/31調整前應收帳款餘額為$2,140,000，備抵呆帳－
應收帳款貸餘$25,000。

個別重大客戶資料：

客戶	應收帳款	估計減損金額
苗栗公司	450,000	－
彰化公司	330,000	－
台北公司	620,000	120,000
台東公司	550,000	50,000

非個別重大客戶資料：

客戶	應收帳款
台南公司	88,000
高雄公司	60,000
桃園公司	42,000

苗栗公司、彰化公司個別評估後並未發現減損之客觀證據，其信用
與非個別重大客戶類似，經評估呆帳率3%，試問新竹公司期末備抵
呆帳應有餘額為？
(A)$120,000　　　　　　　(B)$170,000
(C)$199,100　　　　　　　(D)$250,000。　　（108年桃園捷運）

(　) **21** 資料同第20題，新竹公司本期應提列之呆帳金額為？
(A)$160,300　　　　　　　(B)$174,100
(C)$230,100　　　　　　　(D)$254,300。　　（108年桃園捷運）

(　) **22** 期末調整前備抵呆帳有借餘$100，期末備抵呆帳應為應收帳款餘額
$10,000的3%，則本期應提壞帳費用為何？
(A)$400　　　　　　　　　(B)$300
(C)$200　　　　　　　　　(D)$100。　　（108年臺灣菸酒）

( ) **23** 應用「帳齡分析法」估計收不回之帳款共計為$37,000，又已知「備抵呆帳」帳戶在調整工作前有貸餘$11,000，試問此帳戶在調整工作後之餘額應為何？

   (A)$11,000   (B)$26,000

   (C)$28,000   (D)$37,000。   （108年臺灣菸酒）

解答及解析（答案標示為#者，表官方曾公告更正該題答案。）

1 (B)。正確分錄應為

         現金(資產會計項目)   XXX

            應收帳款(資產會計項目)   XXX

     錯誤分錄

         現金(資產會計項目)   XXX

            應付帳款(負債會計項目)   XXX

     因此負債總額會高估。

2 (B)。顧客於銷貨後第20天付清款項已經超過優惠期間，故公司可收到全部的賒銷，但要扣除顧客代付運費$50，可收到現金為$1,000－$50＝$950

3 (B)。$1,700,000－$180,000＝$1,520,000

4 (C)。期末壞帳應有餘額：$20,000×10%＋($150,000－$20,000)×1%＝$3,300

     X9年應認列壞帳費用：

     $3,000＋X9年應認列壞帳費用－$5,000＝$3,300

     X9年應認列壞帳費用＝$5,300

5 (B)。$60,000 \times \dfrac{5}{6} \times (1-3\%) = 48,500$

6 (A)。7/1

     備抵呆帳   19,000

       應收帳款   19,000

     3,230,000＋228,000－323,000－19,000＝3,116,000

7 (C)。97,250×6%－951＝4,884

8 (B)。(1) 調整前備抵壞帳餘額＝$5,000（借餘）

     (2) 期末應收帳款總額＝$480,000－$5,000＝$475,000

     (3) 壞帳費用

        ＝期末備抵壞帳應有餘額－（＋）調整前備抵壞帳貸（借）方餘額

        ＝$475,000×5%＋$5,000＝$28,750

9 (C)。尚未收現＝$1,250,000－$800,000＝$450,000
　　　　X5年初應收款總額＝（$450,000－$50,000）/25%＝$1,600,000
　　　　X5年底應收款總額＝$1,600,000×1.25＝2,000,000

10 (A)。貼現息＝$500,000×12%×4/12＝$20,000
　　　　可收到之現金金額＝$500,000－$20,000＝$480,000

11 (D)。出售分錄如下：
現金　　　　　　　　　　　　$5,407,500
　　應收款項　　　　　　　　　　　　　$5,250,000
　　追索權負債　　　　　　　　　　　　$136,500
　　出售帳款利益　　　　　　　　　　　$21,000
$157,500－（$294,000－$157,500）＝$21,000

12 (C)。本題分錄如下：
現金　　　　　　　　　　　　$3,500
應收票據　　　　　　　　　　$5,800
　　應收帳款　　　　　　　　　　　　　$9,300
上述分錄對甲公司資產總額不變。

13 (C)。到期值＝$600,000×5%×6/12＋$600,000＝$615,000
　　　　貼現息＝$615,000×8%×4/12＝$16,400
　　　　可自台中銀行獲得現金：$615,000－$16,400＝$598,600

14 (B)。若發出貸項通知單，則所作之分錄為：
銷貨退回與折讓　　　　　　　　$xxx
　　應收帳款　　　　　　　　　　　　　$xxx

15 (B)。到期值＝$100,000×8%×$\frac{180}{360}$＋$100,000＝$104,000

　　　　貼現息＝$104,000×10%×$\frac{90}{360}$＝$2,600

　　　　貼現可得現金＝$104,000－$2,600＝$101,400

16 (C)。(1) 期末應收帳款餘額＝$900,000
　　　　(2) 調整前備抵呆帳餘額＝2,000（借餘）
　　　　(3) 期末備抵壞帳餘額＝期末應收帳款餘額×預計壞帳率
　　　　　　＝900,000×1%＝$9,000
　　　　(4) 壞帳費用
　　　　　　＝期末備抵壞帳應有餘額－（＋）調整前備抵壞帳貸（借）方餘額
　　　　　　＝$9,000＋2,000＝$11,000

17 (D)。 出售應收帳款時之會計分錄：

現金	$8,111,250
應收款項	$7,875,000
追索權負債	$204,750
出售帳款利益	$31,500

18 (A)。（3/97×365/（25－10））×100%＝75.26%

19 (C)。 貼現日票據之帳面金額＝$95,000＋$95,000×8%×3/12＝$96,900
貼現金額＝$96,900－$1,995＝$94,905
到期值＝$95,000＋$95,000×8%＝$102,600
貼現率假設X
貼現息＝$102,600－$94,905＝$7,695
　　　　$102,600×X×9/12＝$7,695
　　　　X＝10%

20 (C)。（$450,000＋$330,000＋$88,000＋$60,000＋$42,000）×3%＋$120,000＋$50,000
＝$199,100

21 (B)。 $199,100－$25,000＝$174,100

22 (A)。 期末備抵呆帳為應收帳款餘額$10,000×3%＝$300
期初備抵呆帳有借餘$100，期末為貸餘$300，則應提壞帳費用$400

23 (D)。 帳齡分折法屬資產負債表法之一種，資產負債表法先求出期末應有之備抵
壞帳，再與調整前餘額相比較，決定本期應提列之壞帳費用。
故題目提到「帳齡分析法」估計收不回之帳款共計為$37,000，此金額即
為帳戶在調整工作後之餘額。

第四章　存貨

課前導讀

本章重點在於存貨之意義、範圍、評價及存貨之成本與淨變現價值孰低法、存貨評價方法、毛利法及零售價法最為重要，為歷年來的重要考題，務必要對於各種方法加以熟記。

重點整理

☑ 重點一　存貨的意義

一、依據國際財務報導準則，所謂存貨是指下列資產之一

(一) 在正常經營過程中持有待售，也就是備供出售的資產。

(二) 為出售而仍處在生產過程中，將於加工完成後出售者（亦即在製品）。

(三) 在生產或提供勞務過程中將消耗的材料或物料。

二、存貨的歸屬問題

企業必須對該商品的經濟利益擁有所有權或控制權，也就是該商品是屬於企業的資產者，才屬於企業的存貨。因此期末盤點時應特別注意在途商品所有權的歸屬問題。以下針對幾種商品所有權的歸屬作一歸納：

項目	所有權之歸屬
在途商品	起運點交貨➡買方存貨。目的地交貨➡賣方存貨。
承銷品	寄銷公司存貨。
寄銷品	本公司商品寄託於他人之銷售點中代為銷售➡本公司存貨。
分期付款銷貨	買方存貨➡在買方尚未繳清貨款時，所有權仍屬賣方，但通常不包括在賣方存貨中，因經濟效益事實上已移轉給買方，故為買方資產。
退貨率高的銷貨	1. 若退貨率可以合理預估，則於出售時認列銷貨，並將存貨轉入銷貨成本➡買方存貨。 2. 若無法合理預估退貨率，則不得認列為銷貨，則視為「寄銷品」來處理；至退貨期限截止後，再認列銷貨及將存貨轉銷至銷貨成本➡賣方存貨。

項目	所有權之歸屬
附買回協議之銷售（貨）	實質上屬存貨借款擔保，而非真正的銷貨，亦即為產品融資合約➡賣方存貨。

範例　甲公司年底永續盤存制記錄與實地盤點倉庫之存貨金額相同，皆為$220,000。年底在途存貨相關資料如下：

1. 起運點交貨購入之在途存貨$17,000。
2. 目的地交貨購入之在途存貨$12,000。
3. 目的地銷售之在途存貨$20,000。
4. 上述起運點交貨購入之在途存貨產生之運費$2,000。
5. 上述目的地交貨購入之在途存貨產生之運費$1,200。

試作：

(一) 計算該公司年底存貨正確金額。

(二) 假設該公司年底永續盤存制記錄存貨為$220,000，而實際盤點之存貨為$210,000，記錄相關之調整分錄。

題目分析　此題考存貨之所有權認定、存貨盤損或盤虧之分錄。

1. 起運點交貨購入之在途存貨，應計入本公司之年底存貨。
2. 目的地交貨購入之在途存貨，不應計入本公司之年底存貨。
3. 目的地銷售之在途存貨，應計入本公司之年底存貨。
4. 上述起運點交貨購入之在途存貨的運費，應為買方負擔並計入成本，故計入本公司之年底存貨成本。
5. 上述目的地交貨購入之在途存貨的運費，應為賣方負擔並計入成本，故不計入本公司之年底存貨成本。

答　(一)該公司年底存貨正確金額

　　　　＝$220,000＋$17,000＋$20,000＋$2,000＝$259,000

　　　(二)調整分錄：

　　　　存貨盤虧　　　　　　　$10,000※

　　　　　存貨　　　　　　　　　　　　$10,000

　　　　※$220,000－$210,000＝$10,000

三、收入認列

(一) 收入認列原則：

收入通常於已實現或可實現且已賺得時認列，同時須滿足下列條件：

1. 商品已交付且風險及報酬已移轉、勞務（或資產）已提供他人使用。
2. 價款係屬可合理確定。
3. 價款收現可能性高。

(二) 收入認列的判斷條件：

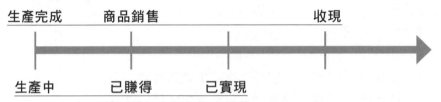

1. 收益認列之要件（須同時符合下列兩條件才能認列）：

   (1) 已實現（realized）或可實現（realizable）。

   已實現：指商品或勞務已轉成現金或對現金具有請求權（即業已出售有交易發生）。

   可實現：指商品或勞務有公開活絡之市場且市價明確；或可隨時出售變現，無須支付重大之推銷費用或蒙受重大之價格損失。

   (2) 已賺得（earned）。

   已賺得：賺取收益之活動（生產加工）全部或大部分已完成；或投入之成本亦全部或大部分投入。

2. 企業收入之認列時點：

情況	認列時點	認列方法	適用情況
當期認列	銷售點	普通銷貨	一般商品存貨
提前認列	生產前	蘊藏量認列法	石油與天然氣
	生產中	完工百分比法	長期工程營建合約
	服務中	比例履行法	長期勞務合約
	生產完成	生產完成法	大宗農產品與貴金屬

情況	認列時點	認列方法	適用情況
延後認列	收到現金	分期付款法	收帳可能性有重大不確定
	收到現金	成本回收法	收帳可能性極端不確定
	收到現金	退貨權屆滿法	高退貨率之銷貨

(三) 企業收入之認列方法：

1. 正常情形：

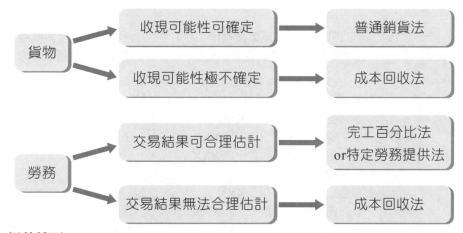

2. 例外情形：

(1) 農牧產品：生產完成未出售前，即按公允價值減處分成本入帳。

(2) 理由：

　A. 產品有公開活絡市場，可按市價立即出售，無須花費推銷費用。

　B. 產品品質一致，可相互替代。

　C. 產品單位成本難以合理計算。

3. **售後購回合約**：雖然產品所有權已經移轉，但根據實質重於形式原則，事實上它是一種「存貨擔保借款」，而非真正銷貨，故不可轉銷存貨作為銷貨處理，應承認借款負債。售價與再買回價格之差額，應在出售與再買回期間內攤銷為「利息費用」。

4. **附退貨權的銷貨**：屬於銷貨或寄銷。

    (1) 退貨權利屆滿法。

    (2) 普通銷貨法。

5. **分期收款銷貨**：普通銷貨法或毛利百分比法。

(四) **會計處理**：

  1. **普通銷貨法**：

適用時機	當分期付款銷貨同時符合下列二大條件： 1. 帳款收現無重大不確定性。 2. 壞帳金額可合理估計。	
會計處理	(分期價款＞現銷價格) 通常利息收入已內含在分期價款	(分期價款＝現銷價格) 通常會外加利息收入

	1. 銷貨時：
	  應收分期帳款 XXX
	    銷貨收入 XXX
	    未實現利息收入 XXX
	2. 分期收現：
	  現金 XXX
	    應收分期帳款 XXX
	  未實現利息收入 XXX
	    利息收入 XXX
		1. 銷貨時：
		  應收分期帳款 XXX
		    銷貨收入 XXX
		2. 分期收現：
		  現金 XXX
		    應收分期帳款 XXX
		    利息收入 XXX

  2. **毛利百分比法**：

適用時機	當分期付款銷貨符合「帳款收現可能性極不確定」之條件時採用。
會計處理	1. 銷貨時先認列「現銷價格」與「銷貨成本」間之毛利。 2. 期末時再調整毛利，將「已收現帳款部分」之毛利認列、「未收現帳款部分」之毛利則遞延。 3. 已實現毛利＝收現數×毛利率

會計 處理	1. 銷貨時： 應收分期帳款　　　　　　　XXX 　　分期付款銷貨收入　　　　　　　　　XXX 分期付款銷貨成本　　　　　XXX 　　存貨　　　　　　　　　　　　　　　XXX 2. 期末調整時： 分期付款銷貨收入　　　　　XXX 　　分期付款銷貨成本　　　　　　　　　XXX 　　遞延分期付款銷貨毛利　　　　　　　XXX 遞延分期付款銷貨毛利　　　XXX 　　已實現分期付款銷貨毛利　　　　　　XXX

3. 顧客忠誠度計畫：

定義	係用以獎勵顧客購買公司之商品或勞務的計畫。
實例	1. 信用卡發卡銀行：依刷卡金額給持卡人紅利點數。 2. 航空公司：按顧客搭乘里程給予累積里程數。 3. 百貨公司：給購買其商品的顧客兌換券。
方式	1. 企業自行運作：航空公司舉辦飛行里程獎勵計畫。 2. 委由他人運作：由第三人提供獎勵或優惠。
會計 處理	1. 客戶忠誠計畫（銷售時給與客戶點數用以換取未來免費或折扣之商品或服務）係屬包含數個可辨認項目之交易類型，企業係販售兩種項目予客戶，一為商品或勞務，另一為點數部分；企業應就點數部分，參考歷史經驗上客戶兌換之機率，予以估計並遞延其相對應之公允價值，俟客戶未來轉換時方予認列為收入。 2. 企業若由第三人提供獎勵或優惠，其處理方法有二： 　(1) 總額法：將分攤給獎勵點數的金額認列為收入，支付給第三人的款項認列為費用。 　(2) 淨額法：將分攤給獎勵點數的金額與支付給第三人款項差額，認列為顧客忠誠計畫損益。

範例 1　SOSO採行顧客忠誠計畫，顧客每購買$100商品，即贈予1點的兌換券。每1點的兌換券可兌換價值$10的商品，集10點即可兌換$100的商品(其成本為$80)。X1年度公司共出售$1,000,000之商品，贈送給顧客10,000點的兌換券，兌換券沒有到期日，每1點兌換券的公允價值為$10。公司估計X1年會有80%兌換券要求兌換，X2年修正兌換率的預期為90%，而兩年度顧客提出兌換的點數各為4,000點與4,550點。試作相關分錄。

答　X1年：

現金	1,000,000	
銷貨收入		900,000
遞延兌換券收入		100,000
遞延兌換券收入	50,000	
兌換券收入		50,000

$$100,000 \times \frac{4,000}{10,000 \times 80\%} = 50,000$$

兌換券費用	32,000	
存貨		32,000

$4,000 \div 10 \times 80 = 32,000$

X2年：

遞延兌換券收入	45,000	
兌換券收入		45,000

$$100,000 \times \frac{(4,000 + 4,550)}{10,000 \times 90\%} - 50,000 = 45,000$$

兌換券費用	36,400	
存貨		36,400

$4,550 \div 10 \times 80 = 36,400$

範例2 大三發參加長榮航空公司之顧客忠誠旅程酬賓計畫，顧客每向大三發購買$100商品，大三發即贈予長榮航空公司1哩的飛行哩數，累積一定哩數後可向長榮航空公司兌換免費機票或升等座艙。大三發估計每一哩飛行哩數的公允價值為$2。大三發每贈送顧客一哩的飛行哩數應支付長榮航空公司$1.8，以換取長榮航空公司接受顧客兌換免費機票或升等座艙。X1年度大三發銷貨金額為$1,000,000，贈送顧客10,000哩之哩程。試作下列情況下分錄：

(一) 大三發以總額法處理。
(二) 大三發以淨額法處理。

答 (一)X1年：

應收帳款	1,000,000	
銷貨收入		980,000
遞延獎酬里程收入		20,000
遞延獎酬里程收入	20,000	
獎酬里程收入		20,000
獎酬里程費用	18,000	
現金		18,000

$10,000 \times 1.8 = 18,000$

(二)X1年：

應收帳款	1,000,000	
銷貨收入		980,000
代收獎酬里程款		20,000
代收獎酬里程款	20,000	
現金		18,000
獎酬里程計畫利益		2,000

4. 勞務收入會計方法：

情況	認列方法
交易結果能夠可靠估計	1. 比例履行法（完工百分比法）： 　(1) 認列基礎：（勞務完成程度可以確定） 　　A.產出法：評估已完成的作業量。 　　B.投入勞務量法：影碟出租收入。 　　C.成本比例法：函授收入。 　(2) 認列基礎：（勞務完成程度無法確定） 　　A.直線法：健身俱樂部收入。 2. 特定履行法（特定勞務提供法）： 　應提供的勞務中，某特定工作項目遠較其他工作項目重要時，則收入應遞延至該特定工作項目完成時認列。
交易結果無法可靠估計	採用「成本回收法（利潤法）」。

☑ 重點二　存貨數量之衡量

一、存貨數量的盤點方法有二

(一) **永續盤存制**：係每次買進商品皆於存貨明細帳上詳細記錄所買進的商品，因此在任何時間都可從存貨明細帳上找出期末存貨價值及其銷貨成本。亦稱「帳面盤存制」。在此制度下，會計上以「存貨」科目來記載存貨的增減變動，其處理方式如下：

1. 進貨時：

　存貨　　　　　　　　XXX

　　應付帳款　　　　　　　　　XXX

2. 銷貨時：

　(1) 應收帳款　　　　　XXX

　　　銷貨收入　　　　　　　　XXX

　(2) 銷貨成本　　　　　XXX

　　　存貨　　　　　　　　　　XXX

3. 銷貨退回及折讓時：

(1) 銷貨退回及折讓　　　XXX

　　　應收帳款　　　　　　　　XXX

(2) 存貨　　　　　　　　XXX

　　　銷貨成本　　　　　　　　XXX

(二) **定期盤存制**：係平時只對進貨交易加以記錄，銷貨時不記錄存貨數量及成本的減少，等到期末時才實地盤點存貨，求得存貨數量，並根據存貨計價方法求得期末存貨價值及算出銷貨成本。因此亦稱為「實地盤存制」。其會計處理上主要係以「進貨」這個過渡性費用科目來取代「存貨」科目，處理方式如下：

1. 進貨時：

進貨　　　　　　　　XXX

　　應付帳款　　　　　　　　XXX

2. 銷貨時：

應收帳款　　　　　　XXX

　　銷貨收入　　　　　　　　XXX

3. 期末盤點求出期末存貨時：

存貨　　　　　　　　XXX

　　進貨　　　　　　　　　　XXX

> **小叮嚀**
>
> 進貨條件之隱含利率：
> 例如：付款的條件為 3/15，n/60 下，進貨條件之隱含利率
> $$= \frac{3}{(100-3)} \times \frac{365}{(60-15)}$$
> $$= 25\%$$

二、兩種盤存制度的優缺點

	永續盤存制	實地盤存制
優點	1. 隨時可從帳面上得知期末存貨的金額。 2. 存貨能有良好的控制。 3. 減少存貨錯誤及舞弊的發生。	會計處理簡單，可以減少人工會計成本。
缺點	因必須就各種存貨設置明細分類帳加以詳細記錄，故其人工會計成本較高。 ※採用本制度時，每年至少仍須盤點一次，以驗證帳存金額與實地盤點金額是否相符。	不能隨時瞭解存貨金額，存貨控制不易，容易發生被盜或舞弊現象。

三、採用永續盤存制的企業

企業仍然要定期實地盤點庫存，當盤點到的實際數量與帳上不符時，則以「存貨盤盈」或「存貨盤虧」記錄，無論盤盈或盤虧，都應先調查發生差異的原因，期末再將存貨的短溢金額列入銷貨成本中。

(一) 盤盈時分錄：

存貨　　　　　　　　　　　　XXX

　　存貨盤盈（或銷貨成本）　　　　　　XXX

(二) 盤虧時分錄：

　　存貨盤虧（或銷貨成本）　　　XXX

　　　　存貨　　　　　　　　　　　　　　XXX

☑ 重點三　存貨成本之流動假設

一、原始存貨成本

原始成本係指買進商品時的評價，大部分商品依照現行會計原則，應按買入時的「成本」入帳，但如自行生產的大宗農產品、貴金屬等，則應按淨變現價值（售價減推銷費用）入帳。而「成本」包括買價及使商品達到可供出售狀態及地點的一切必要而合理開支，通常包括下列各項：

(一) 購入商品或原物料的淨價款。

(二) 應負擔的運費、保險費、進口稅捐及費用等。

二、存貨成本之流動假設

會計上有以下三種成本流動假設以決定存貨之成本：

方法	計算公式	說明
個別認定法	指商品出售時，以其實際購入的成本轉為銷貨成本，尚未出售的商品轉記期末存貨也按照實際購入的成本計算。	指商品的單位成本能分別辨認其實際成本。適用於容易分辨、數量不多的商品。
先進先出法	先購入先出售轉銷貨成本、後購入轉期末存貨。	假設先買進來的先賣出去，故期末存貨均為後期購者。

方法		計算公式	說明
平均法	加權平均法（採定期盤存制時用）	1. 平均單位成本＝可售商品總成本÷可售商品總數量 2. 期末存貨成本＝平均單位成本×期末存貨數量	僅適用於定期盤存制，不適用於永續盤存制。因為永續盤存制隨時記錄進、銷、存的特性，所以可隨時掌握期末存貨的成本，而不需要以加權平均的方式來推估。
	移動平均法（採永續盤存制時用）	1. 平均單位成本＝未售商品總成本÷未售商品總數量 2. 期末存貨成本＝平均單位成本×期末存貨數量	每次進貨重新計算平均單位成本。僅適用於永續盤存制。

方法		優點	缺點
個別認定法		存貨與損益金額最能符合實況。	必須保持個別商品的紀錄，會計處理成本比較高。
先進先出法		1. 期末存貨價值與市價最接近。 2. 銷貨成本與存貨的計算具有一定規則，管理當局沒有操縱損益的空間。 3. 成本流程假設和一般商品實際流動的情形相符。	1. 物價上漲期間，由於先進者進貨成本較低，易造成公司帳面產生虛盈實虧情形。 2. 由於在物價上漲期間淨利較高，所以產生所得稅負擔也較重。
平均法	加權平均法	不論物價上漲或下跌，結果大致不差。	銷貨成本或期末存貨之單價均非購買時之真正單價。
	移動平均法		

☑ 重點四 期末存貨之衡量

一、成本與淨變現價值孰低的意義

依據國際財務報導準則的規定，期末存貨應按「成本與淨變現價值孰低法」評價，所謂「淨變現價值」是指企業在正常營業情況下的估計售價，減除至完工尚需投入的製造成本及銷售費用後的餘額。當期末存貨的淨變現價值低於成本

時，需將差額列為「存貨跌價損失」，作為當期銷貨成本的一部分。相反的，當淨變價值高於成本時，仍使用原始衡量之成本評價，不認列價值上升的利益，以符合會計上的審慎原則（IFRS無審慎原則，此為我國習慣說法）。

二、淨變現價值的決定

淨變現價值的決定依製成品、在製品、原材料而有所不同，茲分別列示如下表：

項目	淨變現價值
製成品和商品存貨	淨變現價值＝該存貨在正常營業情況下的估計售價－估計的銷售費用和相關稅費
在製品	淨變現價值＝所生產的製成品在正常營業情況下的估計售價－至完工時估計將要發生的成本－估計銷售費用和相關稅費
原材料（物料）	淨變現價值＝原材料（物料）等的重置成本

三、成本與淨變現價值孰低的運用

期末比較成本與淨變現價值孰低，國際財務報導準則規定應逐項進行，也就是採用「逐項比較法」，只有在符合下列條件時，才可以採用「分類比較法」。

(一) 屬於相同產品線，以及用途或終端消費者相似者。

(二) 於同一地理區域生產及銷售者。

(三) 無法與同一產品線上之其他項目區分而單獨評估者。

成本與淨變現價值的比較共有二種方法，說明如下：

(一) **逐項比較**：逐項比較各項商品的成本與淨變現價值，並取其中較低者為存貨評價的基礎。

(二) **分類比較**：先將所有商品分類，計算出每一類商品的總成本及總淨變現價值，取其較低者為評價基礎。

例如：

存貨項目	成本	市價	逐項比較	分類比較
甲類：				
A	500	600	500	
B	350	300	300	
小計	850	900		850
乙類：				
C	250	200	200	
D	150	120	120	
小計	400	320		320
評價			1,120	1,170

☑ 重點五　存貨之估計

一、毛利法

係利用毛利率來估計期末存貨成本的評價法。其計算方法如下：

(一) 求得可供銷售商品的總額。

(二) 求得銷貨成本率＝1－毛利率

(三) 計算估計銷貨成本。

(四) 估計期末存貨成本：

　　可供銷售商品總額－估計銷貨成本＝估計期末存貨成本

二、零售價法

係利用存貨成本與零售價間的百分比（亦即成本率）來計算期末存貨成本。
零售價法的方法可再分為下列幾種：

(一) **加權平均成本零售價法**：採用本法時，其成本率的計算係同時包括加價、加價取消、減價、減價取消。且採用本法僅須計算一個成本率。

計算方法：

1. 求得可供銷售商品總成本及總零售價（包括淨加價及淨減價）。

2. 計算成本率＝$\dfrac{\text{可供銷售商品總成本}}{\text{可供銷售商品售價}}$

3. 算出期末存貨成本＝期末存貨零售價×成本率

(二) **加權平均法與淨變現價值孰低法（傳統法）**：亦稱傳統零售價法

1. 採用本法時，其成本率的計算僅包括淨加價，而不計淨減價，故所求得成本率較低，期末存貨成本也較低，符合會計上的審慎原則。

2. 僅須計算一個商品成本的成本率。

(三) **先進先出零售價法**：

1. 本法係假設先買進的商品先出售，故期末存貨為後面批次所買進的商品。

2. 本法應分別計算期初及本期商品的成本率，來求得期末存貨成本。

(四) **先進先出與淨變現價值孰低法**：

1. 本法係假設先買進的商品先出售，故期末存貨為後面批次所買進的商品。

2. 本法應分別計算期初及本期商品的成本率，來求得期末存貨成本。

3. 採用本法時，其成本率的計算僅包括淨加價，而不計淨減價，故所求得成本率較低，期末存貨成本也較低，符合會計上的審慎原則。

範例 巨大公司成本及零售價相關資料如下表：

項　目	成　本	零售價
期初存貨	$　　　420	$　　　600
本期進貨	2,100	2,800
加價		300
加價取消		50
減價		550
減價取消		100
銷貨		2,400

試依各種零售價法估計期末存貨成本？

答 (一)平均成本零售價法：

項　目	成　本	零售價
期初存貨	$　　　420	$　　　600
本期進貨	2,100	2,800
加：淨加價		250
減：淨減價		(450)
可售商品總額	$　　2,520	$　　3,200
減：銷貨		(2,400)
成本率	0.7875	
期末存貨	$　　　630	$　　　800

成本率＝2,520÷3,200＝0.7875

期末存貨估計成本＝800×0.7875＝630

(二)加權平均法與淨變現價值孰低法：

項　目	成　本	零售價
期初存貨	$　　　420	$　　　600
本期進貨	2,100	2,800
加：淨加價		250
小計	2,520	3,650
成本率	0.69	
減：淨減價		(450)
可售商品總額	$　　2,520	$　　3,200
減：銷貨		(2,400)
期末存貨	$　　　552	$　　　800

成本率＝2,520÷3,650＝0.69

期末存貨估計成本＝800×0.69＝552

(三)先進先出零售價法：

項　目	成　本	零售價
期初存貨	$　　　420	$　　　600
本期進貨	2,100	2,800
加：淨加價		250
減：淨減價		(450)
小計	2,100	2,600
成本率	0.808	
可售商品總額	$　　2,520	$　　3,200
減：銷貨		(2,400)
期末存貨	$　　646.4	$　　　800

成本率＝2,100÷2,600＝0.808

期末存貨估計成本＝800×0.808＝646.4

(四)先進先出與淨變現價值孰低法：

項　目	成　本	零售價
期初存貨	$　　　420	$　　　600
本期進貨	2,100	2,800
加：淨加價		250
小計	2,100	3,050
成本率	0.689	
減：淨減價		(450)
可售商品總額	$　　2,520	$　　3,200
減：銷貨		(2,400)
期末存貨	$　　551	$　　　800

成本率＝2,100÷3,050＝0.689

期末存貨估計成本＝800×0.689＝551

✅ 重點六 長期工程合約

	完工百分比法		成本回收法
1. 意義	係指工程利益按工程完工比例認列之方法。		即於工程全部完工或除零星工作外大部分已完工時,始認列工程利益。
2. 適用條件	長期工程合約之工程損益能可靠估計時,應採用完工百分比法。		凡工程損益無法可靠估計之情況,應採成本回收法(利潤法)處理。
3. 計算	**淨額法**	**總額法**	(1) 預期可回收成本>至期末實際發生成本→不可承認工程利益。 (2) 預期可回收成本<至期末實際發生成本→其差額必須承認工程損失。
	淨額法下完工百分比法工程損益之計算: (1) 截至本期估計總成本=截至本期累計已投入成本+估計完工為止尚需投入成本。 (2) 完工比例=截至本期累計已投入成本÷截至本期估計總成本。 (3) 本期應認列損益=(合約總收益-截至本期估計總成本)×完工比例-前期已認列之累計損益。 (4) 特別注意的是:當第(3)點算出是損失時,則略去計算式中的完工比例,重新作計算。	總額法下完工百分比法工程損益之計算: (1) 截至本期累計收入-前期已認列收入=本期應認列收入。 (2) 截至本期累計費用-前期已認列費用=本期應認列費用。	

	完工百分比法		成本回收法
4. 會計處理	(1) 投入成本：		
	工程成本	XXX	
	現金		XXX
	(2) 認列收入：		
	合約資產	XXX	
	工程收入		XXX
	(3) 請款：		
	應收帳款	XXX	
	合約資產		XXX
	(4) 收款：		
	現金	XXX	
	應收帳款		XXX

☑ 重點七　客戶合約之收入 (IFRS 15)

一、名詞定義

(一) **合約資產**：係指企業已認列收入，但收款時點仍決定於未來某事項的發生或不發生。

(二) **應收款（receivables）**：係指企業有無條件於特定時間後，即向客戶收取對價的權利。

(三) **合約負債**：係指已向客戶收取對價，未來企業須轉移商品或勞務給客戶以償還負債。

(四) **退款負債**：係指企業已向客戶收取款項，但未來須退款給客戶。

二、會計處理

(一) **認列步驟**：1.辨識與客戶之間的合約→2.辨識合約中的單獨履約義務→3.決定交易價格→4.分攤交易價格→5.在履約義務已滿足的時點（或期間）認列收入。

(二) **處理方法**：在適用IFRS 15以前，在認列收入時，若對方賒帳還沒有給錢，不管我們有沒有向對方請款的權利，會計分錄為借記：應收帳款，貸

記：銷貨收入。但在實施IFRS 15之後，認列收入時若對方一樣賒帳還沒有給錢，得先評估是否有「無條件」於特定時點向客戶收取對價權利，若有，則分錄仍為借記：應收帳款，貸記：銷貨收入。若否，則分錄如下：

借：合約資產　　　　　　　XXX

　　貸：銷貨收入　　　　　　　　　XXX

(三) **例外**：下列項目不包括在IFRS 15的範圍內：

　1. 租賃、保險、金融工具、某些保證合約及某些非貨幣性資產交換。

　2. 股利與利息（回歸IAS 39規範）。

範例 1　千千公司於X1/1/1與某客戶簽約，千千公司提供兩套獨立軟體授權予特定客戶初階版授權$6,000、進階版授權對價為$9,000，客戶將於X1/1/1取得初階版授權權限，X1/5/1再取得進階版授權權限。授權後客戶可在1年內無限使用，千千公司無其他重大義務。雙方約定，客戶應於取得進階版授權後支付$15,000。

答　X1/1/1授權初階版課程時分錄：

借：合約資產　　　　　　　　$6,000

　　貸：權利金收入　　　　　　　　　　$6,000

X1/5/1授權進階版課程時分錄：

借：現金　　　　　　　　　　$15,000

　　貸：合約資產　　　　　　　　　　　$6,000

　　　　權利金收入　　　　　　　　　　$9,000

範例 2　A公司銷售100本書，每個售價為$100，成本為$50。在銷貨合約時，註明未來180天客戶有退貨權，A公司預計每銷售100本書，可能發生10本書退貨的情況。

答 銷貨時分錄：

借：應收款　　　　　　　　$10,000
　　貸：退款負債　　　　　　　　　　$1,000
　　　　銷貨收入　　　　　　　　　　$9,000

估列可能退貨分錄：

借：銷貨成本　　　　$4,500（90×50）
　　待退回產品存貨　　$500（10×50）
　　貸：存貨　　　　　　　　　　　$5,000

範例3　X公司委託Y公司生產3,000單位的零件共計$450,000（每單位$150）之製造合約。當供應商Y完成生產2,000單位時，雙方同意修改合約如下：

(一) 最後一批1,000單位合約價格調整為$120,000。
(二) 額外增加3,000單位共計$300,000之合約金額。
(三) 合約修改每單位單獨售價為$120。
則供應商Y是否應將此次合約增修視為單獨合約？

答 (一)額外增加之3,000單位訂單為可區分之商品履約義務→得視為單獨合約。

(二)額外增加3,000單位之合約價金（每單位$100）未反映可區分商品履約義務之單獨銷售價格（每單位$120）→此合約修改不得視為單獨合約。

原契約中未履行之義務及合約增修條款合併推延調整。
原契約中未履行之義務$120,000＋額外增加之履約價金$300,000
＝$420,000
未履行之單位總數＝4,000
每單位合約價格＝$105

範例4 X公司委託Y公司生產零件，合約價金$100,000，除上述合約價金外，若於約定時間內完工交付設備即可額外獲得50,000之績效獎金，若未及時交付則績效獎金逐週減少10%。

Y公司具有豐富的製作經驗，管理階層估計將有60%之機率可如期完成，30%的機率晚一週完成，10%的機率晚兩週完成。Y公司應如何認列收入？

答 以最可能的金額認列收入
　　＝（固定100,000+或有50,000×90%）
　　＝$145,000

實戰演練

申論題

一 新竹公司於民國102年7月31日發生火災造成存貨受損，經盤點估價後尚值$35,000。經收集有關資料如下：

101年度之有關資料：

銷貨收入	$925,500	
銷貨成本：		
期初存貨	$100,000	
進貨	665,400	
期末存貨	(82,400)	(683,000)
銷貨毛利	$242,500	

經查核發現有一批在途存貨，帳上已記入進貨，其金額為$53,660，惟盤點時並未列入。

102年1月1日～7月31日的銷貨 $645,000，進貨 420,000；試詳列計算式以計算新竹公司存貨火災損失。

答 101年度少列期末存貨$53,660，亦即少列同額的銷貨毛利。

　　101年正確銷貨毛利率＝($242,500＋$53,660)÷$925,500＝32%

銷貨成本率＝1－32%＝68%

估計銷貨成本＝$645,000×68%＝$438,600

期初存貨($82,400＋$53,660)	$136,060
進貨	420,000
可供銷售商品總額	$556,060
估計銷貨成本	(438,600)
102年7月31日估計存貨	$117,460
現存存貨	(35,000)
存貨火災損失	$82,460

二　A公司係家電產品經銷商,其調整前分類帳顯示,X2年12月31日之存貨金額為$270,000。其他資訊如下:

(一) A公司X2年12月28日銷售存貨予B公司,成本$36,000,銷貨條件為起運點交貨,存貨於X3年1月2日送達,此交易於X3年1月2日始記錄於帳上。

(二) A公司X2年間購入一批價值$18,000之存貨,於分類帳上重複記錄。

(三) A公司X2年12月31日向C公司購入存貨$70,000,此交易於X3年1月1日始記錄於帳上。

(四) X3年度之分類帳顯示,A公司共購買存貨$460,000。

(五) X3年度之分類帳顯示,A公司共銷售成本$520,000之存貨。

(六) A公司於X3年12月將成本$85,000之存貨寄銷在D公司,年底收到通知,商品皆未售出,A公司於寄銷時已記錄銷售分錄。

(七) A公司X3年12月27日銷售存貨予F公司,成本$38,000,目的地交貨,於X3年12月31日送達,此交易於X4年1月2日始記錄於帳上。

請問:A公司X2年12月31日及X3年12月31日之資產負債表中,存貨應有之正確金額為何?(請列出計算式)　　　　　　　　　　　(桃園捷運)

答

調整項目：	X2/12/31	X3/12/31
期初存貨	270,000	286,000
(一)	(36,000)	36,000
(二)	(18,000)	
(三)	70,000	(70,000)
(四)		460,000
(五)		(520,000)
(六)		85,000
(七)		(38,000)
期末存貨	286,000	239,000

三 某公司最近三年的帳列淨利及淨損分別如下：99年度：淨利$75,400；100年度：淨損$34,500；101年度：淨利$60,000。經審查該公司帳冊，發現下列各項錯誤：

(一) 公司對存貨採實地盤存制，而各年期末存貨的錯誤如下：99年高估$31,500；100年低估$12,600；101年高估$22,300。

(二) 99年低列折舊$10,500，100年高列折舊$7,600，101年高列折舊$12,400。

(三) 公司購入文具用品時均以當年費用入帳，期末未耗用部分移至次年繼續使用，但未做調整分錄。各年底未耗用情形如下：99年底：全部耗用；100年底：未耗用部分共計$12,500；101年底未耗用部分共計$5,200。試根據以上資料，計算該公司99年，100年及101年各年度之正確淨利或淨損。

答 對各年淨利之影響

	99年	100年	101年
各年原帳列淨利（損）	75,400	(34,500)	60,000
99年底存貨高估	(31,500)	31,500	
100年底存貨低估		12,600	(12,600)

101年底存貨高估			(22,300)
99年底折舊低估	(10,500)		
100年底折舊多估		7,600	
101年底折舊多估			12,400
100年未計用品盤存		12,500	
101年未計用品盤存			5,200
正確淨利	33,400	29,700	42,700

四 甲公司存貨記錄採定期盤存制，並以平均法衡量存貨成本。歷年存貨淨
變現價值皆高於成本，銷貨毛利率為25%，其X7年存貨相關資料如下：
1. X7年期初與期末存貨數量分別為2,000件與3,500件。
2. X7年進貨明細如下：

	數量(件)	單位成本
3月10日	10,000	$ 50
5月15日	20,000	60
9月20日	6,000	70

3. X7年可供銷售商品總成本為$2,204,000。
4. X7年底每單位存貨之淨變現價值為$55。
請回答下列問題：
(一) 計算X7年期初存貨之單位成本。
(二) 計算X7年期末存貨之單位成本。
(三) 計算X7年銷貨收入。
(四) 計算X7年銷貨成本。
(108年中華郵政)

答 (一)可供銷售商品總成本＝期初存貨＋本期進貨
　　 $2,204,000＝期初存貨＋(10,000×$50＋20,000×$60＋6,000×$70)
　　 期初存貨＝$84,000
　　 期初存貨單位成本＝$84,000÷2,000＝$42

(二)以平均法衡量存貨成本，平均存貨單位成本為

$(2000 \times \$42 + 10000 \times \$50 + 20000 \times \$60 + 6000 \times \$70) \div (2000 + 10000 + 20000 + 6000) = \$58$

X7 年底每單位存貨之淨變現價值為$55

依成本與淨變現價值孰低法$58>$55

故平均存貨單位成本$55

(三)銷貨成本＝期初存貨＋本期進貨－期末存貨

$\begin{aligned}
銷貨成本 &= \$84,000 + \$2,120,000 - (\$55 \times 3500) \\
&= \$2,011,500
\end{aligned}$

$\begin{aligned}
銷貨收入 &= 銷貨成本 \div (1 - 25\%) \\
&= \$2,011,500 \div 75\% \\
&= \$2,682,000
\end{aligned}$

(四)銷貨成本＝期初存貨＋本期進貨－期末存貨

$\begin{aligned}
銷貨成本 &= \$84,000 + \$2,120,000 - (\$55 \times 3500) \\
&= \$2,011,500
\end{aligned}$

五 試列式計算富亮公司下列各問題：該公司於民國106年1月1日開始營業，該年進貨3次分別為

進貨日期	進貨數量	進貨金額	進貨總額
1/1	300	$21	$6,300
5/19	100	23	2,300
9/8	200	20	4,000
			$12,600

民國106年12月31日盤點存貨，計有商品250件，分別以下列存貨評價方法計算期末存貨金額：

(一) 先進先出法。

(二) 加權平均法。 （108年臺北捷運）

答 (一)定期盤存制－先進先出法

期末存貨：9月8日進貨200單位@$20＝$4,000

5月19日進貨50單位@$23＝$1,150

$5,150

(二)定期盤存制－加權平均法

期末存貨：

每單位平均成本＝$(\$6,300＋\$2,300＋\$4,000)÷(300＋100＋200)$

$\qquad\qquad\qquad＝\$21$

$250×\$21＝\$5,250$

六 平久公司因存貨管理人員疏忽，存貨有失竊之虞，乃於106年11月15日進行存貨盤點，盤點存貨照零售價值計價共計$356,000，平久公司自106年1月1日至11月15日止各相關資料如下，試計算該公司由於存貨管理人員疏忽，所損失之存貨（零售價）金額？

	成本	零售價
期初存貨	$210,000	$310,000
進貨	170,000	250,000
銷貨	120,000	
進貨運費	3,000	
進貨退出	4,000	7,500

（108年臺北捷運）

答

	成本	零售價
期初存貨	$210,000	$310,000
進貨	170,000	250,000
加：進貨運費	3,000	
減：進貨退出	(4,000)	(7,500)
可供銷售商品	$379,000	$552,500
銷貨		(120,000)
期末存貨		$432,500

所損失之存貨零售價金額：

$\$432,500－\$356,000＝\$76,500$

七 日商公司X1年12月1日期初存貨60,000元，其零售價110,000元。12月份進貨409,000元，其零售價700,000元，進貨退出6,000元，其零售價10,000元，進貨折扣3,000元，進貨運費20,000元，銷貨750,000元，銷貨退回20,000元。
試問：（請以平均零售價法計算）
(一) X1年12月底期末存貨之零售價金額為何？
(二) X1年12月底期末存貨之成本金額為何？
(三) 日商公司存貨成本比率為何？　　　　　　　　　　（108年台灣電力）

答 (一)

	成本	零售價
期初存貨	$60,000	$110,000
本期進貨	409,000	700,000
減：進貨退出	(6,000)	(10,000)
進貨折讓	(3,000)	
加：進貨運費	20,000	
可銷售商品	$480,000	$800,000
減：(銷貨－銷貨退回)		(730,000)
期末存貨		$70,000
期末存貨之零售價金額	$70,000	

(二)期末存貨之成本金額
　　成本率＝$480,000/$800,000＝60%
　　$70,000×60%＝$42,000

(三)存貨成本比
　　成本率＝$480,000/$800,000＝60%

八 B公司106年12月份之商品進銷資料如下：

日期	項目	數量	單位成本
12/1	期初存貨	600	$12
12/3	進貨	800	15
12/9	銷貨	1,200	
12/16	進貨	500	16
12/18	進貨	600	18
12/24	銷貨	1,000	
12/29	進貨	500	20

試分別依據下列方法，計算期末存貨金額及銷貨成本：

(一) 實地盤存制下先進先出法。

(二) 實地盤存制下加權平均法。

(三) 永續盤存制下先進先出法。

答 (一)實地盤存制下先進先出法

期末存貨＝$500 \times \$20 + 300 \times \$18 = \$15,400$

銷貨成本＝$600 \times \$12 + (800 \times \$15 + 500 \times \$16 + 600 \times \$18 + 500 \times \$20) -$
$\$15,400$

$\qquad = \$32,600$

(二)實地盤存制下加權平均法

每單位平均成本＝$\dfrac{(600 \times \$12 + 800 \times \$15 + 500 \times \$16 + 600 \times \$18 + 500 \times \$20)}{(600 + 800 + 500 + 600 + 500)}$

$\qquad = \$16$

期末存貨＝$800 \times \$16 = \$12,800$

銷貨成本＝$\$48,000 - \$12,800 = \$35,200$

(三)永續盤存制下先進先出法

期末存貨＝$500 \times \$20 + 300 \times \$18 = \$15,400$

銷貨成本＝$600 \times \$12 + 600 \times \$15 + 200 \times \$15 + 500 \times \$16 + 300 \times \$18$

$\qquad = \$32,600$

測驗題

(   ) **1** 下列哪一個情況將導致下一個年度的獲利高估（overstated）？
(A)今年度的期末存貨低估   (B)今年度的期末存貨高估   (C)下一個年
度的期初存貨高估   (D)下一個年度的期末存貨低估。（105年臺灣港務）

(   ) **2** 永續盤存制中，記錄賒帳購入商品之退回將貸記   (A)應付帳款
(B)進貨退回與折讓   (C)存貨   (D)銷貨。   （105年臺灣港務）

(   ) **3** 根據國際會計準則公報之規定，存貨採「成本與淨變現價值孰低」
評價是基於？   (A)審慎性   (B)預測價值   (C)配合原則   (D)繼續經
營假設。   （105年臺灣港務）

(   ) **4** 三川公司之存貨係採用定期盤存制，該公司期初存貨有200件，單
位成本為$10，該年度共有三次進貨，分別為：第一次300件、單位
成本$11；第二次150件、單位成本$12；第三次200件、單位成本
$13，期末經實地盤點，剩餘存貨為360件，則先進先出法下之期末
存貨成本為：   (A)$4,410   (B)$4,108   (C)$3,760   (D)$4,510。
         （105年臺灣菸酒）

(   ) **5** 甲公司賒購商品一批，商品的定價為$20,000，甲公司驗收時因有瑕
疵退回$2,000的商品，於支付貨款時取得折扣$360，試計算進貨折
扣率？   (A)5%   (B)1.8%   (C)2%   (D)10%。   （106年桃園捷運）

(   ) **6** 乙公司賒購商品一批，總額法下應貸記應付帳款$100,000，淨額法
下應貸記應付帳款$98,000，並於折扣期限內支付一半貨款，其餘
則於折扣期限後支付，則取得的折扣金額為：   (A)$0   (B)$1,000
(C)$1,500   (D)$2,000。   （106年桃園捷運）

(   ) **7** 下列存貨成本流程假設之敘述，何者正確？   (A)後進先出法只適用
於永續盤存制   (B)先進先出法下，其銷貨成本一定低於後進先出法
(C)移動平均法不適用於定期盤存制   (D)採用個別認定法不會造成
管理當局操縱損益的機會。   （106年桃園捷運）

(   ) **8** 應用成本與市價孰低法評價存貨時，對損益影響最穩健者為採：
(A)歷史成本   (B)逐項比較   (C)分類比較   (D)總額比較。
         （106年桃園捷運）

（　　）**9** 甲公司X9年度之銷貨淨額$200,000，可供銷售商品成本$500,000，若平均毛利率為銷貨成本之25%，以毛利率法估計期末存貨，試問：甲公司X9年度之期末存貨為何？　(A)$300,000　(B)$340,000 (C)$380,000　(D)$400,000。　　　　　　　　　　（106年桃園捷運）

（　　）**10** 東北百貨店X3年度原列報之淨利為$95,000，X4年初發現X2年及X3年底的存貨分別低估$12,500及$20,500，請問X3年度正確的淨利應為何？　(A)$75,000　(B)$103,000　(C)$63,000　(D)$87,000。

（106年中鋼）

（　　）**11** 甲公司商品售價為成本的125%，若X5年銷貨金額為$6,000,000，進貨$5,000,000，期末存貨為$480,000，則期初存貨應為何？ (A)$280,000　(B)$680,000　(C)$980,000　(D)$1,030,000。

（　　）**12** 甲公司X5年存貨淨額增加$300,000，應付帳款增加$500,000，若X5年銷貨成本$5,000,000中含存貨跌價損失$30,000，則X5年因進貨而付現之金額為何？　(A)$4,800,000　(B)$4,830,000　(C)$5,170,000 (D)$5,200,000。

（　　）**13** 大仁公司11月1日賒購一批商品，定價$80,000，商業折扣20%，起運點交貨，付款條件3/10，n/30，大仁公司當日支付運費$1,000。11月3日大仁公司退回商品$6,000，11月10日付清貨款，則該批商品之淨成本是多少？　(A)$56,260　(B)$57,080　(C)$57,260　(D)$58,424。

（　　）**14** 若期初存貨少計$30,000，且期末存貨多計$12,000，則當期淨利會如何？　(A)多計$18,000　(B)多計$42,000　(C)少計$18,000　(D)少計$42,000。

（　　）**15** 某公司於8月3日銷貨商品一批，標價為$80,000，商業折扣10%，該公司於8月13日收到現金$71,280，其付款條件最可能為下列何者？ (A)1/10、N/30　(B)2/10、N/30　(C)3/10、N/30　(D)4/10、N/30。

（　　）**16** 甲公司今年度期初存貨$50,000，進貨$70,000，進貨運費$10,000，銷貨$100,000，根據過去經驗，平均銷貨毛利率為20%，則估計當年度期末存貨為何？　(A)$110,000　(B)$50,000　(C)$40,000 (D)$30,000。

（　）**17** 存貨之計價方式若採先進先出法，則當物價上漲時，會導致下列何種情況？　(A)銷貨成本偏高，產品毛利減少　(B)銷貨成本偏高，產品毛利不變　(C)銷貨成本偏低，產品毛利減少　(D)銷貨成本偏低，產品毛利增加。

（　）**18** 大義公司採定期盤存制，X8年9月11日倉庫發生大火造成存貨受損，經盤點估價後尚值$5,000。當年度至火災發生日止之相關資料：期初存貨$90,000，進貨總額$823,000，進貨退出$60,000，進貨折讓$33,000，進貨運費$20,000，銷貨收入總額$1,200,000，銷貨退回$80,000，銷貨運費$40,000。若公司平均毛利率為40%，則存貨損失之金額為：　(A)$163,000　(B)$165,000　(C)$168,000　(D)$187,000。

（　）**19** 大和公司存貨採定期盤存制，已知X7年底期末存貨低估$8,000，而X8年底的期末存貨高估$12,000，試問存貨錯誤對X8年淨利之影響為：　(A)低估$4,000　(B)低估$20,000　(C)高估$12,000　(D)高估$20,000。

（　）**20** 冠軍公司存貨採定期盤存制加權平均法，期初存貨100件，每單位成本$20，第一批進貨500件，每單位成本$22，第二批進貨400件，每單位成本$24，已知銷售商品800件，則期末存貨成本為：(A)$4,290　(B)$4,400　(C)$4,520　(D)$4,800。

（　）**21** A公司存貨採定期盤存制，若今年期初存貨高估$2,000、期末存貨低估$1,000，則對本期淨利之影響為：　(A)高估$1,000　(B)高估$3,000　(C)低估$1,000　(D)低估$3,000。

（　）**22** A公司期末存貨成本為$30,000，原定價為$40,000。因同業推出新技術造成該批存貨價值下跌，公司估計需花費$5,000成本進行存貨改良，改良後，該批存貨可依原定價7折出售，則A公司應認列存貨跌價損失是多少？　(A)$0　(B)$2,000　(C)$3,000　(D)$7,000。

（　）**23** A公司X8年9月份有關存貨交易如下：

9月1日 期初存貨300單位，每單位平均成本\$40

9月6日 銷貨250單位，每單位售價\$60

9月14日 進貨450單位，每單位成本\$36

9月20日 銷貨400單位，每單位售價\$65

9月25日 進貨100單位，每單位成本\$42

若A公司採永續盤存制移動平均法，則9月30日期末存貨金額為：（存貨單價之計算四捨五入取至小數點下一位）　(A)\$7,620 (B)\$7,800　(C)\$7,840　(D)\$7,860。

（　）**24** 甲公司X7年度銷貨成本為\$735,000，進貨\$780,000，進貨運費\$30,000，進貨退出\$45,000，若期末存貨為\$90,000，則X7年度可售商品總額為多少？　(A)\$765,000　(B)\$795,000　(C)\$825,000 (D)資料不足，無法計算。

（　）**25** 甲公司於X7年初發現X6年期末存貨少計\$25,000，且設備折舊多提\$23,000，有關此二項錯誤對X6年財務報表之影響，下列敘述何者正確？　(A)淨利少計\$48,000　(B)費損多計\$23,000　(C)資產少計\$23,000　(D)權益多計\$2,000。

（　）**26** 甲公司X6年底有A、B及C三種不同種類之存貨，其成本分別為\$82,000、\$160,000及\$53,000，其淨變現價值則分別為\$75,000、\$185,000及\$50,000，該公司X6年底應列報之存貨金額為何？ (A)\$285,000　(B)\$290,000　(C)\$295,000　(D)\$310,000。

（　）**27** 瑞光公司20X7年度之部分財務資訊如下：銷貨收入\$1,320,000，銷貨折扣\$37,500，銷貨運費\$45,000，進貨\$1,125,000，進貨折扣\$14,250，進貨運費\$18,000，期末存貨\$71,250。若當年的銷貨毛利率為14.5%，請問：20X7年的期初存貨為多少？（四捨五入至元） (A)\$38,037　(B)\$39,037　(C)\$40,037　(D)\$41,037。

（　）**28** 零售價法通常適用於何種行業？　(A)汽車經銷商　(B)房地產公司 (C)金飾店　(D)百貨公司。　　　　　　　　　　　　　（108年桃園捷運）

( ) **29** 中壢公司採用定期盤存制，X7年期初存貨為$100,000，全年進貨淨額$500,000，期末經實地盤點後得知期末存貨金額為$80,000，年度結算後，中壢公司X7年度營業淨利為$90,000。後經查帳，發現期末盤點時漏記一批在途銷貨，該批存貨的成本為$30,000，銷貨條件為目的地交貨，運費$2,000 由中壢公司負擔。試問，中壢公司X7年度正確的銷貨成本為多少？　(A)$488,000　(B)$490,000　(C)$492,000　(D)$520,000。　　　　　　　　　　　　　　　　　（108年桃園捷運）

( ) **30** 去年5月新竹公司的倉庫遭落雷擊中燒毀，災後存貨經盤點只剩下$18,000的存貨。清查公司截至火災前帳冊有關資料如下：期初存貨$80,000、進貨$330,000、進貨退出$10,000、進貨折扣$6,000、進貨費用$10,000、銷貨$512,000、銷貨退回$22,000、銷貨折扣$10,000、運費$20,000。公司近年來的平均毛利率為25%，請問公司因此造成多少存貨損失？　(A)$22,000　(B)$26,000　(C)$32,000　(D)$44,000。　　　　　　　　　　　　　　　　　（108年桃園捷運）

( ) **31** 台南公司X8年底之存貨共$246,950，其內容包括下列各項：
(1)原料盤存　　　　　　　　　　　　　　　　　7,060
(2)在製品　　　　　　　　　　　　　　　　　96,200
(3)承銷品　　　　　　　　　　　　　　　　　2,000
(4)製成品　　　　　　　　　　　　　　　　　89,740
(5)文具用品盤存　　　　　　　　　　　　　　850
(6)預付保險費　　　　　　　　　　　　　　　1,200
(7)預付購買原料定金　　　　　　　　　　　　22,000
(8)尚未運出之「起運點交貨」銷貨貨品　　　　16,000
(9)進貨條件為目的地交貨現正在運送途中之貨品　6,000
(10)代同業暫時保管之寄存貨品　　　　　　　　5,900
試計算存貨的正確金額為何？
(A)120,000　　　　　　　　　　　(B)209,000
(C)275,500　　　　　　　　　　　(D)280,000。　　　（108年桃園捷運）

（　　）**32** 桃園公司購入商品一批，價款$12,000，開立2個月到期，面額$12,000之票據償付，票面利率8%，試問購入商品時分錄為何？
(A)借：進貨$12,000、利息費用$160，貸：應付票據$12,000、應付利息$160　(B)借：進貨$12,000，貸：應付票據$12,000　(C)借：進貨$12,160，貸：應付票據$12,160　(D)借：進貨$12,160，貸：應付票據$12,000、應付利息$160。　　　　　　　（108年桃園捷運）

（　　）**33** 蘆竹公司X10年8月20日賒購商品$76,000，並以九五折成交，付款條件為1/15，n/30。公司於9月1日償付成交價款中之$60,000，餘款則於9月15日支付。若採淨額法處理現金折扣，未享折扣損失為
(A)$122　(B)$160　(C)$0　(D)$190。　　　　　（108年桃園捷運）

（　　）**34** 當存貨發生跌價損失時，該項損失應列為：　(A)非常損失　(B)其他費用與損失　(C)銷貨成本　(D)前期損益調整。　　　（108年臺灣菸酒）

（　　）**35** 下列何者不應列入公司年底存貨科目項下？　(A)起運點交貨之進貨　(B)寄銷於他公司之寄銷品　(C)目的地交貨之銷貨　(D)呆帳百分比可合理估計之分期付款銷貨。　　　　　　　　　（108年臺灣菸酒）

解答及解析（答案標示為#者，表官方曾公告更正該題答案。）

1 (A)。

科目名稱	高估或低估	影響科目高估或低估
期初存貨	高估	銷貨成本高估；淨利低估
期初存貨	低估	銷貨成本低估；淨利高估
本期進貨	高估	銷貨成本高估；淨利低估
本期進貨	低估	銷貨成本低估；淨利高估
期末存貨	高估	銷貨成本低估；淨利高估
期末存貨	低估	銷貨成本高估；淨利低估

今年度的期末存貨為下一個年度的期初存貨。

2 (C)。

差異	定期盤存制	永續盤存制
購入商品	借記「進貨」科目	借記「存貨」科目
結轉成本	期末一次結轉銷貨成本	逐筆銷貨，立即結轉銷貨成本
存貨控制	無「存貨盤盈(虧)」科目	有「存貨盤盈(虧)」科目
計算方式	初存＋進貨－末存＝銷貨成本	初存＋進貨－銷貨成本＝末存

3 (A)。企業所握有之存貨，可能因其銷售價格下跌，或因陳舊、過時、毀損等原因，而使其價值降低，並使企業蒙受損失，企業應在期末評估存貨價值低於成本之損失，因此須採成本與淨變現價值孰低法評價，若存貨於期末淨變現價值低於存貨成本，應將成本沖減至淨變現價值，以符合審慎性原則。

4 (D)。200件×$13＋150件×$12＋10件×$11＝$4,510

5 (C)。(20,000－2,000)×折扣率＝360
折扣率＝2%

6 (B)。$(100,000-98,000) \times \frac{1}{2} = 1,000$

7 (C)。(A)後進先出法也可適用定期盤存制。
(B)當物價下跌的時，先進先出法的銷貨成本會高於後進先出法。
(C)移動平均法亦可適用定期盤存制，平均法在定期盤存制為移動平均法；在永續盤存制為加權平均法。
(D)個別認定法易造成管理當局操縱損益。
故本題應選(C)為正確。

8 (B)。成本與市價孰低法評價存貨時，採逐項比較法最符合實際成本，故對損益影響最為穩健。

9 (B)。銷貨毛利率＝$\frac{25\%}{(1+25\%)}$＝20%
銷貨成本＝200,000×(1－20%)＝160,000
期末存貨＝500,000－160,000＝340,000

10 (B)。95,000－12,500＋20,500＝103,000

11 (A)。期初存貨＋進貨－期末存貨＝銷貨成本
期初存貨＋5,000,000－480,000＝$6,000,000/1.25
期初存貨＝280,000

12 (A)。 X5年因進貨而付現之金額＝$5,000,000＋$300,000－$500,000=4,800,000

13 (C)。 該批商品之淨成本
＝$80,000×(1－20%)×(1－3%)＋$1,000－$6,000×(1－3%)
＝$57,260

14 (B)。 因為「銷貨成本＝期初存貨＋本期進貨－期末存貨」及「本期淨利＝銷貨收入－銷貨成本」，期初存貨少計$30,000與期末存貨少計$12,000，將會造成銷貨成本的少計$42,000，銷貨成本少計會造成銷貨毛利高估，進而使本期淨利多計$42,000。

15 (A)。 折扣率＝($80,000×90%－$71,280)/($80,000×90%)＝1%
故本題付款條件最有可能為1/10、N/30。

16 (B)。 (1) 當年度銷貨成本＝銷貨淨額×（1－毛利率）
＝$100,000×(1－20%)＝$80,000
(2) 可供銷貨成本＝$50,000＋$70,000＋$10,000＝$130,000
(3) 採用毛利法估計之期末存貨＝可供銷貨成本－當年度銷貨成本
＝$130,000－$80,000＝$50,000

17 (D)。 存貨之計價方式若採先進先出法，則當物價上漲時，會造成成本低的存貨先銷售，使銷貨成本偏低，產品毛利增加。

18 (A)。 (1) 銷貨淨額＝$1,200,000－$80,000＝$1,120,000
(2) 毛利率＝40%
(3) 當年度銷貨成本＝銷貨淨額×（1－毛利率）
＝$1,120,000×（1－40%）＝$672,000
(4) 可供銷貨成本＝期初存貨＋進貨淨額＝$90,000＋$823,000－$60,000－$33,000＋$20,000＝$840,000
(5) 採用毛利率法估計之期末存貨＝可供銷貨成本－當年度銷貨成本
＝$840,000－$672,000＝$168,000
(6) 存貨損失＝$168,000－$5,000＝$163,000

19 (D)。 期初存貨＋進貨－期末存貨＝銷貨成本
X8年期初存貨低估$8,000
X8年期末存貨高估$12,000＝銷貨成本低估$20,000
銷貨成本低估$20,000→X8年淨利高估$20,000

20 (C)。 （500×$22＋100×$20＋400×$24）/（100＋500＋400）＝22.6
期末存貨成本＝200×$22.6＝$4,520

21 (D)。 因為「銷貨成本＝期初存貨＋本期進貨－期末存貨」及「本期淨利＝銷貨收入－銷貨成本」，期初存貨高估$2,000，期末存貨低估$1,000將會造成銷貨成本的高估$3,000，銷貨成本高估3,000會造成銷貨毛利低估$3,000，進而使本期淨利低估$3,000。

22 (D)。 A公司應認列存貨跌價損失＝$30,000＋$5,000－$40,000×0.7＝$7,000

23 (C)。

日期	進貨			銷貨成本			結存		
	數量	單價	金額	數量	單價	金額	數量	單價	金額
9/1							300	40	12,000
9/6				250	40	15,000	50	40	2,000
9/14	450	36	16,200				500	36.4	18,200
9/20				400	36.4	14,560	100	36.4	3,640
9/25	100	42	4,200				200	39.2	7,840

24 (C)。 可供銷售商品＝期初存貨＋進貨金額＋進貨運費－進貨退出－進貨折讓
＝期末存貨＋銷貨成本
＝$90,000＋$735,000
＝$825,000

25 (A)。

X6年	
X6年期末存貨少計	$25,000
X6年設備折舊多提	$23,000
淨利少（多）計	$48,000

26 (A)。 (1) 淨變現價值孰低法指企業均應以成本與「淨變現價值」兩者孰低來衡量，且自成本沖減至「淨變現價值」之金額，應認列為銷貨成本。淨變現價值指在正常情況下之估計售價減除至完工還須投入之的成本及銷售費用後的餘額。

(2)

	A 商品	B 商品	C 商品
成本	$82,000	$160,000	$53,000
淨變現價值	$75,000	$185,000	$50,000
淨變現價值孰低	$75,000	$160,000	$50,000

X6年底應列報之存貨金額＝$75,000＋$160,000＋$50,000＝$285,000

27 (B)。 期初存貨＋進貨淨額－期末存貨＝銷貨成本
期初存貨＋（$1,125,000－$14,250）＋$18,000－$71,250
＝（$1,320,000－$37,500）×（1－14.5%）＝$1,096,537
期初存貨＝$39,037

28 (D)。 零售價格法為零售商店所廣泛採用，特別是出售商品品種繁多的百貨商店，它也適用於批發商業，但對製造企業則並不適合。這些零售或批發商業，一般都不採用永續盤存，也很少能經常地進行實物盤點，因而用零售價格法來估計存貨價值是比較有用的，百貨公司在經營上有以下兩個特點，使得零售價格法對它尤其切合實用：
(1)在特定的銷售部門範圍以內，各項商品的標價提高數通常大體相同。
(2)凡購進的商品都要立即訂明零售價格，以備上架陳列供售。

29 (B)。 $100,000＋$500,000－（$80,000＋$30,000）＝$490,000

30 (B)。 毛利法
（$512,000－$22,000－$10,000）×（1－25%）＝$360,000
$80,000＋（$330,000－$10,000－$6,000＋$10,000）－存貨＝$360,000
存貨＝$44,000
存貨損失＝$44,000－$18,000＝$26,000

31 (B)。 $7,060＋$96,200＋$89,740＋$16,000＝$209,000

32 (B)。 借：進貨$12,000
　　　　貸：應付票據$12,000

33 (A)。 $76,000×0.95＝$72,200
$72,200－$60,000＝$12,200
未享折扣損失＝$12,200×1%＝$122

34 (C)。 存貨跌價損失是銷貨成本的加項

35 (D)。 分期付款銷貨：未繳清貨款前，商品之所有權仍屬於賣方，但通常不包括在賣方之存貨中，此為以所有權作為確定存貨標準之例外，因為賣方通常不預期顧客會拒絕付款而收回商品。

第五章　投資

課前導讀

所謂金融工具（Financial Instruments），是指一方產生金融資產，另一方同時產生金融負債或權益商品的合約。此章由於為新修訂公報，近年來頗受重視，出題機率愈來愈高，故考生應多加瞭解金融資產，包括金融資產分類、衡量與重分類相關之會計處理。

重點整理

☑ 重點一　金融資產的定義

所謂金融資產，是包括：

一、現金（包括銀行存款）

二、其他企業的權益工具（如：股票投資）

三、具有下列二者之一的合約權利：

(一) 自另一企業收取現金或其他金融資產。如：應收帳款等。

(二) 按有利於己的條件與另一間企業交換金融資產或金融負債。如：買入的買權或賣權等。

☑ 重點二　證券投資之分類

除少數股權投資因具有重大影響力或控制能力而採權益法處理外，證券投資依其性質不同，其分類原則如下圖：

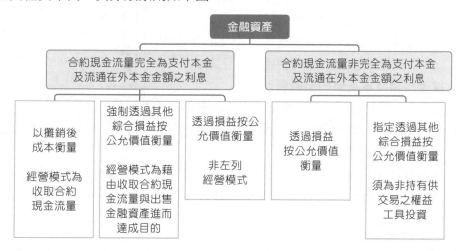

在金融資產減損評估方面，IFRS 9不再要求股票投資需評估減損，但要求以攤銷後成本衡量（如應收帳款、應收租賃款）與透過其他綜合損益按公允價值衡量之純債務工具投資（如政府公債或普通公司債）。

雖然IFRS 9下金融資產各分類最終衡量方式類似，但分類的源頭卻是完全不一樣的。例如基金的分類，以往絕大多數的基金投資分類為備供出售金融資產，後續按公允價值衡量並將公允價值變動認列於其他綜合損益，等到基金出售時再重分類至損益。但依IFRS 9，共同基金投資恐不能分類至透過其他綜合損益按公允價值衡量，因為共同基金無法符合IFRS 9「合約現金流量測試」，且有投資人可任意賣回之特性，導致基金並非權益工具投資，因此僅能分類為透過損益按公允價值衡量。又例如衍生性金融商品，以往需判斷此類商品所嵌入之衍生工具是否與主債務合約緊密關聯。若判斷為緊密關聯多分類為無活絡市場之債務工具投資，若判斷為非緊密關聯則會整體指定透過損益按公允價值衡量，或分別將非緊密關聯之嵌入式衍生工具認列為透過損益按公允價值衡量，因為衍生性金融商品無法符合IFRS 9「合約現金流量測試」，且有投資人可任意賣回之特性，導致基金並非權益工具投資，因此僅能分類為透過損益按公允價值衡量。

☑ 重點三　投資（IFRS 9規定）

一、金融資產的分類

由於IFRS 9將全面取代舊的IAS 39號，是本書有關金融資產的分類與衡量，完全按照IFRS 9的規定，首先IFRS 9在金融資產的分類上不若以前IAS 39號的複雜，IFRS 9規定企業的金融資產於原始認列時，應按其後續的衡量基礎分類為「以攤銷後成本衡量的金融資產」及「以公允價值衡量的金融資產」，分述如下：

小叮嚀

金融資產之分類：

金融資產	適用IFRS 9之金融資產	避險性
		投資性
		營業性
	不適用IFRS 9之金融資產→長期股權投資。	

(一) 以攤銷後成本衡量的金融資產

　　當下列二條件均符合時，金融資產應按攤銷後成本衡量：

1. 該資產是在一種經營模式下所持有，該經營模式的目的是持有資產以收取合約現金流量。
2. 該金融資產的合約條款規定在各特定日期產生純屬償還本金及支付按照流通本金的金額所計算的利息的現金流量。

小叮嚀

證券投資依經營模式及現金流量特性之分類：

證券投資	適用IFRS 9之金融資產	1. 以攤銷後成本衡量
		2. 以公允價值衡量：
		(1) 公允價值變動列入損益。
		(2) 公允價值變動列入其他綜合損益。
	適用IAS 28→長期股權投資。	

(二) 以公允價值衡量的金融資產

1. 凡不符合以攤銷後成本衡量之條件的金融資產均應按公允價值衡量，包括所有權益工具（無合約現金流量），獨於存在的衍生工具（其現金流量有槓桿作用）、可轉換公司債（合約現金流量非純屬還本付息）及所有非以按期收取合約現金流量為目的的債務工具等。又可分為「按公允價值衡量且公允價值變動計入其他綜合損益的金融資產」及「按公允價值衡量且公允價值變動計入損益的金融資產」二種金融資產。

2. 又所有為交易目的而持有的金融資產均應按公允價值衡量，且公允價值變動計入損益。所謂交易目的的金融資產，包括：

   (1) 取得的主要目的是在短期內再出售。

   (2) 該金融資產屬合併管理的一組可辨認金融工具投資組合的一部分，且有證據顯示近期該組合實際上為短期獲利的操作模式。

   (3) 未被指定為有效避險工具的所有衍生工具。

二、IFRS 9金融資產的衡量與損益認列

(一) 以攤銷後成本衡量的金融資產：

種類	原始認列	資產負債表上評價	折溢價攤銷
債務證券	公允價值＋交易成本	攤銷後成本－減損損失	要

(二) 按公允價值衡量且公允價值變動計入其他綜合損益的金融資產：

種類	原始認列	資產負債表上評價	折溢價攤銷
權益證券	公允價值＋交易成本	公允價值	要
債務證券	公允價值＋交易成本	公允價值	要

(三) 按公允價值衡量且公允價值變動計入損益的金融資產：

種類	原始認列	資產負債表上評價	折溢價攤銷
債務證券	公允價值 （交易成本列為當期費用）	公允價值	均可
權益證券	公允價值 （交易成本列為當期費用）	公允價值	不要

三、分錄

時點	以攤銷後成本衡量的金融資產	按公允價值衡量且公允價值變動計入其他綜合損益的金融資產	按公允價值衡量且公允價值變動計入損益的金融資產
定義	當下列二條件均符合時，金融資產應按攤銷後成本衡量： 1. 該資產是在一種經營模式下所持有，該經營模式的目的是持有資產以收取合約現金流量。 2. 該金融資產的合約條款規定在各特定日期產生純屬償還本金及支付按照流通本金的金額所計算的利息的現金流量。	凡不屬於「以攤銷後成本衡量的金融資產」及「按公允價值衡量且公允價值變動計入損益的金融資產」之金融資產，皆屬於此項。	所有為交易目的而持有的金融資產均應按公允價值衡量，且公允價值變動計入損益。所謂交易目的的金融資產，包括： 1. 取得的主要目的是在短期內再出售。 2. 該金融資產屬合併管理的一組可辨認金融工具投資組合的一部分，且有證據顯示近期該組合實際上為短期獲利的操作模式。 3. 未被指定為有效避險工具的所有衍生工具。
購入證券	金融資產－按攤銷後成本衡量　　XXX 　　現金　　　XXX ※手續費：成本	金融資產－按公允價值衡量（其他綜合損益）XXX 　　現金　　　XXX ※手續費：成本	金融資產－按公允價值衡量　　　XXX 　　現金　　　XXX ※手續費：當期費用
收到股息： 1. 當年度	無	現金　　　XXX 　　股利收入　XXX	現金　　　XXX 　　股利收入　XXX
2. 以後年度	無	現金　　　XXX 　　股利收入　XXX	現金　　　XXX 　　股利收入　XXX

時點	以攤銷後成本衡量的金融資產	按公允價值衡量且公允價值變動計入其他綜合損益的金融資產	按公允價值衡量且公允價值變動計入損益的金融資產
收到債息	現金　　　　XXX 　　利息收入　　XXX	現金　　　　XXX 　　利息收入　　XXX	現金　　　　XXX 　　利息收入　　XXX
折溢價攤銷： 1. 折價 2. 溢價	金融資產－ 按攤銷後 成本衡量　　XXX 　　利息收入　　XXX 利息收入　　XXX 　　金融資產－ 　　按攤銷後 　　成本衡量　　XXX	金融資產－ 按公允 價值衡量 （其他綜 合損益）　　XXX 　　利息收入　　XXX 利息收入　　XXX 　　金融資產－ 　　按公允價值 　　衡量 　　（其他綜 　　合損益）　　XXX	金融資產－ 按公允 價值衡量　　XXX 　　利息收入　　XXX 利息收入　　XXX 　　金融資產－ 　　按公允價值 　　衡量　　XXX ※為方便處理，可不必攤銷折、溢價。
年底評價： 1. 市價＞ 　　帳面金額	無	金融資產－ 按公允 價值衡量 （其他綜 合損益）　　XXX 　　其他綜合損益－ 　　金融資產公允 　　價值變動　　XXX	金融資產－ 按公允 價值衡量　　XXX 　　金融資產 　　公允價值 　　變動損益　　XXX
2. 市價＜ 　　帳面金額	無	其他綜合損益－ 金融資產 公允價值 變動　　XXX 　　金融資產－ 　　按公允 　　價值衡量 　　（其他綜 　　合損益）　　XXX	金融資產 公允價值 變動損益　　XXX 　　金融資產－ 　　按公允 　　價值衡量　　XXX
發生減損	減損損失　　XXX 　　備抵損失　　XXX	減損損失　　XXX 　　其他綜合損益－ 　　金融資產 　　未實現損益　　XXX	

小叮嚀

證券投資之評價損益及減損認列：

證券投資類別		評價損益認列	減損認列
債券	公允價值衡量	當期損益	不認列
		其他綜合損益	應認列
	以攤銷後成本	不認列	應認列
股票	不具重大影響力　交易目的	當期損益	不認列
	不具重大影響力　非交易目的	其他綜合損益	不認列
	具重大影響力	不認列	不認列
	具控制力（需編合併報表）		

☑ 重點四　長期股權投資－權益法

一、權益證券投資之會計處理

依對被投資公司的影響力不同而有不同的會計處理方法，彙整如下表：

持股百分比	對被投資公司	會計處理方法
低於20%	不具重大影響力	依IFRS 9規定辦理。
20%～50%	有影響力但無控制能力	權益法
50%以上	有控制力	權益法＋合併報表

二、原始成本

包括買價及一切必要而合理的支出。但借款買進時，其利息成本不得列入（應列為利息費用）。

(一) 如在宣告發放股利日及除息日間買入時，應承認「應收股利」帳戶，並單獨立帳。

(二) 以一總成本買入各種股票，應以各種股票的相對市價比例來分攤共同成本。

三、權益法之會計處理

(一) **購入股票時分錄**

採權益法之長期股權投資　　　　　XXX	
現金　　　　　　　　　　　　　　　　　　XXX	

(二) 期末評價時

1. **被投資公司獲利時**：投資公司應按持股比例認列投資收益：

例如：投資比例為25%，某年度被投資公司獲利$600,000時，則投資公司應作分錄如下：

採權益法之長期股權投資　150,000
　　投資收益　　　　　　　　　　　150,000

$600,000 \times 25\% = 150,000$

2. **被投資公司發生虧損時**：投資公司也應按持股比例認列投資損失。

3. **被投資公司發放現金股利時**：由於被投資公司發放現金股利，將使其盈餘減少，而投資公司現金卻增加，但長期股權投資成本會減少。

例如：某年中投資公司收到被投資公司所發放的現金股利$50,000，應作分錄如下：

現金　　　　　　　　　50,000
　　採權益法之長期股權投資　　　50,000

✓ 重點五　金融資產除列

一、意義

金融資產處分時，或到期清償時，此金融資產應除列。

二、分錄（IFRS 9為例）

(一) 以攤銷後成本衡量的金融資產相關出售分錄茲整理如下表：

提前出售	1. 售價＞帳面價值（以溢價為例） 應收利息　　　　　　　XXX 　金融資產－按攤銷後成本衡量　　　XXX 　利息收入　　　　　　　　　　　XXX 現金　　　　　　　　　XXX 　金融資產－按攤銷後成本衡量　　　XXX 　應收利息　　　　　　　　　　　XXX 　處分投資利益　　　　　　　　　XXX

提前 出售	2. 售價＜帳面價值（以溢價為例） 　應收利息　　　　　　　　　　　　　　XXX 　　　金融資產－按攤銷後成本衡量　　　　　　　　XXX 　　　利息收入　　　　　　　　　　　　　　　　XXX 　現金　　　　　　　　　　　　　　　　XXX 　處分投資損失　　　　　　　　　　　　XXX 　　　金融資產－按攤銷後成本衡量　　　　　　　　XXX （按攤銷後成本衡量金融資產提前出售時，應先認列至出售日的應計利息，並將溢、折價攤銷至出售日，以出售日攤銷後成本與淨售價比較，計算損益）
到期 清償	現金　　　　　　　　　　　　　　　　　XXX 　　金融資產－按攤銷後成本衡量　　　　　　　　　XXX （金融資產－按攤銷後成本衡量持有至到期日清償，因帳面金額已攤銷至債券面值，故只需將金融資產科目轉銷即可）

(二) 按公允價值衡量且公允價值變動計入損益的金融資產出售相關分錄，茲整理如下表：

出售時若 公允價值 比上次衡 量日下跌	1. 股票 　金融資產公允價值變動損益　　　　　　XXX 　　　金融資產－按公允價值衡量（股票）　　　　　XXX 　（先認列金融資產公允價值下跌損失） 　應收款項　　　　　　　　　　　　　　XXX 　處分金融資產損失　　　　　　　　　　XXX 　　　金融資產－按公允價值衡量（股票）　　　　　XXX ※ 應收款項＝出售日每股公允價值×股數－交易成本 2. 債券 　應收利息　　　　　　　　　　　　　　XXX 　　　利息收入　　　　　　　　　　　　　　　　XXX 　（認列上次付息日至出售日利息收入） 　金融資產－按公允價值衡量（債券）　　XXX 　　　金融資產公允價值變動損益　　　　　　　　　XXX 　（認列金融資產市價下跌損失）

出售時若公允價值比上次衡量日下跌	應收款項 XXX 處分金融資產損失 XXX 　　應收利息 XXX 　　金融資產－按公允價值衡量（債券） XXX ※ 應收款項＝售價－交易成本
若出售時公允價值比上次衡量日上漲	1. 股票 　金融資產－按公允價值衡量（股票） XXX 　　　金融資產公允價值變動損益 XXX 　（先認列金融資產公允價值上漲利益） 　應收款項 XXX 　處分金融資產損失 XXX 　　　金融資產－按公允價值衡量（股票） XXX ※ 應收款項＝出售日每股公允價值×股數－交易成本 2. 債券 　應收利息 XXX 　　利息收入 XXX 　（認列上次付息日至出售日利息收入） 　金融資產－按公允價值衡量（債券） XXX 　　金融資產公允價值變動損益 XXX 　（認列金融資產公允價值上漲利益） 　應收款項 XXX 　處分金融資產損失 XXX 　　　應收利息 XXX 　　　金融資產－按公允價值衡量（債券） XXX ※ 應收款項＝售價－交易成本

☑ 重點六　**投資性不動產**

一、意義

所謂投資性不動產，是指企業為賺取租金或資本增值，或兩者兼有而持有的土地和建築物。

(一) 下列各項屬於投資性不動產：

1. 為長期資本增值目的而持有的土地。
2. 目前尚未確定將來用途的土地。

3. 企業擁有或以融資租賃方式持有的建築物，並以營業租賃方式出租者。

4. 準備以營業租賃方式招租，但目前暫時空置尚未出租的建築物。

5. 目前正在建造或開發的不動產，以備將來完成後作為投資性不動產者。

6. 承租人以營業租賃的方式持有的不動產權益。

(二) 下列各項不屬於投資性不動產：

1. 作為存貨的不動產。

2. 為他方建造的不動產（建造合約）。

3. 自用房地產。

4. 以融資租賃方式出租給其他企業的不動產。

(三) 不動產之分類：

1. 基本判斷標準：

企業之營業模式（即企業對不動產之使用意圖）係判斷不動產分類之主要指標，符合IAS 40條件之不動產應強制分類，惟可選擇衡量之方式。

2. 單一用途之不動產：

不動產之用途僅單項，以其營業模式為分類考量重點。

名稱	用途	分類	適用公報
甲大樓	分行營業使用	固定資產	IAS 16
乙大樓	尚未決定用途	投資性不動產	IAS 40
丙大樓	出租	投資性不動產	IAS 40
丁大樓	等待時機出售	投資性不動產	IAS 40

3. 雙重用途之不動產：

不動產時常具有雙重用途，部分供自用者視為固定資產，部分作投資性不動產使用，以不動產可否分割為其分類考量重點：

(1) 可分割：僅得將屬於可個別出售或以融資租賃方式個別出租的那一部分分類為投資性不動產。

(2) 不可分割：自用部分不重大，始能列為投資性不動產。

4. 營業租賃之不動產：

符合下列條件時，營業租賃承租人得將其持有權益分類為投資性不動產，並依投資性不動產之會計處理。

(1) 其他部分符合投資性不動產之定義。

(2) 將該營業租賃視同IFRS 16租賃之融資租賃，依其規定處理。

(3) 承租人對所認列之資產，採用本準則規定之公允價值模式處理。

分類	出租人	承租人
營業租賃	可列為投資性不動產	可列為投資性不動產（需以公允價值模式衡量）
融資租賃	自資產除列（應收租賃款）	可列為投資性不動產

(4) 附加服務提供：

　　A.不動產所有權人提供附加服務予承租人，在此情況下，判斷是否為投資性不動產之主要關鍵為其提供予顧客之服務對整體不動產之運用是否重大。

　　B.重大者則視該服務為營業行為，該不動產即非屬投資性不動產，應列為固定資產；反之，非屬重大者應將該不動產分類為投資性不動產。

二、認列和原始衡量

(一) **認列**：投資性不動產同時滿足下列條件時，才能予以認列：

　1.與該投資性不動產有關的經濟效益很可能流入企業。

　2.該投資性不動產的成本能夠可靠地衡量。

(二) **原始衡量**

　1.購買取得：應按成本衡量。成本內容包含購買價格及所有可直接歸屬之支出，可直接歸屬之支出包含法律服務公費、不動產移轉稅及其他交易成本等。投資性不動產成本不包含以下項目：

　(1) 開辦費。

　(2) 投資性不動產達到預計租用水準前所發生之營運損失。

　(3) 建造或開發不動產過程中，原料、人工或其他資源之異常損耗。

　　例如：謚怡公司於X1年5月1日購買一棟辦公大樓用於對外出租（營業租賃），購買價格$2,000,000，另支付評價費用10,000，仲介費90,000，並於X1年7月1日出租予寶格公司，租期五年，每年租金150,000，應作分錄如下：

X1年5月1日

| 投資性不動產 | 2,100,000 | |
| 　現金 | | 2,100,000 |

X1年7月1日

| 現金 | 150,000 | |
| 　租金收入 | | 150,000 |

2. 自行建造投資性不動產：投資性不動產從購地至建造完成日的成本，均列為投資性不動產成本。且在建造期間，該不動產即歸類為投資性不動產。

例如：芊芊公司於X1年5月1日以$2,000,000購入一塊土地，與建一棟辦公大樓，全部供出租之用。自X1年6月1日開工，X2年7月1日完工，累計建造成本$4,000,000，應作分錄如下：

X1年5月1日

| 投資性不動產－土地 | 2,000,000 | |
| 　現金 | | 2,000,000 |

X1年6月1日～X2年7月1日

| 在建工程－投資性不動產 | 4,000,000 | |
| 　現金 | | 4,000,000 |

X2年7月1日

| 投資性不動產－房屋 | 4,000,000 | |
| 　在建工程－投資性不動產 | | 4,000,000 |

三、認列後的衡量

(一) 投資性不動產認列後，應全部選用公允價值模式或全部選用成本模式衡量，不得一部分用公允價值模式，一部分用成本模式，且選用成本模式之後，可以改變為公允價值模式，但選用公允價值模式之後，則不可改為成本模式。以下茲將二種模式的會計處理方法，彙整如下表：

項目	公允價值模式	成本模式
1. 意義	所謂公允價值模式，是指投資性不動產按照報導期間結束日的公允價值衡量。	所謂成本模式，是指投資性不動產按成本減累計折舊及累計減損衡量，除認列減損損失外，不考慮公允價值變動。

項目	公允價值模式	成本模式
2. 公允價值變動	計入當期損益	不考慮公允價值變動
3. 計提折舊	不要	要
4. 相關分錄： (1) 購入時：	投資性不動產　　XXX 　　現金　　　　　　XXX	投資性不動產　　XXX 　　現金　　　　　　XXX
(2) 計提折舊 　　時：	無	折舊費用　　　　XXX 　　累計折舊－投資性不動產 　　　　　　　　　　XXX
(3) 期末評價 　　時：公允價 　　值＞成本	投資性不動產　　XXX 　　公允價值變動損益－ 　　投資性不動產　　XXX	期末無需評價
公允價值＜ 　　成本	公允價值變動損益－投資性 不動產　　　　　XXX 　　投資性不動產　　XXX	
(4) 發生減損	無	減損損失　　　　XXX 　　累計減損－投資性不動產 　　　　　　　　　　XXX
(5) a.出售利益	現金　　　　　　XXX 　　投資性不動產　　XXX 　　處分投資性不動產利益 　　　　　　　　　XXX	現金　　　　　　XXX 累計折舊－投資性不動產 　　　　　　　　　XXX 累計減損－投資性不動產 　　　　　　　　　XXX 　　投資性不動產　　XXX 　　處分投資性不動產利益 　　　　　　　　　XXX
b.出售損失	現金　　　　　　XXX 處分投資性不動產損失 　　　　　　　　XXX 　　投資性不動產　　XXX	現金　　　　　　XXX 累計折舊－投資性不動產 　　　　　　　　　XXX 累計減損－投資性不動產 　　　　　　　　　XXX 處分投資性不動產損失 　　　　　　　　XXX 　　投資性不動產　　XXX

註：1. 選擇公允價值模式後，所有投資性不動產應一致採用。

　　2. 一旦選擇公允價值模式後，禁止改採成本模式。

　　3. 無法持續可靠決定公允價值時，例外可採成本模式。

(二) 公允價值

1. 公允價值係指在公平交易下，成交意願之雙方據以達成資產交換或負債清償之金額。

2. 決定公允價值之考量：

    (1) 同樣地點該類不動產於資產負債表之實際市場狀況及對當時市場之預期。

    (2) 對交易事項有充分瞭解，且有意願非被迫成交的潛在買賣雙方，在正常交易下據以達成之價格。

    (3) 目前租金收入及依市場未來可能之租賃條款所估計之租金收入。

    (4) 投資人的預期報酬，例如投資人對未來租金潛在可能提高之預期或市場情況等。

3. 公允價值之決定：

    (1) 具比較性活絡市場成交資訊。

    (2) 獨立估價人員。

    (3) 未來現金流量：

        A. 當以未來現金流量所計算之現金流量折現值作為其公允價值時，未來現金流量應根據目前租賃契約及預期該投資性不動產之現金流入及流出情形予以估計。

        B. 以未來現金流量折現值估計投資性不動產之公允價值時，通常不考慮預計改良該不動產會產生之預計現金流量。

四、投資性不動的轉換

轉入投資性不動產或從投資性不動產轉出，僅於用途改變且有下列證據證明時始得為之：

(一) 開始轉供自用：

將投資性不動產轉換為自用不動產。

(二) 擬出售而開始開發：

將投資性不動產轉換為存貨。

(三) 結束自用：

將自用不動產轉換為投資性不動產。

(四) 開始以營業租賃出租予另一方：

將存貨轉換為投資性不動產。

實戰演練

申論題

一 飛鴻公司X1年度發生下列股票交易，並將交易列為透過損益按公允價值衡量之金融資產：

日期	公司名稱	買（賣）股數	買（賣）單價	X1年底市價	X2年底市價
2/17	木星	20,000	$15	$17	$18.5
5/5	土星	30,000	$20	$21	$22

試作X1及X2年底分錄，並說明若將股票歸類為透過其他綜合損益按公允價值衡量之金融資產，對X1及X2年綜合損益表及權益有何差異？

(104年中華郵政)

答

	股數	成本 單價	成本 金額	X1年市價 單價	X1年市價 金額	評價 金額	X2年市價 單價	X2年市價 金額	評價 金額
木星	20,000	15.00	300,000	17.00	340,000	40,000	18.50	370,000	30,000
土星	30,000	20.00	600,000	21.00	630,000	30,000	22.00	660,000	30,000
						70,000			60,000

(一)X1年底分錄

借：透過損益按公允值衡量之金融資產 $70,000

貸：金融資產評價損益 $70,000

X2年底分錄

借：透過損益按公允值衡量之金融資產 $60,000

貸：金融資產評價損益 $60,000

(二)若將股票歸類為透過其他綜合損益按公允價值衡量之金融資產，其金融資產期末仍應按公允價值衡量，但公允價值的變動，應計入「其他綜合損益」列為權益類科目。而表達於綜合損益中表達於其他綜合損益項目。

持有期間的股利收入，利息收入及外幣貨幣性金融資產（債務工具）因攤銷後成本變動所產生的兌換損益均列入當期損益，其餘所有損益（包括外幣權益工具的兌換損益）均計入其他綜合損益。

二 優子公司於X1年4月1日以每股$45買入宜家公司股票，並支付手續費10,000。該股票分類為按公允價值衡量且公允價值變動計入損益的金融資產。優子公司於X1年8月1日收到宜家公司現金股利每股$2，X1年12月31日宜家公司股票每股市價$50。請作X1年的相關分錄。

答

X1/4/1	金融資產－按公允價值衡量（股票）	450,000	
	手續費	1,000	
	現金		451,000
X1/8/1	現金	20,000	
	股利收入		20,000
X1/12/31	金融資產－按公允價值衡量（股票）	50,000	
	金融資產公允價值變動損益		50,000

(50－45)×10,000＝50,000

三 甲公司過去未曾有透過其他綜合損益按公允價值衡量之金融資產，X3年初分別以$900,000及$800,000買入A、B二種股票，並分類為透過其他綜合損益按公允價值衡量之金融資產。X3年底A、B股票之公允價值分別為$980,000及$770,000。X4年10月31日，甲公司以$1,060,000出售A股票；X4年底B股票公允價值為$750,000。X5年2月15日甲公司以$820,000出售B股票。甲公司所得稅率為20%。試作：

(一) 甲公司X3年度本期綜合淨利總額因透過其他綜合損益按公允價值衡量之金融資產而增減金額為多少？（須註明增加或減少）

(二) 甲公司X4年度本期綜合淨利總額及保留盈餘因為透過其他綜合損益按公允價值衡量之金融資產而增減之金額分別為多少？（須註明增加或減少）

(三) 甲公司X5年度本期綜合淨利總額及保留盈餘因為透過其他綜合損益按公允價值衡量之金融資產而增減之金額分別為多少？（須註明增加或減少）

（臺灣菸酒）

答 (一)X3年度本期綜合淨利總額因透過其他綜合損益按公允價值衡量之金融資產而增加$50,000

$(900,000 + 800,000) - (980,000 + 770,000) = 50,000$（增加）

(二)X4年度本期綜合淨利總額及保留盈餘因透過其他綜合損益按公允價值衡量之金融資產而增減金額分別為：

本期綜合淨利總額增加$60,000,餘額為$-50,000

$(1,060,000 - 980,000) + (750,000 - 770,000) = \$60,000$（增加）

本期保留盈餘增加$128,000

$(1,060,000 - 900,000) \times (1 - 20\%) = 128,000$（增加）

＊透過其他綜合損益按公允價值衡量之金融資產－股票投資，其他權益不重分類至本期損益，直接結轉保留盈餘。

(三)X5年度本期綜合淨利總額及保留盈餘因透過其他綜合損益按公允價值衡量之金融資產而增減金額分別為：

本期綜合淨利總額因沖轉B股而增加$70,000,期末餘額為零

$(820,000 - 750,000) = \$70,000$（增加）

本期保留盈餘增加$16,000

$(820,000 - 800,000) \times (1 - 20\%) = 16,000$（增加）

＊透過其他綜合損益按公允價值衡量之金融資產－股票投資，其他權益不重分類至本期損益，直接結轉保留盈餘。

	A股票	B股票	OCI帳戶年底結轉其他權益之餘額	保留餘盈
X3年初購入	900,000	800,000		
X3年底公允價值	980,000	770,000		
評價損益列入OCI	80,000	(30,000)	50,000	
X4/10/31 出售A股票				
售價	1,060,000			
評價損益列入OCI	80,000		80,000	

	A股票	B股票	OCI帳戶年底結轉其他權益之餘額	保留餘盈
出售稅後OCI結轉保留盈餘			(160,000)	128,000
X4年公允價值		750,000		
評價損益列入OCI		(20,000)	(20,000)	
X5/2/15 出售B股票				
售價		820,000		
評價損益列入OCI		70,000	70,000	
出售稅後OCI結轉保留盈餘			(20,000)	16,000

四 甲公司X5年及X6年帳列稅前淨利分別為$300,000及$450,000；X6年底資產與負債金額分別為$8,300,000與$5,200,000。X7年初經會計師查核發現下列事項：

1. 存貨採定期盤存制，X5年及X6年底各有寄銷於其他公司之商品$80,000及$60,000未計入期末存貨中。

2. 預收貨款一向直接認列為銷貨收入，X5年及X6年各年年底分別有$32,000及$28,000預收貨款未予調整認列。

3. X5年土地進行重估，認列$30,000重估增值利益於X5年稅前淨利中。

4. X6年中以每股$25買入自己公司股票10,000股，因擬於短期售出，故列為持有供交易金融資產，X6年11月底以每股$30售出5,000股，認列出售投資利益$25,000；X6年底公司股價為$35，認列金融資產未實現評價利益$50,000於X6年稅前淨利中。

試作：（不考慮所得稅影響）

(一) 計算甲公司X5年及X6年正確之稅前淨利。

(二) 計算甲公司X6年12月31日正確之資產與負債總額。

(三) 若X6年底帳列未分配盈餘為$500,000，計算X6年底正確未分配盈餘。

答 (一)

	X5年	X6年
稅前淨利	$300,000	$450,000
調整項目：		
寄銷X5年	80,000	(80,000)
寄銷X6年		60,000
預收貨款X5年	(32,000)	32,000
預收貨款X6年		(28,000)
土地進行重估	(30,000)	
出售投資利益		(25,000)
金融資產未實現評價利益		(50,000)
正確淨利	$318,000	$359,000

(二)X6年資產＝$8,300,000＋60,000－(5,000×$35)＝8,185,000

　　X6年負債總額＝$5,200,000＋$28,000＝5,228,000

(三)X5年保留盈餘增加＝318,000－300,000＝18,000

　　X6年保留盈餘減少＝450,000－359,000＝91,000

　　X6年未分配盈餘＝500,000－(91,000－18,000)＝427,000

測驗題

(　) **1** 下列那些項目應列為投資性不動產？ (A)為獲取長期資本增值而持有之土地 (B)以融資租賃方式出租之不動產 (C)屬正常營業活動以供出售而正在進行開發之不動產 (D)代他人建造之不動產。

(104年台北捷運)

(　) **2** 甲公司於X8年初以每股$30投資乙公司30%的普通股股權，該日乙公司普通股共計有100,000股流通在外，X8年度乙公司之淨利為$400,000，並發放現金股利$150,000，而X9年乙公司報導淨損$200,000，年底市價為每股$28，則甲公司X9年底「採用權益法之投資」的餘額為：

(A)$915,000　　　　　　　　(B)$975,000

(C)$840,000　　　　　　　　(D)$855,000。　　(105年臺灣菸酒)

( ) **3** 甲公司X9年以$100,000購入乙公司股票,持股比例為10%,並將之分類為備供出售金融資產(透過其他綜合損益按公允價值衡量之金融資產),年底該股票之市價為$90,000。假若該公司X9年度之稅後淨利為$85,000,則本期綜合損益為(所得稅率為20%): (A)$75,000 (B)$95,000 (C)$77,000 (D)$85,000。 (105年臺灣菸酒)

( ) **4** 甲公司將投資乙公司10%之普通股分類為「透過損益按公允價值衡量之金融資產」,當乙公司宣告發放股票股利時,甲公司之會計處理為: (A)貸記股利收入 (B)貸記透過損益按公允價值衡量之金融資產 (C)貸記普通股股本 (D)不作分錄,僅作備忘記錄。

(105年臺灣菸酒)

( ) **5** 假設甲公司於102年1月1日以$88,000購入乙公司發行面額$100,000,票面利率8%之公司債,付息日期為每年6月30日及12月31日。假設此公司債投資之有效利率為10%,甲公司擬將債券持有至到期日,102年底此債券之市價為$93,000,則甲公司102年底應報導之債券投資金額為:

(A)$88,400   (B)$88,820

(C)$88,800   (D)$93,000。   (106年桃園捷運)

( ) **6** 甲公司本期購入乙公司股票$130,000,作為備供出售金融資產(透過其他綜合損益按公允價值衡量之金融資產),期末市價為$100,000,則期末有關「備供出售金融資產」(透過其他綜合損益按公允價值衡量之金融資產)之敘述,何者正確? (A)列入權益中之未實現損失為$0 (B)列入綜合損益表中之未實現損失為$30,000 (C)帳面金額為$100,000 (D)帳面金額為$130,000。

(106年桃園捷運)

( ) **7** X1年初甲公司以$600,000購買乙公司普通股30,000股,分類為備供出售金融資產(透過其他綜合損益按公允價值衡量之金融資產),X1年底該項投資之市價為$400,000,X2年以市價$450,000出售。請問X2年甲公司綜合損益表中之損益科目應列示與金融資產投資有關之(損)益為何? (A)$50,000利益 (B)$150,000利益 (C)$50,000損失 (D)$150,000損失。 (106年中鋼)

（　）　**8** 下列哪些項目可列於長期投資？　(A)持有至到期日之債券投資　(B)備供出售之債券投資（透過其他綜合損益按公允價值衡量之金融資產）　(C)備供出售之權益投資（透過其他綜合損益按公允價值衡量之金融資產）　(D)對被投資公司有重大影響力之權益投資。

（106年中鋼）

（　）　**9** 甲公司於X6年初平價發行票面利率為6%之公司債，該公司債全數由乙公司買入，並列為按攤銷後成本衡量之金融資產。若甲公司及乙公司均支付交易成本$50,000，則甲公司發行該債券及乙公司投資該債券之有效利率，分別為：　(A)均小於6%　(B)均等於6%　(C)小於6%及大於6%　(D)大於6%及小於6%。

（　）**10** 甲公司於X5年初以$300,000平價買入透過其他綜合損益按公允價值衡量之債務工具投資，其X5年底公允價值為$350,000，若X6年7月以$200,000出售一半投資，X6年底剩餘投資之公允價值為$210,000，則該項投資對甲公司X6年度其他綜合利益之影響為何？ (A)$0　(B)增加$10,000　(C)增加$35,000　(D)增加$60,000。

（　）**11** 甲公司於X6年6月15日以每股$30購買乙公司股票50,000股，另付手續費$50,000，並列為透過損益按公允價值衡量之金融資產，X6年8月1日收到乙公司每股現金股利$2。若X6年底乙公司股價為$40，則甲公司投資乙公司股票對X6年稅前淨利之影響為何？　(A)增加$50,000　(B)增加$500,000　(C)增加$550,000　(D)增加$600,000。

（　）**12** 甲公司於X6年初以每股$30買進乙公司50,000股普通股股票，佔乙公司流通在外普通股總股數25%，而對乙公司具重大影響，甲公司另支付相關手續費及交易稅$50,000。投資日乙公司各項資產負債之帳面金額與公允價值均相等；乙公司於X6年8月1日宣告發放每股現金股利$2，其X6年淨利為$150,000。若X6年底乙公司股價為$50，則甲公司投資乙公司股票對X6年稅前淨利之影響為何？　(A)減少$12,500　(B)增加$37,500　(C)增加$100,000　(D)增加$800,000。

（　）**13** 「金融商品（資產）未實現損益」借方餘額增加表示：　(A)交易目的金融資產公平價值上漲　(B)交易目的金融資產公平價值下跌　(C)備供出售金融資產公平價值上漲　(D)備供出售金融資產公平價值下跌。

( ) **14** 林興公司於20X6年12月31日以$2,800,000取得A公司的35%股權，並分類為採用權益法之投資；20X7年12月31日該投資公允價值為$3,500,000。若A公司20X7年淨利為$1,750,000，其他綜合損益為$350,000（利益），且支付現金股利$700,000，請問：20X7年12月31日林興公司帳列該項投資的帳面金額為多少？　(A)$2,800,000 (B)$3,290,000　(C)$3,535,000　(D)$3,780,000。

( ) **15** 福美公司投資$35,000,000與佳和公司簽訂一聯合協議，於20X7年1月1日設立由雙方聯合控制之A公司（實收資本為$100,000,000），福美公司占35%股權比例，經判斷後此聯合協議應分類為合資並採用權益法處理。若A公司20X7年之稅後純損為$6,000,000，請問：福美公司20X7年12月31日應作的分錄，下列何者正確？　(A)借：採用權益法之投資$2,100,000　(B)借：採用權益法認列之損益份額$2,100,000　(C)貸：採用權益法之投資$6,000,000　(D)貸：本期損益$6,000,000。

( ) **16** 大旭公司X8年4月1日以每股$15購買甲公司普通股票20,000股作為投資，手續費$1,000，大旭公司將此投資分類為透過其他綜合損益按公允價值衡量證券投資。X8年12月31日甲公司普通股每股市價$13。X9年4月1日大旭公司以每股$18處分甲公司股票10,000股，則大旭公司X9年4月1日應認列處分投資損益是多少？　(A)$0　(B)損失$20,500　(C)利益$29,500　(D)利益$50,000。

( ) **17** 大源公司X8年7月1日以$400,000購入甲公司股票作為投資，分類為透過其他綜合損益按公允價值衡量證券投資，X8年底該筆投資之公允價值為$360,000，則該筆投資公允價值變動之影響為：　(A)本期淨利減少$20,000　(B)本期淨利減少$40,000　(C)權益總額減少$20,000　(D)權益總額減少$40,000。

( ) **18** 大駿公司X8年7月1日以$520,000取得甲公司30%股權，投資成本與取得之股權淨值相同。甲公司X8年度淨利為$1,200,000，X8年10月1日發放現金股利$400,000，假設淨利平均發生，則大駿公司X8年12月31日投資之帳面金額為若干？　(A)$580,000　(B)$640,000 (C)$700,000　(D)$760,000。

（　）**19** A公司於X6年初投資乙公司股票$82,000，應分類為「透過其他綜合損益按公允價值衡量證券投資」，但公司誤將其列入「透過損益按公允價值衡量證券投資」，若X6年底該投資之公允價值為$90,000，則該錯誤之影響為：　(A)資產高估$8,000　(B)淨利高估$8,000　(C)權益總額低估$8,000　(D)不影響其他綜合損益。

（　）**20** A公司於X7年1月1日買入B公司發行之公司債，分類為透過損益按公允價值衡量證券投資，共支付購入價格$300,000、證券交易稅$4,500及券商手續費$1,500，則A公司該項債券投資之入帳金額為：(A)$300,000　(B)$301,500　(C)$304,500　(D)$306,000。

（　）**21** A公司於X8年初以$1,500,000取得B公司普通股股份30%，並採權益法處理，投資成本與取得B公司股權淨值之份額相等。若B公司X8年度淨利為$2,000,000，且X8年宣告並發放現金股利$1,200,000，則A公司X8年12月31日投資帳戶餘額為若干？　(A)$1,140,000　(B)$1,740,000　(C)$1,860,000　(D)$2,100,000。

（　）**22** 甲公司X1年5月3日購買一筆股票，總成本為$230,000。甲公司將該股票歸類為透過其他綜合損益按公允價值衡量之證券投資。X1年底時，此筆股票的公允價值為$200,000，則此筆股票之公允價值變動導致：　(A)本期淨利減少$30,000　(B)本期淨利增加$30,000　(C)權益總額增加$30,000　(D)權益總額減少$30,000。

（　）**23** 乙公司於X2年1月1日以$2,000,000購入丙公司普通股作為投資，該普通股股數相當於丙公司流通在外股數的40%，乙公司採用權益法處理該普通股之投資，投資成本等於取得丙公司之股權淨值之金額。若丙公司X2年期間宣告並發放現金股利$800,000，且丙公司X2年的淨利為$1,200,000，則乙公司在X2年12月31日時，「採權益法之長期股權投資－丙公司」此科目之金額為：　(A)$2,000,000　(B)$3,200,000　(C)$2,320,000　(D)$2,160,000。

（　）**24** 下列何項金融資產之公允價值增加，會使企業之本期淨利增加？(A)採用權益法之投資　(B)按攤銷後成本衡量之金融資產　(C)透過損益按公允價值衡量之金融資產　(D)透過其他綜合損益按公允價值衡量之金融資產。

(　　) **25** 永昌公司於100年8月1日，以一時餘資按每券$988價購入永盛公司發行券面額$1,000，年息6%，每年5月1日及11月1日各付息一次之抵押公司債1,000張，作指定為公允價值變動投資；101年4月1日永昌按每券$995價將以上投資債券全部賣出，試問100年8月1日購入投資之成本為：　(A) $988,000　(B) $1,000,000　(C) $995,000　(D) $973,000。

(　　) **26** 永昌公司於100年8月1日，以一時餘資按每券$988價購入永盛公司發行券面額$1,000，年息6%，每年5月1日及11月1日各付息一次之抵押公司債1,000張，作指定為公允價值變動投資；101年4月1日永昌按每券$995價將以上投資債券全部賣出，永昌公司於101年4月1日出售全部債券時可收得現金為：　(A)$995,000　(B)$998,000　(C)$983,000　(D)$988,000。

(　　) **27** 下列何情形被視為「投資公司對被投資公司有控制能力」之可能性最小？　(A)與其他投資人約定下，具有半數之有表決權股份的能力　(B)投資公司持有被投資公司有表決權之股份表決權最高者　(C)依法令或契約約定，可操控公司之財務、營運及人事方針　(D)有權主導董事會超過半數之投票權，且公司之控制權操控於該董事會。

(　　) **28** 下列敘述何者錯誤？　(A)透過損益按公允價值衡量之金融資產包括持有供交易目的之金融資產　(B)持有至到期日投資包括債務工具及權益工具　(C)備供出售之金融資產以公允價值衡量　(D)透過損益按公允價值衡量之金融資產以公允價值衡量。

(　　) **29** 甲公司於X3年7月1日以$560,000買入面額$500,000，票面利率10%之債券，有效利率為8%，並分類為持有至到期日之金融資產。若該債券X3年底之公允價值為$565,000，則X3年底資產負債表應列報該金融資產之金額為何？　(A)$554,800　(B)$557,400　(C)$560,000　(D)$565,000。

( )**30** 甲公司在X1年以$80,000購入股票投資，並將之歸類為備供出售金融資產（透過其他綜合損益按公允價值衡量之金融資產）。X1年底該股票投資之公允價值為$90,000，則該項投資對甲公司X1年綜合損益表之影響為何？　(A)淨利及綜合淨利均增加　(B)淨利及綜合淨利均不受影響　(C)淨利增加，綜合淨利不受影響　(D)淨利不受影響，綜合淨利增加。

( )**31** 寶湖公司於20X8年4月1日購入A公司所發行之公司債，面額$2,000,000，利率4.5%，每年6月30日及12月31日付息，擬作為按攤銷後成本衡量之金融資產。若按97加計應計利息購入，請問：寶湖公司購入投資之相關分錄，下列何者正確？　(A)借：按攤銷後成本衡量金融資產－公司債$1,940,000　(B)借：應收利息$45,000　(C)貸：現金$1,940,000　(D)貸：公司債折價$45,000。

( )**32** 碧山公司20X7年1月1日以$4,500,000購買A公司40%股權，具有重大影響力，投資成本與取得股權比例淨值帳面金額相等。A公司20X7年度之本期綜合損益總額$3,600,000（包括本期淨利$4,750,000及透過其他綜合損益按公允價值衡量金融資產未實現評價損失$1,150,000），另7月28日宣告現金股利$2,400,000，並於8月31日發放股利。請問：碧山公司20X7年12月31日採用權益法之投資餘額為多少？　(A)$4,880,000　(B)$4,980,000　(C)$5,340,000　(D)$5,440,000。

( )**33** 「透過其他綜合損益按公允價值衡量之權益工具投資損益」之借餘為　(A)股東權益之加項　(B)「透過其他綜合損益按公允價值衡量之金融資產」之加項　(C)股東權益之減項　(D)「透過其他綜合損益按公允價值衡量之金融資產」之減項。　　　　　（108年桃園捷運）

( )**34** 若以現金購入中華電信股票20張，則應以何科目入帳？　(A)持有供交易之金融資產　(B)透過其他綜合損益按公允價值衡量之金融資產　(C)採用權益法之投資　(D)不一定，端視持股比例及經營模式。　　　　　（108年桃園捷運）

(　　) **35** 小小公司X7年初以$300,000購入中中公司30%的普通股，作為採用
　　　　　權益法之投資。　(1)小小公司X7年收到現金股利$24,000，股票股
　　　　　利60股　(2)中中公司X7年度獲利$750,000，X8年度虧損$150,000
　　　　　試問小小公司X8年底帳列「採用權益法之投資」餘額為何？
　　　　　(A)230,000　(B)320,000　(C)390,000　(D)456,000。

（108年桃園捷運）

解答及解析（答案標示為#者，表官方曾公告更正該題答案。）

1 (A)。投資性不動產是為賺取租金或資本利得而持有之不動產。(B)選項若改為
承租才屬投資性不動產。(C)選項之不動產是為存貨。

2 (A)。100,000股×30%×$30＋$400,000×30%－$150,000×30%
－$200,000×30%＝$915,000

3 (C)。(1) 備供出售金融資產（透過其他綜合損益按公允價值衡量之金融資產）
係為被指定為備供出售之非衍生性金融資產，應以公允價值衡量。其
期末帳面價值與公允價值的差額，稱為「備供出售金融資產未實現損
益（其他綜合損益－金融資產未實現損益）」，列入其他綜合損益之
其他綜合損益（非本期損益），其他綜合損益亦為股東權益中其他權
益項目之一。
(2) 本題計算如下：
備供出售金融資產未實現損益（其他綜合損益－金融資產未實現損
益）：$100,000－$90,000＝$10,000（損失）
本期綜合損益為：$85,000－$10,000×(1－20%)＝$77,000

4 (D)。證券投資收到股票股利一律不作分錄，僅作備忘記錄。

5 (B)。應收利息＝100,000×8%×$\frac{6}{12}$＝4,000

102/6/30
　　持有至到期日債券　　　　　400
　　應收利息　　　　　　　　4,000
　　　利息收入　　　　　　　　　　　　4,400
利息收入＝88,000×10%×$\frac{6}{12}$＝4,400

102/12/31

持有至到期日債券	420	
應收利息	4,000	
利息收入		4,420

利息收入 $=(88,000+400)\times 10\%\times \dfrac{6}{12}=4,420$

102/12/31持有至到期日債券$=88,400+420=88,820$

6 (C)。其他綜合損益－金融資產未實現損益　　　　　　30,000

　　　備供出售之金融資產

　　　（透過其他綜合損益按公允價值衡量之金融資產）　　　　30,000

　　備供出售之金融資產帳面價值$=130,000-30,000=100,000$

7 (D)。$450,000-600,000=-150,000$（損失）

8 (ABCD)。

備供出售金融資產（透過其他綜合損益按公允價值衡量之金融資產）一年內出售者列流動資產，一年以上出售者列基金及投資。持有至到期日金融資產一年內到期者列流動資產，一年以上到期者列基金及投資。採權益法之長期股權投資列基金及投資。

故本題(A)(B)(C)(D)皆為正確。

9 (D)。甲公司發行公司債支付交易成本會造成發行價格>面值→溢價發行大於6%，但買入該債券的乙公司其投資的有效利率因支付交易成本後小於6%。

10 (B)。出售$=\$200,000-\$350,000/2=\$25,000$

$\$210,000-\$350,000/2=\$35,000$

該項投資對甲公司X6年度其他綜合利益之影響$=\$35,000-\$25,000$

$=\$10,000$（增加）

11 (C)。$\$2\times 50,000=100,000$

（$\$40-\$30$）$\times 50,000=500,000$

甲公司投資乙公司股票對X6年稅前淨利之影響

$=100,000+500,000-\$50,000=\$550,000$（增加）

12 (B)。甲公司投資乙公司股票對X6年稅前淨利之影響$=\$150,000\times 25\%=\$37,500$

（增加）

13 (D)。金融資產未實現損益為備供出售金融資產的評價科目，「金融商品（資產）未實現損益」借方餘額增加表示備供出售金融資產公平價值下跌。

14 (B)。 20X7年12月31日林興公司帳列該項投資的帳面金額
　　　　＝$2,800,000＋$1,750,000×35%＋$350,000×35%－$700,000×35%
　　　　＝$3,290,000

15 (B)。 福美公司20X7年12月31日應作的分錄如下：
　　　　採用權益法認列之損益份額　$2,100,000
　　　　　　採用權益法之投資　　　　　　　　$2,100,000
　　　　6,000,000×35%＝2,100,000

16 (A)。 透過其他綜合損益按公允價值衡量證券投資，證券投資市價變動先認列證券金融資產公允價值變動損益，故大旭公司X9年4月1日應認列處分投資損益是$0。

17 (D)。 該筆投資公允價值變動之影響
　　　　＝$400,000－$360,000＝$40,000（權益減少）

18 (A)。 大駿公司X8年12月31日投資之帳面金額
　　　　＝$520,000＋$1,200,000/2×30%－$400,000×30%＝$580,000

19 (B)。 本題「透過其他綜合損益按公允價值衡量證券投資」，但公司誤將其列入「透過損益按公允價值衡量證券投資」，將使淨利高估$8,000，其他綜合損益少計$8,000。

20 (A)。 企業發行金融負債，因而產生直接可歸屬之交易成本時，若屬「透過損益按公允價值衡量證券投資」認列為當期費用，A公司該項債券投資之入帳金額＝$300,000。

21 (B)。 A公司X8年12月31日投資帳戶餘額
　　　　＝期初投資成本＋按比例認列之投資收益（損失）－按比例認列之宣告股利
　　　　＝$1,500,000＋$2,000,000×30%－$1,200,000×30%
　　　　＝$1,740,000

22 (D)。 該股票歸類為透過其他綜合損益按公允價值衡量之證券投資，該公允價值變動會使權益總額減少$30,000。

23 (D)。 (1) 權益法下對於被投資公司每年發生的損益，投資公司應按約當持股比例認列投資損益，且同額增加投資帳戶。
　　　　　　投資收益＝被投資公司淨利（損）×約當持股比例
　　　　　　＝$1,200,000×40%＝$480,000
　　　　(2) X2年底乙公司的長期投資帳戶餘額
　　　　　　＝期初投資成本＋按比例認列之投資收益（損失）－按比例認列之宣告股利
　　　　　　＝$2,000,000＋$480,000－$800,000×40%＝$2,160,000

24 (C)。「透過損益按公允價值衡量的金融資產」之公允價值增加，會使企業之本期淨利增加。

25 (D)。100/8/1按$988×1,000＝$988,000購入債券，內含100/5/1至100/8/1三個月的應計利息。

$1,000,000×6%×\dfrac{3}{12}＝$15,000（應收利息應單獨入帳）

所以，投資成本＝$988,000－$15,000＝$973,000

26 (A)。101/4/1按$995,000出售時，內含五個月利息

二個月應收利息（100/11/1至100/12/31）

＝$1,000,000×6%×\dfrac{2}{12}＝$10,000

（已包括在100/12/31調整分錄）

三個月利息收入（101/1/1至101/3/31）

＝$1,000,000×6%×\dfrac{3}{12}＝$15,000

投資成本(988×1,000)－15,000＝$973,000

出售分錄：

現金	$995,000	
出售投資損失	3,000	
透過損益按公允價值衡量之金融資產		$973,000
應收利息		10,000
利息收入		15,000

27 (B)。表決權最高者並不是代表占絕大部分多數，故(B)選項相對在控制能力上可能性最小。

28 (B)。所謂持有至到期日投資，指企業有明確意圖並有能力持有至到期日，到期日固定、回收金額固定或可確定的金融資產。一般而言權益工具沒有「到期日」故不列為「持有至到期日之金融資產」。

29 (B)。500,000×10%÷2＝25,000

560,000×8%÷2＝22,400

溢價攤銷＝25,000－22,400＝2,600

金融資產之帳面價值＝560,000－2,600＝557,400＜公允價值

故資產負債列報之金融資產金額為$557,400

30 (D)。備供出售金融資產（透過其他綜合損益按公允價值衡量之金融資產）之評價損益列示於權益項下，係屬其他綜合損益項目，故淨利不受影響，綜合淨利增加。

31 (A)。 20X8年4月1日購入投資之相關分錄：

按攤銷後成本衡量金融資產－公司債 $1,940,000

應收利息 $22,500

現金 $1,962,500

32 (B)。 碧山公司20X7年12月31日「採用權益法之投資」帳面金額
＝期初投資成本＋按比例認列之投資收益（損失）－按比例認列之宣告股利
＝$4,500,000＋$3,600,000×40%－$2,400,000×40%
＝$4,980,000

33 (C)。 透過其他綜合損益按公允價值衡量之「權益工具投資損益」是權益科目，
若增加放在貸方，減少則放在借方。
這個科目是年底從虛帳戶「權益工具投資損益」結轉而來的，權益工具
投資損益是由於持有「透過其他綜合損益按公允價值衡量之金融資產」
所產生的未實現評價損益所產生的認列的。

34 (D)。 視持股比例及經營模式區分。

35 (D)。 $300,000－$24,000＋（$750,000－$150,000）×30%＝$456,000。

NOTE

第六章　不動產、廠房及設備、遞耗資產及無形資產

課前導讀

此章為重要的章節，內容中又以固定資產成本的認定、折舊的計算及資產交換最為重要，為歷年來的重要考題，資本支出與收益支出、折舊、資產價值減損部分也應加以熟記。

重點整理

☑ 重點一　不動產、廠房及設備的成本

一、不動產廠房及設備的定義及特徵

(一) **定義**：依照國際財務報導準則的規定，「不動產、廠房及設備」係指企業所擁有，用於生產或提供商品或勞務，或供出租，或供行政管理目的使用，且預計使用年限超過一個會計期間的有形資產。

(二) **特徵**

1. 具有實體。
2. 目前正供營業使用。
3. 無意在正常營業過程中出售。
4. 具有長期經濟效益。

依國際會計準則公報規定，固定資產依其性質的不同可分為以下幾類：

內容	例如	性質	會計處理
不動產、廠房及設備	土地、房屋、廠房設備、機器設備…。	1. 土地可無限期使用。 2. 房屋、廠房設備、機器設備…使用期間有限。	1. 土地不必作成本分攤。 2. 房屋、廠房設備、機器設備…要作成本分攤(提列折舊)。
投資性不動產	土地、房屋、廠房等。	持有目的為賺取租金或資本增值。	採公允價值法。

內容	例如	性質	會計處理
生物資產及農產品	經濟林、產畜和役畜等。	有生命期間。	採淨公允價值法。
遞耗性資產	油氣資產。	蘊藏量有限。	要作成本分攤(提列折耗)。

二、成本的決定

不動產、廠房及設備的成本的計算，依照國際財務報導準則的規定，是指使資產達到可供使用狀態，以及安置在預定地點為止，所有必要的現金或約當現金的支出，茲介紹各項資產的原始取得成本如下：

(一) 土地及土地改良

1. 土地成本包括現金購買價格、過戶相關之規費、代地主承擔的稅捐、手續費、仲介佣金，以及地方政府一次徵收的工程收益費等「一切為使土地達到可供使用狀態的所有成本」。

2. 為建屋而購入的土地，則舊屋的購入成本減去拆除舊屋後殘料的變賣收入，也應列為土地成本。

3. 在土地上所做的改良，如：興建衛生下水道、路面、排水、路燈等，若具備永久性應列於土地成本中，若有一定使用年限時，應以「土地改良物」科目入帳，並逐期提列折舊。

4. 有些資產在使用年限屆滿報廢或拆除時，可能需要負責清除及回復原狀，這些相關支出稱為「除役成本」。所有這些除役成本若能可靠衡量，且屬現時義務，則應於購建不動產、廠房及設備時，將該除役成本以現值作為成本的一部分，同時認列「復原義務負債」。

(二) 建築物

1. 建築物如以購買方式取得，則其成本包括現金購買價格、使用前的整修支出、仲介佣金、稅捐等「一切使建築物達到可供使用狀態的必要支出」。

2. 建築物如自行建造者，則其成本包括自設計至完工之一切必要支出，包括支付給營造商的價款、設計費、建築執照費、監工費，以及為建造房屋借入款項，在建造期間應該資本化的借款利息、保險費等。

(三) 機器設備

1. 機器設備之成本包括發票價格、運費、安裝、試車等,「使機器設備達到可使用之地點與狀態的一切必要支出」。
2. 如果重型機器設備安裝時需要強化地基,或者因為機器設備危險性高、價值昂貴而必須另加設安全設施,這些相關支出也都屬於設備的成本。

範例 1 試依下列兩種狀況計算土地及設備之成本:

(一) 四維公司以$500,000購入土地一塊,作為廠房建地。四維公司花費$10,000拆除該土地上原有的舊建物,並支付$30,000整平土地。此外,過戶費及仲介佣金分別花費四維公司$5,000及$15,000,而建物廢料出售使四維公司淨得$5,000,求土地成本。

(二) 四維公司X1年1月1日以現金購買一部定價$100,000的機器並享有1%的現金折扣,當日並同時支付機器運費$5,000,安裝費$5,000,安裝時工人處理不慎造成機器損壞,另支付$3,000的修理費,試計算該機器的成本。

答 (一)購價 　　　　　　　　　　　　　　　　　$500,000

拆除舊建物淨支出($10,000－$5,000) 　　5,000

整平土地費用 　　　　　　　　　　　　30,000

過戶費 　　　　　　　　　　　　　　　5,000

經紀人佣金 　　　　　　　　　　　　　15,000

土地成本 　　　　　　　　　　　　　$555,000

(二)定價 　　　　　　　　　　　　　　$100,000

減:現金折扣($100,000×1%) 　　　　(1,000)

加:運費 　　　　　　　　　　　　　　5,000

安裝費 　　　　　　　　　　　　　5,000

機器成本 　　　　　　　　　　　　$109,000

三、成本的衡量

(一) 現金購買

1. 以現金購買為最常見的資產取得方式，所支付的現金數額，即為資產的成本。
2. 但賣方若提供折扣的付款條件，則無論有無取得折扣，均按折扣後淨額入帳，未取得之折扣以損失處理，不得為資產成本。

(二) 分期付款：利息不得列入成本，分錄如下：

1. 購入設備時：

機器設備	XXX	
應付分期設備款		XXX

2. 以後支付每期設備款時：

應付分期設備款	XXX	
利息費用	XXX	
現金		XXX

(三) 接受捐贈：應以設備之公允價值入帳，此為資產以取得成本評價的例外。

分錄如下：

1. 接受捐贈時：

現金	XXX	
遞延捐助收入		XXX

2. 實際支出時：

遞延捐助收入	XXX	
捐助收入		XXX

(四) 交換：交換取得：交換具有商業實質且公允價值能可靠衡量者，按公允價值認列；交換不具商業實質或公允價值無法可靠衡量者，按換出資產的帳面金額認列。

1. 資產交換具商業實質
   (1) 資產交換損益應全部認列：

   資產交換（損）益＝換出資產公允價值－換出資產帳面價值

   (2) 換入資產成本應以公允價值衡量：

   換入資產公允價值＝換出資產公允價值＋付現數－收現數

2. 缺乏商業實質或換入及換出資產公允價值均無法可靠衡量

   (1) 資產交換損益不認列。

   (2) 換入資產成本＝換出資產帳面價值－收現數＋付現數

範例2　四維公司用甲機器和青山公司的乙機器進行資產交換，交換資料如下：甲機器成本$1,000,000，帳面價值$600,000，目前市價$500,000；乙機器成本$800,000，帳面價值$350,000，目前市價$600,000。四維公司需支付青山公司$100,000，試根據以下兩種情況作四維公司及青山公司的分錄：

(一) 此交易具有商業實質。

(二) 此交易不具商業實質。

答　(一)具商業實質時，資產以公允價值入帳，損益全列。

四維公司		青山公司	
機器設備（換入）	600,000	機器設備（換入）	500,000
累計折舊－機器設備	400,000	累計折舊－機器設備	450,000
處分機器損失	100,000	現金	100,000
現金	100,000	處分機器利益	250,000
機器設備（換出）	1,000,000	機器設備（換出）	800,000

   (二)不具商業實質時，不得認列損益，換入資產應以帳面價值調整現金收付數認列。

     四維公司的換入資產＝600,000＋100,000＝700,000

     青山公司的換入資產＝350,000－100,000＝250,000

四維公司		青山公司	
機器設備（換入）	700,000	機器設備（換入）	250,000
累計折舊－機器設備	400,000	累計折舊－機器設備	450,000
現金	100,000	現金	100,000
機器設備（換出）	1,000,000	機器設備（換出）	800,000

(五) 整批購買

1. 同時購入兩種以上不同的資產，成本的計算應依公允價值比例分攤。

2. 如果僅一項資產有公允價值，而另一項資產無公允價值，則可將已知的公允價值作為該項資產的成本，總成本減去該項資產公允價值後的餘額，即為另一項資產的成本。

(六) 自行建造之資產

1. 基本概念：

    (1) 設備資產之購置或建造，須經一段期間始可完成，則此購置或建造期間為該資產所付款而負擔的利息，應轉列為資產成本的會計處理過程，即稱為「利息資本化」。

    (2) 基於「歷史成本原則」：資產成本＝購價＋到達可使用狀態前一切合理且必要的支出。

2. 應予資本化的資產：

    (1) 為供企業使用而購置或建造的資產。

    (2) 專案生產或生產以供出售或出租的資產。

3. 應予資本化的利息費用

    (1) 僅限於該資產購置或建造期間為支付該資產成本所負擔的利息。

    (2) 資本化利息總額不得超過實際支付利息總額。

4. 計算步驟：

    (1) 先計算累積平均支出：

       累積平均支出的計算方式：

       A. 一次支付：購建總支出×購建期間

       B. 數次支出：累積平均支出＝各次支出額×時間權數

       C. 多次陸續支出：累積平均支出＝期初累積支出＋本期支出÷2

    (2) 資本化利率的決定：

       A. 累積平均支出≤專案借款→以專案借款利率計算

       B. 累積平均支出≥專案借款→超出專案借款的部分，以其他借款之「加權平均利率計算」。

(3) 決定可資本化利息：

$$資本化利息上限＝累積平均支出×資本化利率×期間$$
$$實際利息支出額＝實際借款額×借款利率×期間$$

選較小者

5. 分錄：

借：XX資產　　　　　XXX

　　貸：利息支出　　　　　　XXX

6. 建購資產成本總額＝各次支出總額＋資本化利息

範例3　甲公司於X3年12月31日向銀行借款$1,000,000以備興建廠房，利率10%，每年付息一次，3年到期，預計2年完工。X4年支付工程款如下：4月1日$600,000；7月1日$800,000；10月1日$1,000,000；12月31日$300,000。甲公司尚有其他負債：X1年初借款$5,000,000，10年期，利率8%；X2年7月1日借款$2,000,000，5年期，利率9%。甲公司將未動用的專案借款回存銀行，利率4%，則甲公司X4年應資本化利息金額為：

(103年高考)

答　(一) 專案借款利率＝10%

其他借款利率＝$\dfrac{5,000,000×8\%＋2,000,000×9\%}{5,000,000＋2,000,000}$

　　　　　　　＝8.29%

(二) 閒置資金＝$400,000×\dfrac{6}{12}＝200,000$

專案借款：$\left(600,000＋400,000×\dfrac{6}{12}\right)×10\%－200,000×4\%$

＝72,000

其他借款：$\left(400,000×\dfrac{6}{12}＋1,000,000×\dfrac{3}{12}\right)×8.29\%＝37,305$

X4年應資本化利息金額＝72,000＋37,305＝109,305

範例4　20X1年初，正大公司專案借款$3,000,000，建造需費時兩年才能完工的不動產，年利率為10%，建造工作於20X1年年初開始動工，該不動產符合資本化資產的要件。正大公司所簽訂的借款協議分兩次撥款，分別在20X1年1月1日撥款$1,000,000，另7月1日撥款$2,000,000，工程進行中的工程支出時點與借款撥入時點均相同，並無資金暫未使用之問題。

請問：20X1年底正大公司專案借款成本資本化的分錄為何？　　（101年地三）

答　20X1/12/31

在建工程－不動產	200,000	
現金		200,000

$$1,000,000 \times 10\% + 2,000,000 \times 10\% \times \frac{6}{12} = 200,000$$

範例5　X4年初甲公司開始一新廠房建造，當年3月與4月因金融海嘯暫停建廠2個月，而後於X5年3月底完工正式啟用，該廠房係必須經一段相當長期間始達到預定使用狀態之資產。建造相關支出如下：

支出日期	金額
X4/06/01	$500,000
X4/10/01	$1,200,000
X4/11/01	$1,200,000
X5/01/01	$600,000

該公司X4年與X5年帳上有下列借款，經分析該公司若不建造該廠房，則所有借款即可償還：

1. 該公司為建造該廠房而於X4年初特地舉借2年期專案借款$900,000，利率12%。

2. 該公司與銀行訂有透支額度之契約，X4年與X5年之全年平均流通在外借款金額分別為$500,000與$800,000，發生利息金額分別為$40,000與$60,000。

3. 該公司於X1年初溢價發行面額$100,000，票面利率12%，有效利率10%，每年年底付息之5年期公司債10張。

4. 該公司於X3年初以融資租賃承租挖土機一台，租期3年，X3年至X5年每年初各支付租金$100,000，租期屆滿無條件將挖土機返還出租人。該公司X3年初支付租金前認列應付租賃款之帳面金額為$273,554，已知租賃隱含利率為10%。

試求：（說明計算過程，除特別註明外，所有答案四捨五入至元）

(一) X4年動用一般性資金之資本化利率（四捨五入至小數點後四位，即0.XXXX或XX.XX%）。

(二) X5年動用一般性資金之資本化利率（四捨五入至小數點後四位，即0.XXXX或XX.XX%）。

(三) X4年之應資本化之借款成本金額。

(四) X5年之應資本化之借款成本金額。　　　　　　　　　　　　　（103年高考）

答 (一)X4年動用一般性資金之資本化利率

$$= \frac{40,000+103,471+9,091}{500,000+1,034,712+90,909} = 9.38\%$$

(二)X5年動用一般性資金之資本化利率

$$= \frac{60,000+101,818}{800,000+1,018,183} = 8.90\%$$

(三)X4年專案借款應資本化利息$= 900,000 \times 12\% \times \frac{7}{12} = 63,000$

X4年一般借款應資本化利息

$$= \left(800,000 \times \frac{1}{12} + 2,000,000 \times \frac{2}{12}\right) \times 9.38\% = 37,520$$

取其小，X4年之應資本化之借款成本金額$= 63,000 + 37,520 = 100,520$

(四)X5年專案借款應資本化利息$= 900,000 \times 12\% \times \frac{3}{12} = 27,000$

X5年一般借款應資本化利息$= 2,700,520 \times \frac{3}{12} \times 8.90\% = 60,087$

X5年之應資本化之借款成本金額$= 27,000 + 60,087 = 87,087$

取其小，X5年之應資本化之借款成本金額$= 27,000 + 40,455 = 67,455$

(七) **政府補助**：

1. 補助資產：

    (1) 收到政府補助時，應將資產按公允價值入帳，並貸記遞延政府補助收入。

    (2) 後續攤銷：

       A.折舊性資產：應於該資產耐用年限內，按折舊比例分期認列收入。

       B.非折舊性資產：應於履行義務所投入成本期間，分期認列收入。

2. 非補助資產：

    (1) 尚須履行政府要求之義務：收到補助時，貸記遞延政府補助收入。於義務履行時，轉列為收入或相關費用之減少。

    (2) 無須履行政府要求之義務：收到補助時，即列為政府補助收入，或作為相關費用之減少。

範例6　訊達公司於民國99年1月1日收到兩項政府的補助款，該補助款包括：

完成建築物開發之土地成本補助	$20,000,000
專供研究使用之儀器設備成本補助	10,000,000
	$30,000,000

1. 訊達公司已於民國98年底購得土地，而此完成建築物開發之土地成本補助款$20,000,000，須於民國100年1月1日在該土地上完成開發建築物。該公司如期完成建築物的開發，並預計建築物耐用年限為25年。

2. 訊達公司收到儀器設備之補助款$10,000,000後，立即購置專供研究使用之儀器設備。設該儀器設備之耐用年限為10年，無殘值，採直線法提列折舊。

試依上列資料：

(一) 做訊達公司民國99年與100年應有之分錄。

(二) 請列出訊達公司民國100年底資產負債表上與補助有關項目之表達（請將遞延政府捐助收入做為相關項目的減項）。　　　　（100年高考）

答 (一) 99/1/1

現金	30,000,000	
遞延政府捐助收入		30,000,000
不動產、廠房及設備－儀器	10,000,000	
現金		10,000,000

99/12/31

折舊費用	1,000,000	
累計折舊－不動產、廠房及設備（儀器）		1,000,000
遞延政府捐助收入	1,000,000	
政府捐助收入		1,000,000

100/12/31

折舊費用	1,000,000	
累計折舊－不動產、廠房及設備（儀器）		1,000,000
遞延政府捐助收入	1,000,000	
政府捐助收入		1,000,000
遞延政府捐助收入	800,000	
政府捐助收入		800,000

(二)

訊達公司

部分資產負債表

100年12月31日

固定資產：		
土地	20,000,000	
減：遞延政府捐助收入	(19,200,000)	800,000

儀器設備	10,000,000	
減：累計折舊	(2,000,000)	
減：遞延政府捐助收入	(8,000,000)	0

四、續後評價

企業應選擇以成本模式或重估價模式評價。

(一) 成本模式：

在無法持續可靠決定公允價值，可採成本模式。成本模式規定處理（即帳面價值＝資產成本－累計折舊－累計減損），也就是需提列折舊及進行減損測試。

> **小叮嚀**
>
> 成本模式下
> 　　　　　　　成本
> －　　　累計折舊
> －　　　累計減損
> 　　資產帳面金額

(二) 重估價模式：

1. 國際財務會計準則鼓勵採行此模式。
2. 反映報導期間結束日（資產負債表日）之市場狀況。
3. 公允價值變動產生之利得或損失，應於發生當期認列為損益（不計提折舊）。

> **小叮嚀**
>
> 重估價模式下
> 　　　重估價日公允價值
> －　　　後續累計折舊
> －　　　後續累計減損
> 　　資產帳面金額

4. 會計處理：

(1) 重估增值 ┌ 列入其他綜合損益。
　　　　　　 └ 若曾重估減值： ┌ 曾重估減值金額→列入當期損益。
　　　　　　　　　　　　　　　 └ 扣除曾重估減值金額→列入其他綜合損益。

(2) 重估減值 ┌ 列入當期損益。
　　　　　　 └ 若曾重估增值： ┌ 曾重估增值→列入其他綜合損益。
　　　　　　　　　　　　　　　 └ 扣除重估增值之金額→列入重估減值。

(三) IAS 16重要規定：

IAS 16	內容
認列條件	與資產相關之未來經濟效益很有可能流入企業，且資產之取得成本能可靠衡量。
原始衡量	1. 所有為使資產達可供使用狀態及地點所發生之支出。 2. 法令及契約規定之清除回復成本應包含在資產原始認列成本中。
續後 衡量方法	1. 成本模式。 2. 重估價模式： 　(1) 某一不動產、廠房及設備項目如進行重估價，則其所屬類別之全部不動產、廠房及設備項目，均應進行重估價。 　(2) 公允價值變動不重大時，只需要每3年或每5年進行重估價。 　(3) 重估增（減）值可選擇逐年轉列保留盈餘或除列時轉列保留盈餘。
折舊	1. 於耐用年限期間按有系統之方法提列折舊。 2. 企業至少應於每個會計年度終了時，重新檢視資產的耐用年限及殘值，如有變動，應依IAS 8「會計政策、會計估計變動及錯誤」之規定處理。 3. 個別資產之重要項目應單獨計提折舊。
除列	處分經重估價後的資產，重估價增（減）值餘額可直接轉列保留盈餘，不可轉入當期損益。

✓ 重點二　折舊的意義及方法

一、意義

將廠房及設備成本逐期轉列為費用，以達到收入與費用的配合原則。這種分攤成本的程序在會計上稱之為「折舊」。而成本分攤程序中，需用到資產成本、殘值及耐用年限，此三者稱為折舊三要素。

二、折舊方法

一般常用的折舊方法，可分為三大類，分別為直線折舊法、工作數量法及遞減法，分述如下：

假設：甲公司年初購置一批機器設備$550,000，估計可用10年，殘值$50,000，總產量100,000單位，總工作時間10,000小時。本年度該批機器設備共生產20,000單位，實際工作時間1,500小時。

	直線法	工作數量法	
		生產數量法	工作時間法
定義	（又稱為平均法）假設每年使用資產服務之成本均相等	每年的折舊費用等於當期產量乘以每單位折舊率	每年的折舊費用等於當期工作時數乘以每單位工時折舊率
公式	每年之折舊＝（成本－估計殘值）÷估計耐用年限	1.計算每單位折舊率：每單位折舊率r=(成本－殘值)÷預估總產量 2.當期折舊＝當期產量×每單位折舊率	1.先計算每一工作小時之折舊率：每單位工時折舊率r＝（成本－殘值）÷預估總工作時數 2.當期折舊＝當期工作時數×每單位工時折舊率
每年折舊額	($550,000－$50,000)÷10＝$50,000	($550,000－$50,000)×20,000÷100,000＝$100,000	($550,000－$50,000)×1,500÷10,000＝$75,000

遞減法又稱「加速折舊法」，在使用年限中的初期，提列較多的折舊數額，而使用期限的後期，提列較少的折舊數額。常用的方法有：

方法	假設	公式
年數合計法	每年折舊費用按固定之折舊基礎乘以遞減之折舊率決定。在第一年所提的折舊會最多，依年度依序遞減	總年數＝$(1+2+\cdots\cdots+n)=n(n+1)/2$ 每年之折舊費用＝（成本－殘值）×（各年初所剩耐用年數／總年數）
定率遞減法	－	折舊率＝$1-\sqrt[n]{\dfrac{s}{c}}$ n＝耐用年限，c＝成本，s＝殘值 每年之折舊＝期初帳面價值(成本－累計折舊)×折舊率

方法	假設	公式
倍數餘額遞減法	以直線法折舊率之倍數為折舊率，通常為2倍	折舊率＝2÷耐用年限 每年之折舊＝期初帳面價值×折舊率 ※ 注意：期初帳面價值＝原始取得成本－累計折舊

三、折舊方法的改變及會計估計的改變

(一) **會計估計變動**：對資產估計使用年限、殘值等改變所造成者，稱之。

　　1. 會計估計變動不改正以前所多提或少提的累計折舊。

　　2. 改變後每年以重新計算之金額為折舊費用。

(二) **折舊方法的變動**：由於折舊方法的改變，係指由某一會計原則改變為另一會計原則。依照國際財務報導準則的規定，折舊方法變動視同估計變動，不追溯既往。也就是說以剩餘的帳面金額、耐用年限及殘值，及新的折舊方法計算往後年度的折舊。

☑ 重點三　資本支出與收益支出

一、資本支出及收益支出的帳務處理

茲彙總如下表：

類別	資本支出		收益支出
定益	經濟效益在一年以上且金額重大者		經濟收益僅及於當期或金額不重大者
帳務處理	增加資產的效率則借記「資產」	延長耐用年限者，則借記「累計折舊」	均以費用入帳

二、區分資本支出與收益支出

(一) **改良**：以品質較佳的零組件更換原來的零組件稱為改良。如：汽車更換新引擎。

　　1. **支出金額較大者**：應列為資本支出，借記資產或累計折舊。

　　2. **支出金額較小者**：應列為收益（費用）支出，借記費用科目。

(二) **增添**：即在原來資產上加裝新設備，增添的會計處理方法比照改良。
(三) **重置（即汰舊換新）**：將資產原來的舊零組件汰換新零組件，如：汽車更換新輪胎，重置的會計處理方法亦可比照改良。
(四) **修理**：分經常性修理及非經常性修理（大修理）兩種。
　1. **經常性修理**：直接以費用科目處理。
　2. **非經常性修理（大修理）**：又可分下列兩種情形：
　　(1) 僅能延長資產的使用年限者：

　　　累計折舊　　　　　　XXX
　　　　現金　　　　　　　　　　XXX
　　(2) 不能延長資產的使用年限，但可增加資產服務效能者：

　　　資產　　　　　　　　XXX
　　　　現金　　　　　　　　　　XXX

三、資本支出及收益（費用）支出劃分不當的影響

(一) **資本支出誤列收益（費用）支出**：當年度費用虛增，淨利虛減；以後年度費用虛減，淨利虛增。
(二) **收益（費用）支出誤列資本支出**：當年度費用虛減，淨利虛增；以後年度之費用虛增，淨利虛減。

☑ 重點四　不動產、廠房及設備的處分

一、廠房設備處分之意義

廠房設備資產常因陳廢，或不堪使用而加以處分，而處分的方法包括出售、交換、報廢或毀損。處分時應將帳面價值與售價之差額列為處分損益，並於綜合損益表中列入營業外收入與費用項下。

二、廠房設備處分之方式

(一) **出售**：出售廠房設備等折舊性資產時，應沖銷處分資產的「帳面價值」。若出售資產所得與處分資產之帳面價值間有差額，則應認列資產出售損益。
(二) **報廢**：將資產丟棄不再使用，該項資產自無出售價值可言。
　1. 若該項資產之折舊已提盡（累計折舊等於成本）：將成本與累計折舊之金額沖銷即可。

2. 若該項資產之折舊尚未提盡（尚有帳面價值）：應按其公允價值或帳面金額之較低者轉列適當科目（待處分資產or其他資產），需就成本與累計折舊之差額認列處分資產損失。

三、資產減損

(一) **意義**：國際財務報導準則規定，當資產之帳面價值超過可回收金額時，必須認列資產價值減損的損失；當可回收金額回升時，得於認列損失範圍內認列回升利益。

(二) **回收可能性測驗**

1. 當個別資產之可回收金額低於其帳面價值時，代表資產價值確已減損，應將其帳面價值降低至可回收金額。

2. 「可回收金額」係指資產之淨公允價值及其使用價值，二者選較高者。

(三) **資產減損分錄**：

借：減損損失　　　　　　　XXX
　　貸：累計減損－XX資產　　　　　XXX

> **小叮嚀**
> 累計減損為資產評價科目，性質同累計折舊。

(四) **減損後之折舊**：以資產之可回收金額為其新建成本，按剩餘年限攤提折舊。

(五) **減損後之回升**：於減損範圍內，得認列其回升利益，分錄如下：

借：累計減損－XX資產　　　XXX
　　貸：減損迴轉利益　　　　　　　XXX

範例 1　海灣公司於X1年1月以$4,000,000購入一項設備，估計可用8年後無殘值。X2年12月31日因新技術的發明，使得該項設備相形落伍，海灣公司因此估計：該設備之可回收金額$2,200,000。海灣公司採用直線折舊法。試作：

(一) X2年底之設備折損分錄。

(二) 若估計X3年12月31日該設備之可回收金額為$2,300,000，作X3年底之分錄。

答 (一) X2/12/31分錄：

減損損失 800,000 ①
　　累計減損 800,000

$$① = \$4,000,000 \times \frac{6}{8} - \$2,200,000$$

(二) X3/12/31分錄：

1. 折舊 366,667 ②
　折舊累計減損 133,333
　　累計折舊－設備 500,000 ③

$$② = \$2,200,000 \times \frac{1}{6}$$

$$③ = \frac{4,000,000 - 0}{8}$$

2. 累計減損 600,000 ④
　　減損迴轉利益 600,000

④ X3/12/31帳面金額＝$2,200,000－$500,000＝$1,700,000

X3/12/31可回收金額＝$2,300,000

X3/12/31未認列減損之應有帳面金額

$$= \$4,000,000 \times \frac{5}{8} = \$2,500,000$$

取其「可回收金額」與「未認列減損之應有帳面金額」兩者孰低者$2,300,000

故減損迴轉利益＝$2,300,000－$1,700,000＝$600,000

減損範圍為800,000－133,333＝666,667＞600,000，故可認列其回收利益。

範例2 仁愛公司於X2年初自逸仙公司購買一棟商業大樓作為辦公之用，其中土地價款$4,000,000及建物價款$6,000,000，該大樓之估計耐用年限為40年，無殘值，續後評價採成本模式。仁愛公司於X4年底評估該大樓之狀況，認為建物部分有減損之虞，估計建物之可回收金額為$4,968,000殘值及耐用年限不變。

X7年初，仁愛公司由於業務成長與人員擴編，搬離該商業大樓並將其轉作營業租賃之用，並符合將其認列為投資性不動產之規定。

試作：

(一) 計算仁愛公司X6年底該商業大樓之建物的帳面金額。

(二) 若仁愛公司對該投資性不動產之後續評價採成本模式處理，X7年初該建物之可回收金額為$5,500,000。計算仁愛公司將該商業大樓轉認列為投資性不動產時，可認列之減損迴轉利益的金額。 (高考)

答 X4年底減損前帳面金額

$=6,000,000 \div 40 \times 37 = 5,550,000 >$ 可回收金額4,968,000

(一)X6年底帳面金額$=4,968,000 \div 37 \times 35 = 4,699,460$

(二)X7年初可認列減損迴轉利益

$=(6,000,000 - 150,000 \times 5) - 4,699,460 = 550,540$

☑ 重點五　天然資源的成本與折耗

一、天然資源

係指油井、天然氣、礦產、森林等天然資源，因隨著開採而逐漸減少其蘊藏量，會計上稱此類資產為遞耗資產。

二、折耗

(一) 將天然資源成本逐年分攤，稱為折耗。

(二) 計算方法：

　1.先計算每單位產量折耗額：

$$每單位折耗額 = \frac{成本 - 殘值 + 估計資產之復原成本}{估計總開採量}$$

2. 折耗＝本期產量×每單位折耗額

※ 依IFRS規定，應將估計移除復原成本折現，以其現值加入礦產成本，並認列相關負債。

三、開發成本

為開採天然資源所支付的築路、安裝動力等設備成本，應列入天然資源成本中，一併提列折耗。

當年度因開採所發生的開採支出，應列為開採成本，並依銷貨量或存貨量分別列入計算銷貨成本或存貨本中（非費用）。

四、移除復原成本

(一) **意義**：係指企業結束礦產開採後，可能依法令或契約規定必須將土地等資產復原至開採前狀態之成本。

(二) **會計處理**：依IFRS規定，應將估計移除復原成本折現，以其現值加入礦產成本，並認列相關負債。

(三) **會計分錄**：

1. 原始分錄：

不動產、廠房及設備－礦產	XXX	
資產除役負債		XXX
現金		XXX

2. 支付開採成本：

開採成本	XXX	
現金		XXX

3. 提列折耗：

折耗	XXX	
累計折耗－礦產		XXX

4. 年底攤銷分錄：

利息費用	XXX	
資產除役負債		XXX

5. 期末結帳分錄：

銷貨成本	XXX	
存貨	XXX	
折耗		XXX
開採成本		XXX

6. 結束開採時分錄：

資產除役負債	XXX	
現金		XXX
解除資產除役負債利益		XXX

☑ 重點六　無形資產成本的決定與攤銷

一、無形資產的定義

所謂無形資產係指符合下列三項條件，而無實體形式的非貨幣性資產：

(一) 具有可辨認性。

(二) 經濟效益可被企業控制。

(三) 具有未來經濟效益。

商譽不具有可辨認性，因此，商譽雖屬無形資產，但相關會計處理規定於合併報表中。

二、無形資產的成本衡量與攤銷

(一) **成本衡量**：無形資產的取得方式，有出價購買、受贈取得、交換，以及自行發展，取得方式不同，成本衡量也不同，茲依國際財務報導準則整理如下表：

取得方式	成本衡量
出價取得	以所支付的現金或現金等值衡量。
政府捐助	以公允價值衡量。
交換取得	1. 原則上：以非貨幣性資產取得無形資產，應以公允價值衡量。 2. 例外：當換入及換出資產的公允價值均無法可靠衡量時，則應以換出資產的帳面價值衡量。

取得方式	成本衡量
自行發展	1. 研究階段的支出，因尚未能為企業帶來經濟效益，故應於發生時列為「研究發展費用」。 2. 發展階段的支出，若同時符合下列所有條件時，則可將此階段之支出資本化，列為「無形資產」： (1) 該無形資產的技術可行性已完成。 (2) 企業有意圖完成該無形資產，並加以使用或出售。 (3) 企業有能力使用或出售該無形資產。 (4) 此項無形資產將很有可能會產生未來經濟效益。 (5) 具充足的技術、財務及其他資源，以完成此項無形資產的發展專案計畫。 (6) 發展階段歸屬於無形資產的支出能可靠衡量。

(二) **續後評價**：

　1. 攤銷：

　　攤銷之原則及處理方式如下：

　　　無形資產

　　　　有限耐用年限──► 應以成本減去估計殘值的餘額，應在耐用年限內按合理而有系統的方法攤銷，攤銷方法應符合未來經濟效益的消耗型態，若無法決定消耗型態時，應採用直線法攤銷。

　　　　非確定耐用年限─► 不用攤銷，但要減損測試。

　2. 減損：

　　減損認列之原則及處理方式如下：

　　　無形資產

　　　　有限耐用年限──► 企業應該於資產負債表日評估是否有跡象顯示，有限耐用年限的無形資產可能發生減損，如有減損跡象存在，應即進行減損測試，認列減損損失，以後年度可回收金額如有回升，於減損範圍內，得認列其回升利益。

　　　　非確定耐用年限─► 每年不論是否有跡象顯示可能發生減損，都應定期進行減損測試，認列減損損失，以後年度可回收金額如有回升，於減損範圍內，得認列其回升利益。

(三) **各項無形資產**：有關無形資產的種類有專利權、商標權、特許權、電腦軟體成本等，茲整理如下表：

種類	定義	成本衡量及攤銷
專利權	為政府授予發明者在特定期間，排除他人模仿、製造、銷售的權利。	1. 應按取得成本入帳，並以法定年限或經濟年限兩者較短者提列攤銷。 2. 當專利權受侵害而提起訴訟時，不論勝訴或敗訴，訴訟費用均應作為當期費用。如果敗訴，則應評估專利權是否已減損，如減損，則應認列減損損失。
特許權	政府或企業授予其他企業，在特定地區經營某種業務或銷售某種產品的特殊權利。	取得特許權時所支付的特許權費應資本化，並按契約或經濟年限攤銷，但之後每年所支付的年費則列為當期費用。
商標權	用以表彰自己產品之標記、圖樣或文字。	自行設計者不列入資產，委由他人設計者列入資產。
著作權	政府授予著作人就其所創作之文學、藝術、音樂、電影等，享有出版、銷售、表演或演唱的權利。	應在估計的經濟年限內攤銷。
顧客名單	客戶群的資料可助於銷售產品，具有價值。	1. 企業購買顧客名單的成本，如果金額重大，應列為無形資產，在預期受益期間內攤銷。 2. 至於自行蒐集名單的成本，則應於發生時作「費用」處理。
商譽	凡無法歸屬於有形資產和可個別辨認無形資產的獲利能力，稱為商譽。	1. 僅購入的商譽可以認列，自行發展的商譽不能認列。 2. 一個公司商譽的計算，可以下列公式求得： 商譽＝購買其他公司支付總成本－（取得的有形及可個別辨認無形資產公允價值總額－承受的負債總額）

種類	定義	成本衡量及攤銷
		3. 因為商譽沒有確定使用年限，所以國際財務報導準則規定商譽不得攤銷。但每年須評估是否已發生減損。如有減損，應認列減損損失或沖銷商譽。但特別須注意的地方，商譽的減損損失不得轉回。
電腦軟體成本	為了開發供銷售、出租或以其他方式行銷的電腦軟體所發生的各項支出。	1. 在建立技術可行性前所發生之成本列為「費用」，一旦達到技術可行性後的支出，則應資本化，認列為「無形資產」。 2. 資本化電腦軟體成本應個別在估計的受益期間內加以攤銷。每年的攤銷比率是比較(1)該軟體產品本期收入占產品本期及以後各期總收入的比率，或(2)按該產品的剩餘耐用年限採直線法計算的攤銷比率，取兩者中較大者作為攤銷比率。 3. 另電腦軟體成本在資產負債表日，應按「未攤銷成本與公允價值孰低」評價。且依據國際財務報導準則的規定，續後年度得認列公允價值回升利益。

☑ 重點七　生物資產及農產品

項目	生物資產	農產品
1. 意義	指有生命(活的)動物和植物。	指生物資產的收獲品。
2. 會計處理	(1) 原則：應按其公允價值減去出售成本衡量。 (2) 例外：當公允價值無法可靠衡量時，按成本減去累計折舊和累計減損衡量。	應按其公允價值減去出售成本衡量。 ※ 農產品按照公允價值減去出售成本衡量所產生的利益和損失，列入當期損益，嗣後採成本與淨變現價值孰低法衡量。

項目	生物資產	農產品
3. 分錄	(1) 購入分錄： 　　生物性生物資產　XXX 　　　　現金　　　　　　　XXX (2) 飼養支出分錄： 　　年飼育費用－草料　XXX 　　飼育費用－人工　　XXX 　　　　現金　　　　　　　XXX (3) 評價分錄： 　　生物資產評價損失　XXX 　　　　生物性生物資產　　XXX 　　or 　　生物性生物資產　　XXX 　　　　生物資產評價利益　XXX	(1) 原始分錄： 　　消耗性生物資產　XXX 　　　　原料存貨　　　　　XXX 　　　　肥料存貨　　　　　XXX 　　　　水電雜支　　　　　XXX (2) 收成分錄： 　　農產品　　　　　XXX 　　　　消耗性生物資產　　XXX 　　　　公允價值變動損益　XXX (3) 處分分錄： 　　現金　　　　　　XXX 　　　　農產品　　　　　　XXX

範例 臺東公司於X6年中開始從事養鴨業務之相關資料如下：

1. X6年8月1日以每隻$60購買3,000隻1個月大的小鴨，臺東公司估計若3,000隻小鴨立即出售，應支付佣金$3,600，運送小鴨至市場的運輸費用$3,000。臺東公司打算將其中1,000隻小母鴨飼養熟齡後生產鴨蛋，其餘2,000隻小鴨則於飼養熟齡後當肉鴨出售。
2. X6年12月初出售500隻鴨，每隻鴨淨收得現金$90。
3. X6年12月份共產出2,000斤鴨蛋，並立即售出，淨收得現金$80,000。
4. X6年12月31日臺東公司估計6個月大的鴨隻之淨公允價值為每隻$120。

試作：臺東公司X6年有關分錄

(一) 8月1日購買小鴨，

(二) 12月份產出並售出鴨蛋，

(三) 12月31日有關鴨隻的調整分錄。

答 (一) X6/8/1　　生產性生物資產　　　　57,800
　　　　　　　　　消耗性生物資產　　　 115,600
　　　　　　　　　生物資產評價損益　　　 6,600
　　　　　　　　　　　現金　　　　　　　　　　　　 180,000
　　(二) X6/12　　 農產品－鴨蛋　　　　 80,000
　　　　　　　　　　　農產品評價損益　　　　　　　 80,000
　　　　　　　　　現金　　　　　　　　 80,000
　　　　　　　　　　　農產品－鴨蛋　　　　　　　　 80,000
　　(三) X6/12/31　生產性生物資產　　　 62,200
　　　　　　　　　消耗性生物資產　　　　 93,300
　　　　　　　　　　　生物資產評價損益　　　　　　 155,500
　　　　　　　　$120 \times 1,000 - 57,800 = 62,200$
　　　　　　　　$120 \times 1,500 - 115,600 \div 2,000 \times 1,500 = 93,300$

NOTE ....

....

....

....

....

....

....

....

....

....

....

實戰演練

申論題

一 A公司於X1年1月1日以現金購入機器設備一台,總成本為$750,000。該機器設備預計使用5年,估計殘值為$50,000,採用直線法提列折舊。X2年初對該機器設備投入了資本支出$150,000,該支出能使機器設備之使用年限延長2年,殘值減少至$25,000,且自X2年起改採用年數合計法提列折舊。X3年1月1日A公司將該機器設備與B公司的一台機器設備進行交換,B公司的機器設備成本$900,000,已提列累計折舊$400,000,公允價值為$530,000。當日A公司原有之機器設備的公允價值為$530,000。

請問:

(一) A公司X1年12月31日為該機器設備所提列折舊之分錄,以及該機器設備之帳面價值為何?

(二) A公司X2年12月31日為該機器設備所提列折舊之分錄,以及該機器設備之帳面價值為何?

(三) 若此資產交換具有商業實質,A公司X3年1月1日交換機器設備之分錄為何?

(四) 若此資產交換不具有商業實質,A公司X3年1月1日交換機器設備之分錄為何? (108年中華郵政)

答 (一)應提列折舊費用=(成本-殘值)÷耐用年限

(750,000-50,000)÷5=$140,000

X1年底機器設備之帳面價值=$750,000-$140,000=$610,000

X1年12月31日提列折舊分錄如下:

X1/12/31　折舊費用　$140,000

　　　　　　　累計折舊　　　$140,000

(二)X2年初該機器設備帳面價值＝$610,000＋資本支出$150,000
＝$760,000。

X2年起改採年數合計法、耐用年限6年、殘值$25,000

應提列折舊費用＝（$760,000－$25,000）×X2年初起算剩餘耐用
年限6÷（1＋2＋3＋4＋5＋6）＝$210,000

X2年底機器設備之帳面價值＝$760,000－$210,000＝$550,000

X2年12月31日提列折舊分錄如下：

X2/12/31　　折舊費用　　$210,000

　　　　　　　累計折舊　　　　　　　$210,000

(三)此交換具商業實質

	A公司	B公司
機器成本	$900,000	$900,000
累計折舊	($350,000)	($400,000)
帳面價值	$550,000	$500,000
公允價值	$530,000	$530,000

X3年1月1日A公司交換分錄如下：

機器設備－新	$530,000	
累計折舊	350,000	
處分資產損失	20,000	
機器設備－舊		$900,000

(四)此交換不具商業實質

	A公司	B公司
機器成本	$900,000	$900,000
累計折舊	($350,000)	($400,000)
帳面價值	$550,000	$500,000
公允價值	$530,000	$530,000

X3年1月1日A公司交換分錄如下：

機器設備－新	$550,000	
累計折舊	350,000	
機器設備－舊		$900,000

二 大雄公司於103年1月1日向叮噹公司購買一棟辦公大樓作為辦公用途，價款為$6,000,000（其中包括房屋價款$4,000,000及土地價款$2,000,000），該棟大樓之估計耐用年限為40年，無殘值，採直線法提列折舊，後續採成本模式評價。大雄公司於105年底評估其辦公大樓之狀況，認為房屋部分有減損之可能，估計房屋部分可回收金額為$3,330,000，殘值及耐用年限不變。由於公司人員擴編，大雄公司乃於108年1月1日搬遷至新企業總部，並將103年購買之辦公大樓轉作營業租賃用途，其符合投資性不動產之規定。試作：

(一) 大雄公司105年底認列減損損失之相關分錄。

(二) 大雄公司107年底辦公大樓房屋之帳面金額。

(三) 若大雄公司對投資性不動產後續評價採用公允價值模式處理，108年1月1日該不動產之公允價值分別為土地$2,500,000及房屋$3,600,000。試為大雄公司作108年1月1日將自用不動產轉換為投資性不動產之分錄。

(四) 同(三)，但大雄公司對投資性不動產後續評價採用成本模式處理，房屋可回收金額為$3,600,000。試為大雄公司作108年1月1日將自用不動產轉換為投資性不動產之分錄。　　　　（108年經濟部所屬事業）

答 (一)103年1月1日

　　土地$2,000,000

　　房屋$4,000,000

　　房屋每年折舊額為$4,000,000/40年＝$100,000

　　105年12月31日

　　房屋帳面金額為$4,000,000－$100,000×3年＝$3,700,000

　　可回收金額為$3,330,000

　　減損＝$3,700,000－$3,330,333＝$370,000

　　分錄如下

　　減損損失　　　　　　　　　$370,000

　　　　累計減損－房屋　　　　　　　　　$370,000

(二)$4,000,000－$100,000×5年－（$370,000－$10,000×2年）
　　＝$3,150,000

(三)108年1月1日自用不動產轉換為投資性不動產分錄如下
　　採公允價值模式

投資性不動產	$6,100,000	
累計折舊－房屋	500,000	
累計減損－房屋	350,000	
土地		$2,000,000
房屋		4,000,000
OCI－資產重估增值		600,000
減損迴轉利益		350,000
OCI→其它綜合損益		

(四)迴轉上限：3,500,000

累計減損－房屋	$350,000	
減損迴轉利益		$350,000
投資性不動產－土地	$2,000,000	
投資性不動產－房屋	4,000,000	
累計折舊－房屋	500,000	
土地		$2,000,000
房屋		4,000,000
累計折舊－投資性不動產－房屋		500,000

三 有關無形資產之相關議題，請回答下列問題：

(一) 甲公司X1年度發生下列交易，請問應認列為無形資產之總金額（包含商譽）為何？

(1)洽詢財務顧問探討如何增加公司價值，支付顧問費$10,000

(2)自行產生之商譽價值$2,000,000

(3)自行研發新專利於發展階段之全部支出$4,000,000

(4)申請專利，支付相關規費$20,000

(5)收購他公司之成本超過其可辨認淨資產公允價值之金額，計$30,000

(6)花費$50,000取得航道權

(7)向外購買專利，成本共$3,000,000

(8)改良現有產品，花費$90,000

(9)塑造公司形象，支付廣告費$500,000

(二) X1年年底，C公司以$300,000取得D公司之全部股權，此時D公司之可辨認淨資產帳面金額為$250,000，公允價值為$260,000。D公司有甲、乙、丙與丁四個現金產生單位。X2年年底，因有減損跡象而作減損測試，此時各現金產生單位相關資訊如下：

X2年底	甲	乙	丙	丁
帳面金額（不含商譽）	$50,000	$60,000	$70,000	$50,000
公允價值	53,000	50,000	72,000	72,000
使用價值	50,000	43,000	69,000	50,000
處分成本	4,000	6,000	2,000	2,000

X2年底，D公司整體的可回收金額為$234,000，若商譽無法以合理且一致之基礎分攤，試作X2年底相關分錄。　　（108年臺灣菸酒）

答 (一) $20,000＋$30,000＋$50,000＋$3,000,000＝$3,100,000

自行研發新專利於發展階段之全部支出$4,000,000，僅能在符合（a.達技術可行性、b.意圖完成、c.有能力使用或出售、d.具未來經濟效益、e.支出能可靠衡量），才可予以資本化。

(二)X1年12月31日以C公司以$300,000購買D公司，D公司之可辨認淨
　　資產公允金額為$260,000，故有商譽$40,000

　　X2年12月31日

　　甲→帳面價值為$50,000，可回收金額$50,000

　　　　【擇高：（$53,000－$4,000）、$50,000】，無減損

　　乙→帳面價值為$60,000，可回收金額$44,000

　　　　【擇高：（$50,000－$6,000）、$43,000】，有減損

　　丙→帳面價值為$70,000，可回收金額$70,000

　　　　【擇高：（$72,000－$2,000）、$69,000】，無減損

　　丁→帳面價值為$50,000，可回收金額$70,000

　　　　【擇高：（$72,000－$2,000）、$50,000】，無減損

　　總帳面金額＝$50,000＋$60,000＋$70,000＋$50,000＋商譽$40,000

　　　　　　　＝$270,000

　　整體可回收金額＝$234,000

　　減損損失＝$270,000－$234,000＝$36,000

　　現金產生單位有減損損失產生，應先沖減現金產生單位之商譽，再
　　依帳面價值之相對比例分攤至現金產生單位中之各資產

　　故分錄

　　減損損失　　　　　　　　　　　$36,000

　　　　商譽　　　　　　　　　　　　　　$36,000

測驗題

( ) **1** 下列有關無形資產之敘述,何者正確: (A)所有的無形資產均應於有減損跡象時方為減損測試 (B)非確定耐用年限之無形資產仍須預估耐用年限以為攤銷之依據 (C)商譽之減損不可以迴轉 (D)無形資產應以估計之使用年限及法定年限較長者為攤銷年限。

(104年台北捷運)

( ) **2** 自動化設備取得成本為$5,000,000,估計耐用年限10年,殘值$500,000。5年後以$3,000,000價格出售,出售當時累計折舊為$2,250,000,則此交易事件在以間接法編製的現金流量表如何表達? (A)營業活動將從本期淨利項下增加$250,000,投資活動現金流入$750,000 (B)營業活動將從本期淨利項下減除$750,000,投資活動現金流入$750,000 (C)營業活動將從本期淨利項下增加$250,000,投資活動現金流入$3,000,000 (D)營業活動將從本期淨利項下減除$250,000,投資活動現金流入$3,000,000。 (105年臺灣港務)

( ) **3** 甲公司2016年7月1日以現金$540,000購入機器乙部,估計耐用年限5年,殘值$40,000,採直線法提列折舊。但購入時會計人員誤以收益支出列帳,請問此項錯誤對購入機器年度淨利之影響為: (A)淨利低估$100,000 (B)淨利低估$440,000 (C)淨利低估$490,000 (D)淨利高估$490,000。 (105年中油)

( ) **4** 甲公司有一辦公設備之成本為$28,000,累計折舊為$16,000,若將該辦公設備以$18,000出售,則此交易在現金流量表中應如何表達? (A)$6,000之利益應列為淨利之加項 (B)$16,000之累積折舊應列為淨利之減項 (C)$18,000應列為營業活動之現金流入 (D)$18,000應列為投資活動之現金流入。 (105年中油)

( ) **5** 甲公司於2015年7月1日以$120,000購入機器一部,估計耐用年限為5年,殘值為$10,000,甲公司採雙倍餘額遞減法提列折舊,則甲公司2016年應提折舊費用為: (A)$48,000 (B)$40,000 (C)$38,400 (D)$35,200。 (105年中油)

（　） **6** 甲公司之大股東張三將市價$100,000之土地捐贈給甲公司，則甲公司應做分錄為：　(A)借記土地$100,000，貸記股本$100,000　(B)借記土地$100,000，貸記資本公積－受贈$100,000　(C)借記土地$100,000，貸記其他收入$100,000　(D)借記土地$100,000，貸記保留盈餘$100,000。　　　　　　　　　　　　　　　　　（105年中油）

（　） **7** 山田公司於X4年1月1日以現金$4,000,000併購玉景公司，當日玉景公司之總資產與總負債的帳面金額分別為$5,500,000及$2,300,000，經重新評估後發現，總資產之公允價值為$6,500,000，而總負債之公允價值應為$2,800,000，則山田公司會因此一併購交易認列多少商譽？　(A)$0　(B)$300,000　(C)$800,000　(D)$500,000。
（105年臺灣菸酒）

（　） **8** 甲公司誤將一筆$100,000的資本支出作為費用支出處理，請問對當年度財務報表的影響為何？　(A)資產低估　(B)費用高估　(C)資產高估，費用低估　(D)資產低估，費用高估。　　　（106年桃園捷運）

（　） **9** 發行股票換取非現金資產時，應以何者為入帳金額？　(A)股票面額　(B)非現金資產之原始取得成本　(C)以非現金資產原始成本與當前公平價值較低者為本　(D)非現金資產之公平價值。
（106年桃園捷運）

（　） **10** 甲牧場X1/1/1以$100,000購入乳牛一隻以生產牛乳。X1年間飼養該乳牛之成本包含飼料$20,000，專屬飼養人員薪資$200,000。若該乳牛X1/12/31之公允價值為$98,000，出售成本為$3,000，則甲公司X1年底資產負債表中該乳牛之列示金額為：　(A)$95,000　(B)$98,000　(C)$120,000　(D)$320,000。　　　　　　（106年桃園捷運）

（　） **11** 甲公司以$40,500現金出售其機器設備，出售當天該機器設備的累積折舊金額為$34,000，且出售分錄入帳了$1,800的損失。請問該機器設備原始入帳成本為何？　(A)$72,300　(B)$75,900　(C)$4,700　(D)$76,300。　　　　　　　　　　　　　　　　　（106年中鋼）

（　　）**12** 某項可折舊資產當下的帳面價值為$24,500，該公司採用直線法提列折舊，當初以$37,000現金購入，耐用年限預估為七年，殘值為$2,000。請問該公司擁有該資產多久了？　(A)2.5年　(B)2.36年　(C)2.1年　(D)7年。　　　　　　　　　　　　　（106年中鋼）

（　　）**13** 西北公司X3年初取得一棟作為投資性不動產的建築物，相關費用如下表，請問西北公司此筆投資性不動產的入帳成本金額為何？

建物成本	$20,000,000
仲介佣金	$200,000
契約、代書與過戶費用	$1,200,000
X3年之房屋稅與地價稅	$500,000

(A)$20,000,000　(B)$21,200,000　(C)$21,400,000　(D)$21,900,000。

（106年中鋼）

（　　）**14** 下列何者不屬於無形資產的項目？　(A)專利權　(B)特許權　(C)研究費用　(D)開辦費。　　　　　　　　　　　　　（106年中鋼）

（　　）**15** 甲公司於X1年初以$1,000,000購買耐用年限為8年之設備，估計殘值為$100,000，並以年數合計法提列折舊。若X4年初估計該設備尚可耐用3年，則X4年底設備的帳面金額為何？　(A)$187,500　(B)$225,000　(C)$237,500　(D)$287,500。

（　　）**16** 甲農場於X5年12月初採收10,000公斤柳丁，當日每公斤市價為$20；12月31日尚有3,000公斤未售出，每公斤市價為$25。若每公斤柳丁之出售成本為$2，則X5年12月31日資產負債表應列報之農產品存貨金額為何？　(A)$54,000　(B)$60,000　(C)$69,000　(D)$75,000。

（　　）**17** 丁公司於103年至105年間進行新產品研發，於105年底時該研發成果專利產生之無形資產符合定義及認列條件。於此之前，103年至105年間每年均投入研發金額（支出）$200,000。丁公司於105年底向政府申請專利權的相關支出為$45,000，則該項專利權的入帳成本應為何？　(A)$45,000　(B)$245,000　(C)$600,000　(D)$645,000。

(　　) **18** 新店公司於20X7年1月1日以分期付款方式購買臥式綜合加工機
（H5XP／SH500APC）20部，機器價格共為$100,000,000，該機器
係IAS23第5段所述符合要件之資產，該等機器於20X7年8月15日始
安裝完成並正式啟用。新店公司於20X7年1月1日支付機器價格之十
分之一，其餘分九期平均償還，每期半年，並按未償還餘額加計年
息10%之利息。若新店公司於20X7年度並無其他附息債務，請問：
20X7年1月1日至8月15日新店公司購買機器應予資本化之借款成本
金額為多少？（註：四捨五入計算至元）

(A)$4,500,220　　　　　　　　　(B)$5,008,220

(C)$5,508,220　　　　　　　　　(D)$6,000,220。

(　　) **19** 甲公司於107年1月15日以每隻$200購買小雛鵝2,000隻，甲公司估計
若將這2,000隻小鵝立即出售（每隻$200），則必須支付運費$7,000
及佣金$5,000。甲公司決定將其中800隻小母鵝養大以生產鵝蛋，其
餘1,200隻小鵝則養大後出售。請問107年1月15日的該項交易分錄
中，下列敘述何者正確？

(A)貸記「現金」$388,000

(B)借記「農產品－鵝」$400,000

(C)借記「生產性生物資產」$160,000

(D)借記「消耗性生物資產」$232,800。

(　　) **20** 甲公司於107年2月1日以A機器（成本$300,000，已提列累計折
舊$50,000，公允價值為$240,000）來交換他公司的B機器（成本
$500,000，已提列累計折舊$280,000，公允價值為$240,000）。該交
換交易具商業實質，則甲公司應認列處分資產損益為多少？

(A)利益$10,000　　　　　　　　(B)利益$20,000

(C)損失$10,000　　　　　　　　(D)損失$20,000。

(　　) **21** 下列何項支出不應列入今年年初所取得的土地成本之中？

(A)必要的整地費用　　　　　　(B)購買土地應支付的相關規費

(C)支付土地仲介佣金　　　　　(D)支付當年度之地價稅。

(　) **22** 文盛公司為開發生技醫療與AI核心的新技術，在20X3年研究階段投入\$3,240,000，20X4年初支付\$2,430,000已符合發展階段的所有條件，20X4年7月1日支付登記專利之各項規費\$90,000，確定取得專利權開始生產，法定期限為10年；20X6年初因專利權受侵害產生訴訟支出\$616,000，獲判勝訴並獲得賠償\$444,000，同一時間公司考量產品技術創新速度，決定縮短經濟年限至20X9年底。請問：20X6年專利權之攤銷費用為多少？　(A)\$515,500　(B)\$525,500　(C)\$535,500　(D)\$545,500。

(　) **23** 網溪公司於20X5年初購買彩藝淋膜機，成本為\$1,575,000，耐用年限5年，無殘值，採成本模式衡量且以「年數合計法」提列折舊。若20X7年初估計該設備只能再使用2年，改採「直線法」提列折舊，殘值為零，請問：20X7年該設備應提列的折舊為多少？(A)\$315,000　(B)\$472,500　(C)\$600,000　(D)\$787,500。

(　) **24** 不動產、廠房及設備不包括下列何項？　(A)土地改良物　(B)建築物(C)設備　(D)待出售之廠房。

(　) **25** 知心公司將其成本\$80,000，累計折舊\$64,000的A設備與乙公司交換B機器，並支付現金\$50,000。若B機器之公允價值為\$72,000，且知心公司判斷該資產交換係屬商業實質交換。請問該交易對知心公司之影響為何？　(A)資產總額增加\$6,000　(B)資產總額減少\$66,000(C)資產總額增加\$72,000　(D)資產總額不變。

(　) **26** 甲公司在20X1年1月1日購買設備，成本\$90,000，估計殘值\$8,000，使用年限10年。若甲公司使用雙倍餘額遞減法，請問甲公司在20X2年之折舊費用為多少？　(A)\$18,000　(B)\$14,400(C)\$13,120　(D)\$8,200。

(　) **27** 甲公司於X5年初購入一部設備，成本\$756,000，估計耐用年限6年，殘值\$21,000，採年數合計法提列折舊。X8年初公司支付\$69,000為該設備進行全面檢修，預估耐用年限可增加3年，殘值提高至\$24,000，甲公司決定改採倍數餘額遞減法提列折舊，則X8年度之折舊費用為：　(A)\$87,000　(B)\$92,000　(C)\$95,000(D)\$100,000。

(　　) **28** 大平公司X8年12月1日購入機器一部，定價$2,000,000，九折成交，目的地交貨，機器安裝費用需另計，付款條件為2/10，n/30，公司於12月10日付清款項。另該機器運輸費用為$18,000，安裝費用$30,000，試車費$15,000，公司並為該機器購入1年期保險費$36,000，則機器入帳成本為：　(A)$1,794,000　(B)$1,809,000　(C)$1,827,000　(D)$1,863,000。

(　　) **29** 大德公司於X5年10月1日購入一部機器，成本$1,500,000，估計耐用年限8年，殘值$12,000，公司採直線法提列折舊。至X8年底經評估該機器之使用價值為$845,500，淨公允價值為$817,000。則X8年該機器應認列價值減損之金額為：　(A)$0　(B)$38,000　(C)$50,000　(D)$78,500。

(　　) **30** 大智公司X5年初以$600,000向巨航公司購買會計資訊系統，估計該系統經濟效益年限6年，無殘值。公司於X8年初以$180,000重置系統中之存貨模組，預期該支出可延長原經濟效益年限3年，殘值不變。若該存貨模組原始成本為$150,000，則大智公司X8年應認列電腦軟體攤銷費用為：　(A)$55,000　(B)$67,500　(C)$80,000　(D)$97,500。

(　　) **31** 大華公司以成本$1,250,000、累計折舊$500,000之舊設備交換一新設備，並收到現金$20,000。已知舊設備公允價值為$720,000，新設備公允價值為$700,000，該交換具商業實質，則換入新設備之入帳成本為：　(A)$680,000　(B)$700,000　(C)$720,000　(D)$750,000。

(　　) **32** 大興公司於X8年3月1日起開始研發一項新生產技術，8月1日證明該技術符合發展階段資本化之所有條件，且大興公司順利於X8年底完成新技術之研發。若X8年3月1日至7月31日共支出$6,000,000，8月1日至12月31日共支出$4,000,000，則X8年大興公司可資本化之支出是多少？　(A)$0　(B)$4,000,000　(C)$6,000,000　(D)$10,000,000。

(　　) **33** 大安公司於X7年7月1日購入一部機器，估計耐用年限6年，殘值$30,000，採倍數餘額遞減法提列折舊。大安公司採曆年制，已知X8年提列之折舊費用為$140,000，則該機器之成本是多少？　(A)$504,000　(B)$534,000　(C)$630,000　(D)$660,000。

( ) **34** A公司X8年7月1日啟用成本$1,000,000之機器，估計耐用年限50,000
小時，無殘值。機器中涵蓋主要驅動零件$200,000，合約約定機器
使用期限內，汰換主要驅動零件成本一律為$200,000，每達使用
25,000小時即必須汰換，無殘值。若X8年公司使用該機器共計7,500
小時，則A公司X8年度應提列折舊費用為：
(A)$90,000 　　　　　　　　(B)$150,000
(C)$180,000 　　　　　　　　(D)$300,000。

( ) **35** A公司自X6年初開始研發新產品，至X7年底投入之研究支出為
$3,500,000，X8年初研發成功並取得專利，申請專利之規費等相關支
出為$100,000，估計專利權經濟效益5年，則X8年底專利權攤銷費用
為： (A)$20,000 (B)$520,000 (C)$720,000 (D)$1,770,000。

( ) **36** A公司於X8年7月1日購入一建築物作為辦公室，該建築物售
價$6,000,000、仲介費$480,000、代書費$120,000、契稅規費
$40,000、一年期火險費$30,000。建築物估計耐用年限40年，殘
值$600,000，採雙倍餘額遞減法提列折舊，則A公司X8年底建築
物帳面金額為： (A)$6,308,000 (B)$6,474,000 (C)$6,489,000
(D)$6,503,250。

( ) **37** A公司與B公司進行機器交換，交換日A公司機器成本為$384,000，
累計折舊$180,000，公允價值$240,000。B公司機器成本$440,000，
累計折舊$220,000，公允價值$280,000。假設該交換具商業實質，且
A公司另支付B公司現金$40,000，則A公司應認列處分資產損益是多
少？ (A)利得$36,000 (B)損失$40,000 (C)利得$16,000 (D)損失
$24,000。

( ) **38** A公司於X8年初開始正式營業，X8年以$30,000,000取得煤礦一
座，估計蘊藏量3,000,000噸，開採結束後，估計復原成本之現值為
$2,400,000。X8年開採500,000噸、銷售400,000噸，則X8年度期末
存貨中包含的折耗成本是多少？
(A)$1,000,000 　　　　　　　(B)$1,080,000
(C)$25,000,000 　　　　　　　(D)$27,000,000。

（　）**39** 甲公司於X4年至X6年間（共3年）進行一項新產品研發，到X6年
底時該研發成果專利產生之無形資產符合定義及認列條件。X4年
至X6年間公司每年均針對該項新產品研發投入金額$600,000。甲
公司於X6年底向政府相關單位申請專利權的相關支出為$55,000，
請問此項專利權的入帳成本應為多少？　(A)$55,000　(B)$600,000
(C)$1,800,000　(D)$1,855,000。

（　）**40** 乙公司於X5年初以總成本$500,000購入機器設備一台，預計使用4
年，殘值為$100,000，採用年數合計法提列折舊。X7年初對該機
器設備投入了資本支出$150,000，該支出能使機器之使用年限延
長2年，殘值減少為$50,000，自X7年起改採用直線法提列折舊。
則X7年底針對該機器設備應提列多少折舊費用？　(A)$80,000
(B)$890,000　(C)$8,100,000　(D)$8,110,000。

（　）**41** 甲公司於X3年1月1日以$3,300,000買進設備一部，耐用年限10年，
殘值$300,000，採直線法提列折舊。若X6年底調整前估計該設備剩
餘耐用年限為4年，殘值為$150,000，且決定改採年數合計法提列折
舊，則該公司X6年之折舊費用為何？　(A)$720,000　(B)$750,000
(C)$780,000　(D)$900,000。

（　）**42** 有關無形資產之敘述，下列何者錯誤？
(A)公司向外購買的客戶名單，不得認列為無形資產
(B)無形項目之支出，於原始認列為費用後，後續不得轉列為資產成本
(C)研究發展支出若無法明確區分研究或發展階段時，應列為研究階
段支出
(D)企業若無法可靠決定無形資產之預期未來經濟效益之消耗型態
時，應採用直線法攤銷該無形資產。

（　）**43** 有關「無形資產」的敘述，下列何者錯誤？　(A)「累計攤銷」為無
形資產之減項　(B)可被企業控制及具有未來經濟效益　(C)商譽以
外的無形資產都應按一定年數攤銷　(D)指無實體形式之可辨認非貨
幣性資產，並同時符合具有可辨認性。

（　）**44** 日善公司於20X3年初投入開發TEPA20X3－癌症新藥，20X7年底研發成功，20X8年初取得專利權，五年間共投入研究費用$85,800,000，申請及登記費用$3,125,000。請問：日善公司20X8年初帳上專利權成本為多少？　(A)$3,125,000　(B)$21,450,000　(C)$85,800,000　(D)$88,925,000。

（　）**45** 西康公司於20X7年9月30日以$15,000,000取得一筆土地做為廠房擴建用地，其他費用為：支付仲介佣金$80,000、土地移轉相關規費$20,000、拆除土地舊房舍的拆除費$200,000、新圍牆建設$200,000，另有因變賣舊房舍的廢料而收到$20,000。請問：應認列的土地成本為多少？　(A)$15,100,000　(B)$15,280,000　(C)$15,300,000　(D)$15,480,000。

（　）**46** 安湖公司於20X5年1月1日購入機器設備（OCA真空壓合機）一台，成本為$9,000,000，估計耐用年限為6年，殘值為$900,000。若採用「雙倍餘額遞減法」提列折舊，請問：20X7年12月31日，該機器設備之帳面金額應為多少？（四捨五入至元）　(A)$2,333,667　(B)$2,444,667　(C)$2,555,667　(D)$2,666,667。

（　）**47** 蘭雅公司於2X01年1月1日購置辦公大樓並以營業租賃出租，分類為投資性不動產，後續按成本模式衡量，該項購置的成本為$62,500,000，耐用年限50年，無殘值，採用「直線法」提列折舊；經過25年後，2X26年1月1日決定將大樓重新隔間換新內牆，成本共計$6,000,000。若舊內牆的原始成本為$3,000,000，請問：處分投資性不動產損失為多少？　(A)$0　(B)$1,500,000　(C)$3,000,000　(D)$4,500,000。

（　）**48** 溪山農業產品公司經營「臺農X7號」黃金甘藷之栽植，20X7年6月初開始種植，歷經：中耕、除草、培土、灌溉、排水、理蔓與收割等階段，20X7年11月底甘藷入庫；全部生產成本有：種苗、肥料、工資、農藥、能源、農機具與設施等項目為$1,034,000。若收割100公噸，每公噸市價$21,000，另須支付搬運至市場的運費$66,000，請問：20X7年11月底收割時按成本模式所作的相關會計處理，下列何者正確？　(A)借：農產品$2,034,000　(B)借：公允價值減處分成本變動損益$1,000,000　(C)貸：消耗性生物資產$2,034,000　(D)貸：生物資產評價損失$1,000,000。

(　　) **49** 20X5年初，甲公司以$15,000,000向A公司購入一款長效緩釋關節
炎用藥專利配方（該專利的法定年限為6年，甲公司估計效益年限
為5年）；20X7年初，該用藥被主管機關驗出內含不利人體的物
質，且被要求立即停止生產與禁止服用。請問：20X7年甲公司針
對該用藥專利配方，應認列的費損金額為多少？　(A)$7,500,000
(B)$9,000,000　(C)$10,000,000　(D)$15,000,000。

(　　) **50** 有關資產的種類，甲：指無實體形式之可辨認非貨幣性資產，並同時
符合具有可辨認性、可被企業控制及具有未來經濟效益；乙：指企
業依合約約定，已移轉商品或勞務予客戶，惟仍未具無條件收取對
價之權利。上述中，甲與乙應為：　(A)應收帳款，無形資產　(B)無形
資產，合約資產　(C)合約資產，生物資產　(D)生物資產，應收帳款。

(　　) **51** 灰磖公司於20X7年2月1日赴柬埔寨設立製衣廠，承接一線服裝品牌的
代工。發生設立登記費用$200,000，灰磖公司雖預期此項支出（開辦
費）可提供未來經濟效益，但並未取得或產生可認列之無形資產或其
他資產。請問：灰磖公司20X7年2月1日應作的分錄，下列何者正確？
(A)借：無形資產減損損失$200,000　(B)借：其他費用－開辦費
$200,000　(C)貸：無形資產－其它$200,000　(D)貸：累計減損－發
展中無形資產$200,000。

(　　) **52** 南福公司於20X7年1月1日取得主管機關「主導性新產品」研究開發
補助款$6,000,000，作為未來新產品開發之用，20X7年該計畫之研
究發展支出佔估計總成本之四分之一。若南福公司係每季發布期中
財務報告，且各季研究發展支出依序佔該年度研究發展支出之比率
分別為30%、20%、35%及15%，請問：20X7年第二季應認列政府補
助之利益金額為多少？　(A)$300,000　(B)$750,000　(C)$1,500,000
(D)$6,000,000。

(　　) **53** 福林公司於20X7年1月1日以$350,000,000購買供自己使用的一棟商業
大樓（土地$225,250,000，房屋$124,750,000）。房屋之重大組成部分
有二：(1)房屋主體結構，成本為$115,000,000，預期耐用年限為50年；
(2)電梯設備，成本為$9,750,000，預期耐用年限為15年（該金額占房屋
總成本係屬重大，為重大組成部分）。若房屋主體結構及電梯設備均
採「直線法」提列折舊，估計殘值為零，請問：20X7年度有關房屋的
折舊金額為多少？　(A)$2,300,000　(B)$2,950,000　(C)$3,500,000
(D)$3,630,000。

（　）**54** 苗栗公司以每股面值$10 之股票8,000股換入機器設備一部，當日機器
設備之公允價值為$90,000，該公司為未上市公司，則該公司應作分
錄為
(A)借：機器設備成本$80,000，貸：股本$80,000
(B)借：機器設備成本$90,000，貸：股本$90,000
(C)借：機器設備成本$90,000，貸：股本$80,000，資本公積－發行溢
　　價$10,000
(D)借：機器設備成本$90,000，貸：資本公積－發行溢價$90,000。

（108年桃園捷運）

（　）**55** 板橋公司於X5年初購入電腦設備一套，成本$80,000，耐用年數4
年，估計殘值$8,000，若採直線法、年數合計法、定率遞減法（折舊
率為0.4377）提列折舊，試問何種方法將使本年度的折舊額最高？
(A)直線法　　　　　　　　(B)年數合計法
(C)定率遞減法　　　　　　(D)三法相等。　　（108年桃園捷運）

（　）**56** 商業應於何時評估其資產有減損跡象？　(A)每年之資產負債表日
(B)股東大會前三日　(C)資產耐用年限期滿時　(D)繳交營所稅之同
日。　　　　　　　　　　　　　　　　　　　　（108年桃園捷運）

（　）**57** 桃園公司X4年初以現金$10,000及市價$80,000之機器設備（成本
$100,000，累計折舊$30,000），交換運輸設備一部，若該交易不具
商業實質，應記錄多少處分損益？
(A)利益$10,000　　　　　　(B)損失 $10,000
(C)$0　　　　　　　　　　(D)利益$20,000。　（108年桃園捷運）

（　）**58** 大大公司某設備之交易資料如下：(1)X1/08/01以現金$320,000購買
進口生產設備一部。(2)設備於同年10月1日正式啟用，8月1日至10
月1日間另發生下列成本：　A.關稅$20,000。　B.安裝與測試費用
$15,000。　C.設備運費及運送期間之保費$10,000。　D.運送過程中
因人為疏失發生意外，支付賠償金$6,000。　E.專家評估未來需支付
之除役成本，折現後為$100,000。　(3)設備估計可用10年，估計殘
值$35,000，以直線法提折舊。試問：設備的取得成本為何？
(A)471,000　(B)465,000　(C)420,000　(D)440,000。（108年桃園捷運）

（　）**59** 同第58題資料，試問：折舊金額為何？　(A)10,750　(B)20,300
(C)25,000　(D)27,700。　　　　　　　　　　（108年桃園捷運）

（　）**60** 同第58題資料，試問：X3年底調整後設備的帳面金額為何？
(A)263,700　(B)288,100　(C)334,500　(D)368,250。（108年桃園捷運）

（　）**61** 高雄公司有一機器設備成本$500,000，X2年底有跡象顯示可能
發生減損，X2年底累計折舊為$180,000，公允價值減出售成本
$300,000，使用價值$270,000，則X2年底有關價值減損之會計處理
何者錯誤？
(A)借：減損損失$20,000
(B)借：減損損失$50,000
(C)貸方之累計減損為資產的抵銷科目
(D)可回收金額為$300,000。　　　　　　　　（108年桃園捷運）

（　）**62** 南投公司於X3年初開發會計資訊軟體以供出售，發生相關成本如下：
程式設計$30,000　　　　編碼$23,000
規劃$12,000　　　　　　製造產品母版$270,000
軟體測試$8,000　　　　複製及包裝軟體（成品）$60,000
其中程式設計、規劃、軟體測試與編碼均發生在建立技術可行性之
前，並於X3年底完成產品母版。估計該軟體之效益可維持3年，公
司採用直線法攤銷，試問電腦軟體成本為何？
(A)270,000　　　　　　　　(B)300,000
(C)390,000　　　　　　　　(D)402,000。　　（108年桃園捷運）

（　）**63** 同第62題資料，X5底軟體帳面金額為何？　(A)180,000　(B)90,000
(C)0　(D)以上皆非。　　　　　　　　　　　（108年桃園捷運）

（　）**64** 美國石油公司現購一油井設備$150,000，並設置於沿海開採石油，
當地政府規定開採完畢後應移除油井並負責清除環境污染。經專家
評估，此處石油可開採4年，未來移除油井需耗費$120,000清除汙
染，假設有效利率為5%，試問做油井設備的取得成本為何？
(A)99,724　　　　　　　　(B)248,724
(C)270,000　　　　　　　　(D)334,754。　　（108年桃園捷運）

(　) **65** 不動產、廠房及設備的成本，以折舊的方式分攤於預計可使用的期間，是根據
(A)配合原則　　　　　　　　(B)成本原則
(C)繼續經營假設　　　　　　(D)報導期間假設。（108年桃園捷運）

(　) **66** 於7月1日以現金購入機器一台，設使用年限5年，殘值$5,000，年底依直線法提折舊，折舊費用為$10,000，則此部機器成本為何？
(A)$50,000　　　　　　　　(B)$55,000
(C)$100,000　　　　　　　 (D)$105,000。　　　（108年臺灣菸酒）

(　) **67** 設備購入成本為$50,000元，使用年限10年無殘值，採直線法折舊，若使用3.5年後，其累積折舊金額應為何？　(A)$17,500　(B)$19,500
(C)$32,500　(D)$35,000。　　　　　　　　　（108年臺灣菸酒）

(　) **68** 公司購入一部訂價$33,000機器，以現金$20,000及一面額$11,000，一年到期不附息票據抵付。若該票據適用的市場利率為10%，則該機器的入帳成本為多少？
(A)$33,000　　　　　　　　(B)$32,000
(C)$31,000　　　　　　　　(D)$30,000。　　　（108年臺灣菸酒）

解答及解析（答案標示為#者，表官方曾公告更正該題答案。）

1 (C)。(A)應定期作減損測試。
　　　(B)非確定耐用年限之無形資產不為攤銷，僅作減損測試。
　　　(D)年限較低者為攤銷年限。

2 (D)。出售該設備分錄：
現金	3,000,000	
累計折舊－機器設備	2,250,000	
機器設備		5,000,000
處分固定資產利益		250,000

處分固定資產利益$250,000為營業活動項下本期淨利之減項，出售設備所獲得現金$3,000,000為投資活動項下之加項(現金流入)。

3 (C)。(1) 購入時會計人員誤將購入機器乙部以收益支出列帳,因此支出高估 $540,000,淨利低估$540,000。

(2) 應提列折舊費用:($540,000−$40,000)÷5×$\frac{1}{2}$＝$50,000

應提列折舊費用$50,000未提列,因此支出低估$50,000,淨利高估 $50,000。

(3) 淨利低估$540,000−淨利高估$50,000＝淨利低估$490,000

4 (D)。出售固定資產應列為投資活動。

5 (C)。2015年7月1日至2016年6月30日折舊費用:$120,000×$\frac{2}{5}$＝$48,000

2016年7月1日至2017年6月30日折舊費用:

($120,000−$48,000)×$\frac{2}{5}$＝$28,800

2016年度應提折舊費用:$48,000×$\frac{1}{2}$＋$28,800×$\frac{1}{2}$＝$38,400

6 (B)。接受企業或個人非現金贈與,會計項目應為資本公積。

7 (B)。$4,000,000−($6,500,000−$2,800,000)＝$300,000

8 (D)。甲公司誤將資本支出作費用支出,則造成資產低估,費用高估,故本題 (D)為正確。

9 (D)。交換具有商業實質且公允價值能可靠衡量者,按公允價值認列,故本題應 以非現金資產之公平價值入帳。

10 (A)。98,000−3,000＝95,000

11 (D)。40,500−(原始成本−34,000)＝−1,800
原始入帳成本＝76,300

12 (A)。(37,000−2,000)÷7＝5,000
(37,000−24,500)÷5,000＝2.5年

13 (C)。入帳成本＝20,000,000＋200,000＋1,200,000＝21,400,000

14 (CD)。
研究費用、開辦費均列為費用。故本題(C)(D)不是無形資產。

15 (D)。X1~X4年初累計折舊＝(1,000,000−100,000)×(8＋7＋6)/36＝$525,000
X4年初帳面價值＝$1,000,000−$525,000＝$475,000
X4年折舊＝($475,000−$100,000)×3/6＝$187,500
X4年底設備的帳面金額＝$475,000−$187,500＝$287,500

16 (A)。 X5年12月31日資產負債表應列報之農產品存貨金額＝（$20－$2）×3,000
＝54,000

17 (A)。 自行研發成功的專利權，只有申請及登記費可資本化。

18 (C)。 1/1~6/30：9,000萬×10%/2=$4,500,000
7/1~8/15：8,000萬×（31＋15）/（365/2）×10%/2＝1,008,220
1/1~8/15共：4,500,000＋1,008,220=5,508,220

19 (D)。（200×2,000－7,000－5,000）/2,000＝194
消耗性生物資產＝194×1,200＝232,800

20 (C)。 甲公司應作的交換分錄如下：
不動產、廠房及設備（B機器）	$240,000	
累計折舊－不動產、廠房及設備（A機器）	$50,000	
處分資產損失	$10,000	
不動產、廠房及設備（A機器）		$300,000

21 (D)。 土地成本包括現金購買價格、過戶相關之規費、代地主承擔的稅捐、手續
費、仲介佣金以及地方政府一次徵收的工程收益費等「一切為使土地達到
可供使用狀態的所有成本」。支付當年度之地價稅不應列入今年年初所取
得的土地成本之中。

22 (C)。 20X4/7/1~20X6年初過了1.5年，剩8.5年
20X6年初該專利權帳面價值＝（$2,430,000＋$90,000）/10×8.5
＝$2,142,000
20X6年初~20X9年底，剩4年
20X6年專利權之攤銷費用＝$2,142,000/4＝$535,500

23 (A)。 20X5年初~20X7年初累計折舊＝$1,575,000×（5＋4）/15＝$945,000
20X7年帳面價值＝$1,575,000－$945,000＝$630,000
20X7年該設備應提列的折舊＝$630,000/2＝$315,000

24 (D)。 待出售之廠房應列為「投資」項下。

25 (A)。 知心公司交換分錄如下：
不動產、廠房及設備（B機器）	$72,000	
累計折舊－不動產、廠房及設備（A設備）	$64,000	
不動產、廠房及設備（A設備）		$80,000
現金		$50,000
資產交換利益		$6,000

上述交易會使知心公司資產總額增加$6,000。

26 (B)。 折舊率＝2／耐用年限＝2／10＝20%
20X1年帳面價值＝$90,000－$90,000×20%＝$72,000
20X2年之折舊費用＝$72,000×20%＝$14,400

27 (D)。 年數合計法6（6＋1）/2=21

X5~X7年累計折舊＝（$756,000－$21,000）×$\frac{(6+5+4)}{21}$＝$525,000

X8年度之折舊費用＝（$756,000－$525,000＋$69,000）×$\frac{2}{6}$＝$100,000

28 (B)。 $2,000,000×0.9×0.98＋$30,000＋$15,000＝$1,809,000

29 (C)。 每年折舊費用＝（$1,500,000－$12,000）/8＝$186,000
X5年10月1日~X8年底累計折舊＝$186,000×3/12＋$186,000×3
＝$604,500
X8年底帳面價值＝$1,500,000－$604,500＝$895,500
MAX（$817,000, $845,500）＝$845,500
X8年該機器應認列價值減損之金額＝$895,500－$845,500＝$50,000

30 (B)。 X5~X7年攤銷數＝$600,000/6×3＝$300,000
X8年初帳面價值＝$600,000－$300,000＝$300,000
若該存貨模組X5~X7年攤銷數＝$150,000/6×3＝$75,000
若該存貨模組X8年初帳面價值＝$150,000－$75,000＝$75,000
X8年初該電腦軟體帳面價值＝$300,000＋$180,000－$75,000＝$405,000
X8年應認列電腦軟體攤銷費用＝405,000/（3＋3）＝67,500

31 (B)。

不動產、廠房及設備（新機器）	$700,000	
累計折舊－不動產、廠房及設備（舊機器）	$500,000	
現金	$20,000	
資產處分損失	$30,000	
不動產、廠房及設備（舊機器）		$1,250,000

32 (B)。 (1) 發展階段的支出，若同時符合下列所有條件時，則可將此階段之支出資本化，列為「無形資產」：
　　A. 該無形資產的技術可行性已完成。
　　B. 企業有意圖完成該無形資產，並加以使用或出售。
　　C. 企業有能力使用或出售該無形資產。
　　D. 此項無形資產將很有可能會產生未來經濟效益。
　　E. 具充足的技術、財務及其他資源，以完成此項無形資產的發展專案計畫。
　　F. 發展階段歸屬於無形資產的支出能可靠衡量。
　(2) X8年大興公司可資本化之支出是$4,000,000。

33 (A)。 設成本為X

X7年折舊：$X \times \dfrac{2}{6} \times \dfrac{6}{12} = \dfrac{1}{6}X$

X8年折舊：$(X - \dfrac{1}{6}X) \times \dfrac{2}{6} = 140,000$

$X = \$504,000$

34 (C)。 A公司X8年度應提列折舊費用
$= \$800,000 \times 7,500/50,000 + \$200,000 \times 7,500/25,000$
$= \$180,000$

35 (A)。 X8年底專利權攤銷費用＝\$100,000/5＝\$20,000

36 (B)。 建築物入帳成本＝\$6,000,000＋\$480,000＋\$120,000＋\$40,000
＝\$6,640,000
X8年底建築物折舊＝\$6,640,000×2/40×6/12＝\$166,000
A公司X8年底建築物帳面金額＝\$6,640,000－\$166,000＝\$6,474,000

37 (A)。 資產交換（損）益＝換出資產公允價值－換出資產帳面價值
＝\$240,000－（\$384,000－\$180,000）＝\$36,000（利得）

38 (B)。 X8年度期末存貨中包含的折耗成本
$= (\$30,000,000 + \$2,400,000) \times \dfrac{100,000}{3,000,000} = \$1,080,000$

39 (A)。 自行研發成功的專利權，只有申請及登記費可資本化，此項專利權的入帳
成本為55,000。

40 (A)。 (1)X5年初~X7年初，該設備已用直線法提列2年折舊
＝（\$500,000－\$100,000）×（4＋3）/10＝\$280,000
(2)X7年初該備帳面價值＝\$500,000－\$280,000＝\$220,000
(3)X7年初重新評估，使用年限延長2年，殘值\$50,000，屬於估計變動，
應採推延調整法，不作更正分錄將剩餘應提之折舊額以新估計的耐用
年數或殘值由未來各期分攤。
(4) X7年底提列折舊＝（\$220,000＋\$150,000－\$50,000）$\times \dfrac{1}{4}$＝\$80,000

41 (B)。 (1)X3年1月1日~X6年初，該設備已用直線法提列3年折舊
＝（\$3,300,000－\$300,000）×3/10＝\$900,000
(2)X6年初該備帳面價值＝\$3,300,000－\$900,000＝\$2,400,000
(3)X6年初重新評估，X6年1月1日，不作更正分錄將剩餘應提之折舊額
以新估計的耐用年數或殘值由未來各期分攤。
(4)X6年提列折舊＝（\$2,400,000－\$150,000）$\times \dfrac{5}{15}$＝\$750,000

42 (A)。　(1) 企業購買顧客名單的成本，如果金額重大，應列為無形資產，在預期
　　　　　受益期間內攤銷。
　　　　(2) 於自行蒐集名單的成本，則應於發生時作「費用」處理。

43 (C)。　無形資產攤銷之原則及處理方式如下：

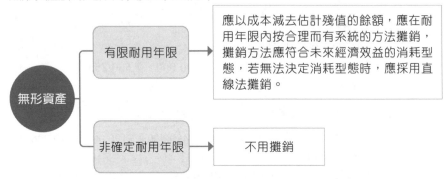

44 (A)。　研究階段的支出，因尚未能為企業帶來經濟效益，故應於發生時認列為
　　　　「研究發展費用」。日善公司20X8年初帳上專利權成本為$3,125,000。

45 (B)。　應認列的土地成本＝$15,000,000＋$80,000＋$20,000＋$200,000－$20,000
　　　　＝$15,280,000

46 (D)。　20X5年折舊＝$9,000,000×2/6＝$3,000,000
　　　　20X6年折舊＝（$9,000,000－$3,000,000）×2/6＝$2,000,000
　　　　20X7年折舊＝（$9,000,000－$3,000,000－$2,000,000）×2/6＝$1,333,333
　　　　20X7年12月31日該機器設備之帳面金額＝$9,000,000－$3,000,000－
　　　　$2,000,000－$1,333,333＝$2,666,667

47 (B)。　舊內牆累計折舊＝$3,000,000×25/50＝$1,500,000
　　　　處分投資性不動產損失＝$3,000,000－$1,500,000＝$1,500,000

48 (A)。　20X7年11月底收割時按成本模式分錄：
　　　　農產品　　　　　　　　　$2,034,000
　　　　　　消耗性生物資產　　　　　　　　　$1,034,000
　　　　　　公允價值餘額變動損益　　　　　　$1,000,000

49 (B)。　應認列的費損金額＝$15,000,000/5×3＝$9,000,000

50 (B)。　(1) 無形資產指無實體形式之可辨認非貨幣性資產，並同時符合具有可辨
　　　　　認性、可被企業控制及具有未來經濟效益。
　　　　(2) 合約資產指企業依合約約定，已移轉商品或勞務予客戶，惟仍未具無
　　　　　條件收取對價之權利。

51 (B)。 開辦費應列入營業費用。

52 (A)。 20X7年第二季應認列政府補助之利益金額＝$6,000,000/4×20%＝$300,000

53 (B)。 $115,000,000 \times \dfrac{1}{50} + 9,750,000 \times \dfrac{1}{15}$
　　　　＝2,950,000

54 (C)。 以權益證券之方式取得不動產、廠房及設備時，應以不動產、廠房及設備之公允價值為其取得成本，並以決定權益證券之發行價格。故分錄如下：
借：機器設備成本　　　　　　　$90,000
　　　貸：股本　　　　　　　　　　　$80,000
　　　　　資本公積－發行溢價　　　　$10,000

55 (C)。 直線法（$80,000－$8,000）÷4年＝$18,000
年數合計法（$80,000－$8,000）×4÷（1＋2＋3＋4）＝$28,800
定率遞減法$80,000×0.4377＝$35,016
故使用定率遞減法折舊額較高

56 (A)。 企業應於每一報導期間結束日評估是否有任何跡象顯示資產可能已減損。若有任一該等跡象存在，企業應估計該資產之可回收金額。

57 (C)。 若交易不具商業實質，將不認列處分損益。

58 (B)。 $320,000＋$20,000＋$15,000＋$10,000＋$100,000＝$465,000

59 (A)。 （$465,000－$35,000）÷10年×3÷12＝$10,750

60 (D)。 X1年折舊額（$465,000－$35,000）÷10年×3÷12＝$10,750
X2.X3年折舊額（$465,000－$35,000）÷10年×2年＝$86,000
X3年底帳面價值＝$465,000－$10,750－$86,000＝$368,250

61 (B)。 X2年底帳面價值＝$500,000－$180,000＝$320,000
可回收金額，擇高（公允價值減出售成本，使用價值）
可回收金額＝$300,000
減損損失＝$320,000－$300,000＝$20,000

62 (A)。 電腦軟體成本在建立技術可行性以前所發生之支出一律作為研發費用；建立技術可行性至完成產品母版所發生之成本均應資本化；產品母版完成可供拷貝時，即應停止資本化。自產品母版拷貝軟體、文件、訓練教材等成本均屬存貨成本。

63 (B)。 X5年底帳面金額＝$270,000－（$270,000÷3×2）＝$90,000

64 (B)。 $150,000＋$120,000×p4,5%＝$248,724

65 (C)。 繼續經營假設。

66 (D)。 （X－$5,000）/5×6/12＝$10,000
　　　　　X＝$105,000

67 (A)。 $50,000/10×3.5年＝$17,500

68 (D)。 $20,000＋$11,000/（1＋10%）＝$30,000
　　　　　$11,000為不附息票據，面額就等於到期值到期值再推算出現值。

NOTE

第七章　負債

課前導讀

本章命題重點以應付公司債為主，考生務必要對於發行價格、溢折價的攤銷及其方法部分加以熟記。另在或有事項上比重有逐漸增加的趨勢，考生對或有事項應花多一點時間了解。

重點整理

☑ 重點一　流動負債的意義

一、金融負債

(一) 必須交付現金或其他金融資產給另一企業的義務（如：應付帳款、應付票據等）。

(二) 按潛在不利於己的條件與另一企業交換金融資產或金融負債者（如：發行買權或賣權）。

(三) 凡是合約規定企業必須交付變動數量自身權益工具，以換取固定（或變動）金額的現金或其他金融資產者。

二、流動負債

係指符合下列條件之一的負債：

(一) 因營業所發生的債務，預期將於企業的正常營業週期中清償者。

(二) 主要為交易目的而發生者。

(三) 須於資產負債表日後十二個月內清償的負債。

(四) 企業不能無條件延期至資產負債表日後逾十二個月清償的負債。

三、金融負債與非金融負債的區別

金融負債是基於合約所產生，且以金融資產償付的債務（如：應付帳款等），非金融負債則是基於法律規定或慣例推定所產生，或雖基於合約，但需以商品或勞務償付的債務（如：預收收益）。

☑重點二　金融負債的評價

一、金融負債

凡金融負債均應按「現值」評價。惟有以下例外：營業活動產生且到期日在不超過一年者，可以不計算現值，而以到期值入帳。

二、流動負債

至於因為營業活動而產生，到期日超過一年以上的負債，如：應付分期帳款，應按現值評價。

三、來源

企業在經營過程中所產生的確定負債，通常有以下兩個主要來源：

(一) **由正常營業活動所產生的短期負債**：如應付帳款、應付票據、應付費用及其他應付款等。

(二) **提供企業短期資金的金融負債**：如短期銀行借款、應付短期票據及一年內到期的長期負債。

以下說明常見的短期金融負債：

種類	定義	會計處理	說明
應付帳款	因賒購商品或勞務等所產生的債務，短期內必須償付者。應付帳款的認定時機，應在買進商品所有權已移轉至買方手中時，承認進貨及應付帳款。	1. 總額法： (1) 進貨時依進貨總額入帳： 　進貨　　　　100,000 　　應付帳款　　　100,000 (2) 於折扣期間內付款時： 　應付帳款　100,000 　　進貨折扣　　　2,000 　　現金　　　　　98,000 (3) 超過折扣期間後付款時： 　應付帳款　100,000 　　現金　　　　100,000 2. 淨額法： (1) 進貨時依進貨淨額（總額減去現金折扣）入帳： 　（假設現金折扣2%） 　進貨　　　　98,000 　　應付帳款　　　98,000	※ 採用淨額法時，若會計年度終有已經過期而尚未付款的應付帳款，應承認此項未取得的折扣損失，而作成分錄如下： 進貨折扣損失 　　　XXX 　應付帳款　XXX 上述「進貨折扣損失」科目，在綜合損益表上應列為營業費用之一。

種類	定義	會計處理	說明
應付帳款	—	(2) 於折扣期間付款時： 　　應付帳款　98,000 　　　　現金　　　98,000 (3) 超過折扣期間後付款時： 　　應付帳款　98,000 　　進貨折扣損失 2,000 　　　　現金　　　100,000	—
應付票據	係指企業承諾在某一特定時日或特定期間，無條件支付一定金額給他人的書面承諾。	1. 企業由營業活動而產生的短期應付票據，可直接按面值入帳，如果是非因營業活動而產生的票據，則應以現值入帳。 2. 因向銀行借款而產生的短期應付票據：票據以票據到期值的折現值入帳。	年底在資產負債表中，應付票據折價應作為應付票據的減項，並因時間的經過而轉列為利息費用。
長期應付票據一年內到期部分	—	應轉列為流動負債，但有例外情形：準備發行股票或再融資為長期負債未償還者。	—

☑ 重點三　其他流動負債

一、定義

係指負債的事實已確定，企業已有明確的清償義務。這類負債多數是因為法律規定或非合約所產生，其到期日及金額都能合理確定。

二、其他流動負債

非營業活動產生之流動負債，則均應按現值評價。

三、常見者茲分述

種類	定義	會計處理	說明
預收收入	公司在交付商品或提供勞務之前先行向客戶收取之款項。	由於收入尚未賺得，故收取時的款項應先列為流動負債。期末將已「賺得」部分借記「預收收入」，貸記「各項收入」。	—

種類	定義	會計處理	說明
應付股利	公司經營有盈餘時，董事會可以依公司章程的規定提出盈餘分配，提請股東會決議，將盈餘分配給股東，作為投資報酬，稱為股利。	1. 宣告發放現金股利時： 　保留盈餘　　　　XXX 　　　應付股利　　　　　XXX 2. 發放現金股利時： 　應付股利　　　　XXX 　　　現金　　　　　　　XXX 3. 宣告發放股票股利時： 　保留盈餘　　　　XXX 　　　應付股票股利　　　XXX 4. 發放股票股利時： 　應付股票股利　　XXX 　　　股本　　　　　　　XXX	包括應付現金、財產或債務股利均屬之。
應付董、監酬勞及員工紅利	公司經營獲利，除分配股利給股東外，也可以依照章程規定，分配董、監事酬勞及員工紅利，只有支付給業主(股東)才是盈餘的分配，支付給業主以外的人，應列為費用。	1. 股東會通過分配董、監酬勞及員工紅利時： 　薪資　　　　　　XXX 　　　應付董、監酬勞　　XXX 　　　應付員工紅利　　　XXX 2. 實際支付時： 　應付董、監酬勞　XXX 　應付員工紅利　　XXX 　　　銀行存款　　　　　XXX	－
應付所得稅	企業如有獲利，則應繳納營利事業所得稅。	1. 公司於9/30 預估暫繳半數所得稅時： 　預付所得稅　　　XXX 　　　銀行存款　　　　　XXX 2. 公司於12/31日依規定計算應繳所得稅時： 　所得稅費用　　　XXX 　　　預付所得稅　　　　XXX 　　　應付所得稅　　　　XXX 3. 次年實際繳納所得稅時： 　應付所得稅　　　XXX 　　　銀行存款　　　　　XXX	－

✅ 重點四 　負債準備與或有負債

一、定義

(一) 或有事項的定義：

1. 該事項係為資產負債表日以前已存在之事實或狀況。

2. 該事項可能已對企業產生利得或損失。

3. 該事項最後結果不確定，有賴未來某一事項之發生或不發生加以證實。

(二) 國際財務報導準則對準備、或有負債及或有資產的定義：

準備 （provision）	發生時點或金額不確定之負債。企業因過去發生的事件而產生現存義務，當該義務很有可能使企業為了履行義務而造成具有經濟效益的資源流出，且與義務相關之金額能可靠估計時，應予以認列。
或有負債	因過去發生的事件而產生可能的義務，且該義務是否存在將取決於不確定的未來事件發生與否，而企業不完全能控制未來事件是否會發生。無須入帳，但依發生可能性而有不同的揭露標準。
或有資產	1. 因過去發生的事件而產生可能實現的資產，且其存在性將取決於未來事件發生與否，而企業不完全能控制未來事件是否會發生。 2. 在或有資產實際確定可實現時，宜認列為資產。 3. 當經濟效益很有可能流入時，應予以揭露。
虧損性 合約	為了履行合約規定下的義務而產生不可避免的成本，超過預計因該合約可收取之經濟效益，應認列為準備。

二、或有事項的會計處理

依或有事項是利益或損失以及發生之可能性而不同。

(一) 或有損失的會計處理：國際財務報導準則將或有損失分為「負債準備」及「或有負債」，並將或有負債定義為不得入帳的負債。其會計處理原則依發生的機率大小可分為「負債準備」及「或有負債」，比較彙整如下表：

項目	負債準備	或有負債
定義	指符合下列條件的或有事項，必須估計入帳： 1. 過去事項的結果使企業負有現時義務。 2. 企業很有可能要流出含有經濟利益的資源以履行該義務。 3. 該義務的金額能可靠估計。	指因下列二者之一而未認列為負債者： 1. 屬潛在義務，企業是否有會導致須流出經濟資源的現時義務尚待證實。 2. 或屬於現時義務，但未符合IAS 37所規定的認定標準（因其並非很有可能會流出含有經濟利益的資源以履行該義務，或該義務的金額無法可靠地估計）。
發生可能性	發生機率大於50%，且金額能可靠估計者。	1. 發生機率大於50%，但金額不能可靠估計者。 2. 或發生機率小於50%，不論金額能否可靠估計。
常見於企業中的項目	產品或服務出售附有售後服務保證者、贈品等。	公司因訴訟賠償，金額尚未協議時所產生的或有損失、企業對他人債務提供保證可能造成違約時連帶賠償的損失等。

(二) 常見於企業中的項目：

1. 產品售後服務保證：許多公司銷售產品（例如：家庭電器製品）均附有保用期限。在保用期限內產品若有瑕疵或發生故障，由出售或製造的公司免費修理或置換零件。當銷售產品並附贈保證書時，免費修理的義務已存在，構成維修義務。而產品不可能完全沒有瑕疵，因此企業很有可能（幾乎可以確定）要免費修理。如果有幾年的經驗或參考同業，其金額也能可靠地估計，所以企業應認列服務保證準備。

例如：維大公司於X1年共銷售電腦50,000台，銷售時承諾保固一年，X1年底估計將有5%的電腦會送回維修，而每台維修費平均估計為$2,000。則維大公司保證負債相關分錄如下：

銷售時：

服務保證費用	5,000,000	
服務保證負債準備		5,000,000

　　　　實際發生修理費時，設為4,500,000，則分錄為：

　　　　服務保證負債準備　　　　4,500,000

　　　　　　現金及材料等　　　　　　　　　4,500,000

2. 贈品：企業有時為了促銷產品而舉辦贈品活動，亦即顧客集滿若干空盒
　　或空蓋就可兌換贈品一份，通常會計年終時，企業應根據過去經驗估計
　　應付贈品費。

　　(1) 購入贈品時：

　　　　贈品存貨　　　　　　　　XXX

　　　　　　現金（或應付帳款）　　　　　XXX

　　(2) 認列估計贈品費時：

　　　　贈品費用　　　　　　　　XXX

　　　　　　贈品負債準備　　　　　　　　XXX

　　(3) 兌換贈品時：

　　　　贈品負債準備　　　　　　XXX

　　　　　　贈品存貨　　　　　　　　　　XXX

範例　華納公司期末結帳時，出售商品附送贈品券，尚有15,000張未來兌
換贈品，估計其中僅有70%將於今後前來換取贈品，每件贈品之成本為
$50，本年度買進贈品4,500件。顧客若寄回空盒五個可兌換贈品一件，實
際寄來兌換空盒為5,000個，試作全部有關分錄。

答　(一)購入贈品時：

　　　贈品存貨　　　　　　　　225,000

　　　　　現金（或應付帳款）　　　　　225,000

　　(二)估計應付贈品費時：

　　　贈品費用　　　　　　　　105,000

　　　　　贈品負債準備　　　　　　　　105,000

　　　$50 \times 15,000 \times 70\% \times \dfrac{1}{5} = 105,000$

(三)兌換贈品時：

| 贈品負債準備 | 50,000 | |
| 贈品存貨 | | 50,000 |

$50 \times 5,000 \times \frac{1}{5} = 50,000$

(四)或有利益的會計處理：基於收益實現原則，不得入帳。

✓ 重點五　長期負債

一、長期負債的內容與衡量

(一)**內容**：係指不須於一年或一營業週期內以流動資產或產生新的流動負債，來償還的債務。

(二)**衡量**：以未來到期值的折現值來衡量長期負債金額。

二、應付公司債的會計處理

(一)**定義**：公司債係指公司為籌措長期運用資金所舉借的債務。就發行公司而言，發行公司債產生了長期負債。

(二)**價格**：發行價格等於其所支付本息依市場利率折現，可分為平價發行、溢價發行及折價發行，彙整公司債發行價格與利率及面額之關係如下表：

公司債發行價格	市場利率及票面利率的關係	發行價格及債券面額的關係
平價發行	市場利率＝票面利率	發行價格＝債券面額
折價發行	市場利率＞票面利率	發行價格＜債券面額
溢價發行	市場利率＜票面利率	發行價格＞債券面額

例如：某公司於X1年10月1日發行5年期公司債$200,000，票面利率為9%，每年3月31日及9月30日各付息一次，亦即票面半年利息為4.5%。（考生注意下列三種發行價格的計算）

1. 平價發行時，若市場利率亦為9%，半年市場利率亦為4.5%，則：

本金$200,000，利率4.5%，

10期的複利現值＝$200,000×0.6439 $128,786

利息$9,000(＝$200,000×9%×$\frac{1}{2}$)，利率4.5%，

10期的年金現值＝$9,000×7.9127   71,214

發行價格 $200,000

發行分錄：

現金	200,000	
應付公司債		200,000

2. 溢價發行時，若市場利率為8%，半年市場利率4%，則：

本金$200,000，利率4%（半年市場利率），

10期的複利現值＝$200,000×0.6756 $135,120

利息$9,000，利率4%（半年市場利率），

10期的年金現值＝$9,000×8.1109   72,998

發行價格（公司債現值） $208,118

發行分錄：

現金	208,118	
應付公司債溢價		8,118
應付公司債		200,000

3. 折價發行時，若市場利率為10%，半年市場利率5%，則：

本金$200,000，利率5%，10期的複利現值

＝$200,000×0.6139 $122,780

利息$9,000，利率5%，10期的年金現值

＝$9,000×7.7217   69,495

發行價格（公司債現值） $192,275

發行分錄：

現金	192,275	
應付公司債折價	7,725	
應付公司債		200,000

三、公司債溢折價的攤銷

(一) 因為到期時係按面額償還購買者，並不包括出售時的溢折價，所以發行時的溢折價應在債券存續期間（實際出售日至到期日）逐期加以攤銷，使到期日出售時的溢折價等於零。亦即公司債到期的帳面價值等於其面額。

(二) **溢價的攤銷**：若公司債發行時，其票面利率高於市場利率，則發行時溢價應逐期分攤至「利息費用」科目，以降低債券利息，使實際負擔之利息接近市場利息。

(三) **折價的攤銷**：若公司債發行時，其票面利率低於市場利率，則發行時的折價應逐期分攤至「利息費用」科目，以增加債券利息，使實際負擔之利息接近市場利息。

> **小叮嚀**
> 公司債折價的攤銷會增加每期支付現金部分的公司債利息。

四、溢折價攤銷的方法

(一) **直線法**：自出售（發行）日起逐期平均攤銷，故每付息日的攤銷額均相同。

$$每期溢折價攤銷額＝\frac{溢折價總額}{付息總期數}$$

(二) **實際利率法（利息法）**：以債券票面利息與實際利息（期初公司債帳面價值×市場利率）間的差額，作為每期攤銷額。

1. 當期利息費用＝期初公司債帳面價值×市場利率×$\dfrac{付息期間}{12}$

2. 當期付現利息＝公司債面值×票面利率×$\dfrac{付息期間}{12}$

3. 每期折價攤銷額＝當期利息費用－當期付現利息

4. 每期溢價攤銷額＝當期付現利息－當期利息費用

5. 每期期初公司債帳面價值＝公司債面值±未攤銷溢折價金額

範例 甲公司於X1年1月1日發行$500,000，5年期，利率8%的公司債，每年12月31日付息一次，當時的市場利率為10%，採用利息法攤溢折價，試作公司債相關分錄及編製每期應攤銷表。

答 (一)公司債相關分錄：

　1. X1/1/1發行時：

　　　　現金　　　　　　　　　　462,082
　　　　應付公司債折價　　　　　37,918
　　　　　應付公司債　　　　　　　　　　500,000

　　公司債發行價格的計算：

　　　　本金$500,000，利率10%（市場利率），
　　　　五期的複利現值＝$500,000×0.6209　　　　　$310,450
　　　　利息$40,000($500,000×8%)，利率10%，
　　　　五期的年金現值＝$40,000×3.7908　　　　　　151,632
　　　　發行價格　　　　　　　　　　　　　　　　　$462,082

　2. X1/12/31付息時：

　　(1) 利息費用　　　　　　　　40,000
　　　　　現金　　　　　　　　　　　　40,000
　　　　※＝$500,000×8%
　　(2) 利息費用　　　　　　　　6,208
　　　　　應付公司債折價　　　　　　6,208
　　　　※$500,000×8%＝$40,000
　　　　　$462,082×10%＝$46,208
　　　　　$46,208－$40,000＝$6,208

　3. X2/12/31付息時：

　　(1) 利息費用　　　　　　　　40,000
　　　　　現金　　　　　　　　　　　　40,000
　　(2) 利息費用　　　　　　　　6,829
　　　　　應付公司債折價　　　　　　6,829
　　　　※($462,082＋$6,208)×10%＝$46,829
　　　　　$46,829－$40,000＝$6,829

　4. X3/12/31付息時：

　　(1) 利息費用　　　　　　　　40,000
　　　　　現金　　　　　　　　　　　　40,000
　　(2) 利息費用　　　　　　　　7,512
　　　　　應付公司債折價　　　　　　7,512

※($462,082＋$6,208＋$6,829)×10%＝$47,512

$47,512－$40,000＝$7,512

5. X4/12/31付息時：

(1) 利息費用　　　　　　　　40,000

　　　現金　　　　　　　　　　　　　　40,000

(2) 利息費用　　　　　　　　8,263

　　　應付公司債折價　　　　　　　　8,263※

※($462,082＋$6,208＋$6,829＋$7,512)×10%＝$48,263

$48,263－$40,000＝$8,263

6. X5/12/31付息時：

(1) 利息費用　　　　　　　　40,000

　　　現金　　　　　　　　　　　　　　40,000

(2) 利息費用　　　　　　　　9,106

　　　應付公司債折價　　　　　　　　9,106※

※$500,000－$490,894＝$9,106

(二)編製每期應攤銷表：

折價攤銷表（採用實際利息法）

日期	現金(貸)	利息費用(借)	公司債折價(貸)	帳面價值
X1/1/1				$462,082
X1/12/31	$40,000	$46,208	$6,208	468,290
X2/12/31	40,000	46,829	6,829	475,119
X3/12/31	40,000	47,512	7,512	482,631
X4/12/31	40,000	48,263	8,263	490,894
X5/12/31	40,000	49,106	9,106	500,000

五、兩付息間發行之公司債

公司債均訂有付息日期（如一年兩次）及利率，但投資人未必在付息日購買公司債，若在兩付息間購買，則投資人所能享受的利息僅為自購買日至下付息日的期間。

六、公司債的發行成本

當公司債籌備發行期間及出售期間所發生的支出，包括會計師簽證費、會計師及律師服務費、印刷費、印花稅及郵資等，這些開支列入公司債成本內。

☑️ 重點六 應付公司債的清償及轉換

一、到期償還

公司債到期償還時應按面值（面值亦等於帳面價值）償還。

償還時的分錄：

應付公司債	500,000	
現金		500,000

二、分期償還公司債

分期償還公司債的帳務處理與一次還本公司債相同，惟其發行債券時的溢、折價，必須依照每期未償還債券餘額占各期債券餘額的合計數比例攤銷，故每期攤銷額必隨著本金的減少而降低。

(一) **發行價格之決定**：分期還本公司價格之決定，原則上仍依前述之方式進行，即決定於其面額及票載利息依有效利率折算之現值。我們可將整批公司債視為多批公司債，如四期還本者，可以視同發行四批公司債，再就各批公司債之面額與利息折算現值，合計即為發行售價。

例如：甲公司X1年1月1日發行公司債一批，面額$1,000,000，五年到期，利率8%。公司債自第一年底起，每年年底償還$200,000，發行價格為$980,000，則可編製折價攤銷表如下，至於每年年底償還本金的分錄，應借記應付公司債，貸記現金。

年度	債券餘額	折價		攤銷率		每年折價攤銷額
X1	$1,000,000	$20,000	×	10/30	=	$6,667
X2	800,000	20,000	×	8/30	=	5,333
X3	600,000	20,000	×	6/30	=	4,000
X4	400,000	20,000	×	4/30	=	2,667
X5	200,000	20,000	×	2/30	=	1,333
合計數	$3,000,000			30/30		$20,000

(二) **溢折價之攤銷**：分期還本公司債而言，溢折價攤銷可分為債券流通在外比例法及利息法。由於分期還本每一批債券之流通期間不同，各期之債券流通餘額亦不相等，故應考慮各期實際流通之餘額，可按債券流通在外比例分攤之。

(三) 提前償還：

1. 債券流通在外比例法：

$$未攤銷之溢折價 = \frac{提前償付期數 \times 提前償付面值}{債券流通餘額各期合計數} \times 溢(折)價總額$$

2. 利息法：先計算償付日之現值，其與收回價格之差額，即為清償損益，償付日之現值與面額之差額，即為提前償付部分未攤銷之溢折價。

三、提前償還

在公司債未到期前即以現金買回，或發行新債券償還舊債券。提前償還的方式有三種：

(一) **行使贖回權時**：如果公司債贖回價格超過其帳面價值，則發生贖回損失；反之，贖回價格低於其帳面價值，則發生贖回利益。

例如：甲公司贖回公司債的帳面價值（面值－未攤銷折價）為$310,000，贖回價格為$300,000，應作分錄如下：（公司債面值$350,000，未攤銷折價$40,000）。

應付公司債	350,000	
應付公司債折價		40,000
提前贖回公司債		10,000
現金		300,000

(二) **在公開市場上買回並註銷時**：會計處理方法與行使贖回權相同，不再另述。

(三) **舉借新債償付舊債時**：

1. 此時應將所發行新債券的現值視為舊債的收回價格。
2. 提前清償債務利益＝舊債券帳面價值－收回價格
   提前清償債務損失＝收回價格（新債券的現值）－舊債券帳面價值

☑ 重點七　財務困難債務處理

財務困難債務整理之方法有：

一、移轉非現金資產之會計處理

(一) **債權人**：承受債務人之非現金資產，以清償全部或部分債權者，應以該資產的公允價值入帳，如清償債務帳面價值大於該資產之公允價值時，其差額應認列債務整理損失。

(二) **債務人**：非現金資產移轉予債權人時，應認列該資產帳面與公允價值差額的處分損益。資產公允價值與抵償債務之差額，認列債務整理利益。債務整理有關的費用，認列為當期費用。

範例 1 小南公司積欠小西公司$1,000,000票據，到期日為X10年12月31日，另積欠利息$80,000。小南公司因財務困難於X11年1月5日進行債務整理，小西公司同意承受小南公司之舊設備以抵償全部債權。該設備成本為$1,600,000，已提列相關折舊$800,000，經小西公司評估，該設備公允價值約為$900,000。小西公司已就該應收票據提列備抵壞帳$80,000。試作雙方之分錄。

答

（小南公司）

X11年1月5日

累計折舊－不動產、廠房及設備（設備）	100,000	
處分設備利益		100,000
應付票據	1,000,000	
應付利息	80,000	
累計折舊－不動產、廠房及設備（設備）	700,000	
不動產、廠房及設備－設備		1,600,000
債券整理利益		180,000

（小西公司）

X11年1月5日

不動產、廠房及設備（設備）	900,000	
備抵壞帳	80,000	
債務整理損失	100,000	
應收票據		1,000,000
應收利息		80,000

二、發行權益證券以清償債務之會計處理

(一) **債權人**：承受債務人之權益證券，以清償全部或部分債權者，應以該權益證券的公允價值入帳，如清償債務帳面價值大於該權益證券之公允價值時，其差額應認列債務整理損失。

(二) **債務人**：發行權益證券予債權人時，應就權益證券之帳面價值與公允價值之差額認列債務整理利益。發行費用借記股本溢價。

範例2 小南公司積欠小西公司$1,000,000票據，到期日為X10年12月31日，另積欠利息$80,000。小南公司因財務困難於X11年1月5日進行債務整理，小西公司同意小南公司發行權益證券以清償債務，用發行普通股60,000股抵債，普通股每股面額$10，每股市價$7，並支付發行費用$20,000。試作雙方之分錄。

答

（小南公司）

X11年1月5日

應付票據	1,000,000	
應付利息	80,000	
資本公積－普通股發行溢價	200,000	
現金		20,000
普通股股本		600,000
債券整理利益		660,000

（小西公司）

X11年1月5日

金融資產－按公允價值衡量（股票）	420,000	
債務整理損失	660,000	
應收票據		1,000,000
應收利息		80,000

實戰演練

申論題

一 台北公司於104年底因財務困難，無法支付中興公司到期票據$6,000,000及應付利息$600,000(票面利率及原始有效利率均為10%)。中興公司同意接受台北公司一部公允價值$2,500,000，原始成本$4,100,000，累計折舊$2,000,000之設備作為清償債務。中興公司同時放棄應計利息並延長票據到期日至107年底，票據面額減至$3,000,000，利率降為6%於每年底支付利息。假設104年底相同條件借款之市場利率為8%。

試問：(分錄金額計算至整數位，以下四捨五入)

(一) 前述債務協商結果是否具有實質差異？(請詳述理由及計算過程，否則不予計分)

(二) 試依(一)之正確結論，作台北公司及中興公司104年底有關債務重整之分錄。

（相關現值資料如下：利率10%，每期$1，3期之複利現值為$0.751315；利率10%，每期$1，3期之普通年金現值為$2.486852；利率8%，每期$1，3期之複利現值為$0.793832；利率8%，每期$1，3期之普通年金現值為$2.577097。）　　　　　　　　　　　　(104年經濟部所屬事業)

答 (一)原欠　　　$6,000,000+600,000=6,600,000$

協商後　　$2,500,000+3,000,000\times0.751315+3,000,000\times6\%\times2.486852$
$=5,201,578$

$\dfrac{(6,600,000-5,052,368)}{6,600,000}=0.2119>10\%$

有實質差異

(二)中興公司

呆帳費用	1,398,422(6,600,000－5,201,578)	
機器	2,500,000	
應收票據（新）	3,000,000	
應收票據		6,000,000
應收利息		600,000
備抵呆帳		298,422

台北公司

具有實質差異，原借款消滅，以市場利率認列新借款

$3,000,000 \times 0.793832 + 180,000 \times 2.577097 = 2,845,373$

分錄：

累計折舊－設備	400,000	
處分資產利益		400,000
應付票據（舊）	6,000,000	
應付利息	600,000	
累計折舊－設備	1,600,000	
應付票據折價（新）	154,627	
債務整理利益		1,254,627
應付票據（新）		3,000,000
設備		4,100,000

二 原石公司2015年1月1日按面額發行可轉換公司債600張，每張面額$1,000，票面利率5%，每年底付息一次，該債券5年到期。公司債持有人可以$80轉換價格轉換一股原石公司普通股，亦即全數可轉換為原石公司面額$10的普通股7,500股。經客觀評價之後，無轉換權之公司債其單獨之公允價值為$528,390，轉換權之公允價值$93,750。無轉換權之公司債的原始有效利率為8%。假設原石公司不設置應付公司債折溢價科目。

試作：

(一) 在2015年1月1日，原石公司發行可轉換公司債的分錄。

(二) 在2015年12月31日，原石公司支付第一期利息的分錄。

以下為各自獨立的情境：

(三) 假設所有公司債持有者全數在2016年1月1日行使轉換權之轉換分錄。

(四) 假設所有公司債持有者全數在2020年1月1日行使轉換權之轉換分錄。

(五) 假設原石公司為了誘導轉換，在2016年1月1日宣布轉換價格下降至$75，當日普通股每股市價$88。該日所有持有者均轉換完畢，其轉換分錄為何？

（104年中華郵政）

答 (一)$1,000 \times 600 = 600,000$　　$\begin{cases} \text{轉換權} & 71,610(600,000-528,390) \\ \text{可轉換公司債} & 528,390（先決定債的金額） \end{cases}$

現金	600,000（平價發行即發行價格與面額同）	
應付公司債	528,390（依公允價值入帳）	
資本公積－公司債轉換權	71,610（先決定債，剩餘者為權益部分）	

(二)利息費用　　　　　　　　　42,271(528,390×8%)

　　應付公司債　　　　　　　　12,271(42,271－30,000)

　　現金　　　　　　　　　　　30,000(1,000×600×5%)

(三)應付公司債　　　　　　　　540,661(528,390＋12,271)

　　資本公積－公司債轉換權　　71,610

　　股本　　　　　　　　　　　75,000(10×7,500)

　　資本公積－發行普通股溢價　537,271(540,661＋71,610－75,000)

(四)應付公司債　　　　　　　　600,000（到期折價已攤完，餘額為面額）

　　資本公積－公司債轉換權　　71,610

　　股本　　　　　　　　　　　75,000(10×7,500)

　　資本公積－發行普通股溢價　596,610(600,000＋71,610－75,000)

(五)$\dfrac{1,000 \times 600}{80} = 7,500$

　　$\dfrac{1,000 \times 600}{75} = 8,000$

　　$88 \times (8,000 - 7,500) = 44,000$

　　應付公司債　　　　　　　　600,000（到期折價已攤完，餘額為面額）

　　資本公積－公司債轉換權　　71,610

　　公司債轉換費用　　　　　　44,000

　　股本　　　　　　　　　　　80,000(10×8,000)

　　資本公積－發行普通股溢價　635,610(600,000＋71,610＋44,000-80,000)

三 黑松公司正推行保銷計畫,每10個瓶蓋寄回公司,可獲得贈品一份,公司估計約有70%的顧客會寄回換獎。

	數量	金額
銷貨(瓶數)	5,000,000	$1,500,000
買入獎品(份數)	1,000,000	4,500,000
發出獎品(份數)	270,000	

試作上述交易的必要分錄及計算期末估計應付贈品費餘額為多少?

答 (一)購入贈品時:

贈品存貨　　　　　　　　$4,500,000
　　現金(或應付帳款)　　　　　　$4,500,000

(二)認列估計應付贈品費時:

贈品費用　　　　　　　　$1,575,000
　　估計應付贈品負債準備　　　　　$1,575,000
每份贈品成本＝$4,500,000÷1,000,000單位＝$4.50
$4.50×5,000,000單位×70%×10%＝$1,575,000

(三)發出贈品時:

估計應付贈品負債準備　　$1,215,000
　　贈品存貨　　　　　　　　　　$1,215,000
估計應付贈品負債準備＝$4.50×270,000單位＝1,215,000

(四)期末估計應付贈品負債餘額:

$1,575,000－$1,215,000＝$360,000

測驗題

(　) **1** 下列何者屬負債準備？ 　(A)預付租金 　(B)應付員工薪資 　(C)產品保證負債 　(D)預收報刊訂閱收入。 　　　　　　　　　　　（105年臺灣菸酒）

(　) **2** 台北公司因著作版權發生訴訟，台北公司律師預估極有可能敗訴，估計60%可能需賠償80萬元，僅40%勝訴，試問帳上如何處理？ (A)認列48萬元之損失 　(B)將80萬元之損失入帳 　(C)基於審慎原則，將100萬元之損失入帳 　(D)僅須揭露可能發生之或有損失。 　　　　　　　　　　　　　　　　　　　　　　　（106年桃園捷運）

(　) **3** 甲公司與乙公司發生專利權之訴訟，甲公司預估此官司可能敗訴，但賠償金額無法估計，請問先甲公司帳上如何處理？ 　(A)僅揭露即可 　(B)仍須估列入帳 　(C)無須處理 　(D)以上皆不正確。 　　　　　　　　　　　　　　　　　　　　　　　（106年桃園捷運）

(　) **4** 有關「應付票據折價」，下列敘述何者正確？ 　(A)借款成立當時應付票據折價是指借入金額與票據面額的差額 　(B)應付票據折價的觀念是一種隱含的利息 　(C)應付票據折價是費用科目 　(D)應付票據折價是負債的抵銷科目。 　　　　　　　　　　　（106年中鋼）

(　) **5** 某公司以105全數償還其公司債，該公司債在償還日當天的帳面價值為$103,745。請問償還該公司債當日的分錄應有： 　(A)借記：公司債溢價 　(B)貸記：公司債溢價 　(C)借記：公司債折價 　(D)借記：公司債償還損失。 　　　　　　　　　　　　　　　　　　（106年中鋼）

(　) **6** 甲公司於X5年7月1日簽發一張面額$520,000，票面利率3%，X8年6月30日到期，每年6月30日付息之票據向銀行借款。若借款日取得現金$500,000，則借款3年應認列利息費用總額為何？ 　(A)$45,000 (B)$46,800 　(C)$65,000 　(D)$66,800。

(　) **7** 甲公司於X5年底將面額$500,000，帳面金額$505,000公司債，以98價格買回註銷，則該交易對X5年稅前淨利影響為何？ 　(A)減少$10,000 　(B)減少$15,000 　(C)增加$10,000 　(D)增加$15,000。

（　）　**8** 甲公司於X3年開始銷售一項附有2年正常保固之設備，估計每台設備平均保固支出為$1,000，若X3年及X4年各銷售100台設備，並分別發生$60,000及$80,000保固支出，則X4年底資產負債表上應認列的保固負債準備為何？　(A)$0　(B)$20,000　(C)$40,000　(D)$60,000。

（　）　**9** 甲公司於X6年7月1日核准發行面額$1,000,000、票面利率6%、5年期的應付公司債，付息日為每年6月30日及12月31日。該債券在X6年9月1日才售出，當時市場利率為6%。若該公司於售出當日另支付債券發行成本$30,000，則X6年9月1日現金增加金額為何？

(A)$970,000　　　　　　　　(B)$980,000

(C)$990,000　　　　　　　　(D)$1,000,000。

（　）**10** 公司發行之5年期公司債將於106年6月30日到期，則應在105年底的財務報表做何處理？　(A)列為資產　(B)列為或有負債　(C)列為流動負債　(D)列為長期負債。

（　）**11** 乙公司於105年1月1日以$104,580出售面額為$100,000，票面利率為4%，5年到期的公司債，付息日為每年12月31日，假設市場利率水準為3%，乙公司採用利息法（有效利率法）來攤銷公司債折價或溢價，則106年12月31日認列之利息費用應為多少？

(A)$3,000　　　　　　　　(B)$3,112

(C)$3,137　　　　　　　　(D)$4,000。

（　）**12** 甲公司與他公司發生專利權侵權訴訟，法院尚未作出判決，甲公司的法律顧問群共同研判此官司敗訴機率達70％以上，估計賠償金額應落在$5,000,000至$6,000,000之間，而最有可能的賠償金額為$5,500,000；則甲公司之會計應作如何處理？

(A)因法院尚未作出判決，所以不認列負債準備，僅需附註揭露

(B)認列負債準備$5,000,000

(C)認列負債準備$5,500,000

(D)認列負債準備$6,000,000。

( ) **13** 富水公司因財務困難，於20X7年12月31日進行債務整理：其積欠
A公司$15,000,000票據一紙（到期日為20X8年6月30日），另積欠
利息$1,200,000，現A公司同意以債作股，富水公司用發行普通股
1,000,000股抵償全部債權。若普通股每股面額$10，公允價值每股
$7，股票發行成本$350,000，在不考慮所得稅的情形下，請問：富
水公司應作的分錄，下列何者正確？
(A)借：應付票據$16,550,000
(B)借：資本公積－普通股發行溢價$3,000,000
(C)貸：債務整理利益$7,800,000
(D)貸：普通股股本$10,000,000。

( ) **14** 頂東公司20X7年流通在外之5年期應付公司債（面額$2,000,000，
票面利率4.5%，市場利率6.5%，每年4月1日及10月1日付息），在
20X7年10月1日付息後，應付公司債帳面價值為$1,915,693。請問：
有關20X7年底的調整分錄，下列何者正確？（四捨五入至元）
(A)借：利息費用$31,130　　(B)借：應付公司債折價$8,630
(C)貸：應付利息$31,130　　(D)貸：應付公司債溢價$8,630。

( ) **15** 甲公司採曆年制，X6年初以$2,089,042之價格發行面額
$2,000,000，票面利率5%，5年期，每年12月31日付息之公司債，
發行當時市場利率為4%，採有效利息法攤銷溢價。X8年初甲公司
以102買回並註銷公司債面額之半數，則甲公司買回公司債之損益
為：　(A)利益$7,754　(B)損失$7,754　(C)利益$6,713　(D)損失
$6,713。

( ) **16** 甲公司於X8年1月1日以$96,490購入面額$100,000、5%、X12年1月1
日到期之公司債，該公司債每半年付息一次，付息日為6月30日和12
月31日，有效利率6%，甲公司採有效利息法攤銷折溢價，並將其分
類為透過損益按公允價值衡量證券投資。X8年7月1日甲公司因急需
現金而出售全部債券，售價$97,000，另支付佣金費用$2,000，則甲
公司有關該債券自投資到出售對X8年度淨利之影響為：　(A)淨利
減少$1,490　(B)淨利減少$1,885　(C)淨利增加$895　(D)淨利增加
$1,010。

（　　）**17** 公司於X1年1月1日發行2年期面額$100,000之公司債，票面利率為2%，市場有效利率為2.4%，付息日為每年年底，則下列敘述何者正確？　(A)此公司債發行價格為$100,000　(B)此公司債屬平價發行　(C)此公司債屬折價發行　(D)此公司債屬溢價發行。

（　　）**18** 甲公司於20X1年1月1日向乙銀行借款$600,000，年利率為5%，並在每年12月31日支付$118,210以償付本息，將於20X6年12月31日償清借款。假設甲公司採有效利息法，請問20X1年底資產負債表應表達：　(A)長期負債$511,790　(B)流動負債$92,620，長期負債$419,170　(C)流動負債$100,000，長期負債$400,000　(D)流動負債$118,210，長期負債$472,840。

（　　）**19** 甲公司於20X1年1月1日發行5年期公司債，面額$1,000,000，票面年利率8%，每年年底付息一次，發行價格為$1,120,000。下列敘述何者正確？　(A)20X1年利息費用為$80,000　(B)每年利息費用為$130,000　(C)5年利息費用總額為$280,000　(D)5年利息費用總額為$400,000。

（　　）**20** 知能公司在20X1年12月1日因賒購商品而開立一紙3個月期之票據，面額$8,000，年利率6%。請問知能公司應於20X1年底之資產負債表記錄：　(A)流動負債$8,000　(B)流動負債$8,040　(C)流動負債$8,120　(D)流動負債$8,480。

（　　）**21** 大全公司於X8年4月1日按98.5發行面額$1,500,000、票面利率4%、X13年1月1日到期之5年期公司債，每年12月31日付息。試問大全公司X8年4月1日發行公司債共收到多少現金？　(A)$1,477,500　(B)$1,492,500　(C)$1,500,000　(D)$1,515,000。

（　　）**22** 大吉公司於X8年初按$1,253,425之價格發行面額$1,200,000，5年期，票面利率5%之公司債，每年12月31日付息，發行當時市場利率為4%。大吉公司採曆年制，以有效利息法攤銷公司債折溢價，則X8年底該公司債帳面金額是多少？　(A)$1,238,754　(B)$1,242,740　(C)$1,243,562　(D)$1,251,288。

（　　）**23** 一年內即將到期清償之長期負債，若公司已提存償債基金，預計將於到期如期清償，則該長期負債應歸類為：　(A)非流動資產　(B)非流動負債　(C)流動資產　(D)流動負債。

( ) **24** 有關溢價發行公司債，下列敘述何者正確？ (A)公司債發行日市場利率低於票面利率 (B)發行價格低於票面金額 (C)應付公司債溢價採有效利率法攤銷時，每一期利息費用會逐期增加 (D)應付公司債溢價採有效利率法攤銷時，每一期溢價攤銷數會逐期減少。

( ) **25** A公司出售單價$6,000之電子鐘500台，保固一年，屬於保證型之保固，依經驗估計有2%會回廠維修，其中40%會產生重大瑕疵，單位平均修理費用為$800，60%會發生小瑕疵，單位平均修理費用為$400。銷售當年實際發生修理費用共計$3,000，則年底資產負債表上產品保證負債應為若干？ (A)$5,600 (B)$3,000 (C)$2,600 (D)$0。

( ) **26** A公司於X5年1月1日以$956,705發行5年期、票面利率4%、面額$1,000,000之公司債，每年12月31日付息，發行當時市場利率5%，公司以有效利息法攤銷折價。X6年底未攤銷折價餘額為$27,233，若X7年12月31日公司以99之價格提前收回全部公司債，則分錄應包括： (A)借記收回公司債損失$8,595 (B)借記應付公司債折價$18,595 (C)貸記應付公司債$990,000 (D)貸記現金$1,000,000。

( ) **27** 若以利息法（有效利率法）來進行公司債折價或溢價攤銷，下列敘述何者正確？ (A)每期認列的利息費用均相同 (B)每期折價或溢價攤銷的金額均相同 (C)若公司債為折價發行，各期認列的利息費用愈來愈減少（逐漸減少） (D)若公司債為溢價發行，各期認列的利息費用愈來愈減少（逐漸減少）。

( ) **28** 丙公司在X7年間與他公司因侵害專利權進行訴訟，丙公司法律顧問群預估此訴訟敗訴可能性極大，且賠償金額約在$2,000,000至$3,000,000之間，最有可能的賠償金額為$2,500,000（機率超過70%）。若至X7年底法院尚未針對此專利權訴訟作出判決，則該公司會計帳上應如何處理最為正確？ (A)認列負債準備$2,000,000 (B)認列負債準備$3,000,000 (C)認列負債準備$2,500,000 (D)不必認列負債準備，僅需揭露可能賠償金額在$2,000,000至$3,000,000之間，最有可能的賠償金額為$2,500,000。

(　　) **29** 甲公司於X5年開始銷售設備，並提供二年免費維修服務之保固，估計維修費用為售價的3%。該設備X5年及X6年銷貨收入分別為$450,000及$600,000，若X5年及X6年實際發生維修費用分別為$6,000及$12,800，則X6年應認列維修費用及X6年底保固負債準備分別為何？　(A)$12,800及$5,200　(B)$12,800及$12,700　(C)$18,000及$5,200　(D)$18,000及$12,700。

(　　) **30** 甲公司於X6年被控告生產產品對顧客造成傷害，根據律師評估，該公司非常有可能敗訴，且賠償金額約在$1,000,000到$2,000,000之間，最可能的賠償金額為$1,500,000。根據上述資訊，甲公司於X6年應作相關會計處理為何？　(A)認列負債準備$2,000,000　(B)揭露相關之或有負債為$1,000,000到$2,000,000　(C)認列負債準備$1,000,000，且揭露額外的或有負債$1,000,000　(D)認列負債準備$1,500,000，且揭露額外的或有負債$500,000。

(　　) **31** 甲公司於X7年初發行票面利率6%，每年12月31日付息，面額$1,000,000之公司債，有效利率為5%。若X7年度該公司債溢價攤銷$6,175，則該公司債之發行價格為何？　(A)$1,000,000　(B)$1,076,500　(C)$1,176,500　(D)$1,323,500。

(　　) **32** 有關負債之敘述，下列何者正確？　(A)積欠股利應認列為公司之負債準備　(B)待分配股票股利應列為流動負債　(C)應付公司債折價攤銷，使公司負債總額降低　(D)應付公司債溢價攤銷時，認列的利息費用逐期遞減。

(　　) **33** 當市場利率低於公司債券之票面利率，公司發行之債券會：　(A)折價發行　(B)溢價發行　(C)平價發行　(D)不一定。　（108年臺灣菸酒）

(　　) **34** 公司債面額$100,000，年息10%，售價$105,000，若溢價採平均法分五年攤銷，則每年應認列之利息費用為多少？　(A)$9,000　(B)$5,000　(C)$4,000　(D)$1,000。　（108年臺灣菸酒）

(　　) **35** 新莊汽車因有瑕疵的引擎零件導致引擎熄火，造成民眾交通事故，依法律程序進行訴訟，有85%的機率敗訴遭法院判賠$500,000，有15%的機率勝訴，新莊汽車應於該年度資產負債表　(A)僅揭露或有負債$500,000　(B)揭露並認列負債準備$500,000　(C)無須認列及揭露　(D)揭露並認列負債準備$425,000。　（108年桃園捷運）

( ) **36** 下列敘述正確的有幾項？ (1)採有效利息法時，公司債溢價攤銷額每期相同。 (2)有效利息法時，公司債折價攤銷額逐期遞增。(3)公司債溢價攤銷使公司債帳面金額逐期遞減 (A)三項 (B)二項 (C)一項 (D)零項。 （108年桃園捷運）

( ) **37** 欣欣公司X2/9/1向銀行借款，期間1年，公司開立面額$11,000之不附息票據乙紙給銀行，當日借得現金$10,000，借款日應借記 (A)利息費用$1,000 (B)預付利息$1,000 (C)應付利息$1,000 (D)應付票據折價$1,000。 （108年桃園捷運）

( ) **38** 明明公司於X3/1/1簽發面額$50,000不附息三年期票據一紙，向乙公司借得現金$39,692（此票據隱含利率為年息8%），X4年底此應付票據的帳面金額為 (A)$42,867 (B)$39,692 (C)$46,042 (D)$46,297。 （108年桃園捷運）

( ) **39** 下列何者不屬於非流動負債？ (A)三年後到期的應付公司債 (B)半年後到期的應付票據，預計以發行新股的資金償還 (C)以土地作為擔保品的抵押借款 (D)三個月後到期的公司債，將以現金償還。 （108年桃園捷運）

( ) **40** 欣欣公司成立於X1年初，銷售產品附有兩年售後服務之保固，依同業經驗，於2年保固期間內，估計售後維修成本之有關資料如下：

產品瑕疵狀況	出現機率	修理成本
沒有瑕疵	98.5%	$0
小瑕疵	1%	50
重大瑕疵	0.5%	200

X1年度共銷出2,000件商品，X2年與X3年實際發生之維修支出各為$800及$2,600。試問：X1年認列「保固之負債準備」為何？ (A)1,000 (B)2,000 (C)3,000 (D)4,000。 （108年桃園捷運）

( ) **41** 同第40題資料，X2年底保固之負債準備餘額為何？ (A)2,000 (B)2,100 (C)2,200 (D)2,300。 （108年桃園捷運）

( ) **42** 同第40題資料，X3年銷貨成本為何？ (A)400 (B)800 (C)1,200 (D)1,600。 （108年桃園捷運）

(　　) **43** 或有負債在財務報表上的揭示方式是　(A)認列入帳　(B)附註揭露
(C)不入帳也不揭露　(D)視情況而定。　　　　　　　　（108年桃園捷運）

解答及解析（答案標示為#者，表官方曾公告更正該題答案。）

1 (C)。負債準備定義係指不確定時點或金額之流動負債。商業因過去事件而負有
現時義務，且很有可能需要流出具經濟效益之資源以清償該義務，及該義
務之金額能可靠估計時，應認列負債準備。產品售後服務保證是一種常見
的負債準備。企業為維護產品信用或促銷商品，常在出售商品時附帶售後
服務。顧客在保證期間內若發現原購商品在功能、品質等方面有故障或瑕
疵，公司將免費修理、替換或退費。企業應於每個報導期間結束日，對負
債準備進行評估並予以調整，以反映當時的最佳估計，並於為清償原始認
列之負債準備而發生支出時，沖銷該負債準備金額。

2 (B)。發生機率大於50%且金額能可靠估計之或有損失應入帳，故本題應將80萬
元之損失入帳。

3 (A)。或有負債係指因屬可能義務，企業是否會導致流出經濟資源的現時義務尚
待證實，或屬現時義務，但並非很有可能，或義務金額無法可靠衡量，或
有負債不須入帳，除了發生可能性極少的或有事項外，其餘發生有可能的
或有負債，均須附註揭露其內容。故本題(A)為正確。

4 (ABD)。
　　　應付票據折價應列示於應付票據項下，為負債減項，故本題(C)有誤。

5 (AD)。
　　　出售日分錄：

應付公司債	XXX	
應付公司債溢價	XXX	
公司債償還損失	XXX	
應付公司債折價		XXX
現金		XXX

　　　故本題(A)(D)為正確。

6 (D)。票面利息＝$520,000×3%×3＝$46,800
借款3年應認列利息費用總額＝$46,800＋（$520,000－$500,000）
＝$66,800

7 (D)。買回支付的現金＝$500,000×0.98＝$490,000
該交易對X5年稅前淨利影響＝$505,000－$490,000＝$15,000（增加）

8 (D)。X4年底資產負債表上應認列的保固負債準備
$= \$1,000 \times 100 \times 2 - \$60,000 - \$80,000 = \$60,000$

9 (B)。X6年6月30日~X6年9月1日利息$= \$1,000,000 \times 6\% \times 2/12 = \$10,000$
X6年9月1日現金增加金額$= \$1,000,000 + \$10,000 - \$30,000 = \$980,000$

10 (C)。公司發行之5年期公司債將於106年6月30日到期,則應在105年底的財務報表改列流動負債。

11 (B)。105年溢價攤銷:$(100,000 \times 4\%) - (104,580 \times 3\%) = 863$
106年12月31日認列之利息費用$= (104,580 - 863) \times 3\% = 3,112$

12 (C)。最有可能的賠償金額為$\$5,500,000$,甲公司應認列最有可能的賠償金額為負債準備。

13 (D)。富水公司應作的分錄如下:

應付票據	$15,000,000	
應付利息	$1,200,000	
資本公積－普通股發行溢價	$3,350,000	
普通股股本		$10,000,000
現金		$350,000
債務整理利益		$9,200,000

14 (A)。20X7年底的調整分錄如下:

利息費用	$31,130	
應付利息		$22,500
應付公司債折價		$8,630

$\$1,915,693 \times 6.5\%/12 \times 3 = \$31,130$

15 (A)。X6/12/31應付公司債帳面價值
$= \$2,089,042 - (\$2,000,000 \times 5\% - \$2,089,042 \times 4\%) = \$2,072,604$
X7/12/31應付公司債帳面價值
$= \$2,072,604 - (\$2,000,000 \times 5\% - \$2,072,604 \times 4\%) = \$2,055,508$
甲公司買回公司債之損益
$= \$2,055,508 \times 50\% - \$2,000,000 \times 1.02 \times 50\% = \$7,754$(利益)

16 (D)。X8/7/1應付公司債帳面價值
$= \$96,490 + (\$96,490 \times 6\% \times 6/12 - \$100,000 \times 5\% \times 6/12)$
$= \$96,885$
債券自投資到出售對X8年度淨利之影響＝出售損益＋利息收入
$= (\$97,000 - \$2,000 - \$96,885) + \$96,490 \times 6\% \times 6/12$
$= \$1,010$(增加)

17 (C)。 (1)公司債發行價格與利率及面額之關係如下表：

公司債發行價格型態	市場利率和票面利率	發行價格和債券面額
平價發行	市場利率＝票面利率	發行價格＝債券面額
折價發行	市場利率＞票面利率	發行價格＜債券面額
溢價發行	市場利率＜票面利率	發行價格＞債券面額

(2) 本題發行公司債，如果當時的市場利率＞公司債的票面利率時，代表該公司債為折價發行。

18 (B)。 20X1年底負債＝$600,000－（$118,210－$600,000×5%）＝$511,790
20X1年底資產負債表應表達流動負債＝$118,210－$511,790×5%＝92,620
20X1年底資產負債表應表達長期負債＝$511,790－$92,620＝$419,170

19 (C)。 5年利息費用總額＝$1,000,000×8%×5－（$1,120,000－$1,000,000）
＝$280,000

20 (B)。 知能公司應於20X1年底之資產負債表記錄流動負債

$$＝\$8,000＋\$8,000×6\%×\frac{1}{12}＝\$8,040$$

21 (B)。 $1,500,000×0.985＝$1,477,500，$1,500,000×0.04×3/12＝$15,000
大全公司X8年4月1日發行公司債收到現金＝$1,477,500＋$15,000
＝$1,492,500

22 (C)。 X8年底該公司債帳面金額
＝1,253,425－（$1,200,000×5%－1,253,425×4%）＝ $1,243,562

23 (D)。 (1) 流動負債的意義：
係指符合下列條件之一的負債：
A.因營業所發生的債務，預期將於企業的正常營業週期中清償者。
B.主要為交易目的而發生者。
C.須於資產負債表日後十二個月內清償的負債。
D.企業不能無條件延期至資產負債表日後逾十二個月清償的負債。
(2) 本題一年內即將到期清償之長期負債，若公司已提存償債基金，預計將於到期如期清償，則該長期負債應歸類為「流動負債」。

24 (A)。

公司債發行價格	市場利率及票面利率的關係	發行價格及債券面額的關係
平價發行	市場利率＝票面利率	發行價格＝債券面額
折價發行	市場利率＞票面利率	發行價格＜債券面額
溢價發行	市場利率＜票面利率	發行價格＞債券面額

25 (C)。 年底資產負債表上產品保證負債
$= 500 \times 2\% \times 40\% \times 800 + 500 \times 2\% \times 60\% \times 400 - \$3,000 = \$2,600$

26 (A)。 X7年12月31日

利息費用	$48,638	
公司債折價		$8,638
銀行存款		$40,000

（$\$1,000,000 - \$27,233$）$\times 5\% = \$48,638$

應付公司債	$1,000,000	
收回公司債損失	$8,595	
公司債折價		$18,595
現金		$990,000

27 (D)。

		公司債溢價	公司債折價
特性	各期攤提數	遞增	遞增
	各期利息費用	遞減	遞增
	各期實利率	相等	相等
	各期帳面價值	逐期加速遞減	逐期加速遞增
	應付公司債溢（折）價科目餘額	遞減	遞減

28 (C)。 本題公司應認列最有可能的賠償金額為$2,500,000為負債準備。

29 (D)。 X6年應認列維修費用＝$\$600,000 \times 3\% = \$18,000$
X6年底保固負債準備＝（$\$450,000 + \$600,000$）$\times 3\% - \$6,000 - \$12,800$
$= \$12,700$

30 (D)。 該公司非常有可能敗訴，且賠償金額約在$1,000,000到$2,000,000之間，
最可能的賠償金額為$1,500,000，故應以最可能的賠償金額認列負債準備
$1,500,000，且揭露額外的或有負債$500,000。

31 (B)。 （$\$1,000,000 \times 6\% - \$6,175$）$/5\% = \$1,076,500$

32 (D)。

		公司債溢價	公司債折價
特性	各期攤提數	相等	相等
	各期利息費用	相等	相等
	各期實利率	遞增	遞減
	各期帳面價值	等額遞減	等額遞增
	應付公司債溢（折）價科目餘額	遞減	遞減

33 (B)。 市場利率低於公司債票面利率，則此債券為溢價發行。

34 (A)。 應付利息＝$100,000×10%＝$10,000
應付公司債溢價＝$105,000－$100,000＝$5,000
$5,000/5＝$1,000（平均法分五年攤銷）
分錄：

利息費用	$9,000	
應付公司債溢價	1,000	
應付利息		$10,000

$10,000－$1,000＝$9,000

35 (B)。 負債準備認列符合下列條件：
(1) 企業因過去事件而負有現時義務。
(2) 很有可能需要流出具經濟效益之資源以清償該義務。
(3) 該義務之金額能可靠衡量。

36 (B)。 正確為
(2) 有效利息法時，公司債折價攤銷額逐期遞增。
(3) 公司債溢價攤銷使公司債帳面金額逐期遞減。

37 (D)。 借：現金　　　　　　　　　$10,000
　　　應付票據折價　　　　　$1,000
　　　　貸：應付票據　　　　　　　$11,000

38 (D)。 $39,692×1.08×1.08＝$46,297

39 (D)。 三個月後到期的公司債，將以現金償還，不屬於非流動負債。

40 (C)。 $2,000×1%×$50＋$2,000×0.5%×$200＝$3,000

41 (C)。 $2,000×1%×$50＋$2,000×0.5%×$200＝$3,000
$3,000－$800＝$2,200

42 (A)。 $2,000×1%×$50＋$2,000×0.5%×$200＝$3,000
$2,600＋$800＝$3,400
$3000－$3,400＝－$400

43 (D)。 或有負債：
(1) 可能性高、金額無法可靠衡量者附註揭露。
(2) 可能性很低無須揭露。

第八章 公司會計基本概念

課前導讀

本章為熱門章節，其中又以「發行股票的一般會計程序」、「每股盈餘」、「盈餘分配表」及「庫藏股票」部分最為重要，考生務必要加以熟練。

重點整理

☑ 重點一 公司的概念

一、定義

係指以營利為目的之社團法人，在法律上具有法人的資格，除自然人特有的權利義務外，公司均得享受或承擔。

二、種類

無限公司、有限公司、股份有限公司、兩合公司。

☑ 重點二 股東權益之內容

一、股本

指股票的面額（值）或設立價值的總額。無面額或無設定價值的股票則以發行價格入帳。股份可分下列兩種：

(一) **普通股**：指每股具有相同的表決權之股票，普通股又可分下列幾種：
  1. 有面額及無面額股票。無面額股票可再分為有設定價值及無設定價值股票。
  2. 記名股票及不記名股票。

(二) **特別股（或優先股）**：指對公司股利及剩餘財產權的分配有優先權的股票。特別股可再分以下幾種：

1	累積特別股	指公司因過去無盈餘的年度所積欠的特別股利，在公司有盈餘年度優先發放的股票。
2	不累積特別股	指公司因過去無盈餘的年度所積欠的特別股利，在公司有盈餘的年度也不補發，僅發給當年度股利的股票。

3	完全參加特別股	指當普通股股利分配的股利率超過特別股的股利率時，而能與普通股分配相同股利率的股票。
4	不完全參加特別股	指當普通股股利分配的股利率超過特別股的股利率時，可以再多分配股利。而其參加程度有限制股利率的股票。
5	不參加特別股	指股東僅能享有股票上所載定額或定率股利分配的股票，不能參加普通股股東之分配。

二、資本公積

通常包括股票發行溢價、庫藏股交易利益、股票收回註銷利益、公司股東贈與公司股票……。

三、保留盈餘

指公司歷年所賺得的盈餘，而未以股利方式分配，並留存在公司部分。分為以下兩類：

(一) **已指定用途者**：包括償債基金準備及擴充廠房準備等。

(二) **未指定用途者**：亦稱自由盈餘或未分配盈餘。

> **小叮嚀**
>
> 期末保留盈餘＝未指定用途的保留盈餘＋已指定用途的保留盈餘。

四、其他權益

主要為持有金融資產的未實現損益及外幣資產或負債因匯率變動而產生的累積換算調整數。

五、保留盈餘變動的原因

減少項目	增加項目
純損 發放股利 前期損失調整 庫藏股票交易損失	純益 前期利益調整

☑ 重點三　股本種類及股票發行

一、股本發行的會計處理

股本發行分為以下二種發行方式，分述如下：

(一) 發起設立

1. 現金發行：
   (1) 按面額發行：
       A.通常公司成立時，股份按面額發行，日後若有辦理現金增資時可按面額或高於面額發行。
       B.發行分錄：

現金	XXX	
普通股股本		XXX

   (2) 溢價發行：
       A.係指公司股份以高於面值或設定價值發行。超過面值或設定價值的投入金額，稱為股本溢價。
       B.發行分錄：

現金	XXX	
普通股股本		XXX
資本公積—普通股溢價		XXX

2. 以財產抵繳股款：
   (1) 投資人以現金以外的資產抵繳股款時稱之，應按取得資產的公允價值或股份的公允價值兩者當中，比較明確者入帳。
   (2) 發行分錄：

房屋	XXX	
土地	XXX	
普通股股本		XXX
資本公積—普通股溢價		XXX

(二) 公開招募股份

1. 公司發行股份若直接向投資者公開招募，投資者須先填認股書，承諾按約定的條件繳付股款時，稱為公開招募股份。
2. 發行分錄：

應收普通股股款	XXX	
已認普通股股本		XXX
資本公積—股本溢價		XXX

3. 收取股款時：

現金	XXX	
應收普通股股款		XXX

4. 發行股票時：

已認普通股股本	XXX	
普通股股本		XXX

> **範例 1**　千華公司經奉核定股本$1,000,000，試依下列各種情況，分別作應有的分錄：
> 情況A：股本溢價$100,000，股款同時繳清，當即發行股票。
> 情況B：股本溢價$100,000，待股款繳足後再發行股票。
> 情況C：股份照面額認定，連同股款一次繳清，當即發行股票。

答　分錄：

情況A：

現金	1,100,000	
普通股股本		1,000,000
資本公積─普通股溢價		100,000

情況B：

(一)認購股份時：

應收普通股股款	1,100,000	
已認普通股股本		1,000,000
資本公積─普通股溢價		100,000

(二)收取股款時：

現金	1,100,000	
應收普通股股款		1,100,000

(三)股款繳清後，發行股票時：

已認普通股股本	1,000,000	
普通股股本		1,000,000

情況C：

現金	1,000,000	
普通股股本		1,000,000

範例2 假設甲公司經核准可發行普通股3,000股，每股面額100元。請根據以下資料，為該公司作必要的分錄。

(一) 收到股東3,000股之認股書，每股價格110元。

(二) 收到股東繳來半數股款。

(三) 收到股東繳來餘款，並發給股票。

答 本題係屬溢價發行，其會計處理如下：

(一)應收普通股股款　　　　　　330,000 ※

　　　　已認普通股股本　　　　　　　　　300,000

　　　　資本公積—普通股溢價　　　　　　 30,000

　　※＝$110×3,000

(二)現金　　　　　　　　　　　165,000

　　　　應收普通股股款　　　　　　　　　165,000

(三)收足餘款，並發給股票時：

　1.現金　　　　　　　　　　　165,000

　　　　應收普通股股款　　　　　　　　　165,000

　2.已認普通股股本　　　　　　300,000

　　　　普通股股本　　　　　　　　　　　300,000

(三) **股票發行成本**

股份有限公司發行股票時所發生的股票簽證費、印刷費、包銷或承銷費等，會計上應先沖減股本溢價，不足數作為當年度費用。

記錄股票發行成本時分錄：

資本公積—股本溢價　　　　　　XXX

　　現金　　　　　　　　　　　　　　　　XXX

二、認股人違約的會計處理

處理方式：若認股人繳納一部分股款後，違約拒繳剩餘股款，會計上的處理方式，必須依照招股章程如何規定來辦理，例如：

(一) 將已繳股款全部退還認股人，其所認股份另行招募。

(二) 發行已繳股款相當股數的股票，其餘公開招募。

(三) 將已繳股款全部沒收，作為資本公積。

(四) 取消認股權利，將該認股人原認股份出售再公開招募，若有損失從已繳股款中扣除，並將餘款發還給原認股人。若超過原認購價格，則退還原認股人所繳股款，但最高以其原繳金額為限。

☑ 重點四　庫藏股票交易

1. 意義	係指公司已發行，經收回而尚未註銷或出售的股票。	
2. 產生原因	公司收購自己的股票，必然損害債權人的權益，因此必須有法律上允許的原因才可以收購庫藏股票。公司收購庫藏股票的原因，通常有以下五點： (1)員工認股計畫的需要。 (2)以股票抵償債務。 (3)維持或提高股票市價。 (4)股東捐贈。 (5)防禦惡意併購。	
3. 會計處理	**出價取得**	**無償取得**
(1) 取得	庫藏股票　　　　XXX 　現金　　　　　　　XXX	庫藏股票　　　　XXX 　資本公積－受領贈與 　　　　　　　　　　XXX
(2) 再發行： 出售價格 ＞原取得 價格	現金　　　　　　XXX 　庫藏股票　　　　　XXX 　資本公積－庫藏股票交易 　　　　　　　　　　XXX	現金　　　　　　XXX 　庫藏股票　　　　　XXX 　資本公積－受領贈與 　　　　　　　　　　XXX

出售價格 ＜原取得 價格	現金　　　　　　XXX 資本公積－庫藏股票交易 　　　　　　　　　XXX 保留盈餘　　　　XXX 　　庫藏股票　　　　XXX ※ 先沖資本公積，若有不足再 　沖保留盈餘。	現金　　　　　　XXX 資本公積－受領贈與 　　　　　　　　　XXX 保留盈餘　　　　XXX 　　庫藏股票　　　　XXX ※ 先沖資本公積，若有不足再 　沖保留盈餘。
(3) 註銷庫藏 　股： 　原發行價 　格＞庫藏 　股成本	普通股股本　　　XXX 資本公積－普通股溢價 　　　　　　　　　XXX 　　庫藏股票　　　　XXX 　　資本公積－庫藏股票交易 　　　　　　　　　　XXX	普通股股本　　　XXX 資本公積－普通股溢價 　　　　　　　　　XXX 　　庫藏股票　　　　XXX 　　資本公積－庫藏股票交易 　　　　　　　　　　XXX
原發行價 格＜庫藏 股成本	普通股股本　　　XXX 資本公積－普通股溢價 　　　　　　　　　XXX 資本公積－庫藏股票交易 　　　　　　　　　XXX 保留盈餘　　　　XXX 　　庫藏股票　　　　XXX ※ 若相關科目沖完仍有不足才 　沖保留盈餘。	普通股股本　　　XXX 資本公積－普通股溢價 　　　　　　　　　XXX 資本公積－受領贈與 　　　　　　　　　XXX 資本公積－庫藏股票交易 　　　　　　　　　XXX 保留盈餘　　　　XXX 　　庫藏股票　　　　XXX ※ 若相關科目沖完仍有不足才 　沖保留盈餘。

範例**3** 奔騰公司成立於X1年1月1日，額定股本20,000股，面值$20，當日發行10,000股，發行價格每股$23。X1年度發生下列之股票交易事項：

1月25日	買回自己公司的股票1,000股，每股價格$25。
2月28日	出售庫藏股票1,000股，每股售價$28。
4月30日	買回自己公司的股票800股，每股價格$25。
6月8日	出售庫藏股票800股，每股售價$20。
10月5日	買回自己公司的股票500股，每股價格$27。
12月31日	出售庫藏股票500股，每股價格$25。

奔騰公司X1年度發生淨利$120,000。

公司所在地法律規定庫藏股票對未分配盈餘的限制，應等於庫藏股票成本。

試作：處理庫藏股票交易分錄。

答 在庫藏股取得方面一律採成本法，不沖銷原投入資本

1/25	庫藏股票($25×1,000股)	25,000	
	現金		25,000
2/28	現金($28×1,000股)	28,000	
	庫藏股票		25,000
	資本公積—庫藏股票交易		3,000※
	※＝($28－$25)×1,000		
4/30	庫藏股票($25×800股)	20,000	
	現金		20,000
6/8	現金($20×800股)	16,000	
	資本公積—庫藏股票交易	3,000	
	保留盈餘	1,000	
	庫藏股票		20,000
10/5	庫藏股票($27×500股)	13,500	
	現金		13,500
12/31	現金($25×500)	12,500	
	保留盈餘	1,000	
	庫藏股票		$13,500

※已無資本公積—庫藏股票交易科目可供沖轉。該公司X1年度獲利 $120,000可供沖轉。

✓ 重點五　股份基礎給付交易

一、適用範圍

股份基礎給付交易原則上皆適用，並非只限於員工分紅或酬勞。

二、定義

股份基礎給付（Stock－based Payment Transaction）交易係指：企業取得商品或勞務之交易，其對價係以下列兩種方式之一支付者：

(一) 以本身之權益商品（含股票或認股權支付）。

(二) 以現金或其他資產支付而其金額係依該企業本身之股票或其他權益商品之價格為基礎而決定。

三、股份基礎給付交易之相關日期

(一) **給與日**：係企業與交易對方（含員工）對於股份基礎給付協議（含條款及條件）有共識之日。共識係指雙方同意，亦即一方提議另一方接受。同意可以明確表達（例如雙方簽約），亦可能未明確表達（例如與員工間之股份基礎給付協議通常以員工開始提供服務作為同意之證據）。

(二) **衡量日**：係衡量所給與權益商品公允價值之日。對於與員工交易而言，衡量日即給與日；對於與非員工之交易而言，衡量日係指企業取得商品或對方提供勞務之日。

(三) **既得日**：係指交易對方達成股份基礎協議所有既得條件（Vesting Conditions）之日。而既得期間（Vesting Period）則係達成股份基礎協議所有既得條件之期間，通常為員工開始提供服務至既得日之期間。

(四) **執行日**：係指交易對方行使既得權利之日。通常交易對方可在既得日及其後一段期間內行使權利，而可行使權利之截止日則稱為最終執行日，逾該日仍未行使之權利即自動失效。

四、酬勞條件

(一) 企業與他人（包括員工）間訂定協議，約定於交易對方符合既得條件（Vesting Conditions）時，企業應履行股份基礎之給付（亦即給與交易對方權益商品，或移轉現金或其他資產予交易對方，而其金額係由企業本身之股票或其他權益商品價格（或價值）決定）。

(二) 既得：係指在股份基礎給付協議下，交易對方於符合特定既得條件時，即為有權取得現金、其他資產或企業權益商品。

(三) 股份基礎給付協議之既得條件可分為服務條件與績效條件二種。服務條件係指要求交易對方完成特定期間服務之條件。績效條件係指要求達成特定績效目標之條件，又可分為市價條件(Market Condition)與非市價條件二種。

　1. 淨公允價值：

　係指對交易事項已充分瞭解並有成交意願之雙方於正常交易中，經由資產之銷售並扣除出售成本後所可取得之金額。

　2. 內含價值：

　係指交易對方有權取得或認購股份，該股份公允價值與交易對方為取得股份所需支付之履約價格之差額。

五、衡量

(一) 企業對權益交割之股份基礎給付交易，應以所取得商品或勞務之公允價值衡量，並據以衡量相對之權益增加。但所取得商品或勞務之公允價值若無法可靠估計，則應依所給與權益商品之公允價值衡量。若衡量日所給與權益商品之公允價值亦無法可靠衡量，則應以權益商品之內含價值（Intrinsic Value）衡量所取得勞務之公允價值。

(二) 當權益商品之公允價值能可靠衡量時，其公允價值於給與日衡量之後即不再更動，而所給與權益商品之數量及既得期間的長短，則有可能在給與日後發生估計之變動。

六、會計處理

(一) **股份基礎給付交易**：交易對方若屬立即既得，則全部交易金額應於商品或勞務之取得日認列；若屬非立即既得，則應於既得期間陸續認列交易之金額。認列股份基礎交易時，應借記資產或費用（所取得之商品或勞務若符合資產認列條件者記為資產，否則記為費用），貸記負債或權益（現金交割之交易記為負債之增加，權益交割之交易記為權益之增加）。

(二) **現金交割之股份基礎給付交易**：

　1. 企業可能給與員工股票增值權（Stock Appreciation Rights）作為獎酬計畫之一部分，員工因此取得未來收取現金（而非權益商品）之權利，其

金額係特定期間內依據特定股價計算之增值金額。企業亦可能給與員工取得股票（包含因執行認股權而將發行之股票）之權利，且該股票最終須由企業贖回（例如於員工離職時或員工要求時），因而給與員工未來收取現金之權利。前述二者均為以員工為交易對象之現金交割股份基礎給付交易。

　2. 此類交易，勞務之取得將產生負債，且應以產生負債之公允價值衡量所取得勞務之公允價值。

　3. 於交易對方行使權利時應給付現金並沖銷負債，若交易對方逾期未行使權利，則除沖銷負債外應認列為其他收入或相關費用之減少。

(三) **權益交割之股份基礎給付交易：**
　交易對方行使或放棄權利時，除記載現金之收付外，尚須作權益科目間之調整（例如沖銷「資本公積－認股權」轉列為股本或其他資本公積）。

(四) **企業給與員工之權益商品若非屬立即既得：**
　1. 宜於既得期間認列所取得之勞務，並認列權益之增加。因此，企業應於既得期間開始時（通常為給與日）衡量所取得勞務之公允價值（總成本），並將其分攤於既得期間，認列為各期之薪資費用。

　2. 所取得勞務之公允價值（總勞務成本）
　　＝所給與權益商品之公允價值
　　＝每一權益商品價值所給與之權益商品數量

　3. 每期應分攤認列之勞務成本總額＝取得勞務之公允價值

(五) **給予交易對方選擇權益或現金交割：**
　1. 企業若給與交易對方選擇權益交割或現金交割之權利，則係給與包含負債組成要素（交易對方有權要求現金交割）及權益組成要素（交易對方有權要求以權益商品交割）之複合金融商品。於給與日應將複合金融商品之公允價值區分為負債與權益二部分。

　2. 若企業交易之對象非屬員工，且所取得商品或勞務之公允價值可直接衡量時，則應於取得商品或勞務之日，以該商品或勞務之公允價值衡量複合金融商品之價值，其與負債組成要素公允價值之差額，即為權益組成要素之公允價值。

(六) 允許企業選擇權益或現金交割：

1. 股份基礎給付協議允許企業選擇交割方式時，企業應決定目前是否有現金交割之義務。企業有現金交割義務之情況通常包括：

   (1) 企業以權益商品交割實務上不可行。

   (2) 企業過去慣例以現金交割。

   (3) 企業有明定政策以現金交割。

   (4) 企業通常應交易對方之請求時，即以現金交割。

   (5) 其他具有現金交割義務者。

2. 若企業目前有現金交割之義務，則應依現金交割之股份基礎給付交易處理；若企業目前無現金交割之義務，則應依權益交割之股份基礎給付交易處理。

七、估計變動

在既得期間中可能發生估計變動，其處理方式一律採累積調整之方式處理。所謂累積調整，係指每個資產負債表日依當時之最佳估計，決定所取得勞務之公允價值（總成本），以其乘以已取得之勞務比例，即得截至該年底止應認列之勞務成本（累積薪資費用）。再以每年底之累積薪資費用減去至上年底止之累積薪資，即得當年度取得勞務之公允價值（成本），亦即當年度之薪資費用。以前年度已分攤之金額不因估計之變動而更改。

範例 仁愛公司於民國97年1月1日給與其100名高級主管認股選擇權，依據該計畫，每位主管可以每股$50的價格，認購每股面值$10的普通股10,000股。若公司股價由$40上漲至$60，且主管於股價目標達成時仍繼續服務，則認股權將既得且可立即執行。經採用選擇權訂價模式估算，每股認股權在給與日的公允價值為$25，而根據估計，該市價條件最有可能的結果為股價目標將於第四年底達成，故公司估計既得期間為四年。

認股權在民國102年1月1日之前不行使即失效。若主管在給與日起四年內離職，則註銷其選擇權。依照以往的經驗，在認股權給與日估計其主管的離職率為每年4%，但民國98年底由於實際離職人數增加，故修正四年的離職率為每年6%，但民國99年底實際離職的主管為26人。假設股價目標於第三年底即達成。試作：

(一) 民國97年至民國100年每年12月31日應認列的薪資費用之分錄。

(二) 民國101年1月1日公司股價為$80時，若有60位主管行使認股權之分錄。

(三) 假設公司原有庫藏股1,000,000股，每股成本$15。試作前項60位主管行使認股權時，公司給予庫藏股之分錄。

(四) 若至民國102年1月1日其餘主管均未行使認股權，認股權逾期失效的分錄。（註：所有數值均四捨五入，取至整數位。）

答 (一) 97/12/31　薪資費用　　　　　　　$5,308,416
　　　　　　　　　　資本公積－認股權　　　　　$5,308,416

$$100 \times 96\% \times 96\% \times 96\% \times 96\% \times 10,000 \times \$25 \times \frac{1}{4}$$
$$= \$5,308,416$$

　　　 98/12/31　薪資費用　　　　　　　$4,450,946
　　　　　　　　　　資本公積－認股權　　　　　$4,450,946

$$100 \times 94\% \times 94\% \times 94\% \times 94\% \times 10,000 \times \$25 \times \frac{2}{4}$$
$$- \$5,308,416 = \$4,450,946$$

　　　 99/12/31　薪資費用　　　　　　　$8,740,638
　　　　　　　　　　資本公積－認股權　　　　　$8,740,638

$$10,000 \times 74 \times \$25 - \$5,308,416 - \$4,450,946$$
$$= \$8,740,638$$

　　 100/12/31　不用作分錄

(二) 101/1/1　　現金　　　　　　　　　$30,000,000
　　　　　　　　資本公積－認股權　　　$15,000,000
　　　　　　　　　普通股股本　　　　　　　　$6,000,000
　　　　　　　　　資本公積－普通股發行溢價　$39,000,000

$$\$25 \times 60 \times 10,000 = \$15,000,000$$
$$\$50 \times 60 \times 10,000 = \$30,000,000$$
$$\$10 \times 60 \times 10,000 = \$6,000,000$$

(三)101/1/1　現金　　　　　　　$30,000,000

資本公積－認股權　$15,000,000

庫藏股票　　　　　　　　$9,000,000

資本公積－庫藏股票交易　$36,000,000

$15×60×10,000＝$9,000,000

(四)102/1/1　資本公積－認股權　　3,500,000

資本公積－認股權逾期　　3,500,000

(74－60)×$25×10,000＝3,500,000

☑ 重點六　保留盈餘及股利發放

一、帳面價值

係指平均每股股票所能夠享有的股東權益，亦稱每股淨值或每股權益。

(一) 公司僅發行普通股股票一種時：

普通股每股帳面價值＝股東權益／普通股流通在外股數

(二) 公司發行特別股及普通股兩種以上股票時：

$$特別股每股帳面價值＝\frac{清算價格（或收回價格）+積欠股利（含當年度）}{特別股流通在外股數}$$

普通股每股帳面價值＝股東權益－特別股權益

二、每股盈餘

(一) **意義**：係指當年度普通股每股所賺得的投資報酬而言。

(二) **計算方法**

　1. 簡單資本結構的每股盈餘：指公司僅發行普通股及不可轉換的特別股時採用。

　2. 基本每股盈餘：

　　(1) 公司僅發行普通股一種時：

　　　每股盈餘＝本期稅後淨利÷普通股流通在外的加權平均股數

　　(2) 公司同時發行普通股及不可轉換的特別股時：

　　　每股盈餘＝（本期稅後淨利－特別股股利）÷普通股流通在外的加權平均股數

(3) 若公司的綜合損益表同時列有繼續營業部門淨利、停業部門損益，則應分別計算每一個項目的每股盈餘。

(4) 至於流通在外加權平均股數的計算如下：

A.年初已流通在外的股數，視為全年流通在外。

B.發行股票股利及股票分割，亦視為「年初或發行時」已流通在外股數。

C.買回庫藏股票及再出售庫藏股票，則按流通比例折合為全年流通在外股數。

D.年度中增資發行新股，亦按流通比例折合為全年流通在外股數。

3. 稀釋每股盈餘：

(1) 稀釋每股盈餘係考量所有潛在普通股的轉換對損益及普通股加權平均股數的影響。所謂的潛在普通股，係指可能導致發行普通股之金融工具或合約，如可轉換公司債及認股權（包含員工認股權）。

(2) 分子調整項目：

A.加回具稀釋作用之潛在普通股股利，如可轉換特別股之稅後股利。

B.加減具稀釋作用之潛在普通股所認列之費用或收益，如可轉換公司債之稅後利息費用。

C.注意因為分子之損益調整事項，而連帶影響依損益金額所計算之其他費損，如因為具稀釋作用之可轉換公司債的利息。

(3) 分母調整項目：

A.潛在普通股之流通期間為發行日（當期發行）或期間起始日（以前年度已發行）起至轉換日／到期日／失效日或取消日止。

B.具稀釋作用係指減少每股盈餘或增加每股虧損，因此具反稀釋作用之調整不予列入稀釋每股盈餘計算。

C.每項潛在普通股皆應個別測試是否具稀釋效果，因為稀釋每股盈餘指最大稀釋效果的EPS。

D.測試潛在普通股是否具稀釋效果時應以繼續營業部門之淨損益為計算基礎，因為當企業發生停業部門損益時，有可能於繼續營業部門淨利計入停業部門淨損失後，轉為本期淨損之情形，此時若以包含停業部門損益之本期淨損作為測試潛在普通股是否具稀釋效果時，將發生相反之稀釋效果。

(4) 稀釋性判斷：

    A. 可轉換證券：

      採「假設轉換法」計算轉換後的個別每股盈餘，判斷是否具有稀釋性。

$$個別每股盈餘 = \frac{可節省之稅後利息或股利}{轉換後淨增加之約當股數}$$

    B. 認股權(買權)：

$$普通股增加之股數 = 可認購股數 - 收回庫藏股之股數$$
$$= 可認購股數 - \frac{可認購股數 \times 認購價格}{流通期間之平均市價}$$

    C. 認股權(賣權)：

$$普通股增加之股數 = 可買回股數 - 實際買回股數$$
$$= \frac{實際買回股數 \times 買回價格}{流通期間之平均市價} - 實際買回股數$$

(5) 計算公式如下：

    稀釋每股盈餘 =

$$\frac{本期損益 - 特別股股利 + 純益調整}{普通股加權平均流通在外股數 + 稀釋性普通股加權平均流通在外股數}$$

三、股利的種類及會計處理

公司所發放的股利種類頗多，分別說明如下：

(一) **現金股利**：係以現金作為股利來發放。公司發放現金股利須經下列三個程序：

  1. **宣告日**：係指公司的股東會通過發放股利日期，本日應作分錄如下：

    借：保留盈餘　　　　　XXX

      貸：應付股利　　　　　　　　XXX

  2. **除息日**：係指股票停止過戶的日期，在除息日以後所買進的股票，不能過戶且無法參加股利的分配，故不作分錄。

  3. **發放日**：即發放現金給股東的日期，本日應作分錄如下：

    借：應付股利　　　　　XXX

      貸：現金　　　　　　　　　　XXX

(二) **股票股利**：係以公司的股票作為股利分配給股東，亦稱無償配股或盈餘轉增資。發放股票股利時，對於公司的資產、負債及股東權益總額並無改變，僅係減少保留盈餘，並增加股本數額。

四、股利的分配

$$測試股利率＝\frac{（宣告股利－特別股積欠股利）}{股本總額}$$

$$＜特別股票面股利率➡普通股股利＝發放股利－特別股分得股利$$
$$＞特別股參加股利率➡特別股股利＝積欠股利＋特別股參加股利$$

範例 東吳公司流通在外之股份有：面值$10之普通股，3,000股；面值$20之特別股，5,000股，6%。試就下列各項假設，分別計算普通股與特別股可分得之股利總額，以及每股可分得之股利：
(一) 特別股不累積且不參加，宣告股利$15,000。
(二) 特別股累積不參加，股利已積欠三年，宣告股利$36,000。
(三) 特別股不累積但完全參加，宣告股利$24,000。
(四) 特別股不累積但完全參加，宣告股利$33,000。
(五) 特別股累積並參加分紅至9%為止，已積欠股利三年，宣告股利$60,000。
(六) 特別股累積且完全參加，已積欠股利三年，宣告股利$60,000。

答 (一)特別股不累積且不參加，宣告股利$15,000時：
　　　特別股股利總額＝$20×5,000×6÷100＝$6,000
　　　普通股股利總額＝$15,000－$6,000＝$9,000
　　　特別股每股股利＝$6,000÷5,000股＝$1.20
　　　普通股每股股利＝$9,000÷3,000股＝$3.00

　　(二)特別股累積不參加，股利已積欠三年，宣告股利$36,000時：
　　　特別股股利總額＝每年股利$6,000×4＝$24,000
　　　普通股股利總額＝$36,000－$24,000＝$12,000
　　　特別股每股股利＝$24,000÷5,000股＝$4.80
　　　普通股每股股利＝$12,000÷3,000股＝$4.00

(三)特別股不累積但完全參加，宣告股利$24,000時：

特別股分配6%＝$20×5,000×6÷100 ＝$6,000

普通股分配6%＝$10×3,000×6÷100 ＝$1,800

剩餘股利＝$24,000－$6,000－$1,800＝$16,200

剩餘股利按資本額比例分配：

$16,200×$100,000÷($100,000＋$30,000)＝$12,462

$16,200×$30,000÷($100,000＋$30,000)＝$3,738

特別股股利總額＝$6,000＋$12,462＝$18,462

普通股股利總額＝$1,800＋$3,738＝$5,538

特別股每股股利＝$18,462÷5,000股＝$3.692

普通股每股股利＝$5,538÷3,000股＝$1.846

(四)特別股不累積但完全參加，宣告股利$33,000時：

特別股分配6%＝$100,000×6÷100 ＝$6,000

普通股分配6%＝$30,000×6÷100 ＝$1,800

剩餘股利＝$33,000－$6,000－$1,800＝$25,200

剩餘股利按資本額比例分配：

$25,200×$100,000÷($100,000＋$30,000)＝$19,385

$25,200×$30,000÷($100,000＋$30,000)＝$5,815

特別股股利總額＝$6,000＋$19,385＝$25,385

普通股股利總額＝$1,800＋$5,815＝$7,615

特別股每股股利＝$25,385÷5,000股＝$5.077

普通股每股股利＝$7,615÷3,000股＝$2.538

(五)特別股累積並參加分紅至9%為止，已積欠股利三年，

宣告股利$60,000時：

測試股利率＝($60,000－$6,000×3)÷$130,000 ＝32.3%

因股利率高達32.3%，故特別股分配至9%並無問題。

特別股股利＝$6,000×4＝$24,000

普通股分配6%＝$30,000×6÷100＝$1,800

特別股再分配3%＝$100,000×3÷100＝$3,000

普通股再分配3%＝$30,000×3÷100＝$900

特別股股利總額＝$24,000＋$3,000＝$27,000

普通股股利總額＝$60,000－$27,000＝$33,000

特別股每股股利＝$27,000÷5,000股＝$5.40

普通股每股股利＝$33,000÷3,000股＝$11.00

(六)特別股累積且完全參加，已積欠股利三年，宣告股利$60,000時：

特別股積欠股利＝$6,000×4＝$24,000

普通股分配(6%)＝$30,000×6÷100 ＝$1,800

可分配股利＝$60,000－$24,000－$1,800＝$34,200

剩餘股利按資本額比例分配：

$34,200×$100,000÷($100,000＋$30,000)＝$26,308

（特別股分配數）

$34,200×$30,000÷($100,000＋$30,000)＝$7,892

（普通股分配數）

特別股股利總額＝$26,308＋$24,000＝$50,308

普通股股利總額＝$7,892＋$1,800＝$9,692

特別股每股股利＝$50,308÷5,000股＝$10.062

普通股每股股利＝$9,692÷3,000股＝$3.231

☑ 重點七 股票分割

一、意義

將股票面額降低，股數等比例增加。

二、股票分割與股票股利的比較

項目	股票分割	股票股利
股東權益總額	不變	不變
流通在外股數	增加	增加
股本	不變	增加
每股面值	降低	不變
保留盈餘	不變	減少
目的	提高股票流通性	盈餘轉增資
會計處理	備忘記錄	正式分錄

✓ 重點八　前期損益調整

依據會計準則，前期損益調整項目包括下列各項：

一、更正前期財務報表中之錯誤，其錯誤在財務報表發布後才發現。

二、會計原則變動，例如：

(一) 長期工程處理方法之改變。

（完工百分比法➡成本回收法；成本回收法➡完工百分比法）

(二) 天然資源開採業探勘成本處理方法之改變。

（探勘成功法➡全部探勘法；全部探勘法➡探勘成功法）

(三) 鐵路業折舊方法由報廢法、重置法改為普通折舊法。

三、採用新發布會計原則，依規定應追溯調整以前年度損益者。

✓ 重點九　合夥會計

一、合夥組織型態

(一) **合夥組織**：係指兩個人或兩個以上個體互約以財產或勞務出資，共同經營事業，並依合夥契約規定分配合夥損益的企業。

(二) **合夥組織型態特徵**：

1. **經其他合夥人同意**：新合夥人的加入，或舊合夥人的退夥，應經其他全體合夥人的同意。

2. **無法人資格**：合夥企業的成立，雖然需向主管機關辦理登記，但並無法人資格。

3. **生命有限**：因合夥不具備法人資格，故如遇新合夥人入夥、舊合夥人的退夥或死亡，均視為舊合夥的消滅，重新辦理新企業的登記。

4. **負連帶無限責任**：如遇合夥財產不足以清償合夥債務時，每個合夥人均負有連帶無限責任，但隱名合夥人除外。

5. **財產共同共有**：除合夥契約另有規定以外，合夥企業的全部財產為全體合夥人所共同共有。

6. **互為代理人**：除法令或合夥契約另有規定外，任何一個合夥人對合夥的行為及於其他合夥人。

7. **損益共同分配**：合夥企業的損益分配情形如下：

(1) 依合夥契約規定分配損益。

(2) 合夥契約無規定時，我國民法規定按資本額比例分配，而美國法律規定，則由各合夥人平均分配。

(3) 以勞務為出資者，除契約另有約定外，不受損失的分配。

二、合夥組織的基本會計處理

由兩個人或兩個以上企業，共同出資經營的企業，其所採用的會計。資本帳戶包括合夥人資本及合夥人往來兩個帳戶。

(一) **合夥會計的特徵**：合夥會計的特徵有二：

1. 企業對於每一合夥人均設立一個資本帳戶及一個往來帳戶，且均為實帳戶，但在歐美國家，視合夥人往來帳戶為臨時性資本帳戶。

2. 合夥損益應依據合夥契約規定，轉入各合夥人的往來帳戶。

(二) **合夥的開業分錄**：

1. 合夥人以現金投資：

現金	XXX	
甲合夥人資本		XXX
乙合夥人資本		XXX

2. 以現金以外的財產投資：

(1) 應經全體合夥人的同意，並評定所投入資產的公允價值才能入帳。

(2) 例如：某甲以現金$20,000，應收票據$30,000，運輸設備$40,000，而某乙以現金$60,000投資，共同開設合夥商店，則開業分錄如下：

現金	80,000	
應收票據	30,000	
運輸設備	40,000	
甲合夥人資本		90,000
乙合夥人資本		60,000

3. 以勞務投資：

預付薪金	XXX	
丙合夥人資本		XXX

4. 合夥人以繼續經營中的商店投資：

各項資產	XXX	
各項負債		XXX
甲合夥人資本		XXX
乙合夥人資本		XXX

(三) **合夥的損益分配分錄：**

本期損益	XXX	
甲合夥人往來		XXX
乙合夥人往來		XXX

三、合夥損益的分配

(一) **損益分配原則**：合夥損益分配原則，先依合夥契約約定，若契約無約定，我國民法規定依各合夥人資本比例分配；美國法律則規定由各合夥人平均分配。

(二) **損益分配方法**：合夥損益分配的方法有下列各種：

1. **按約定比例分配**：合夥契約中約定甲、乙二個合夥人的損益分配比例為3：2，假設當年度獲利$50,000，則分配分錄如下：

本期損益	50,000	
甲合夥人往來		30,000
乙合夥人往來		20,000

2. **按資本額比例分配**：因為各合夥人的資本額經常隨著時間而變動，所以合夥契約中若訂明依資本額分配，應規定係採用期初資本額、期末資本額或平均資本額分配損益。

例如：

甲乙二人於民國X1年初共同出資成立友誼商店，當年度獲利$200,000，二人在X1年間資本額變動情形如下：

		甲資本		
5/1	50,000	1/1		300,000
		8/1		60,000
		11/1		40,000

乙資本

7/1	20,000	1/1	200,000
10/1	40,000	4/1	100,000

(1) 按期初資本額比例分配：

當年度獲利$200,000分配：

$$甲分配數 = \$200,000 \times \frac{\$300,000}{\$300,000 + \$200,000} = \$120,000$$

$$乙分配數 = \$200,000 \times \frac{\$200,000}{\$300,000 + \$200,000} = \$80,000$$

則分錄：

本期損益	200,000	
甲合夥人往來		120,000
乙合夥人往來		80,000

(2) 按期末資本額比例分配：

採用本法時，應先算出各合夥人的期末資本額。

甲期末資本額＝$300,000－$50,000＋$60,000＋$40,000
　　　　　　＝$350,000

乙期末資本額＝$200,000＋$100,000－$20,000－$40,000
　　　　　　＝$240,000

當年度獲利$200,000分配：

$$甲分配數 = \$200,000 \times \frac{\$350,000}{\$350,000 + \$240,000} \doteqdot \$118,644$$

$$乙分配數 = \$200,000 \times \frac{\$240,000}{\$350,000 + \$240,000} \doteqdot \$81,356$$

則分錄：

本期損益	200,000	
甲合夥人往來		118,644
乙合夥人往來		81,356

(3) 按平均資本額比例分配：

甲平均資本額

$$=\$300,000\times\frac{12}{12}-\$50,000\times\frac{8}{12}+\$60,000\times\frac{5}{12}+\$40,000\times\frac{2}{12}$$

$$=\$300,000-\$33,333+\$25,000+\$6,667$$

$$=\$298,334$$

乙平均資本額

$$=\$200,000\times\frac{12}{12}+\$100,000\times\frac{9}{12}-\$20,000\times\frac{6}{12}-\$40,000\times\frac{3}{12}$$

$$=\$200,000+\$75,000-\$10,000-\$10,000$$

$$=\$255,000$$

當年度獲利\$200,000分配：

甲分配數$=\$200,000\times\dfrac{\$298,334}{\$298,334+\$255,000}\doteqdot\$107,831$

乙分配數$=\$200,000\times\dfrac{\$255,000}{\$298,334+\$255,000}\doteqdot\$92,169$

則分錄：

本期損益	200,000	
甲合夥人往來		107,831
乙合夥人往來		92,169

(4) 扣除資本利息及酬勞後，餘額再按約定比例分配：

例如：

上例先按平均資本額扣除10%利息，甲、乙兩人酬勞分配為甲$30,000，乙$20,000，其餘額再按約定比例3：2分配。

當年度獲利\$200,000分配：

	甲分配數	乙分配數	合計
資本利息	\$ 29,833①	\$ 25,500	\$55,333
合夥人酬勞	30,000	20,000	50,000
餘額（按約定比例分配）	56,800③	37,867④	94,667②
合計	\$116,633	\$83,367	\$200,000

※①＝$298,334（平均資本數）×10%

　②＝$200,000－$55,333－$50,000

　③＝$94,667×$\frac{3}{5}$

　④＝$94,667×$\frac{2}{5}$

則分錄：

本期損益	$200,000	
甲合夥人往來		$116,633
乙合夥人往來		83,367

※在我國資本利息及合夥人酬勞均屬於盈餘的分配，而非費用。

若扣除資本利息及酬勞後的剩餘為負數，亦即淨利不足按上題方式分配時，則不足數亦應按合夥契約約定分配至各合夥人，例如：友誼商店當年度淨利為$67,000，則損益分配計算如下：

	甲分配數	乙分配數	合計
資本利息	$29,833	$25,500	$55,333
合夥人酬勞	30,000	20,000	50,000
餘額	(23,000)	(15,333)	(38,333)※
合計	$36,833	$30,167	$67,000

則分錄：

本期損益	67,000	
甲合夥人往來		36,833
乙合夥人往來		30,167

若友誼商店X1年度經營結果發生本期淨損$33,000，則當年度淨損分配如下：

	甲分配數	乙分配數	合計
資本利息	$ 29,833	$ 25,500	$ 55,333
合夥人酬勞	30,000	20,000	50,000
餘額	(83,000)	(55,333)	(138,333)※
合計	($23,167)	($ 9,833)	($33,000)

則分錄：

甲合夥人往來	23,167	
乙合夥人往來	9,833	
本期損益		33,000

※該商店X1年度發生淨損\$33,000，當然無盈餘可供分配，分配資本
利息及合夥人酬勞等於將資本退還給各合夥人。

四、合夥人的入夥與退夥

(一) **規定**：不論是新合夥人加入或舊合夥人退出，依我國民法規定均必須經
　　全體合夥人的同意。我國民法有關新合夥人加入及舊合夥人退夥，規定
　　如下：

1. **民法第690條規定**：合夥人退夥後，對於其退夥前合夥所負之債務，仍
　　應負責。

2. **民法第691條規定**：

　(1) 合夥成立後，非經合夥人全體之同意，不得允許他人加入為合夥人。

　(2) 加入為合夥人者對於其加入前合夥所負之債務，與他合夥人負同一
　　　之責任。

3. 合夥企業的資產及負債，應該於新合夥人加入或舊合夥人退出時，調整
　　其帳面價值（當然資產的重估是避免不了的事）。

(二) **新合夥人入夥**：新合夥人入夥的方式有二：

1. **向舊合夥人直接購買權益**：若新合夥人係向舊合夥人購買其全部或一部
　　分權益，僅係屬於新舊合夥人資本間的轉換而已，而且新舊合夥人間的
　　交易金額與合夥企業無關。

　(1) **直接購買舊合夥人的全部權益**：例如：友誼商店的乙合夥人資本帳
　　　戶為\$150,000，將其讓售給新合夥人丙，讓價為\$180,000，則新合
　　　夥人入夥會計分錄如下：

乙合夥人資本	\$150,000	
丙合夥人資本		\$150,000

　(2) **購買舊合夥人一部分權益**：例如：上例新合夥人丙以\$60,000購買舊
　　　合夥人三分之一夥權，此時應作會計分錄如下：

乙合夥人資本	\$50,000	
丙合夥人資本		\$50,000

2. **新合夥人投資入夥**：若新合夥人係以現金或非現金資產直接投資入夥，其會計處理情形有三：

> **小叮嚀**
>
> 解題時，要先學會判別所投入金額是否大於、小於或等於所取得夥權，才能看出哪一邊有商譽存在。

(1) **所投入金額等於所取得的合夥權益時**：假設東方商店有甲、乙二個合夥人，其資本額分別為$100,000及$50,000，今有新合夥人丙投資現金$50,000取得新合夥商店$\frac{1}{4}$的合夥權益，損益依原始資本額比例分配，則丙投入金額等於所取得的合夥權益。

丙所投入金額$50,000

$=$所取得合夥權益$(\$100,000+\$50,000+\$50,000)\times\frac{1}{4}$

$=$所取得合夥權益$(\$200,000)\times\frac{1}{4}=\$50,000$

丙入夥分錄：

現金	$50,000	
丙合夥人資本		$50,000

(2) **所投入金額大於所取得夥權時**：上例丙投資現金$50,000僅取得$\frac{1}{5}$的權益，其會計處理方法有二：

　A. **紅利法（亦稱商譽不入帳法）**：

　　丙所投入金額$=\$50,000$

　　丙所取得夥權$=(\$100,000+\$50,000+\$50,000)\times\frac{1}{5}$

　　　　　　　　$=\$200,000\times\frac{1}{5}$

　　　　　　　　$=\$40,000$

　　紅利金額（新合夥人給予舊合夥人紅利）

　　$=$所投入金額$50,000-$所取得夥權$40,000=\$10,000$

　　甲取得紅利$=\$10,000\times\frac{2}{3}=\$6,667$　⎫
　　　　　　　　　　　　　　　　　　　　　　　⎬ 紅利數$10,000
　　乙取得紅利$=\$10,000\times\frac{1}{3}=\$3,333$　⎭

新合夥人入夥分錄：

現金	50,000	
甲合夥人資本		6,667
乙合夥人資本		3,333
丙合夥人資本		40,000

B. **商譽法（亦稱商譽入帳法）**：新合夥人丙投資$50,000取得的夥權，則合夥企業的全部權益應為：

$\$50,000 \div \frac{1}{5} = \$250,000$，而甲、乙、丙三人的實際資本總額為

$\$200,000(=\$100,000+\$50,000+\$50,000)$。

商譽＝$\$250,000-\$200,000=\$50,000$

商譽的分配：

甲分配數＝$\$50,000 \times \frac{2}{3} = \$33,333$

乙分配數＝$\$50,000 \times \frac{1}{3} = \$16,667$

新合夥人入夥分錄：

現金	50,000	
商譽	50,000	
甲合夥人資本		33,333
乙合夥人資本		16,667
丙合夥人資本		50,000

(3) **所投入金額小於所取得的夥權時**：如上例若丙投資$50,000僅取得

$\frac{3}{10}$的夥權，其會計處理方法亦分兩種：

A. **紅利法（亦稱商譽不入帳法）**

丙所投入金額＝$50,000

丙所取得的夥權＝$(\$100,000+\$50,000+\$50,000) \times \frac{3}{10}$

$$=\$200,000 \times \frac{3}{10} = \$60,000$$

紅利金額（舊合夥人給予新合夥人補貼）

＝所取得的夥權\$60,000－所投入金額\$50,000＝\$10,000

甲負擔之補貼＝\$10,000×$\frac{2}{3}$＝\$6,667

乙負擔之補貼＝\$10,000×$\frac{1}{3}$＝\$3,333

新合夥人入夥分錄：

現金	50,000	
甲合夥人資本	6,667	
乙合夥人資本	3,333	
丙合夥人資本		60,000

B. **商譽法（亦稱商譽入帳法）：**

__新合夥人丙投資\$50,000取得$\frac{3}{10}$的夥權，

則新合夥企業的全部權益應為：

\$150,000（原合夥人資本）÷$\frac{7}{10}$＝\$214,286，

而甲、乙、丙三人的實際資本總額為\$200,000。

所以，商譽＝\$214,286－\$200,000＝\$14,286

新合夥人入夥分錄：

現金	50,000	
商譽	14,286	
丙合夥人資本		64,286

> **小叮嚀**
>
> 採商譽法計算商譽時，要以「不具商譽的權益」去倒算。
> 如左例中的 \$50,000 及 \$150,000 皆不具商譽的權益。

範例 1 和成商店於民國X1年12月31日結帳後，各合夥人資本額及損益分配比率如下，當日並同意新合夥人張三入夥。

	資本	損益分配比率
趙六	$1,000,000	62.5%
王五	800,000	25.0%
李四	600,000	12.5%

試就下列各種情況，作張三入夥時必要之日記帳分錄。
(一) 張三支付王五$475,000，以承購其二分之一權益。
(二) 張三直接支付三合夥人共$700,000，以承購現有合夥人各四分之一權益。
(三) 張三投資現金$1,200,000，取得該合夥商店四分之一權益。

答 (一)屬於向舊合夥人直接購買部分權益時：

張三所取得的權益 = $800,000 × $\frac{1}{2}$（王五的 × $\frac{1}{2}$ 權益）

張三入夥分錄：

王五合夥人資本	400,000	
張三合夥人資本		400,000

(二)屬於向舊合夥人直接購買權益時：

張三所取得的權益 = ($1,000,000 + $800,000 + $600,000) × $\frac{1}{4}$

= $2,400,000 × $\frac{1}{4}$ = $600,000

張三入夥分錄：

趙六合夥人資本	250,000 ①	
王五合夥人資本	200,000	
李四合夥人資本	150,000	
張三合夥人資本		600,000

※① = $1,000,000 × $\frac{1}{4}$

(三)所投資金額大於所取得的權益：表示原合夥人部分有商譽。

1. 採商譽不入帳法：

所投入金額＝$1,200,000

所取得的權益

$$=(\$1,000,000+\$800,000+\$600,000+\$1,200,000)\times\frac{1}{4}$$

$$=\$3,600,000\times\frac{1}{4}=\$900,000$$

新合夥人給予舊合夥人的紅利＝$1,200,000－$900,000

＝$300,000

趙六分配數＝$300,000×62.5%＝$187,500

王五分配數＝$300,000×25%＝$75,000

李四分配數＝$300,000×12.5%＝$37,500

張三入夥分錄：

現金	1,200,000	
趙六合夥人資本		187,500
王五合夥人資本		75,000
李四合夥人資本		37,500
張三合夥人資本		900,000

2. 採商譽入帳法：

新合夥人投資$1,200,000取得$\frac{1}{4}$的權益，則新合夥企業的全部權益

應為：$$\$1,200,000\div\frac{1}{4}=\$4,800,000$$

商譽＝$4,800,000－($1,000,000＋$800,000＋$600,000＋$1,200,000)

＝$1,200,000

商譽分配數如下：

趙六分配數＝$1,200,000×62.5%＝$750,000

王五分配數＝$1,200,000×25%＝$300,000

李四分配數＝$1,200,000×12.5%＝$150,000

　　　張三入夥分錄：

現金	1,200,000	
商譽	1,200,000	
趙六合夥人資本		750,000
王五合夥人資本		300,000
李四合夥人資本		150,000
張三合夥人資本		1,200,000

(三) **舊合夥人退夥**：舊合夥人退夥須經其他舊合夥人（如丙退夥須經甲、乙兩人）的同意。舊合夥人退夥方式有二：

1. **直接轉讓合夥權益**：會計處理方法與新合夥人入夥之購買合夥權益相同。

2. **退還現金給退夥人**：此時合夥企業在計算應退現金以前，必須要做資產重估價工作，並將重估價損益分配給各合夥人。

(1) **退還資本等於帳列權益時**：假設同心商店係由甲、乙、丙三人共同出資經營，其資本額分別為$100,000、$120,000及$140,000，合夥損益平均分配。今有甲因故要求退夥，並經全體合夥人同意，合夥資產經重估價後存貨應減少$20,000，固定資產應增加$140,000，其餘資產均如帳列金額。

固定資產	140,000	
存貨		20,000
資產重估價損益		120,000

分配資產重估價損益給全體合夥人：

資產重估價損益	120,000	
甲合夥人資本（註）		40,000
乙合夥人資本		40,000
丙合夥人資本		40,000

　　　註：理論上資產重估價損益應先分配給「合夥人往來」科目再結轉給「合夥人資本」，但為節省帳務處理，故直接結轉給「合夥人資本」。

經分配重估價損益後，甲合夥人資本為$140,000 (＝$100,000＋$40,000)。
甲退夥分錄：

甲合夥人資本	140,000	
現金		140,000

(2) **退還資本大於帳列權益時**：假設上列退還甲合夥人資本為$160,000，其會計處理方法有三：

A. **紅利法**：又稱商譽不入帳法，採用本法時，多退給退夥人的資本，應按原損益分配比例由其他合夥人負擔。

如上列：經分配重估價損益後甲資本為$140,000而退給資本$160,000，所以多退$20,000（＝$160,000－$140,000)應分別由乙、丙二人平均分擔（題目規定平均分擔）。

甲退夥之分錄：

甲合夥人資本	140,000	
乙合夥人資本	10,000	
丙合夥人資本	10,000	
現金		160,000

B. **商譽全部入帳法**：甲退夥前之資本$140,000，且退還給甲資本$160,000，故知合夥有未入帳的商譽，此商譽分配給甲部分為$20,000，則全部商譽應為：$20,000×3＝$60,000，並將全部商譽入帳，分錄如下：

商譽	60,000	
甲合夥人資本		20,000
乙合夥人資本		20,000
丙合夥人資本		20,000

甲退夥分錄：

甲合夥人資本	160,000	
現金		160,000

C. **商譽部分入帳法**：採用此法時，僅就甲所分配的商譽予以入帳。

商譽	20,000	
甲合夥人資本		20,000

甲退夥分錄：

甲合夥人資本	160,000	
現金		160,000

範例**2**　依法規定，合夥人退夥時應依照退夥時合夥的財產狀況，計算應退還金額。某合夥商店，由甲、乙、丙共同出資經營，出資額分別為：甲 $20,000，乙 $15,000 及丙 $15,000。損益依照出資比例分配。

茲因特別事故，丙合夥人要求退夥，已徵得甲、乙二人同意，並將各項資產價值較帳面低估 $10,000，另估商譽 $4,000。試作：

(一) 應退還給丙合夥人多少錢？

(二) 退夥時分錄如何？

　　1.商譽全部列示帳面。2.商譽部分列示帳面。3.商譽全不列示帳面。

（經典考題）

答 (一)應退給丙合夥人資本的計算：

丙合夥人應分配之資產重估價損益＝$10,000 \times \dfrac{\$15,000}{\$50,000} = \$3,000$

經調整後丙合夥人資本＝$\$15,000 - \$3,000 = \$12,000$

應退給丙合夥人資本＝$\$12,000 + \$4,000 \times \dfrac{\$15,000}{\$50,000}$（商譽分配）

$\qquad\qquad\qquad = \$13,200$

(二)丙退夥時分錄：

資產重估價損益分錄：

資產重估價損益	10,000	
各項資產		10,000

分配資產重估價損益：

甲合夥人資本	4,000	
乙合夥人資本	3,000	
丙合夥人資本	3,000	
資產重估價損益		10,000

1.商譽全部列示帳面：

商譽	4,000	
甲合夥人資本		1,600 (a)
乙合夥人資本		1,200 (b)
丙合夥人資本		1,200 (b)

　　　　※A.甲分配數＝$\$4,000 \times \dfrac{\$20,000}{\$50,000} = \$1,600$

　　　　　B.乙、丙各分配數＝$\$4,000 \times \dfrac{\$15,000}{\$50,000} = \$1,200$

　　　　丙合夥人資本　　　　　　　13,200
　　　　　　現金　　　　　　　　　　　　　13,200
　　2.商譽部分列示帳面：
　　　　商譽　　　　　　　　　　　1,200
　　　　丙合夥人資本　　　　　　　12,000
　　　　　　現金　　　　　　　　　　　　　13,200
　　3.商譽金不列示帳面：採用此法時，應將多退給丙的紅利$1,200
　　　　分配給甲、乙二人負擔：

　　　　甲負擔數＝$\$1,200 \times \dfrac{\$20,000}{\$20,000+\$15,000} \div \$686$

　　　　乙負擔數＝$\$1,200 \times \dfrac{\$15,000}{\$20,000+\$15,000} \div \$514$

　　　丙退夥時分錄：
　　　丙合夥人資本　　　　　　　12,000
　　　甲合夥人資本　　　　　　　　686
　　　乙合夥人資本　　　　　　　　514
　　　　　現金　　　　　　　　　　　　　13,200

五、合夥組織的清算

(一) **定義**：係指合夥事業結束並辦理清算的程序，亦即結束企業經營、出售資產、清償債務及分配剩餘財產給各合夥人之意。

(二) **清算的程序**：一次清算及分次清算兩種。

　1. **一次清算的程序：**
　　(1) 將全部資產一次變現。
　　(2) 將資產變賣損益分配給各合夥人，並計算各合夥人分配資產變賣損益後的資本。
　　(3) 收回債權。
　　(4) 清償債務。
　　(5) 將剩餘現金分配給各合夥人（按各合夥人分配資產變賣損益後的資本）。

範例 1 西方商店係由甲、乙、丙三個合夥人所共同出資經營,損益分配比例為1：2：2,經全體合夥人同意於民國X1年12月31日結束,並辦理一次清算,清算前該商店資產負債表如下:

西方商店
資產負債表
民國X1年12月31日

現金	$50,000	應付帳款	$45,000
應收帳款	22,000	應付甲合夥人帳款	50,000
存貨	60,000	甲合夥人資本	100,000
其他資產	238,000	乙合夥人資本	140,000
		丙合夥人資本	35,000
	$370,000		$370,000

情況一 假設變賣存貨及其他資產得款$310,000:

(一)變賣資產分錄:

現金	310,000	
存貨		60,000
其他資產		238,000
資產變賣損益		12,000 ※

　※資產變賣損益部分,為節省帳務處理,故直接結轉「合夥人資本」

(二)分配資產變賣損益分錄:

資產變賣損益	12,000	
甲合夥人資本		2,400 ①
乙合夥人資本		4,800
丙合夥人資本		4,800

　※① $= \$12,000 \times \dfrac{1}{5}$

(三)收回債權分錄:

現金	22,000	
應收帳款		22,000

(四)清償債務：先清償外債，若有剩餘現金再清償內債。

　1.清償外債時分錄：

應付帳款	45,000	
現金		45,000

　2.清償內債時分錄：

應付甲合夥人帳款	50,000	
現金		50,000

(五)分配剩餘現金給各合夥人分錄：

甲合夥人資本	102,400	
乙合夥人資本	144,800	
丙合夥人資本	39,800	
現金		287,000

情況二 假設變賣存貨及其他資產得款$168,000：

(一)資產變賣分錄：

現金	168,000	
資產變賣損益	130,000※	
存貨		60,000
其他資產		238,000

(二)分配資產變賣損益分錄：

甲合夥人資本	26,000①	
乙合夥人資本	52,000	
丙合夥人資本	52,000	
資產變賣損益		130,000

※①＝$130,000×\dfrac{1}{5}$

經分配資產變賣損益後，各合夥人資本如下：

甲合夥人資本＝$100,000－$26,000＝$74,000

乙合夥人資本＝$140,000－$52,000＝$88,000

丙合夥人資本＝$35,000－$52,000＝－$17,000（借餘）

(三)收回債權分錄：

現金	22,000	
應收帳款		22,000

(四)清償債務：

1.清償外債時分錄：

應付帳款	45,000	
現金		45,000

2.清償內債時分錄：

應付甲合夥人帳款	50,000	
現金		50,000

(五)分配剩餘現金給各合夥人：本情況因資產變賣及清償債務後，剩餘現金為$145,000(＝$50,000＋$168,000＋$22,000－$45,000－$50,000)，則丙合夥人應繳納現金$17,000後，才足夠退給甲、乙二個合夥人資本。

1.丙合夥人繳納現金時分錄：

現金	17,000	
丙合夥人資本		17,000

退給甲、乙二人資本時分錄：

甲合夥人資本	74,000	
乙合夥人資本	88,000	
現金		162,000

2.再無能力繳納現金時分錄：此時丙資本帳戶借餘$17,000，應依損益分配比例由甲、乙二個合夥人負擔。

甲合夥人資本	5,667 ①	
乙合夥人資本	11,333 ②	
丙合夥人資本		17,000

$$※① ＝ \$17,000 \times \frac{1}{3}$$
$$② ＝ \$17,000 \times \frac{2}{3}$$

2. **分次清算**：即分批出售資產取得現金，並分次退還現金給各合夥人。

　(1) 在分次清算時，對於尚未出售的資產，必須估計可能的損失，並分
　　　配給各合夥人。

　(2) 如遇合夥人資本帳戶發生借方餘額，應將此項借方餘額依照損益分
　　　配比例，分配給各合夥人。

範例2 甲乙丙三人合夥經營三友商店多年後，於民國X1年6月30日，經全
體合夥人同意解散辦理清算。當日三友商店資產負債表如下：

三友商店
資產負債表
民國X1年6月30日

現金	$16,000	應付帳款	$25,000
應收帳款(淨額)	60,000	短期借款	15,000
存貨	50,000	甲合夥人資本	70,000
房屋(淨額)	64,000	乙合夥人資本	60,000
		丙合夥人資本	20,000
	$190,000		$190,000

合夥損益分配比例為1：2：2

資產分兩次變賣：第一次應收帳款及存貨，第二次房屋。

第一次變賣情形如下：

	帳面價值	變賣價值
應收帳款	$60,000	$50,000
存貨	50,000	42,000

第二次變賣情形如下：

	帳面價值	變賣價值
房屋	$64,000	$80,000

第一次清算

(一)變賣應收帳款及存貨分錄：

現金	92,000	
資產變賣損益	18,000①	
應收帳款		60,000
存貨		50,000

※①＝($60,000＋$50,000)－$92,000

(二)分配資產變賣損益分錄：

甲合夥人資本	3,600	
乙合夥人資本	7,200②	
丙合夥人資本	7,200②	
資產變賣損益		18,000

※②＝$18,000×$\frac{2}{5}$

(三)償還債務分錄：

應付帳款	25,000	
短期借款	15,000	
現金		40,000

(四)退還各合夥人現金：

剩餘現金的計算＝$16,000＋$92,000－$40,000＝$68,000

分配資產變賣產損益後，各合夥人的資本帳戶餘額：

甲合夥人資本＝$70,000－$3,600＝$66,400

乙合夥人資本＝$60,000－$7,200＝$52,800

丙合夥人資本＝$20,000－$7,200＝$12,800

	甲合夥人 資本	乙合夥人 資本	丙合夥人 資本
退給現金前的資本	$66,400	$52,800	$12,800
未變賣資產的保留數	(12,800)	(25,600)	(25,600)
餘額	$53,600	$27,200	$(12,800)
借餘資本保留數	(4,267)	(8,533)	12,800
退回現金數	$49,333	$18,667	$0

現金的分配（第一次）分錄：

甲合夥人資本	49,333	
乙合夥人資本	18,667	
現金		68,000

第二次清算

(一)變賣房屋分錄：

現金	80,000	
房屋		64,000
資產變賣損益		16,000

(二)分配資產變賣損益分錄：

資產變賣損益	16,000	
甲合夥人資本		3,200
乙合夥人資本		6,400
丙合夥人資本		6,400

經分配資產變賣損益後，各合夥人的資本帳戶餘額：

甲合夥人資本＝$66,400－$49,333＋$3,200＝$20,267

乙合夥人資本＝$52,800－$18,667＋$6,400＝$40,533

丙合夥人資本＝$12,800＋$6,400＝$19,200

現金的分配（第二次）分錄：

甲合夥人資本	20,267	
乙合夥人資本	40,533	
丙合夥人資本	19,200	
現金		80,000

實戰演練

申論題

一 長城公司101年底股東權益資料如下：普通股股本（每股面值$10）
$1,000,000、資本公積$250,000、保留盈餘$300,000；102年5月1日，
該公司發放每股$2的現金股利及20%的股票股利。7月1日公司辦理現
金增資，以每股$30溢價發行20,000股。102年度公司獲利$240,000，
試分別計算下列兩項：
(一) 長城公司102年底流通在外普通股股數為多少？
(二) 長城公司102年底每股帳面價值為多少？

答 (一)102年底流通在外普通股股數：

102年初發行在外股數($1,000,000÷$10)100,000股

加：5/1發放20%股票股利：

100,000股×20%＝	20,000
7/1現金增資： 20,000股	20,000
102年底流通在外普通股股數	140,000股

(二)102年底每股帳面價值：

102年底股東權益的計算：

普通股股本	$1,400,000
資本公積($250,000＋$400,000)	650,000
保留盈餘	(100,000)
本期淨利	240,000
股東權益總額	$2,190,000

每股帳面價值≒$15.64／股

二 汐止公司於民國101年1月1日成立，當日該公司發行6%，累積、面額 $50之特別股30,000股（核定50,000股），每股售價$56，及無面額之普 通股20,000股（核定50,000股），每股售價$24。普通股每股設定價值 為$20。102年7月1日該公司增加發行特別股2,000股，每股售價$60。 公司於每年12月31日宣布當年的淨利及現金股息如下：

	淨 利	現金股息
101年	$300,000	$150,000
102年	350,000	180,000

請根據下列各項假設，分別計算每種股票101年及102年可分配的現金 股息。

(一) 特別股為累積但無參加分配權時。

(二) 特別股為累積但可參加分配權至8%時。

(三) 特別股累積有完全參加分配權。

答 (一)特別股為累積但無參加分配權時：

101年發放$150,000時：

特別股股利：$50×30,000×6%＝$90,000

普通股股利：$150,000－$90,000＝$60,000

102年發放$180,000時：

特別股股利：$50×30,000×6%＋$50×2,000×6%＝$96,000

普通股股利：$180,000－$96,000＝$84,000

(二)特別股為累積但參加至8%時：

101年發放$150,000時：

特別股股利＝$90,000＋$36,000×$1,500,000÷

($1,500,000＋$400,000)＝$90,000＋$28,421＝$118,421

普通股股利＝$150,000－$118,421＝$31,579

102年發放$180,000時：

特別股股利＝$96,000＋($1,500,000＋$100,000)×2%

＝$96,000＋$32,000＝$128,000

普通股股利＝$180,000－$128,000＝$52,000

(三)特別股為累積完全參加分配：

101年發放現金股利$150,000時：

特別股股利＝$150,000×$1,500,000÷($1,500,000＋$400,000)

　　　　　＝$118,421

普通股股利＝$150,000×$400,000÷($1,500,000＋$400,000)

　　　　　＝$31,579

102年發放現金股利$180,000時：

特別股股利＝$180,000×$1,600,000÷($1,600,000＋$400,000)

　　　　　＝$144,000

普通股股利＝$180,000×$400,000÷($1,600,000＋$400,000)

　　　　　＝$36,000

三 甲公司X5年稅後淨利為$700,000，下列為有關X5年每股盈餘計算之資料：

(1)普通股，每股面額$10，X4年底流通在外股數300,000股，X5年5月1日發行10%之股票股利。7月1日買回5,000股普通股票，10月1日全數再出售。

(2)X3年初溢價發行面額$500,000可轉換公司債，票面利率6%，每年底付息一次，X10年底到期，該公司債可轉換為普通股25,000股，發行價格中之負債組成要素相當於面額。截至X5年底尚無任何投資人行使轉換權。

(3)X4年初折價發行每張面額$100,000可轉換公司債10張，票面利率4%，每半年付息一次，X8年底到期，每張公司債可轉換為普通股1,500股，發行價格中之負債組成要素相當於面額。截至X5年底尚無任何投資人行使轉換權。

(4)該公司所得稅率為20%。

試作：（答案無法整除時，四捨五入到小數點後第2位）

(一) 計算甲公司X5年計算基本每股盈餘時之加權平均流通在外股數。

(二) 計算甲公司X5年之基本每股盈餘。

(三) 計算甲公司X5年之稀釋每股盈餘。　　　　　　　　　　　　（臺灣菸酒）

答 (一)甲公司X5年計算基本每股盈餘時之加權平均流通在外數：

$$300,000 \times 1.1 \times \frac{6}{12} + (300,000 \times 1.1 - 5,000) \times \frac{3}{12} + (300,000 \times 1.1) \times \frac{3}{12}$$
$$= 328,750股$$

(二)甲公司X5年之基本每股盈餘：

　　$700,000 \div 328,750 = 2.1293$元

(三)甲公司X5年之稀釋每股盈餘：

　1.6%可轉換公司債

　　分子：假如可轉換公司債轉換為普通股，則本期稅後利息支出可減少，因此分子可增加$500,000 \times 6\% \times (1-20\%) = 24,000$

　　分母：本年度無公司債轉換為普通股，因此公司債之稀釋加權股數為25,000股

　　每股增額盈餘：$\$24,000 \div 25,000 = \$0.96$

　2.4%可轉換公司債

　　分子：假如可轉換公司債轉換為普通股，則本期稅後利息支出可減少，因此分子可增加$(100,000 \times 10) \times 4\% \times (1-20\%) = 32,000$

　　分母：本年度無公司債轉換為普通股，因此公司債之稀釋加權股數為$10 \times 1500 = 15,000$股

　　每股增額盈餘：$\$32,000 \div 15,000 = \$2.1333$

	本期淨利	加權平均流通在外股數	每股增額盈餘	稀釋每股盈餘	具稀釋效果
基本EPS	700,000	328,750		2.1293	
6%公司債調整	24,000	25,000	0.96		
調整後	724,000	353,750		2.0466	✔
4%公司債調整	32,000	15,000	2.1333		
調整後	756,000	368,750		2.0501	✘

X5年之稀釋每股盈餘為2.0466元

四　甲公司X5年度淨利為$10,000,000，該公司X5年有關每股盈餘的計算資料如下：

(1)5月1日給與10位高級主管每位100,000股認股權，給與日立即既得，每股認股權可按$22認購普通股1股。10月1日有4位高級主管行使認購權。甲公司X5年全年平均股價為$28，5月1日至10月1日的平均股價為$30，5月1日至12月31日平均股價為$25。

(2)6月1日平價發行4%面額$10,000,000可轉換公司債，每年6月1日付息。每$1,000面額公司債可轉換成普通股100股。相同條件無轉換權的公司債公允價值為$9,157,526，有效利率6%。11月1日有$4,000,000的公司債提出轉換。

(3)1月1日有普通股5,000,000股流通在外，每股面值$10。

(4)所得稅率30%

試作：（答案無法整除時，四捨五入到小數點後第2位）

(一) 計算甲公司X5年計算基本每股盈餘時之加權平均流通在外股數。

(二) 計算甲公司X5年之基本每股盈餘。

(三) 計算甲公司X5年之稀釋每股盈餘。　　　　　　　　　　（臺灣菸酒）

答 (一)甲公司X5年基本每股盈餘時之加權平均流通在外股數為5,166,666.67股。

5,000,000×9÷12	3,750,000.00
(5,000,000＋400,000)×1÷12	450,000.00
(5,000,000＋400,000＋400,000)×2÷12	966,666.67
加權平均流通在外股數：	5,166,666.67

(二)甲公司X5年之基本每股盈餘為1.94元。

　　10,000,000÷5,166,666.67＝1.94元

(三)甲公司X5年之稀釋每股盈餘為1.76元。

　　計算每類潛在普通股的每股增額盈餘：

　1.認股權

　　分子：假如認股權轉換為普通股，對本期淨利並無影響，故分子為0。

　　分母：普通股增加之股數計算如下：

　　具稀釋效果之流通在外期間為12個月，加權平均流通在外股數為

$400,000 \times 5 \div 12 + 600,000 \times 8 \div 12$

$= 166,666.67 + 400,000 = 566,666.67$

認股權依認股價格可從市場買回之股數為

$166,666.67 \times 22 \div 30 + 400,000 \times 22 \div 25 = 474,222.22$

認股權之淨稀釋加權平均流通在外股數為

$566,666.67 - 474,222.22 = 92,444.45$

每股增額盈餘：$\$0 \div 92,444.45 = \$0$

2. 可轉換公司債

分子：假如可轉換公司債轉換為普通股，則本期稅後利息支出可減少，因此分子可增加

$(\$10,000,000 - 4,000,000) \times 4\% \times 7 \div 12 \times (1 - 30\%)$

$= \$98,000$

假如可轉換公司債改發行無轉換公司債，則對溢折價攤銷為

$[(9,157,526 \times 6\%) - (10,000,000 \times 4\%)] \times 7 \div 12 \times (1 - 30\%)$

$= 61,026.05$

淨利淨增加數 $= 98,000 + 61,026.05 = 159,026.05$

分母：本年度若公司債轉換為普通股，因此公司債之稀釋加權股數為

$4,000,000 \div 1,000 \times 100 \times 5 \div 12 + 6,000,000 \div 1,000 \times 100 \times 7 \div 12$

$= 516,666.67$

每股增額盈餘：$\$159,026.05 \div 516,666.67 = \$0.31$

	本期淨利	加權平均流通在外股數	每股增額盈餘	稀釋每股盈餘	具稀釋效果
基本EPS	10,000,000.00	5,166,666.67		1.94	
認股權調整數	0	92,444.45	0		
調整後	10,000,000.00	5,259,111.12		1.90	✔
公司債調整	159,026.05	516,666.67	0.31		
調整後	10,159,026.05	5,775,777.79		1.76	✔

五 甲公司於X6年初給與10位員工每人1,000股股票，條件為員工應於往後
三年繼續提供服務，當時每股公允價值為$36。X7年底股價跌至$20，
甲公司當天給與員工可選擇現金交割之權利，亦即既得時，員工可選
擇取得1,000股或1,000股於既得日之等值現金。X6年至X8年間均無員
工離職，X8年底既得日當天之股價為$18，員工選擇現金交割。
試作：
(一) 甲公司X6年至X8年每年應認列與員工認股計畫相關之薪資費用為何？
(二) 作X8年員工以現金交割之相關分錄。

答 (一)X6年底

借：薪資費用　　　　　　　　$120,000
　　貸：資本公積－員工認股權　　　　$120,000
薪資費用＝(10人×1,000×36)÷3＝120,000

X7年底

借：薪資費用　　　　　　　　$13,333
　　貸：資本公積－員工認股權　　　　$13,333
薪資費用＝(10人×1,000×20)÷3×2－120,000＝13,333

X8年底

借：薪資費用　　　　　　　　$46,667
　　資本公積－員工認股權　　133,333
　　貸：員工股份增值權負債　　　　　$180,000
薪資費用＝(10人×1,000×18)－120,000－13,333＝46,667

(二)公司以現金支付認股權價值之分錄

支付現金時：

借：員工股份增值權負債　　　180,000
　　貸：現金　　　　　　　　　　　180,000

六　B公司於X1年7月1日以每股$17發行面值$10的普通股股票2,000,000
股，X2年2月1日以每股$18買回50,000股作為庫藏股票，X2年4月20日
以每股$20出售該庫藏股票40,000股，X2年6月30日以每股$17出售剩餘
之庫藏股票10,000股。請問：
(一) B公司於X1年7月1日發行股票之分錄。
(二) B公司於X2年2月1日買回庫藏股票之分錄。
(三) B公司於X2年4月20日出售庫藏股票之分錄。
(四) B公司於X2年6月30日出售庫藏股票之分錄。　　　　(108年中華郵政)

答　(一)X1年7月1日發行股票分錄如下

現金　　　　　　　　　　$34,000,000
　　普通股股本　　　　　　　　　　$20,000,000
　　資本公積－普通股發行溢價　　　14,000,000
$17×2,000,000股＝$34,000,000
$10×2,000,000股＝$20,000,000
$34,000,000－$20,000,000＝$14,000,000

(二)X2年2月1日買回庫藏股分錄如下
庫藏股－普股股　　　　$900,000
　　現金　　　　　　　　　　　$900,000
$18×50,000＝$900,000

(三)X2年4月20日出售庫藏股分錄如下
現金　　　　　　　　　$800,000
　　庫藏股－普通股　　　　　　$720,000
　　資本公積－庫藏普通股交易　　80,000
$20×40,000＝$800,000
$18×40,000＝$720,000
$800,000－$720,000＝$80,000

(四)X2年6月30日出售庫藏股分錄如下
現金　　　　　　　　　$170,000
資本公積－庫藏普通股交易　10,000
　　庫藏股－普通股　　　　　　$180,000

七 臺北公司X7年底有關財務資料如下：

(1)普通股：每股面值$10；每股市價$40；已發行股數120,000股；每股現金股利$3.0。

(2)資本公積－普通股溢價$660,000。

(3)非累積特別股：每股面值$100；股利率5%；流通在外股數8,000股；每股平均發行價格$108；每股清算價值$110。

(4)庫藏股：股數20,000（於X6年4月1日購回，至X7年底未再出售），總成本$700,000。

(5)未指撥保留盈餘$600,000（已含X7年稅後淨利$322,000）。

(6)法定盈餘公積$280,000。除了普通股股數曾購回當庫藏股外，發行股份無其他變動。另外，假設X7年度無利息費用，且未宣告發放任何股利。

請回答下列問題：

(一) 列示購買庫藏股之分錄。

(二) 計算X7年底權益總額。

(三) 計算X7每股盈餘。 （108年臺灣菸酒）

答 (一)庫藏股 $700,000

　　　　現金 $700,000

(二)X7年底權益總額

　　$10×120,000＋$660,000＋$108×8000＋$280,000＋$600,000－$700,000

　　＝$2,904,000

(三)X7每股盈餘

　　（$322,000－$40,000）/（$120,000－$20,000）＝$2.82

八 傑旺公司於民國107年6月18日召開股東大會，通過並宣告普通股每股分配現金股利$2，當時流通在外普通股股數共計100,000股，每股面值$10，並以6月30日為除息日，7月10日為發放日，試問各相關日期（宣告日、除息日與發放日）應如何列示分錄？　　　　（108年臺北捷運）

答 宣告日：

借：保留盈餘　　　　　　　$200,000

　　貸：應付股利　　　　　　　　　　$200,000

$2×100,000股＝$200,000

除息日：不作分錄

發放日：

借：應付股利　　　　　　　$200,000

　　貸：現金　　　　　　　　　　　　$200,000

九 甲公司X6年度淨利$550,000，所得稅率為20%，普通股全年平均市價為$50。其他相關資料如下：

(1)X6年初有100,000股普通股流通在外。

(2)X6年4月1日按市價$50現金增資50,000股。

(3)X3年初發行8%可轉換公司債2,000張，每張面額$1,000，每張可換成普通股50股，發行價格中之負債組成要素相當於面額，X6年可轉換公司債均未進行轉換。

(4)X6年初有25,000張認股證流通在外，每張認股證可認購1股普通股，執行價格為$40，該認股證X6年均未執行。

試作：（請列出計算過程，數值無法整除時，四捨五入至小數點後第3位）

(一) 計算X6年加權平均流通在外普通股股數。

(二) 計算X6年基本每股盈餘。

(三) 計算X6年可轉換公司債之每增額股份盈餘。

(四) 計算X6年認股證之每增額股份盈餘。

(五) 計算X6年稀釋每股盈餘。　　　　　　　　　　　（108年臺灣菸酒）

答 (一)X6年加權平均流通在外普通股股數

100,000×3/12＋150,000×9/12＝137,500股

(二)X6年基本每股盈餘

稅後淨利＝$550,000×（1－20%）＝$440,000

$440,000/137,500＝$3.2

(三)X6年可轉換公司債之每增額股份盈餘

增加股數＝2000張×50股＝100,000

稅後利息＝2000張×$1000×8%×（1－20%）＝$128,000

$128,000/100,000＝$1.28

(四)X6年認股證之每增額股份盈餘

25,000股－25,000股×$40/$50＝5,000股

(五)X6年稀釋每股盈餘

$440,000＋$0＋$128,000/（137,500＋5,000＋100,000）＝$2.342

測驗題

( )　**1** 台中公司1月1日流通在外的普通股10,000股，5月1日發放20%股票股利，7月1日現金增資3,000股，11月1日做股票分割，1股分割成2股，試計算台中公司加權平均流通在外股數：　(A)13,500股　(B)30,000股　(C)25,667股　(D)27,000股。　　　　　（106年桃園捷運）

( )　**2** 林口公司資產負債表中資本公積包括：特別股發行溢價餘額為$1,500,000、普通股發行溢價餘額為$1,000,000。甲公司按$20收回庫藏股100,000股，後續按$25於收回年度如數再售出該批庫藏股。則林口公司資本公積餘額將為：　(A)$1,500,000　(B)$2,000,000　(C)$2,500,000　(D)$3,000,000。　　　　　（106年桃園捷運）

( )　**3** 戊公司於106年3月1日以每股$15買回庫藏股票8,000股（股票面值為$10），並於106年3月30日以每股$18全數賣出，則106年3月30日戊公司之會計分錄應包括：　(A)貸記「庫藏股票」$144,000　(B)貸記「庫藏股票」$120,000、貸記「資本公積－庫藏股票交易」$24,000　(C)貸記「普通股股本」$80,000、貸記「資本公積－庫藏股票交易」$64,000　(D)貸記「資本公積－庫藏股票交易」$144,000。

(　　) **4** 「待分配股票股利」屬於何種會計科目？　(A)資產科目　(B)費用科目　(C)負債科目　(D)股東權益科目。

(　　) **5** 「應付股利」屬於何種會計科目？　(A)資產科目　(B)費用科目　(C)負債科目　(D)股東權益科目。

(　　) **6** 乙公司共發行普通股股票1,000,000股，乙公司於106年6月8日宣告現金股利每股2.5元、股票股利每股1元，請問下列敘述何者正確？　(A)股東權益減少$3,500,000　(B)資產增加$2,500,000　(C)負債增加$3,500,000　(D)負債增加$2,500,000。

(　　) **7** 板溪商行有A、B兩合夥人，A出資$300,000，B出資$540,000，盈餘分配約定為：先按資本額4.5%計算資本利息，其次發給A薪資$100,000，B薪資$90,000，餘額平均分配。若本年度可分配的盈餘為$280,000，請問：A、B兩合夥人之分配數為多少？　(A)$136,900，$143,100　(B)$140,400，$139,600　(C)$143,100，$136,900　(D)$139,600，$140,400。

(　　) **8** 螢雪公司董事會於20X7年3月14日通過現金增資$500,000,000，繳款日為6月13日至6月19日，股票發放日為7月20日；依公司章程與法令規範，保留500,000股讓員工以每股$35認購（股票面額每股$10），螢雪公司股票平均每股$40，且市價長期相當穩定。若採用選擇權定價模式估計所給與員工之認股權，估計認股權每股公允價值為$5.0，請問：董事會通過現金增資案時，相關會計之處理，下列何者正確？　(A)借：薪資費用$2,500,000　(B)借：預收股款$2,500,000　(C)貸：已認普通股股本$5,000,000　(D)貸：現金$5,000,000。

(　　) **9** 華得公司在20X1年初有14,000股普通股流通在外，4月1日增資發行新股6,000股，且於7月1日收回庫藏股2,000股。20X1年之收益為$835,200，費損為$773,950。華得公司20X1年之每股盈餘為多少？　(A)$3.10　(B)$3.31　(C)$3.40　(D)$3.50。

( ) **10** 太安公司以每股$52之價格出售庫藏股500股,該庫藏股之成本為每股$40,每股面額$10。出售庫藏股之影響為何? (A)股本增加$5,000 (B)資本公積增加$6,000 (C)保留盈餘增加$21,000 (D)庫藏股票減少$26,000。

( ) **11** 甲公司X8年1月1日權益內容:面額$10普通股股本$1,200,000,資本公積-普通股溢價$120,000,保留盈餘$800,000。X8年度庫藏股票交易如下:
3月1日 每股$12購買20,000股。
7月1日 每股$8出售8,000股。
5月1日 每股$13出售10,000股。
9月1日 註銷庫藏股票2,000股。
甲公司X8年度淨利為$200,000,則X8年底保留盈餘之餘額為:
(A)$954,000 (B)$964,000 (C)$976,000 (D)$996,000。

( ) **12** 大正公司訂有員工休假辦法,規定員工服務滿一年,次年可享有7天休假,且假期可累積。大正公司有10名員工均已任職多年,X8年薪資水準為每人每日$2,000。若已知X9年調薪幅度為5%,則大正公司X8年應認列與員工未來休假相關之薪資費用是多少? (A)$1,000 (B)$7,000 (C)$140,000 (D)$147,000。

( ) **13** 大立公司X7年已積欠符合權益定義之累積特別股之股利$40,000,若X8年預期不宣告發放股利,則將再積欠累積特別股股利$60,000,試問X8年底財務報表應如何報導積欠股利? (A)附註揭露積欠股利$100,000 (B)認列應付特別股股利$40,000,並附註揭露積欠股利$60,000 (C)認列應付特別股股利-非流動$100,000 (D)認列應付特別股股利-流動$60,000,及應付特別股股利-非流動$40,000。

( ) **14** 大惠公司X8年初有流通在外普通股100,000股,面額$10,另有面額$100、6%、符合權益定義之累積不可轉換特別股50,000股。10月1日公司增加發行普通股10,000股,X8年度稅後淨利為$648,500,則大惠公司普通股每股盈餘為: (A)$3.17 (B)$3.40 (C)$6.33 (D)$6.64。

( ) **15** A公司X8年初權益相關資料如下：面額$10之普通股股本$800,000，
資本公積－普通股發行溢價$160,000，保留盈餘$500,000。X8年度
淨利為$150,000，有關庫藏股交易如下：
3月1日 以每股$14買回庫藏股4,000股
5月5日 以每股$15出售庫藏股2,000股
7月10日 以每股$11出售庫藏股1,000股
9月1日 將其餘庫藏股註銷
則期末保留盈餘為： (A)$497,000 (B)$645,000 (C)$647,000
(D)$649,000。

( ) **16** 某公司於X6年1月1日之普通股流通在外股數為1,200,000股，9月1日
再發行普通股600,000股，X6年度之稅後淨利為$6,300,000，則每股
盈餘為多少？ (A)$3.0 (B)$3.5 (C)$4.0 (D)$4.5。

( ) **17** 某公司共發行普通股股票5,000,000 股，X7年6月10日公司宣告現金
股利每股2元、股票股利每股1元，請問下列敘述何者正確？
(A)權益減少$5,000,000 (B)權益減少$10,000,000
(C)權益減少$15,000,000 (D)權益無變動。

( ) **18** 甲公司X5年期初資產及負債分別為$3,000,000及$1,500,000，X5
年現金增資$500,000、宣告並發放現金股利$300,000與股票股利
$150,000。若結帳後資產及負債分別為$4,000,000及$2,100,000，則
該公司X5年綜合損益為何？
(A)綜合淨損$50,000 (B)綜合淨利$200,000
(C)綜合淨利$350,000 (D)綜合淨利$400,000。

( ) **19** 新安公司發行及流通在外之股本有：普通股500,000股（面額$10）
及特別股250,000股（面額$10，股利率為6%，累積，部分參加至
10%，符合權益定義）。若20X6年並未分配股利，20X7年度的淨利
為$1,200,000，擬全數分配股利，請問：20X7年普通股股東及特別
股股東各分得多少？
(A)$400,000，$800,000 (B)$500,000，$700,000
(C)$700,000，$500,000 (D)$800,000，$400,000。

(　　) **20** 甲公司於X3年初給與10位經理人各5,000股，面額$10之限制型股票，經理人若服務不滿三年離職即須將股票繳回，給與日該股票公允價值為$60。X5年初有一位經理人離職並繳回股票，則甲公司收回該股票時所作之分錄對整體權益之影響為何？　(A)無影響　(B)增加$100,000　(C)增加$200,000　(D)增加$300,000。

(　　) **21** 丙公司有流通在外累積特別股120,000股，每股面額$10，股利率10%。該公司X1、X2和X3年分別宣告現金股利$100,000、$120,000和$200,000，則X3年普通股股東可分配股利為何？
(A)$60,000　　　　　　　　　　(B)$80,000
(C)$100,000　　　　　　　　　　(D)$120,000。

(　　) **22** 甲公司以$120發行面額$100之特別股100,000股，並支付相關發行費用$20,000，則下列敘述何者錯誤？　(A)權益增加　(B)特別股股本增加　(C)保留盈餘減少　(D)資本公積增加。

(　　) **23** 甲公司X5年初流通在外普通股股數為100,000股，該公司在X5年10月1日增資發行20,000股普通股，則該公司應以多少股數計算X5年之每股盈餘？　(A)100,000股　(B)120,000股　(C)105,000股　(D)110,000股。

(　　) **24** 成功公司X7年初在外流通股數共250,000股，3月1日現金增資發行12,000股，10月1日買回自家股票3,600股，則X7年底計算每股盈餘時，其加權平均在外流通股數約為：　(A)241,000　(B)251,000　(C)259,100　(D)265,600。

(　　) **25** 中正公司X7年底帳上有餘額如下，試問權益總額應為何？
(1)資本公積－庫藏股票交易$2,450　　　(6)未分配盈餘345,000
(2)法定盈餘公積$320,000　　　　　　　(7)普通股股本400,000
(3)應付股利25,000　　　　　　　　　　(8)應付票據33,650
(4)庫藏股票50,000　　　　　　　　　　(9)應收股款130,000
(5)資本公積－普通股股票溢價40,000　　(10)已認普通股股本100,000
(A)1,027,450　　　　　　　　　　(B)1,570,500
(C)2,200,050　　　　　　　　　　(D)2,510,300。　　　　（108年桃園捷運）

( )**26** 臺北公司發行流通在外的股票，包括普通股100,000股以及累積特別股50,000股。特別股每股面值為$10，股利率為10%，但去年因為發生營業虧損，故積欠一年股利。臺北公司今年沒有發行新股、宣告股票股利或購回庫藏股，若今年的淨損為$100,000，請問今年的每股盈餘是多少？

(A)－0.5　　　　　　　　　(B)－1.0

(C)－1.5　　　　　　　　　(D)－$2.0。　　　（108年桃園捷運）

( )**27** 小小公司發行流通在外之股份包含普通股30,000股，每股面值$10，及8%累積非參加特別股20,000股，每股面值$10，公司至X1年初為止並無積欠股利，X1年度發放現金股利$10,000，02年底宣告將於03年初發放股票股利$30,000，試問X2年底之應付股利為

(A)$0　　　　　　　　　　(B)$24,000

(C)$30,000　　　　　　　　(D)$36,000。　　　（108年桃園捷運）

( )**28** 股票股利與股票分割的相同處在於：

(A)降低每股淨值　　　　　(B)降低保留盈餘

(C)降低股票面值　　　　　(D)降低股東權益。（108年臺灣菸酒）

( )**29** 庫藏股票對資產負債表的影響為：

(A)提高公司資產　　　　　(B)降低股東權益

(C)提高公司負債　　　　　(D)降低公司負債。（108年臺灣菸酒）

解答及解析（答案標示為#者，表官方曾公告更正該題答案。）

1 (D)。$10,000 \times 1.2 \times 2 + 3,000 \times \frac{6}{12} \times 2 = 27,000$（股）

2 (D)。$1,500,000 + 1,000,000 - 10 \times 100,000 + 15 \times 100,000 = 3,000,000$

3 (B)。106年3月30日戊公司之會計分錄如下：

現金	$144,000	
庫藏股票		$120,000
資本公積－庫藏股票交易		$24,000

4 (D)。待分配股票股利為股本加項，為股東權益科目。

5 (C)。企業的應付股利，是指按協議規定應該支付給投資者的利潤。由於企業的資金通常有投資者投入，因此，企業在生產經營過程中實現的利潤，在依法納稅後，還必須向投資人分配利潤。而這些利潤在應付未付之前暫時留在企業內，構成了企業的一項負債。應付股利屬於流動負債，為負債科目。

6 (D)。宣告日
發放現金股利：

保留盈餘	$2,500,000	
應付現金股利		$2,500,000

發放股票股利：

保留盈餘	1,000,000	
待分配股票股利		1,000,000

上述分錄會使負債增加$2,500,000，權益減少$2,500,000。

7 (D)。

	A	B
資本利息	$13,500	$24,300
薪資	$100,000	$90,000
分配紅利	$26,100	$26,100
合計	$139,600	$140,400

8 (A)。本題分錄為：

薪資費用	$2,500,000	
資本公積－員工認股權		$2,500,000

9 (D)。(1)加權平均流通在外股數$=14,000+6,000\times\dfrac{9}{12}-2,000\times\dfrac{6}{12}=17,500$（股）

(2)每股盈餘$=\dfrac{(\$835,200-\$773,950)}{17,500}=\$3.50$

10 (B)。出售庫藏股之分錄如下：

現金	$26,000	
庫藏股票		$20,000
資本公積－庫藏股票交易		$6,000

上述分錄會使資本公積增加$6,000。

11 (C)。5/1：$(\$13-\$12)\times10,000=\$10,000$
7/1：$(\$12-\$8)\times8,000=\$32,000$
X8年底保留盈餘之餘額
$=\$800,000+\$200,000+\$10,000-\$32,000-2,000\times\$120,000/120,000$
$=\$976,000$

12 (D)。$2,000×（1＋0.05）＝$2,100

$2,100×7×10＝$147,000

13 (A)。X8年底財務報表應附註揭露積欠股利：$60,000＋$40,000＝$100,000

14 (B)。普通股流通在外股數＝100,000×9/12＋110,000×3/12＝102,500（股）

大惠公司普通股每股盈餘＝（$648,500－$100×50,000×6%）/102,500

＝$3.40

15 (C)。3/1

庫藏股票	$56,000	
銀行存款		$56,000

5/5

銀行存款	$30,000	
庫藏股票		$28,000
資本公積－庫藏股票交易		$2,000

7/10

銀行存款	$11,000	
資本公積－庫藏股票交易	$2,000	
保留盈餘	$1,000	
庫藏股票		$14,000

9/1

普通股股本	$10,000	
資本公積－普通股發行溢價	$2,000	
保留盈餘	$2,000	
庫藏股票		$14,000

期末保留盈餘＝$500,000＋$150,000－$1,000－$2,000＝$647,000

16 (D)。(1) 普通股每股盈餘＝（本期淨利－特別股股利）／普通股流通在外加權平均股數

(2)本題普通股流通在外加權平均股數＝$1,200,000＋600,000×\dfrac{4}{12}$

＝1,400,000

(3) 普通股每股盈餘＝（本期淨利－特別股股利）／普通股流通在外加權平均股數＝（$6,300,000－$0）／1,400,000＝$4.5

17 (B)。 X7年6月10日公司宣告現金股利每股2元，會使股權益減少$10,000,000（5,000,000×$2）。

18 (B)。 期初權益＝$3,000,000－$1,500,000＝$1,500,000
結帳後權益＝$4,000,000－$2,100,000＝$1,900,000
該公司X5年綜合損益＝$1,900,000－$1,500,000－$500,000＋$300,000
＝$200,000

19 (D)。 (1)積欠特別股股利＝250,000×10×6%＝150,000

$$(2)20X7年分配率＝\frac{1,200,000-150,000}{500,000\times10+250,000\times10}＝14\%＞10\%$$

故20X7年特別股可參與分配至10%。
(3)特別股股東可分配股利＝積欠股利＋當年度分配股利
＝150,000＋250,000×10×10%＝400,000
(4)普通股股東可分配股利＝1,200,000－400,000＝800,000

20 (A)。 所謂限制型股票（即限制員工權利新股），係公司發給員工之新股附有服務條件或績效條件等既得條件，於既得條件達成前，其股份權利受有限制之股票。
一經理人離職並繳回股票，則甲公司收回該股票時所作之分錄為：借：股本，貸：資本公積－限制員工權利股票。
故對整體權益無影響。

21 (A)。 特別股股利＝120,000×10×10%＝120,000
X1年積欠120,000－100,000＝20,000
X2年積欠(120,000＋20,000)－120,000＝20,000
X3年應發放120,000＋20,000＝140,000
X3年普通股股東可分配股利＝200,000－140,000＝60,000

22 (C)。 以$120發行面額$100之特別股
股本增加$100×100,000股
資本公積增加(120－100)×100,000＝2,000,000
而發行成本應先沖減股本溢價，若不足則作為當年度費用。
故本題發行成本作為資本公積減項，保留盈餘不變。

23 (C)。 $100,000\times\frac{9}{12}+120,000\times\frac{3}{12}＝105,000$

24 (C)。 $250,000\times\frac{2}{12}+262,000\times\frac{7}{12}+258,400\times\frac{3}{12}＝259,100$

25 (A)。 $2,450＋$320,000－$50,000＋$40,000＋$345,000＋$400,000－$130,000＋$100,000＝$1,027,450

應收股款在資產負債表上的表達有兩種看法：

(1) 應收股款列為流動資產，公司的應收股款具有合法請求權，而且股款的收取期限通常一年以內。

(2) 應收股款列為權益的減項，因為公司並沒有提供相對的給付，認購股份時將股票面額及溢價列入權益，恐高估權益，因此將應收股款列為權益的減項。

應付股利、應付票據為負債科目。

26 (C)。 每股盈餘＝（稅後淨利或淨損－特別股股利）÷普通股加權平均流通在外股數

（－$100,000－$50,000）/$100,000＝－$1.5

27 (A)。 股票股利分錄如下

宣告時

借：保留盈餘

　　貸：應分配股票股利

發放時

借：應分配股票股利

　　貸：普通股股本

無應付股利科目，故為0

28 (A)。 股票股利VS股份分割

相同處在於股數皆會增加、權益皆會不變、每股價值皆會降低。

29 (B)。 買進庫藏股：

庫藏股　　　　（權益減項）

　　現金　　　（資產減項）

庫藏股為權益減項。

第九章 現金流量表與財報分析

課前導讀

現金流量表出題重點在於以直接法與間接法計算營業活動現金流量，以及某項交易所產生之現金流量係屬於現金流量表下何種活動。而財報分析則著重在各種比率分析及衡量經營績效的分析為主，考生務必要對於各種比率公式加以熟記並瞭解交易發生時會對造成該比率的影響。

重點整理

☑ 重點一 現金流量表

一、定義及編表目的

(一) **定義**：係用來報導公司在某一特定期間因營業、投資及籌資活動所產生的現金流入（出）淨額之財務報表。

(二) **編表之目的**：在於協助財務報表使用人士（投資人及債權人）評估企業：

1. 未來產生淨現金流入的能力。
2. 償還負債及支付股利的能力，及向外界融資之需要。
3. 本期損益及營業活動所產生現金流量差異原因。
4. 本期現金及非現金投資及籌資活動，對財務狀況的影響。

二、編表的基礎

本表的編製應以某一特定期間的現金或約當現金為基礎。

三、現金流量表的三大活動

現金流量表中應包括以下三類：

(一) **營業活動的現金流量**：係指公司的生產、銷售商品及提供勞務等活動所產生的現金流量，但不包括投資及籌資活動。

> **小叮嚀**
> 考生應背熟各項目所包含的內容！

流入項目	流出項目
1. 現銷商品及勞務收現數。 2. 應收帳款或應收票據收現。 3. 利息及股利收入收現。 4. 出售以交易為目的之金融資產。 5. 出售指定公允價值列入損益之金融資產。 6. 特許權使用、勞務費、佣金及其他現金收入。 7. 其他非投資及籌資活動所產生之現金流入，如訴訟受償款、保險理賠等。	1. 現購商品及原物料付現數。 2. 償還應付帳款及應付票據。 3. 利息費用付現數。 4. 支付各項營業成本及費用。 5. 支付各項稅捐、罰款及規費。 6. 取得交易目的之金融資產的現金流出。 7. 其他非投資及籌資活動所產生之現金流出，如：支付、訴訟賠款等。

(二) **投資活動的現金流量**：係指購買及處分公司的 **不動產、廠房及設備、無形資產、其他資產、債權證券及權益證券等所產生的現金流量。**

> **小叮嚀**
> 國際財務報導準則規定，利息及股利之收取及支付金額，應於現金流量表中分別表達。

流入項目	流出項目
1. 收回貸款。 2. 出售債權憑證。 3. 處分非以交易為目的之金融資產。 4. 處分不動產、廠房及設備。	1. 放款給他人。 2. 取得債權憑證。 3. 取得非以交易為目的之金融資產。 4. 取得不動產、廠房及設備。

(三) **籌資活動的現金流量**：包括股東（業主）的投資及分配股利給股東（業主）、融資性債務的借入及償還。

流入項目	流出項目
1. 現金增資。 2. 舉借債務。 3. 出售庫藏股票。	1. 支付股利。 2. 購買庫藏股票。 3. 退回資本。 4. 償還借款。 5. 償付分期付款金額。

四、不影響現金流量的重大投資及籌資活動

係指對於不影響資金之重要投資及籌資活動均應表達，俾表達企業特定期間的活動全貌。例如：

(一) 發行權益證券交換資產。　　　(二) 發行債務證券取得資產。

(三) 受贈資產。　　　　　　　　(四) 短期負債再融資為長期負債。

五、現金流量表的編製方法有二

(一) 直接法：

1. 說明：編製現金流量表之營業活動現金流量時，將每一項與營業活動有關的應計基礎損益項目調節至現金基礎之損益項目，逐項列入營業活動金流量表達之編製方法，稱為直接法。

2. 公式：

直接法營業活動現金流量項目	科目金額	調整項目(＋/－)	
銷貨收現＝	銷貨收入	＋	應收帳款減少數
		－	應收帳款增加數
		＋	預收貨款增加數
		－	預收貨款減少數
其他營業收入之收現＝	其他收入	－	處分資產利益
		－	權益法認列之投資收入
利息及股利收入收現＝	利息收入 及 股利收入	＋	應收利息（股利）減少數
		－	應收利息（股利）增加數
		＋	長期債券投資溢價攤銷數
		－	長期債券投資折價攤銷數
進貨付現＝	銷貨成本	＋	存貨增加數
		－	存貨減少數
		＋	應付帳款減少數
		－	應付帳款增加數

直接法營業活動現金流量項目	科目金額	調整項目(＋/－)	
薪資付現＝	薪資費用	＋	應付薪資減少數
		－	應付薪資增加數
其他營業活動付現＝	其他費用	＋	應付費用減少數
		－	應付費用增加數
		＋	預付費用增加數
		－	預付費用減少數
利息付現＝	利息費用	＋	應付利息減少數
		－	應付利息增加數
		＋	應付公司債溢價攤銷數
		－	應付公司債折價攤銷數

3. 直接法之補充揭露：

   (1) 不影響現金流量之投資及籌資活動。

   (2) 以間接法方式編列營業活動之現金流量。

4. 直接法（釋例）：

大中公司
現金流量表
民國X10年度

營業活動之現金流量：		
自客戶收取的現金	$920,000	
支付供應商的現金	(230,000)	
支付營業費用的現金	(70,000)	
支付利息費用	(12,000)	
支付所得稅	(8,000)	
由營業活動所產生的現金淨流入		$600,000
投資活動之現金流量：		
出售機器收入（含出售利益）	$75,000	
出售長期股權投資	45,000	
購買土地	(250,000)	
購買政府公債	(100,000)	
由投資活動所產生的現金淨流出		(230,000)

籌資活動之現金流量：

增資發行新股	$200,000	
發行公司債	200,000	
發放現金股利	(50,000)	
清償長期應付票據	(100,000)	
由籌資活動所產生的現金淨流入		250,000
本期現金淨流入（或本期現金增加數）		$620,000
加：期初現金餘額		130,000
期末現金餘額		$750,000
不影響現金流量的投資及籌資活動：		
發行股票交換設備		$220,000
簽發長期應付票據交換土地		130,000
合計		$350,000

(二) 間接法：

1. 說明：編製現金流量表的營業活動現金流量時，以本期損益為基準，將所有應計基礎項目調節為現金基礎損益項目所產生的差異數，作為調節本期損益的加項或減項，以計算營業活動現金流量之方法，稱為間接法。

2. 格式：

本期損益	$XXX	
加：不支付現金的費用		
折舊費用	$XXX	
壞帳費用	XXX	
折耗	XXX	
各項攤銷	XXX	
公司債折價的攤銷	XXX	
長期債券投資溢價攤銷	XXX	
長期股權投資採權益法所認列的投資損失超出現金股利部分	XXX	XXX
減：不產生現金的收益		
公司債溢價的攤銷	$XXX	
長期債券投資折價攤銷	XXX	

遞延收益攤銷	XXX	
長期股權投資採權益法所認列的投		
資收益超出現金股利部分	XXX	(XXX)

加：

非營業交易的損失	$XXX	
與營業活動有關的流動資產減少	XXX	
與營業活動有關的流動負債增加	XXX	XXX

減：

非營業交易之利益	$XXX	
與營業活動有關的流動負債減少	XXX	
與營業活動有關的流動資產增加	XXX	(XXX)
由營業所產生的現金淨流入（出）	$XXX	

3. 間接法之補充揭露：

(1) 本期支付利息。

(2) 本期支付所得稅。

(3) 不影響現金流量之投資及籌資活動。

4. 間接法（釋例）：

大中公司

現金流量表

民國X10年度

由營業活動所產生的現金流量：		
本期淨利		$210,000
加（減）調整項目：		
折舊費用	$120,000	
各項攤銷	30,000	
壞帳費用（總額法）	45,000	
各項攤銷	15,000	
公司債溢價攤銷	(8,000)	
應收帳款增加數	(2,000)	
存貨減少數	50,000	
預收貨款增加數	22,000	272,000
由營業活動所產生的現金淨流入		$482,000

由投資活動之現金流量：

出售設備收入（含出售利益全數列入）	$130,000	
購買機器	(200,000)	
購買長期股權投資	(40,000)	
存出保證金減少數	20,000	
由投資活動所產生的現金淨流出		(90,000)

由籌資活動之現金流量：

短期借款增加數	$50,000	
增資發行新股	250,000	
發行公司債	150,000	
償還長期借款	(100,000)	
購買庫藏股票	(60,000)	
支付現金股利	(30,000)	
由籌資活動所產生的現金淨流入		260,000
本期現金淨流入		$652,000
加：期初現金餘額		70,000
期末現金餘額		$722,000

不影響現金流量的投資及籌資活動：

發行股票交換固定資產	$90,000	
一年內到期的長期負債增加數	40,000	
簽發長期應付票據購買土地	220,000	
合計	$350,000	
本期支付利息	(12,000)	
本期支付所得稅	(8,000)	

註：因投資活動而產生的股利及利息收入，及因籌資活動而產生的利息費用及支付股利，可列為營業活動的現金流量，亦可列為投資及籌資活動的現金流量。這些項目如列為營業活動的現金流量，連同所得稅費用（利益），依照IAS7號規定，應單獨列報其金額，故由營業活動產生的淨現金流量可表達如下：

營運產生之現金	482,000
減：本期支付利息	(12,000)
減：本期支付股利	(30,000)
減：本期支付所得稅	(8,000)
由營業活動所產生的現金淨流入	432,000

範例 下列為某公司的比較試算表

借方科目			貸方科目		
	X1/12/31	X1/1/1		X1/12/31	X1/1/1
現金	$83,375	$28,800	備抵壞帳	2,500	1,250
應收帳款	36,500	25,000	累計折舊－建築物	7,500	5,000
存貨	72,750	75,000	累計折舊－設備	8,250	6,875
預付保險費	1,750	1,000	應付帳款	12,500	21,250
長期股權投資	2,500	10,000	應付票據（短期）	18,750	5,000
償債基金	22,500	20,000	應計費用	5,000	3,750
土地及建築物	48,750	48,750	應付所得稅	8,250	2,500
設備	53,750	30,000	未實現收益	750	3,750
應付公司債折價	2,100	2,700	應付票據（長期）	10,000	15,000
庫藏股票（成本）	1,275	2,500	應付公司債	62,500	62,500
銷貨成本	105,000		普通股股本	75,000	62,500
銷管費用	38,250		償債基金準備	22,500	20,000
出售設備損失	3,000		保留盈餘	22,500	28,000
所得稅費用	8,500		資本公積	25,250	6,375
			銷貨收入	188,250	
			出售投資利益	10,500	
合計	$480,000	243,750	合計	$480,000	$243,750

其他資料如下：

(一) 以六個月期的應付票據$13,750購買設備。

(二) 長期應付票據每年$5,000到期，外加利息。

(三) 庫藏股票按高於成本$1,125之價款出售。

(四) 股利均以現金支付。

(五) 所有的進貨及銷貨均賒帳。

(六) 應付公司債將以償債基金償還。

(七) 成本$13,500之設備以$8,000出售。

(八) 銷管費用包括：

保險費	$1,000
建築物折舊	2,500
設備折舊	3,875
壞帳費用	$2,500
利息費用	4,500

試用直接法編製現金流量表。（不需以間接法編製附表）

答

某公司

現金流量表

民國X1年度

營業活動之現金流量：		
自客戶處收取之現金	172,500 A	
支付供應商貨款	(111,500) B	
支付銷管費用	(28,275) C	
支付所得稅	(2,750) D	
營業活動之現金淨流入		29,975
投資活動之現金流量：		
出售長期股權投資	18,000 E	
出售設備	8,000	
購買設備	(23,500) F	
投資活動之現金淨流入		2,500
籌資活動之現金流量：		
發行普通股	30,250 G	
出售庫藏股票	2,350 H	
提撥償債基金	(2,500) I	
償還長期應付票據	(5,000) J	
發放現金股利	(3,000) K	
籌資活動之現金淨流入		22,100
本期現金淨流入		54,575
加：期初現金餘額		28,800
期末現金餘額		83,375

不影響現金流量之投資及籌資活動：

以短期應付票據購買設備　　　　　　　　　　　　　　13,750

※補充計算：

A.銷貨收入　　　　　　　　　　　　　　　　　　　　188,250

　　加：期初應收帳款　　　　　　　　25,000

　　　　期末未實現收益　　　　　　　　　750　　　　25,750

　　減：期末應收帳款　　　　　　　　(36,500)

　　　　期初未實現收益　　　　　　　(3,750)

　　　　備抵壞帳淨增加數　　　　　　(1,250)　　　(41,500)

　　自客戶處收取之現金　　　　　　　　　　　　　　172,500

B.支付商品供應商貨款：

　銷貨成本　　　　　　　　　　　　　　　　　　　　105,000

　　加：期初應付帳款　　　　　　　　21,250

　　　　期末存貨　　　　　　　　　　72,750　　　　94,000

　　減：期末應付帳款　　　　　　　　(12,500)

　　　　期初存貨　　　　　　　　　　(75,000)　　　(87,500)

　支付商品供應商貨款　　　　　　　　　　　　　　　111,500

C.支付銷管費用：

　銷管費用　　　　　　　　　　　　　　　　　　　　38,250

　　加：期末預付保險費　　　　　　　　1,750

　　　　期初應計費用　　　　　　　　　3,750

　　　　應付公司債折價（期末）　　　　2,100　　　　7,600

　　減：建築物折舊　　　　　　　　　(2,500)

　　　　設備折舊　　　　　　　　　　(3,875)

　　　　壞帳費用　　　　　　　　　　(2,500)

　　　　期初預付保險費　　　　　　　(1,000)

　　　　期末應計費用　　　　　　　　(5,000)

　　　　應付公司債折價（期初）　　　(2,700)　　　(17,575)

　支付銷管費用　　　　　　　　　　　　　　　　　　28,275

D.所得稅費用　　　　　　　　　　　　　　　　8,500

　加：期初應付所得稅　　　　　　　　　　　　2,500

　減：期末應付所得稅　　　　　　　　　　　(8,250)

　支付所得稅　　　　　　　　　　　　　　　　2,750

E.期末長期股權投資　　　　　　　　　　　　10,000

　加：出售投資利益　　　　　　　　　　　　10,500

　減：期末長期股權投資　　　　　　　　　　(2,500)

　出售長期股權投資（列入全部出售收入）18,000

F.購買設備（注意計算方法）：

　設備（期末）　　　　　　　　　　　　　　　　　　　53,750

　加：出售設備（成本）　　　　　　　　　　　　　　　13,500

　減：設備（期初）　　　　　　　(30,000)

　　　支付應付票據　　　　　　　(13,750)　　　(43,750)

　購買設備　　　　　　　　　　　　　　　　　　　　　23,500

G.發行普通股：

　普通股股本（期末）　　　　　　　　　　　　　　　　75,000

　加：資本公積（期末）　　　　　　　　　　　　　　　25,250

　減：資本公積—庫藏股票交易　　(1,125)

　　　資本公積（期初）　　　　　　(6,375)

　　　普通股股本（期初）　　　　　(62,500)　　　(70,000)

　發行普通股　　　　　　　　　　　　　　　　　　　　30,250

H.庫藏股票（期初）　　　　　　　　　　　　　　　　　2,500

　資本公積—庫藏股票交易　　　　　　　　　　　　　　1,125

　減：庫藏股票（期末）　　　　　　　　　　　　　　　(1,275)

　出售庫藏股票　　　　　　　　　　　　　　　　　　　2,350

I. 提撥償債基金＝$22,500（期末）－$20,000（期初）＝$2,500

J. 償付長期應付票據＝$15,000（期初）－$10,000（期末）＝$5,000

K.保留盈餘（期初）		28,000
加：本期淨利		44,000
減：保留盈餘（期末）	(66,500)	
提撥償債基金	(2,500)	(69,000)
發放現金股利		3,000

☑重點二　財務分析

一、意義

係將企業在某一會計期間結束辦理決算後，所編製的財務報表，以及相關的會計紀錄，加以整理、分析解釋其各種關係，以評估企業的財務狀況、經營績效及其他各項財務資料，以供投資者作為投資決策的參考數據。

二、目的

財務報表分析之主要目的如下：

(一) 短期償債能力分析。　　　　　(二) 長期償債能力分析及資本結構分析。

(三) 獲利能力分析。　　　　　　　(四) 投資報酬率分析。

(五) 資產使用效率分析。　　　　　(六) 現金流量分析。

三、財務報表的分析方法

財務報表的分析方法有四：

(一) **比率分析**：即將財務報表上有關聯的項目作成比率加以分析。

(二) **比較分析**：即將二期以上的財務報表並列比較，比較時可使用百分比增減數、比率增減數、絕對數字及絕對數增減數。

(三) **共同比分析**：即假設資產負債表中的資產總額、負債及股東權益總額為100%，或綜合損益表中的銷貨為100%，再將其構成項目換算各占其總額的百分比，以表達資產負債表或綜合損益表的組成結構。

(四) **特殊分析**：

1. 現金流量分析。　　　　　　　2.財務狀況變動分析。

3. 損益平衡點分析。

四、各種比率分析

水平分析	就不同年度期的財務報表或同一項目的比較分析，又稱為動態分析。可分為： 1. 趨勢分析：就財務報表中某一項目，以第一年為基期，計算其百分比，用來顯示其變化趨勢。 2. 比較財務報表：就將前後兩年度（期）報表加以比較分析。
垂直分析	就同一年度（期）的財務報表中各項目的比較分析，又稱為靜態分析。可分為： 1. 共同比財務報表：綜合損益表中以銷貨淨額為準（百分比）；資產負債表中以資產為準（百分比），再分別計算各項目所佔的百分比，以顯示其組成比重。 2. 比率分析：就財務報表中，將兩種具有相關意義的項目計算比率，以顯示出其比率隱含的意義。
短期償債 比率分析	1. 流動比率：為測驗企業短期償債能力的參考，並為衡量營運資金是否足夠的指標。計算公式： $$流動比率＝\frac{流動資產}{流動負債}$$ 說明：此項比率越大，代表企業短期償債能力越強。此一比率通常維持在200%（即2：1）以上，但實際上仍應視各該行業的狀況而定。 2. 速動比率：亦稱酸性測驗比率，係測驗企業極短期償債能力大小的指標。計算公式： $$速動比率＝\frac{速動資產}{流動負債}$$ ※速動資產＝流動資產－預付費用－存貨 說明：速動比率用來測驗企業緊急變現能力，此一比率至少應維持在100%以上（即1：1）。 3. 營業淨現金流量對流動負債比：衡量企業以營業活動賺取現金償還流動負債的能力。計算公式： $$營業淨現金流量對流動負債比＝\frac{營業活動現金流量}{流動負債}$$ 說明：比例越高，表示企業透過營業活動賺取現金來償還流動負債的能力越佳。

短期償債比率分析	4. 應收帳款週轉率：此一比率用來說明應收帳款收現的速度，此一週轉率越高表示收回帳款的速度越快，企業週轉金停留在帳款的期間越短。計算公式： $$應收帳款週轉率 = \frac{賒銷淨額}{（期初應收帳款+期末應收帳款）/2}$$ 5. 應收帳款平均收回天數：係指應收帳款週轉一次所需經歷的天數。計算公式： $$應收帳款平均收回天數 = \frac{365天（或360天）}{應收帳款週轉率}$$ 6. 存貨週轉率：此一比率用來衡量企業買進商品至賣出商品的流通速度。計算公式： $$存貨週轉率 = \frac{銷貨成本}{（期初存貨+期末存貨）/2}$$ 說明：此一週轉率越高，表示商品流通的速度越快，商品的儲存成本越低，用以衡量企業存貨週轉期間之長短，天數越低，表示流動性越高，變現力越佳。 7. $$存貨週轉平均天數 = \frac{365天（或360天）}{存貨週轉率}$$ 8. 平均營業週期：此週期為企業以現金購買存貨、將存貨出售產生應收帳款所需時間。計算公式： 平均營業週期＝應收帳款收回平均天數＋存貨週轉平均天數
資本結構與長期償債能力分析	1. 負債比率：係用來衡量企業透過舉債經營的程度，亦即外來資金（負債）占企業總資產的比率。計算公式： $$負債比率 = \frac{負債總額}{資產總額}$$ 說明：此項比率用來說明總資產中有多少來自外來資金。 2. 權益比率：係用來衡量以自有資金經營企業的程度，亦即自有資金（股東權益占企業總資產的比率）。權益比率的高低可以表示企業長期償債能力的強弱。計算公式： $$權益比率 = \frac{股東權益總額}{資產總額} = 1-負債比率$$ 3. 財務槓桿指數：指以自有資本來舉債，運用支付固定利息之負債來營運並賺取盈餘，支付利息後的盈餘歸於股東，達成增加股東權益資本報酬率的目的。計算公式：

資本結構與長期償債能力分析	財務槓桿指數＝$\dfrac{股東權益報酬率}{總資產報酬率}$

<table>
<tr><td rowspan="1" style="vertical-align:middle">資本結構
與長期償債
能力分析</td><td>

財務槓桿指數＝$\dfrac{股東權益報酬率}{總資產報酬率}$

說明：財務槓桿指數可衡量財務槓桿是否有利於股東，若小於1，表示不利，若大於1，則為有利。

4. 財務槓桿比率：衡量財務槓桿有利與不利的影響程度。計算公式：

財務槓桿比率＝$\dfrac{資產總額}{股東權益總額}$

說明：此比率越大表示自有資金比重越低，財務風險越高。

5. 長期資金對固定資產比率：此項比率係用來衡量固定資產由長期資金所支應的程度。計算公式：

長期資金對固定資產比率＝$\dfrac{（長期負債＋股東權益）}{固定資產}$

說明：若小於1，表示企業需依賴短期資金來支應長期資本支出，企業財務危機已可能發生，故此比率以遠大於1為宜。

6. 利息保障倍數：用來衡量企業的淨利相當於支付公司債利息的倍數。計算公式：

利息保障倍數＝$\dfrac{（稅前淨利＋利息費用）}{利息費用}$

$＝\dfrac{（稅後淨利＋所得稅＋利息費用）}{利息費用}$

說明：此倍數越高表示企業到期支付利息的能力越強。

</td></tr>
<tr><td rowspan="1" style="vertical-align:middle">衡量經營
績效分析</td><td>

1. 毛利率：係用來衡量銷貨毛利占銷貨淨額的百分率。計算公式：

毛利率＝$\dfrac{銷貨毛利}{銷貨淨額}$

2. 利潤率（或稱純益率）：用來衡量銷貨收入可以產生多少的利潤（純益）比率。計算公式：

利潤率＝$\dfrac{本期淨利}{銷貨淨額}$

3. 營業淨現金流量對銷貨收入比率：代表透過正常營業收入產生現金的能力。計算公式：

營業淨現金流量對銷貨收入比率＝$\dfrac{營業活動現金流量}{銷貨收入淨額}$

</td></tr>
</table>

4. 資產報酬率（ROA）：用來衡量全部資產所獲致的報酬率。計算公式：

$$資產報酬率 = \frac{稅後淨利+利息費用 \times （1-稅率）}{平均總資產} \times 100\%$$

說明：此項比率係衡量企業獲利能力及管理績效的指標。

5. 普通股股東權益報酬率：用來衡量股東權益所獲取的報酬率，亦稱資本報酬率或股東投資報酬率。計算公式：

$$普通股股東權益報酬率（ROE） = \frac{稅後淨利-當年度特別股股利}{平均股東權益}$$

6. 總資產週轉率：計算每一元資產投資可產生的銷貨收入。計算公式：

$$總資產週轉率 = \frac{銷貨收入淨額}{資產總額}$$

說明：該數字越大表示其資產之使用效率越高。

7. 固定資產週轉率：計算每一元固定資產投資可產生的銷貨收入。計算公式：

$$固定資產週轉率 = \frac{銷貨收入淨額}{平均固定資產}$$

說明：該數字越大表示其固定資產之使用效率越高。

8. 每股盈餘：用來衡量普通股每股所能賺得的盈餘額。計算公式：

$$每股盈餘 = \frac{本期淨利-特別股股利}{普通股加權平均流動在外股數}$$

※普通股流通在外加權平均股數：
(1) 現金增資、減資或庫藏股交易：
因增資、減資或庫藏股交易致使股數發生變動，應依變動時間計算全年之加權平均流通在外股數。
(2) 股票股利或股份分割年度中發放股票股利或進行股份分割而致股數變動，則加權平均流通在外股數應追溯調整至期初。

9. 本益比：用來衡量每股市價等於每股盈餘的倍數。計算公式：

$$本益比 = \frac{每股市價}{每股盈餘}$$

說明：價格盈餘比率愈高，表示股東要求的投資報酬率愈低。

10. 股利率：用來衡量每股股利占每股盈餘的比率，亦即股東每股所賺得的盈餘分配股利數。計算公式：

$$股利率 = \frac{每股股利}{每股盈餘}$$

衡量經營績效分析

衡量經營 績效分析	11.每股帳面價值：指普通股每一股可分得的公司淨資產帳面價值。計算公式： $$每股帳面價值＝\frac{（股東權益總額－特別股帳面價值）}{年底流動在外－普通股股數}$$ 12.每股特別股帳面價值：指特別股每一股可分得的公司淨資產帳面價值。計算公式： 　每股特別股帳面價值＝每股清算價值＋每股累積特別股股利
釋例	甲公司X1年度的銷貨毛利為銷貨收入的40%；營業費用為銷貨毛利的50%；折舊費用為\$240,000，占全部營業費用的30%，利息費用為營業費用的10%；所得稅稅率為20%。此外，甲公司X1年普通股平均流通在外股數為96,000股，普通股每股市價為\$84。 試求：根據上述資料計算甲公司X1年度下列金額或數字： 　　1.淨利　　　　　　　2.淨利率 　　3.利息保障倍數　　　4.每股盈餘 　　5.本益比 **解答**　營業費用：$240,000 \div 0.3＝800,000$ 利息費用：$800,000 \times 10\%＝80,000$ 銷貨毛利：$800,000 \div 0.5＝1,600,000$ 銷貨收入：$1,600,000 \div 0.4＝4,000,000$ 銷貨成本：$4,000,000－1,600,000＝2,400,000$ 所得稅：$20\% \times (1,600,000－800,000－80,000)$ 　　　　$＝720,000 \times 20\%＝144,000$ 1. 稅後淨利：$(1,600,000－800,000－80,000) \times (1－20\%)＝576,000$ 2. 淨利率：$576,000 \div 4,000,000＝14.4\%$ 3. 利息保障倍數： 　$(576,000＋144,000＋80,000)/80,000＝10$ 4. 每股盈餘：$576,000/96,000＝\$6$ 5. 本益比：$84/6＝14$

實戰演練

申論題

一 下列帳戶取自甲公司兩年的比較資產負債表：

	101年12月31日	102年12月31日
現金	$90,000	$120,000
短期投資—備供出售股票	180,000	200,000
應收帳款（淨額）	330,000	300,000
存貨	160,000	180,000
預付費用—廣告費	60,000	70,000
廠房設備	520,000	560,000
應付帳款	240,000	220,000
應付票據（四個月期）	160,000	200,000
應付抵押借款（半年期）	140,000	150,000

又查知甲公司102年銷貨總額為$2,800,000，其中半數為賒銷，該年度的銷貨成本為$1,750,000。（假設一年按360天計算）

試依據以上資料，計算甲公司下列各項比率或數字：

(一) 102年12月31日的營運資本。

(二) 102年12月31日的速動比率。

(三) 102年度存貨週轉率（次數）。

(四) 應收帳款之平均收帳期間。

(五) 營業週期。

答 (一)營運資本（102/12/31）：

　　流動資產＝$120,000＋$200,000＋$300,000＋$180,000
　　　　　　　＋$70,000＝$870,000

　　流動負債＝$220,000＋$200,000＋$150,000＝$570,000

　　營運資本＝$870,000－$570,000＝$300,000

(二)速動比率（102/12/31）：

　　速動資產＝$120,000＋$200,000＋$300,000＝$620,000

　　速動比率＝速動資產÷流動負債

　　　　　　＝$620,000÷$570,000≒1.088

(三)存貨週轉率＝銷貨成本÷平均存貨

　　　　　　　＝$1,750,000÷[($160,000＋$180,000)÷2]≒10.29次

(四)應收帳款之平均收帳期間：

　　應收帳款週轉率＝賒銷淨額÷平均應收帳款

　　＝($2,800,000÷2)÷[($330,000＋$300,000)÷2]≒4.44次

　　平均收款期間＝360天÷4.44次≒81天

(五)營業週期：

　　＝平均收款期間（81天）＋存貨週轉期間（360天÷10.29次）

　　＝81天＋35天＝116天

二 台大公司民國101年度產銷資料如下：

銷貨收入（@$50×20,000件）	$1,000,000
變動成本（@$30×20,000件）	(600,000)
邊際貢獻（@$20×20,000件）	$ 400,000
固定成本	(200,000)
營業淨利	$200,000)

試為台大公司計算下列各項目：

(一) 損益兩平點的銷貨額為多少？

(二) 損益兩平點的銷貨量為多少？

(三) 若該公司102年度預期利潤為$100,000，則其損益兩平點的銷貨額為多少？

(四) 若該公司102年度欲提高售價10%，並增加銷售量10%，則其損益兩平點的銷售量、額應分別為多少？

(五) 若該公司102年度欲降低售價10%，並增加銷售量10%，則其損益兩平點的銷售量、額應分別為多少？

答 (一)損益兩平點的銷貨額

=固定成本÷[1−(變動成本÷銷貨收入)]

=$200,000÷[1−($600,000÷$1,000,000)]=$500,000

(二)損益兩平點的銷貨量

=固定成本÷(單位售價−單位變動成本)

=$200,000÷($50−$30)=10,000件

(三)預期利潤的銷貨額

=(預期利潤+固定成本)÷(1−變動成本率)

=($100,000+$200,000)÷[1−($30÷$50)]=$750,000

(四)提高售價10%，增加銷售量10%時：

單位售價=$50×(1+10%)=$55

銷售量=20,000件×(1+10%)=22,000件

1.損益兩平點的銷售量=固定成本÷(單位售價−單位變動成本)

=$200,000÷($55−$30)=8,000件

2.損益兩平點的銷貨額=$55×8,000件=$440,000

(五)降低售價10%，增加銷售量10%時：

單位售價=$50×(1−10%)=$45

銷售量=20,000件×(1+10%)=22,000件

1.損益兩平點的銷售量=$200,000÷($45−$30)≒13,333件

2.損益兩平點的銷售額=固定成本÷(1−變動成本率)

=$200,000÷[1−($30÷$45)]≒$600,000

三 天祥公司101年底營運資金為$220,000，流動比率為2。102年發生兩筆交易，即賒購商品$180,000，並將該商品按成本加計40%之利潤賒銷，計入上述兩筆交易後，其流動比率為2，試計算該公司102年底流動資產為多少？

答 假設流動資產為CA，流動負債為CL，則：102年交易事項：（假設存貨採永續盤存制）

(一)存貨　　　　　　　　　$180,000

　　應付帳款　　　　　　　　　　　　$180,000

(二)

  1.應收帳款　　　　　　　　$252,000
      銷貨收入　　　　　　　　　　　$252,000
  2.銷貨成本　　　　　　　　$180,000
      存貨　　　　　　　　　　　　　$180,000

經發生上述兩筆交易後，

得知，流動資產及流動負債分別增加$252,000及$180,000，

則：流動資產÷流動負債＝流動比率

$(CA+\$252,000)\div(CL+\$180,000)=2$

$CA=2CL+\$108,000$

流動資產－流動負債＝營運資金

$(2CL+\$108,000)-CL=\$220,000$

$CL=112,000$

$CA-\$112,000=\$220,000$

$CA=\$220,000+\$112,000=\$332,000$

故102年底流動資產＝$332,000＋$252,000＝$584,000

四 台中公司101及102年簡要之資產負債表資訊如下：

	102年	101年
現金	$43,875	$19,500
應收帳款	44,000	45,250
存貨	21,500	22,125
投資	12,000	17,500
不動產、廠房及設備	73,500	58,000
減：累計折舊	25,500	21,250
應付帳款	32,500	36,750
股本	50,000	50,000
保留盈餘	75,750	43,250

102年其他交易資料：

(一) 出售投資利益$2,000（不是非常項目）。

(二) 未出售任何不動產、廠房及設備。

(三) 已支付之現金股利$6,000。

(四) 在102年之淨利為$38,500。

試作：編製台中公司102年之現金流量表。 （台中快捷巴士）

答

台中公司

現金流量表

102年度

營業活動之現金流量	
本期損益	38,500
折舊	4,250
出售投資利益	(2,000)
應收帳款(增加)減少	1,250
存貨(增加)減少	625
應付帳款增加(減少)	(4,250)
營業活動淨現金流入(出)	38,375
投資活動之現金流量	
處分投資	7,500
購買固定資產	(15,500)
投資活動淨現金流入(出)	(8,000)
籌資活動之現金流量	
發放現金股利	(6,000)
籌資活動淨現金流入(出)	(6,000)
本期淨現金流入(出)	24,375
期初現金	19,500
期末現金餘額	43,875

補充計算：

折舊＝25,500－21,250

應收帳款(增加)減少＝44,000－45,250

存貨(增加)減少＝21,500－22,125

應付帳款增加(減少)＝32,500－36,750

處分投資＝17,500－12,000＋2,000

購買固定資產＝58,000－73,500

五 鶯歌公司X1年底資產負債表顯示流動資產$1,000,000、流動負債$380,000、股東權益$1,760,000、資產總額$2,500,000。

X2年僅發生下列交易：

(1)賒銷$400,000，收款$250,000，沖銷呆帳$10,000

(2)賒購$350,000，銷貨成本$120,000，年底應付帳款淨增加$20,000

(3)各項費損共計$180,000，其中折舊提列$20,000，呆帳認列$5,000，存貨跌價損失$10,000，其餘均用現金支付

(4)現購設備$100,000，現金增資$380,000，償還長期負債$200,000

請以X2年財務報表結果，計算下列財務比率：

(一) 流動比率。

(二) 負債對總資產比率。

(三) 平均股東權益報酬率。 （桃園捷運）

答

	流動資產	資產總額	流動負債	股東權益
X2/1/1	1,000,000	2,500,000	380,000	1,760,000
賒銷	400,000	400,000		400,000
賒購	350,000	350,000	350,000	
銷貨成本	(120,000)	(120,000)		(120,000)
應付帳款	(330,000)	(330,000)	(330,000)	
費用付現	(145,000)	(145,000)		(145,000)
折舊費用		(20,000)		(20,000)
呆帳費用	(5,000)	(5,000)		(5,000)
存貨跌價	(10,000)	(10,000)		(10,000)
設備付現	(100,000)			
現金增資	380,000	380,000		380,000
償還長期負債	(200,000)	(200,000)		
X2/12/31餘額	1,220,000	2,800,000	400,000	2,240,000

(一)流動比率＝1,220,000÷400,000＝3.05

(二)負債對總資產比率＝（2,800,000－2,240,000）÷2,800,000＝20%

(三)平均股東權益報酬率＝本期損益÷平均股東權益

本期損益＝400,000－120,000－145,000－20,000－5,000－10,000
＝100,000

平均股東權益＝（1,760,000＋2,240,000）÷2＝2,000,000

平均股東權益報酬率＝100,000÷2,000,000＝5%

六 甲公司20X3年期初、期末之負債總額均為$4,000,000，負債之平均利率為年息8%。20X3年期初、期末之負債比率分別為50%及40%。已知甲公司當年之平均權益報酬率為15%，所得稅率17%。請計算下列甲公司20X3年度相關之財務資料：

(一) 期初股東權益。　　　　　(二) 期末股東權益。

(三) 本期淨利。　　　　　　　(四) 總資產報酬率。

(五) 利息保障倍數。　　　　　　　　　　　　　　　　（中央造幣廠）

答 (一)期初股東權益＝4,000,000

負債比率＝負債總額÷資產總額

50%＝4,000,000÷資產總額

資產總額＝8,000,000

期初股東權益＝8,000,000－4,000,000＝4,000,000

(二)期末股東權益＝6,000,000

負債比率＝負債總額÷資產總額

40%＝4,000,000÷資產總額

資產總額＝10,000,000

期末股東權益＝10,000,000－4,000,000＝6,000,000

(三)本期淨利＝750,000

權益報酬率＝淨利÷平均股東權益總額

15%＝淨利÷[(4,000,000＋6,000,000)÷2]

淨利＝750,000

(四)總資產報酬率＝8.33%

　　＝淨利÷平均總資產

　　＝750,000÷[(8,000,000＋10,000,000)÷2]＝8.33%

(五)利息保障倍數＝3.82

　　＝（稅前淨利＋利息費用）÷利息費用

　　＝{[750,000÷(1－17%)]＋(4,000,000×8%)}÷(4,000,000×8%)

　　＝(903,614＋320,000)÷320,000＝3.82

七 X5年初甲公司的現金餘額為$2,500，該公司X5年度與現金有關交易的資訊如下：

銷售商品收到現金	$2,100	支付供應商貨款	$ 1,100
銷貨收入	3,800	進貨	2,100
購買長期債券	140	支付員工薪資	600
支付營業費用	200	收自客戶預付貨款	3,900
償還借款	500	購置不動產、廠房及設備	560
出售投資性不動產	900	現金增資發行新股	1,400
購買庫藏股票	100	支付所得稅	100

試作：分別計算甲公司X5年度下列項目之金額。

(一) 營運產生之現金。　　　　(二) 營業活動之現金流量。

(三) 投資活動之現金流量。　　(四) 籌資活動之現金流量。

(五) X5年底的現金餘額。　　　　　　　　　　　　　　（臺灣菸酒）

答 (一)營運產生之現金：$6,700

　　(二)營業活動之現金流量：$5,700

　　(三)投資活動之現金流量：$200

　　(四)籌資活動之現金流量：$800

　　(五)X5年底的現金餘額：$9,200

計算如下：

	營業活動	投資活動	籌資活動	營運產生之現金
銷售商品收到現金	2,100			2,100
銷貨收入	3,800			3,800
購買長期債券		(140)		(140)
支付營業費用	(200)			(200)
償還借款			(500)	(500)
出售投資性不動產		900		900
購買庫藏股票			(100)	(100)
支付供應商貨款	(1,100)			(1,100)
進貨	(2,100)			(2,100)
支付員工薪資	(600)			(600)
收自客戶預付貨款	3,900			3,900
購置不動產、廠房及設備		(560)		(560)
現金增資發行新股			1,400	1,400
支付所得稅	(100)			(100)
合計	5,700	200	800	6,700
期初現金餘額				2,500
X5年底的現金餘額				9,200

八 惜福公司103年部分財務資料如下：

科目	103.12.31	102.12.31	項目	103年度
資產			銷貨收入	$8,500,000
應收帳款	$850,000	$600,000	銷貨成本	5,950,000
減：備抵壞帳	(120,000)	(80,000)	壞帳費用	90,000
存貨	800,000	650,000	薪資費用	300,000
預付費用	250,000	120,000	其他營業費用	230,000
負債			利息費用	140,052
應付帳款	$400,000	$360,000	所得稅費用	522,000
應付薪資	180,000	280,000		
應付利息	0	100,000		
應付所得稅	182,000	250,000		
遞延所得稅負債	470,000	320,00		

其他資訊如下：

(1)103年度銷貨皆為賒銷；提列壞帳費用$90,000，沖銷應收帳款$50,000。

(2)採用權益法之投資，103年度收到被投資公司分配現金股利$30,000。

(3)103年1月1日發行公司債$1,500,000，票面利率10%，每年12月31日付息，按110價格發行，有效利率為8.488%，10年到期，溢價按有效利息法攤銷。

試作：（金額計算至整數位，以下四捨五入）

採直接法編製惜福公司103年度現金流量表中屬營業活動之現金流量部分（假設收取股利和支付利息均屬營業活動的現金流量）。

（經濟部所屬事業）

答

惜福公司

現金流量表

103年度

營業活動之淨現金流量	
銷貨收現	8,300,000
進貨付現	(6,060,000)
費用付現	(760,000)
股利收現	30,000
本期支付利息	(250,000)
本期支付所得稅	(440,000)
營業活動之淨現金流入	820,000

計算如下：

銷貨收入	8,500,000	銷貨成本	5,950,000
加：期初應收帳款	600,000	加：期初應付帳款	360,000
減：期末應收帳款	(850,000)	減：期末應付帳款	(400,000)
加：沖銷應收帳款	50,000	加：期末存貨	800,000
銷貨收現	8,300,000	減：期初存貨	(650,000)
		進貨付現	6,060,000
薪資費用	300,000	所得稅費用	522,000
加：期初應付薪資	280,000	加：期初應付所得稅	250,000
減：期末應付薪資	(180,000)	減：期末應付所得稅	(182,000)

其他營業費用	230,000	加：期初遞延所得稅負債	320,000
加：期末預付費用	250,000	減：期末遞延所得稅負債	(470,000)
減：期初預付費用	(120,000)	本期支付所得稅	440,000
費用付現	760,000		

利息費用	140,052
加：期初應付利息	100,000
減：期末應付利息	0
加：公司債溢價攤銷	9,948
本期支付利息	250,000

$9,948 = 1,500,000 \times 110\% \times 8.488\% - 1,500,000 \times 10\%$

九 甲公司X7年度之財務資訊如下：

資產負債表	X7年度增加(減少)	綜合損益表	X7年度
現金	$(36,000)	銷貨收入	$500,000
應收帳款淨額	(32,000)	銷貨成本	(200,000)
存貨	8,000	銷貨毛利	300,000
不動產、廠房及設備淨額	60,000	營業費用	(150,000)
資產合計	$ 0	稅前淨利	150,000
應付帳款	(82,000)	所得稅費用	(30,000)
預收貨款	30,000	本期淨利	120,000
本期所得稅負債	(8,000)	本期其他綜合損益	－
普通股股本	50,000	本期綜合損益總額	$ 120,000
保留盈餘	10,000		
負債及權益合計	$ 0		

其他資料如下：

(1)除折舊費用$28,000與預期信用減損損失$2,000外，營業費用均以現金支付。

(2)不動產、廠房及設備淨額之變動為購置土地與提列折舊。

(3)普通股股本變動係因發放25%的股票股利；X7年度曾通過並支付現金股利，該公司將支付股利分類為籌資活動之現金流量。

請計算X7年度下列現金流量金額。

(一) 自客戶收現數。

(二) 貨款付現數。

(三) 支付所得稅。

(四) 支付股利。

(五) 營業活動之淨現金（須註明流入或流出）。　　　　　（108年中華郵政）

答 (一)銷貨淨額＋應收帳款減少數＋預收貨款增加數＝自客戶收現數

　　　$500,000＋$32,000＋$30,000＝$562,000

(二)銷貨成本＋存貨增加＋應付帳款減少＝貨款付現數

　　　$200,000＋$8,000＋$82,000＝$290,000

(三)支付所得稅＝所得稅費用＋本期所得稅負債減少

　　　$38,000＝$30,000＋$8,000

(四)X7年度淨利轉保留盈餘，保留盈餘增加$120,000。

　　普通股股本增加$50,000為發放股票股利，分錄為：

　　保留盈餘　　　　　　　　　　$50,000

　　　普通股股本　　　　　　　　　　$50,000

　　本期保留盈餘增加數在計算分配現金股利前為$120,000－$50,000＝$70,000

　　但在計算分配現金股利後保留盈餘餘額的增加數為$10,000，兩者

　　間差額為支付現金股利數$60,000

(五)銷貨收現數－進費付現數－營業費用付現數－所得稅付現數＝

　　營業活動現金流入（流出）

　　　$562,000－$290,000－$120,000－$38000＝$114,000

　　營業費用－不以現金支付之費用＝營業費用付現數

　　　$150,000－（$28,000＋$2,000）＝$120,000

十 天母公司108年度之綜合損益表如下：

天母公司
綜合損益表
108年1月1日至12月31日

銷貨收入		$800,000
銷貨成本		(300,000)
銷貨毛利		500,000
營業及其他費用		
廣告費用	$180,000	
折舊費用	50,000	
處分資產損失	20,000	
薪資費用	100,000	(350,000)
淨利		$150,000

其他資訊：

• 本期應收帳款減少50,000元。

• 本期預付廣告增加7,000元。

• 供應商的應付帳款本期增加40,000元。

• 本期應付薪資減少8,000元。

• 本期存貨減少1,000元。

試作：請以間接法編製108年度營業活動之現金流量表。 （108年臺灣電力）

答

天母公司
現金流量表
108年度

營業活動之現金流量		
本期淨利		$150,000
調整項目：		
折舊費用	$50,000	
處份資產損失	20,000	
應收帳款減少數	50,000	
預付費用增加數	(7,000)	
存貨減少數	1,000	
應付帳款增加數	40,000	
應付費用減少數	(8,000)	146,000
營業活動現金淨流入		$296,000

十一 A公司部分財務資料如下：

會計科目	105年12月31日	106年12月31日
應收帳款	$ 800,000	$1,000,000
存貨	900,000	1,100,000
應收帳款週轉率（次）		5
存貨週轉率（次）		4

在不考慮其他情況下，試計算：（一年以365天計算，四捨五入至小數點後2位）

(一) 假設公司銷貨全為賒銷，則106年之賒銷淨額為何？

(二) 106年之銷貨成本為何？

(三) 106年之銷貨毛利為何？

(四) 106年之毛利率為何？

(五) 營業循環週期為何？ （108年臺灣菸酒）

答 (一)平均應收帳款＝（$800,000＋$1,000,000）/2＝$900,000

賒銷淨額＝平均應收帳款×應收帳款週轉率

$4,500,000＝$900,000×5

(二)平均存貨＝（$900,000＋$1,100,000）/2＝$1,000,000

銷貨成本＝平均存貨×存貨週轉率

$4,000,000＝$1,000,000×4

(三)銷貨毛利＝銷貨收入－銷貨成本

$500,000＝$4,500,000－$4,000,000

(四)銷貨毛利率＝銷貨毛利/銷貨收入×100%

11.11%＝（$500,000/$4,500,000）×100%

(五)營業週期＝平均銷售期間＋平均收帳期間

平均銷售期間＝365/存貨週轉率

＝365/4＝91.25天

平均收帳期間＝365/應收帳款週轉率

＝365/5＝73天

營業週期＝91.25天＋73天＝164.25天

測驗題

(　　) **1** 台北公司X1年度淨利為$80,000、折舊費用$20,000、應收帳款增加$30,000、存貨減少$40,000、應付帳款增加$20,000、及出售設備利益$10,000。台北公司以間接法編製現金流量表時,則X1年度來自營業活動之現金流量為:　(A)$180,000　(B)$160,000　(C)$140,000　(D)$120,000。　　　　　　　　　　　　(104年台北捷運)

(　　) **2** 台北公司X1年底的現金為$20,000,應收帳款為$40,000,存貨為$50,000,預付費用為$10,000,應付帳款為$10,000,短期應付票據為$2,000,則台北公司X1年底的速動比率為:　(A)10.00倍　(B)5.00倍　(C)9.17倍　(D)以上皆非。　　　　　　　　　　　　　　(104年台北捷運)

(　　) **3** 台北公司X1年稅前淨利為$92,400,所得稅稅率30%,利息保障倍數為8倍,試問台北公司X1年度之利息費用為:　(A)$13,200　(B)$11,550　(C)$9,240　(D)以上皆非。　　　　　　　(104年台北捷運)

(　　) **4** 下列的敘述,哪一個最能描述流動性(liquidity)?　(A)提高保留盈餘價值的能力　(B)支付公司到期負債的能力　(C)能夠以現金購買公司所需要的每一件東西　(D)能夠賒購公司所需要的每一件東西。　　　　　　　　　　　　　　　　　　　　(105年臺灣港務)

(　　) **5** 假如某公司營業活動的現金流量金額為負數,請問下列哪一個敘述是正確的?　(A)該公司當年度一定發生損失　(B)該公司當年度一定有淨利　(C)該公司當年度所償還的負債金額一定超過該年所獲之盈餘　(D)該公司當年度可能獲利,但也可能發生損失。

(105年臺灣港務)

(　　) **6** 支付現金股利給股東,應該在現金流量表的下列哪一個部分呈現?　(A)營業活動現金流量　(B)投資活動現金流量　(C)融資活動現金流量　(D)停業部門現金流量。　　　　　　　(105年臺灣港務)

(　　) **7** 下列何者在現金流量表中為營業活動之項目?　(A)買入固定資產　(B)賣出固定資產　(C)借入款項　(D)進貨。　　(105年臺灣港務)

(　　) **8** 甲公司流動比率為3，速動比率為2.5，已知該公司速動資產為$125,000，則其營運資金為若干？　(A)$100,000　(B)$120,000　(C)$150,000　(D)$180,000。　　　　　　　　　　（105年中油）

(　　) **9** 甲公司2014年至2016年之毛利分別為$20,000、$22,000及$25,000，假設2014年是趨勢分析的基期，則2015及2016年的趨勢百分比應分別為：　(A)10%及25%　(B)22%及25%　(C)110%及125%　(D)220%及250%。　　　　　　　　　　（105年中油）

(　　) **10** 大新公司X8年之賒銷淨額為$900,000、賒購淨額為$550,000、銷貨成本為$600,000、平均應收帳款為$200,000、平均應付帳款為$137,500，平均存貨為$100,000，則下列比率或指標何者錯誤？（一年以365天計算，四捨五入取至整數位）　(A)應收帳款週轉率為4.5次　(B)存貨週轉平均天數為61天　(C)淨營業週期為142天　(D)應付帳款付現平均天數為91天。　　　　　（105年臺灣菸酒）

(　　) **11** 中台公司X8年度之綜合損益表中有營業費用$200,000（包含折舊費用$50,000），而X8年底之比較資產負債表中顯示X7年底有應付費用$45,000及預付費用$12,000；X8年底之應付費用與預付費用則分別為$52,000及$8,000。請問X8年度營業費用之付現金額為多少？　(A)$189,000　(B)$161,000　(C)$147,000　(D)$139,000。（105年臺灣菸酒）

(　　) **12** 台中公司X9年度的利息保障倍數為8倍，所得稅稅率為25%，帳上利息費用為$20,000，則該年度之稅後淨利為：　(A)$140,000　(B)$105,000　(C)$100,000　(D)$120,000。　　　　　（105年臺灣菸酒）

(　　) **13** 當流動資產大於流動負債時，以現金償還應付帳款會造成下列何種影響？　(A)營運資金增加　(B)流動比率增加　(C)營運資金減少　(D)流動比率減少。　　　　　　　　　　（105年臺灣菸酒）

(　　) **14** 群英公司近日來經營不善決定對外舉債，由於群英公司的舉債額度有上限，即流動負債不能高過流動比率必須大於1，請問下列何種事項不會影響群英公司的流動比率？　(A)以現金賣固定資產　(B)發行長期負債去償付流動負債　(C)應收帳款收現　(D)以現金去償付應付帳款。　　　　　　　　　　（106年桃園捷運）

( ) **15** 某公司的本益比是18，ROE是12%，則該公司的市價對帳面價值比是多少？ (A)0.18 (B)1.12 (C)3 (D)2.16。 （106年桃園捷運）

( ) **16** 若期初存貨$60,000，當期銷貨成本$600,000，期末存貨$100,000，則以平均存貨計算之存貨周轉率為： (A)10.0次 (B)8.0次 (C)7.5次 (D)6.0次。 （106年桃園捷運）

( ) **17** 以間接法編製現金流量表，在計算營業活動的現金流量時，下列那一項目不需要加回淨利？ (A)折舊費用 (B)存貨減少數 (C)無形資產攤銷 (D)出售資產利得。 （106年桃園捷運）

( ) **18** 設現金基礎下之銷貨收入$500,000，而期初應收帳款餘額$180,000，期末應收帳款餘額$140,000，則權責基礎下之銷貨收入為： (A)$460,000 (B)$540,000 (C)$640,000 (D)$680,000。 （106年桃園捷運）

( ) **19** 若甲公司的流動資產較流動負債大，當該公司以現金償還應付帳款時，會導致： (A)流動比率提高 (B)營運資金減少 (C)營運資金增加 (D)流動比率降低。 （106年中鋼）

( ) **20** 甲公司的財務資訊如下，擬編製以資產總額為基數的共同比報表。請問2016及2017年底的共同比報表中，現金科目如何呈現？

科目	2016年	2017年
現金	$21,904	$32,203
流動資產小計	101,769	141,128
財產廠房設備	112,577	202,558
長期投資	12,700	4,344
無形資產	16,621	48,703
其他長期資產	11,709	13,754

(A)21.52%、22.82% (B)7.90%、7.27%
(C)8.58%、7.85% (D)19.30%、20.79%。 （106年中鋼）

( ) **21** 現金流量表可以提供以下哪些資訊？ (A)公司增加投資金額的原因 (B)新買廠房的資金來源 (C)營運活動產生或使用了多少現金 (D)淨利與來自營業活動現金淨流量金額不同的原因。 （106年中鋼）

(　　) **22** A公司X8年初負債為$300,000，負債對資產比率為2：5。X8年公司宣布並發放現金股利$15,000，股票股利$30,000，X8年底權益總額為$600,000，則A公司X8年度綜合淨利是多少？
(A)$115,000　　　　　　　　(B)$145,000
(C)$165,000　　　　　　　　(D)$195,000。

(　　) **23** A公司X3年度相關資料如下：本期淨利$500,000，出售設備利得$80,000，折舊費用$20,000，應收帳款減少$36,000，存貨增加$65,000，應付帳款減少$24,000，則A公司X3年度來自營業活動現金流量是多少？　(A)$387,000　(B)$445,000　(C)$517,000　(D)$547,000。

(　　) **24** A公司X8年損益表列示利息收入為$90,000，現金流量表中利息收現數為$100,000，若X8年初應收利息為$25,000，則X8年底應收利息餘額為：
(A)$10,000　　　　　　　　(B)$15,000
(C)$30,000　　　　　　　　(D)$35,000。

(　　) **25** A公司X2年度期初存貨為$60,000，期末存貨為$40,000，當年度進貨總額$255,000，進貨退出與折讓為$25,000，則X2年存貨週轉平均天數為（假設1年以360天計）：　(A)78.26天　(B)70.59天　(C)65.45天　(D)72天。

(　　) **26** 甲公司X6年度銷貨淨額$3,200,000（全部賒銷），銷貨成本$1,500,000，平均應收帳款$800,000，平均存貨$500,000，一年以360天計算，請問X6年度甲公司的營業循環為幾天？　(A)90　(B)120　(C)210　(D)360。

(　　) **27** 甲公司會計人員採用間接法編製現金流量表，針對當年度折舊費用金額的部分，正確之處理方式為何？
(A)列為投資活動的現金流入
(B)列為籌資活動的現金流出
(C)列為營業活動，並從本期淨利加回該金額
(D)列為營業活動，並從本期淨利扣除該金額。

( ) **28** 丙公司X1年底用直接法編製現金流量表，X1年度的銷貨收入
$1,600,000，X1年1月1日應收帳款$60,000，X1年12月31日應收帳
款$30,000，則當年度來自銷貨收到現金的金額為： (A)$1,600,000
(B)$1,650,000 (C)$1,660,000 (D)$1,630,000。

( ) **29** 甲公司X1年期初存貨$100,000以及應收帳款$120,000，期末存
貨$120,000。當年度進貨$500,000，銷貨毛利$220,000，並收到
$380,000的應收帳款。X1年期間的銷貨中有$300,000採用現金
銷貨。則甲公司期末應收帳款為： (A)$140,000 (B)$180,000
(C)$200,000 (D)$260,000。

( ) **30** 乙公司於X1年12月31日採用直接法編製現金流量表，X1年度的銷
貨收入$1,800,000，銷貨成本$1,450,000，X1年1月1日存貨為$4,000
以及應付帳款$10,000，X1年12月31日存貨為$2,000，以及應付帳
款$50,000，則當年度進貨而支付的現金金額為： (A)$1,507,000
(B)$1,306,000 (C)$1,408,000 (D)$1,448,000。

( ) **31** 甲公司X6年期初應收帳款總額為$80,000，期末應收帳款總額為
$105,000，該公司於X6年沖銷應收帳款$5,000，並提列呆帳損失
$8,000。若X6年之銷貨收入為$950,000，則X6年自現銷及應收帳
款收到之現金為何？ (A)$920,000 (B)$925,000 (C)$928,000
(D)$933,000。

( ) **32** 甲公司流動比率為2，流動負債$200,000，該公司以現金$40,000
償還應付帳款後，則流動比率為多少？ (A)1.5 (B)1.6 (C)2.0
(D)2.25。

( ) **33** 西湖公司20X7年之利息保障倍數4.5，淨利率（又稱稅後純益率）
28.0%，20X7年之利息費用為$250,000，所得稅率17.0%。若平均
資產總額為$1,037,500，請問：20X7年之總資產週轉率為多少？
(A)2.3（次） (B)2.5（次） (C)2.8（次） (D)3.0（次）。

( ) **34** 通常最被視為能衡量某企業繼續經營能力之現金流量表資訊為： (A)來
自融資活動之現金流量 (B)來自投資活動之現金流 (C)來自營業活
動之現金流量 (D)不影響現金之投資融資活動。 （108年臺灣菸酒）

解答與解析（答案標示為#者，表官方曾公告更正該題答案。）

1 (D)。
X1年淨利	80,000
折舊費用	20,000
出售設備利得	(10,000)
應收帳款增加	(30,000)
存貨減少	40,000
應付帳款增加	20,000
營業活動之現金流入	120,000

2 (B)。$\dfrac{20,000+40,000}{10,000+2,000}=5$

3 (A)。$\dfrac{92,400+利息費用}{利息費用}=8$

利息費用＝13,200

4 (B)。流動性係指滿足各種資金需要和收回資金的能力。

5 (D)。現金流量係指現金之流入與流出，亦即收現、付現之金額，因此雖然現金流量金額為負數，並不代表當年為損失。

6 (C)。籌資（融資）活動通常涉及「與營業無關之流動負債」、「非流動負債」及「本期損益以外權益項目」之變動，凡股東投入資本、發放現金股利、籌資性債務之舉借與償還及存入保證金之收取與返還等均屬之。來自籌資活動之現金流量的例子包括：

(1) 來自發行股票或其他權益性工具之現金價款。

(2) 因取得或贖回企業股票而支付予股票持有者之現金。

(3) 來自發行債權憑證、借款、票據、一般債券、抵押借款及其他長、短期借款之現金價款。

(4) 償還借款之現金。

(5) 承租方為減少融資租賃之未結清負債而支付之現金。

7 (D)。(A)投資活動。

(B)投資活動。

(C)籌資（融資）活動。

8 (A)。(1) 營運資金：流動資產－流動負債

(2) 流動比率：$\dfrac{流動資產}{流動負債}$

(3) 速動比率（酸性測試比率）：$\dfrac{速動資產}{流動負債}$

(4) 本題計算如下：

$$\frac{\$125,000}{流動負債}=2.5，流動負債＝\$50,000$$

$$\frac{流動資產}{\$50,000}=3，流動資產＝\$150,000$$

營運資金：$\$150,000-\$50,000＝\$100,000$

9 (C)。2015年毛利率：$\dfrac{\$22,000}{\$20,000}=110\%$

2016年毛利率：$\dfrac{\$25,000}{\$20,000}=125\%$

10 (C)。(1) 應收帳款週轉率：$\dfrac{賒銷淨額}{平均應收帳款}=(次)$

平均應收帳款＝(期初應收帳款＋期末應收帳款)÷2

(2) 存貨週轉率：$\dfrac{銷貨成本}{平均存貨}=(次)$

平均存貨＝(期初存貨＋期末存貨)÷2

(3) 淨營業週期＝平均銷售期間＋平均收款期間－平均付款期間

平均銷售期間：$\dfrac{365}{存貨週轉率}=(天)$

平均收款期間：$\dfrac{365}{應收帳款週轉率}=(天)$

平均付款期間：$\dfrac{365}{應付帳款週轉率}=(天)$

(4) 應付帳款週轉率：$\dfrac{進貨}{平均應付帳款}=(次)$

平均應付帳款＝(期初應付帳款＋期末應付帳款)÷2

(5) 本題計算如下：

應收帳款週轉率：$\dfrac{\$900,000}{\$200,000}=4.5(次)$

平均收款期間：$\dfrac{365}{4.5}=81(天)$

存貨週轉率：$\dfrac{\$600,000}{\$100,000}=6(次)$

存貨週轉平均天數：$\dfrac{365}{6}$＝61(天)

應付帳款週轉率：$\dfrac{\$550,000}{\$137,500}$＝4(次)

應付帳款付現平均天數：$\dfrac{365}{4}$＝91(天)

淨營業週期：61天＋81天－91天＝51天

11 (D)。 假設營業費用$150,000(不包含折舊費用$50,000)，其中應付費用為
$75,000；預付費用轉計為$75,000。T字帳如下：

應付費用		預付費用	
	45,000	12,000	
應付費用付現　75,000		預付費用付現　75,000	
	52,000	8,000	

應付費用付現：$45,000＋$75,000－$52,000＝$68,000
預付費用付現：$8,000＋$75,000－$12,000＝$71,000
營業費用之付現金額：$68,000＋$71,000＝$139,000

12 (B)。 (1) 利息保障倍數：$\dfrac{息稅前盈餘}{利息費用}$＝(倍)

　　　息稅前盈餘＝稅前純益＋利息費用
　　(2) 假設稅前純益為X

　　　$\dfrac{X+\$20,000}{\$20,000}$＝8(倍)，X＝$140,000，

　　　$140,000×(1－25%)＝$105,000

13 (B)。 (1) 營運資金：流動資產－流動負債

　　(2) 流動比率：$\dfrac{流動資產}{流動負債}$

　　(3) 假設流動資產為$100，流動負債為$50，以現金$20償還應付帳款。
　　　原來營運資金：$100－$50＝$50
　　　償還後營運資金：$80－$30＝$50

　　　原來流動比率：$\dfrac{\$100}{\$50}$＝2

　　　償還後流動比率：$\dfrac{\$80}{\$30}$＝2.67，償還後流動比率增加。

14 (C)。　流動比率＝流動資產／流動負債
　　　　(A)流動資產下降。
　　　　(B)流動負債下降。
　　　　(C)流動資產、流動負債不變，不影響流動比率。
　　　　(D)流動資產下降、流動負債下降。
　　　　故本題(C)為正確。

15 (D)。　本益比＝18＝每股市價／每股盈餘＝每股市價×$\dfrac{流通在外股數}{稅後淨利}$

　　　　股東權益報酬率＝12%＝稅後淨利／平均股東權益

　　　　$\dfrac{市價}{帳面價值}$＝18×12%＝2.16

16 (C)。　$\dfrac{600,000}{(60,000+100,000)/2}$＝7.5(次)

17 (D)。　出售資產利得應自淨利中減除，故本題應選(D)。

18 (A)。　500,000－180,000＋140,000＝460,000

19 (A)。　現金償還應付帳款時，現金減少，資產減少，應付帳款減少，負債減少，則流動比率提高、營運資金不變，故本題選(A)。

20 (C)。　21,904÷255,376＝8.58%
　　　　32,203÷410,487＝7.85%

21 (BCD)。
　　　　現金流量表僅能提供投資面現金流入或流出，無法得知增加的原因。故本題(A)有誤。

22 (C)。　(1) 負債/資產＝2.5
　　　　　　$300,000/資產＝2.5　資產＝750,000
　　　　(2)（$750,000－$300,000）＋X8年度綜合淨利－$15,000＝$600,000
　　　　X8年度綜合淨利＝$165,000

23 (A)。　營業活動現金流量

本期淨利	$500,000
調整項目：	
出售設備利得	(80,000)
折舊費用	20,000
應收帳款減少	36,000

存貨增加	(65,000)
應付帳款減少	(24,000)
營業活動現金流入	$387,000

24 (B)。

		+	應收利息減少數
利息及股利收入收現＝	利息收入	−	應收利息增加數
		+	長期債券投資溢價攤銷數
		−	長期債券投資折價攤銷數

$100,000＝$90,000＋（$25,000－期末應收利息餘額）
期末應收利息餘額＝$15,000

25 (D)。(1)銷貨成本＝$60,000＋$255,000－$25,000－$40,000＝$250,000

$$X2年存貨週轉率＝\frac{銷貨成本}{(期初存貨+期末存貨)/2}$$

$$＝\frac{\$250,000}{(\$60,000+\$40,000)/2}＝5(次)$$

(2) X2年存貨週轉平均天數＝360/5＝72(天)

26 (C)。(1)存貨週轉率＝$\frac{銷貨成本}{(期初存貨+期末存貨)/2}＝\frac{\$1,500,000}{\$500,000}＝3(次)$

$$存貨週轉平均天數＝\frac{360}{存貨週轉率}＝\frac{360}{3}＝120(天)$$

(2) 應收帳款週轉率＝$\frac{賒銷淨額}{(期初應收帳款+期末應收帳款)/2}＝\frac{\$3,200,000}{\$800,000}＝$
4(次)

$$應收帳款平均收回天數＝\frac{360}{應收帳款週轉率}＝\frac{360}{4}＝90(天)$$

(3) 甲公司的營業循環＝120＋90＝210(天)

27 (C)。間接法編製現金流量表下，當年度折舊費用金額列為營業活動，並從本期
淨利加回該金額。

28 (D)。

銷貨收現＝	銷貨收入	＋	應收款項減少數
		－	應收款項增加數
		＋	預收款項增加數
		－	預收款項減少數

當年度來自銷貨收到現金的金額
＝$1,600,000＋（$60,000－$30,000）＝$1,630,000

29 (A)。

銷貨收現＝	銷貨收入	＋	應收款項減少數
		－	應收款項增加數
		＋	預收款項增加數
		－	預收款項減少數

銷貨成本＝$100,000＋$500,000－$120,000＝$480,000
銷貨收入＝$480,000＋$220,000＝$700,000
$680,000＝$700,000－（期末應收帳款－$120,000）
期末應收帳款＝$140,000

30 (C)。

進貨付現＝	銷貨成本	＋	存貨增加數
		－	存貨減少數
		＋	應付款項減少數
		－	應付款項增加數

進貨付現的現金金額＝$1,450,000－（$4,000－$2,000）－（$50,000－$10,000）
＝$1,408,000

31 (A)。

銷貨收現＝	銷貨收入	＋	應收款項減少數
		－	應收款項增加數
		＋	預收款項增加數
		－	預收款項減少數

X6年自現銷及應收帳款收到之現金
＝$950,000－（$105,000＋$5,000－$80,000）＝$920,000

32 (D)。原流動比率＝$\frac{\$400,000}{\$200,000}=2$

該公司以現金$40,000償還應付帳款後，則流動比率＝$\frac{\$400,000-\$40,000}{\$200,000-\$40,000}$

＝2.25

33 (B)。 (1)利息保障倍數$=\dfrac{(稅前淨利+利息費用)}{利息費用}=\dfrac{(稅前淨利+\$250,000)}{\$250,000}=4.5$

稅前淨利$=\$875,000$

稅後淨利$=\$875,000\times(1-17\%)=\$726,250$

(2) 銷貨收入$=\$726,250/28\%=\$2,593,750$

(3) 總資產週轉率$=\dfrac{銷貨收入淨額}{平均資產}=\dfrac{\$2,593,750}{\$1,037,500}=2.5（次）$

34 (C)。 通常以營業活動之現金流量衡量某企業繼續經營能力。

NOTE

109年 台北捷運公司新進專員 (會計學)

一 金華公司於民國101年1月1日購入建築物一棟，成本$760,000估計可以使用10年，殘值為$60,000，按直線法提折舊，106年1月1日重新估計發現，該建築物全部耐用年限應為13年，殘值$10,000，試作：
　　(一) 102年12月31日折舊分錄。
　　(二) 107年12月31日折舊分錄。

答 會計估計變動：對資產估計使用年限、殘值等改變所造成的。
　　因此，(1)不修正之前所多提或少提的折舊費用，(2)改變後每年已重新計算之金額為折舊費用。
　　(一)102年12月31日折舊分錄
　　　　直線法提列折舊＝(成本－殘值)÷使用年限
　　　　$(760,000-60,000)10=70,000$元

折舊	70,000	
累計折舊		70,000

　　(二)107年12月31日折舊分錄
　　　　累計折舊$70,000×5$(101年~105年)＝350,000
　　　　105年12月31日帳面價值＝$760,000-350,000=410,000$
　　　　107年12月31日折舊$(410,000-10,000)=50,000$

折舊	50,000	
累計折舊		50,000

二 針對下列(1)至(5)之會計帳戶，請依照下列兩項說明作答：

(一) 請於帳戶分類欄指明各帳戶所屬之分類，並以下述縮寫代號表示：

資產–A	負債–L	權益–E
收入–R	費用–EX	

(二) 請於正常餘額欄指明各帳戶正常之餘額屬於借方或貸方

會計帳戶	帳戶分類	正常餘額
(1)應付票據		
(2)預收服務收入		
(3)機器設備		
(4)薪資費用		
(5)存貨		

答

會計帳戶	帳戶分類	正常餘額
應付票據	L	貸方
預收服務收入	L	貸方
機器設備	A	借方
薪資費用	EX	借方
存貨	A	借方

三 鼎盛公司採定期盤存制，銷貨毛利為銷貨成本的25%，民國108年度第1季到第3季的其他相關資料如下：

期初存貨	$420,000
進貨	$272,000
進貨退回	$48,000
銷貨	$460,000

民國108年9月30日並未實地盤點存貨，請運用毛利率法替鼎盛公司估計民國108年9月30日的存貨金額。

答 銷貨毛利＝銷貨成本×25%

設銷貨成本＝X

460,000－銷貨成本X＝銷貨毛利0.25X

1.25X＝460,000；X＝368,000

銷貨成本＝368,000；銷貨毛利＝92,000

(一)期初存貨＋進貨－進貨退回＝可售商品總額

＝420,000+272,000－48,000

＝644,000

(二)可售商品總額－期末存貨＝銷售成本

644,000－期末存貨＝368,000

108年9月30日存貨＝276,000

四 全勝公司民國107年及108年之部份年度財務報表資料如下,請根據資料計算該公司108年下列比率。

	107年	108年
流動資產	$25,000	$30,000
流動負債	12,500	15,000
現銷金額	75,000	80,000
賒銷金額	25,000	30,000
銷貨成本	60,000	60,000
存貨	18,000	22,000
應收帳款	4,000	6,000

(一) 流動比率。

(二) 應收帳款週轉率。

(三) 存貨週轉率。

答 (一)流動比率＝流動資產／流動負債

$\rightarrow (30,000/15,000) \times 100\% = 200\%$

(二)應收帳款周轉率 $= \dfrac{\text{賒銷收入淨額}}{\text{應收帳款平均餘額}}$

$= \dfrac{\text{賒銷收入淨額}}{\dfrac{(\text{期初應收帳款餘額}＋\text{期末應收帳款餘額})}{2}}$

$= \dfrac{30,000}{\dfrac{(4,000＋6,000)}{2}} = 6$次

(三)存貨周轉率(次)＝銷售(營業)成本÷平均存貨

平均存貨＝(年初存貨+年末存貨)÷2

存貨周轉率(次)＝60,000÷(18,000+22,000)/2＝3次

五 天勤公司於民國108年12月31日時應收帳款餘額為$600,000，其中逾期1個月以上之帳款共計$200,000。調整前備抵呆帳為貸餘$10,000，天勤公司根據過去的經驗，估計未逾期帳款之呆帳率為2%，逾期1個月以上之帳款的呆帳率為20%。試問以下：
(一) 民國108年底應提列之呆帳費用為多少？
(二) 民國108年底調整後的備抵呆帳餘額是多少？

答 108年12月31日應收帳款餘額為600,000
200,000→呆帳
調整前備抵呆帳貸餘10,000
未逾期帳款之呆帳率為2%
逾期1個月以上之帳款的呆帳率為20%

(一)108年底應提列呆帳費用
　　未逾期帳款之呆帳率為2%×400,000＝8,000
　　逾期1個月以上之帳款的呆帳率為20%×200,000＝40,000
　　調整前備抵呆帳 貸餘10,000
　　因此，提列呆帳費用為
　　48,000－10,000＝$38,000

(二)108年底調整後備抵呆帳餘額
　　未逾期帳款之呆帳率為2%×400,000＝8,000
　　逾期1個月以上之帳款的呆帳率為20%×200,000＝40,000
　　調整後備抵呆帳為8,000＋40,000＝$48,000

109年 台灣電力公司新進僱用人員（會計學概要）

一、填充題

1. 小李公司將面額30,000元，年利率10%，6個月期之應收票據，於到期前4個月持向銀行貼現，獲得貼現金額30,240元，則其貼現率為_____%。

2. 費用須與相關之收入同期認列，是基於_____原則。

3. 若公司採「備抵壞帳法」提列壞帳，期末遺漏壞帳提列分錄，將使當年度財務報表之費用_____，權益總額_____。（高估／低估／不變）

4. 和平公司的銷貨毛利率40%，淨利率5%，和平公司希望總資產報酬率達12%以上，則總資產週轉率至少應為_____倍。

5. 陳記公司期初存貨多計3,000元，期末存貨少計1,000元，將使本期淨利_____元。（請加註多計／少計）

6. 在權益法之下，收到被投資公司之現金股利時，試問其現金流量表屬於_____活動之現金流量。

7. 在編製銀行存款調節表時，手續費為公司帳上餘額之_____。（加項／減項／不影響）

8. 熊大公司採帳齡分析法提列壞帳，已知108年12月31日應收帳款淨額580,000元，108年1月1日備抵壞帳餘額61,000元，108年實際發生壞帳52,000元，108年壞帳沖銷後再收回8,000元，108年12月31日應收帳款餘額620,000元，試問熊大公司108年提列壞帳費用為_____元。

9. 賒銷1,000元，目的地交貨，付款條件為3／10、n／30，顧客代付運費50元，若顧客於銷貨後第10天付清款項，則公司可收到現金_____元。

10. 美美公司之稅前淨利200,000元，利息保障倍數為6倍，則稅前息前淨利為_____元。

11. 當市場利率低於公司債票面利率，公司發行之債券為＿＿＿＿＿＿＿發行。（溢價／折價／平價）

12. 零用金採定額預付制的公司，如果零用金在會計期間期末有動用但未撥補，將造成本期財務報表之費用＿＿＿＿＿＿＿，資產＿＿＿＿＿＿＿。（高估／低估／不變）

13. 東南公司過去四年平均銷貨毛利率50%，年中發生火災存貨全毀，公司帳冊資料如下：期初存貨150,000元、本期進貨400,000元、進貨運費10,000元、進貨折扣20,000元、銷貨收入600,000元、銷貨退回20,000元、銷貨運費10,000元，則東南公司存貨損失為＿＿＿＿＿＿＿元。

14. X6年底以現金預付一年租金，將造成對X6年底速動比率＿＿＿＿＿＿＿。（上升／下降／不變）

15. 莉莉公司5月31日銀行對帳單餘額150,000元，得知該公司在5月份有存款不足30,000元，未兌現支票50,000元，在途存款70,000元，銀行手續費1,000元，則該公司5月31日銀行存款正確金額為＿＿＿＿＿＿＿元。

16. 東南公司出售單價10,000元手機2,000支，保固期為1年，估計維修率4%，每支平均修理費1,000元，銷售當年有60支回廠修理，實際發生修理費用共計60,000元。則年底資產負債表估計產品保證負債應為＿＿＿＿＿＿＿元。

17. 大華公司於X1年4月1日以98之價格另計應收利息，發行面額2,000,000元、票面利率10%之10年期公司債。該公司債於每年7月1日及1月1日付息一次，則大華公司發行公司債共得款＿＿＿＿＿＿＿元。

18. 小明公司於X1年投入780,000元研發新技術，於X3年初技術研發成功並順利取得專利權，其專利權之法律規費支出80,000元，則該專利權之入帳成本為＿＿＿＿＿＿＿元。

19. X4年初大雄公司對生產設備進行大修，估計支出效益可達3年，若該公司將此資本支出誤列為收益支出，則X5年度財務報表之資產＿＿＿＿＿＿＿，淨利＿＿＿＿＿＿＿。（多計／少計／不變）

20. 甲公司108年1月1日普通股流通在外100,000股,108年4月1日買回庫藏股票
12,000股,108年7月1日再售出全部庫藏股12,000股,108年10月1日現金增資發
行新股36,000股,試問該公司108年度加權平均流通在外股數為_____股。

解答及解析

1. **12**
   (1) 票據利息＝30,000×10%×6／12＝1,500
   (2) 票據到期值＝30,000＋1500＝31,500
   (3) 貼現所得現金31,500－X＝30,240
   (4) 貼現息＝31,500×X×4／12＝1,260

2. **配合／成本收益配合**
   配合原則／成本收益配合原則:當收入認列時,其相對的成本或費用須同時
   認列。

3. **低估,高估**
   壞帳→費用少計,低估
   備抵壞帳→資產抵減科目
   資產(抵減科目少計)＝負債(少計)＋權益(多計)

4. **2.4**
   (1) 銷貨毛利率＝毛利／銷貨淨額→40／100
   (2) 淨利率＝稅後淨利／銷貨淨額→5／100
   (3) 總資產報酬率(ROA)＝(稅後淨利／平均資產)×100%→5／平均資產
       ＝12／100
       平均資產＝125／3
   (4) 資產周轉率＝銷貨淨額／平均資產→100125／3＝2.4

5. **少計4,000**
   (1／1)存貨＋本期淨利＝(12／31)存貨
   多計3000＋少計4000＝少計1000

6. **營業**
   IAS 7權益法之下,收到被投資公司之現金股利→在現金流量表屬於營業活動
   之現金流量。

7. **減項**
   手續費為公司帳上餘額的減項,因銀行已記,公司未記。

8. **23,000**

108／12／31應收帳款淨額580,000元

108／12／31應收帳款餘額620,000元

→期末備抵壞帳為40,000元

期末備抵壞帳－期初備抵壞帳＋本期沖銷壞帳－沖銷壞收回壞帳＝壞帳費用

$40,000 - 61,000 + 52,000 - 8,000 = 23,000$

9. **920**

賒銷1000元，10天內付清款項，可享3%折扣

$1,000 \times 0.97 = 970$元

扣除顧客代付運費50元＝920元(公司可收到之現金)

10. **240,000**

利息保障倍數＝(稅前淨利＋利息費用)／利息費用

→ (200,000＋利息費用)／利息費用＝6；利息費用＝40,000

稅前息前淨利＝200,000＋40,000＝240,000

11. **溢價**

市場利率低於公司債票面利率，投資人都想要投資此公司債，發行價格自然會高於債券面額，公司發行債券為溢價發行。

12. **低估，高估**

零用金採定額預付制，如零用金在會計期間期末有動用但未撥補，

未撥補之分錄：

借：各項費用

　　貸：現金

→造成費用低估，資產高估

13. **250,000**

期初存貨＋進貨＋進貨運費－進貨折扣＝可供銷貨商品總額

＝150,000＋390,000

＝540,000(可供銷貨商品總額)

1－銷貨毛利率50%＝銷貨成本50%

600,000－20,000＝銷貨淨額×50%＝580,000×50%＝290,000(銷貨成本)

540,000－290,000＝250,000(期末存貨)

＝年終發生火災存貨全毀，存貨損失250,000元

14. **下降**

現金預付一年租金，分錄：

預付租金　　XXX　　　　→預付費用增加

　現金　　　　　XXX　→流動資產減少

速動比率＝速動資產／流動負債

速動資產＝流動資產－預付費用－存貨

X6年底速動比率下降，因流動資產減少而預付費用增加

15. **170,000**

公司5月31日銀行存款正確金額＝5月31銀行對帳單餘額150,000元－未兌現支票50,000元＋在途存款70,000元＝170,000元

16. **20,000**

出售分錄：$10,000×2,000支＝20,000,000

現金　　　20,000,000

　　銷貨收入　　　　　　　20,000,000

2,000支×4%→估計有80支維修

估計維修費＝80×1,000＝80,000元

估計產品保證負債80,000元

實際發生時：

實際維修60支×1,000＝60,000

估計產品保證負債60,000元

現金80,000－60,000＝20,000元(年底資產負債表估計產品保證負債)

17. **2,010,000**

發行公司債＋利息＝2,000,000×98／100＋2,000,000×10%×3／12

　　　　　　　　＝1,960,000＋50,000

　　　　　　　　＝2,010,000

18. **80,000**

入帳成本為專利權之法律規費支出$80,000，研究發展費用$780,000。

19. **少計，多計**

資本支出：經濟效益在一年以上且金額重大

→借記資產科目(增加資產的效率)，如延長耐用年限，則借記累計折舊

收益支出：經濟效益僅在當期或金額不重大→借記費用科目

X4年費用多計→淨利少計，而X5年費用少計，淨利多計，但資產少計

20. **106,000**

加權平均流通在外股數

108／1／1　100,000股×12／12＝100,000股

　　4／1　買回庫藏股12,000股×9／12＝(9,000)股

　　7／1　售出庫藏股12,000股×6／12＝6,000股

　　10／1　增資發行　36,000股×3／12＝9,000股

加權平均流通在外股數：100,000－9000＋6000＋9000＝106,000股

二、問答與計算題

一　乙公司107年12月31日資產負債表如下：

乙公司
資產負債表
107年12月31日

現金	$200,000	應付帳款	$300,000
應收帳款	(一)	應付費用	100,000
存貨	(二)	長期負債	(四)
固定資產	(三)	普通股股本	200,000
減：累計折舊	(100,000)	保留盈餘	(五)
資產總額	$900,000	負債及股東權益總額	$900,000

其他資料：

1. 負債為股東權益之2倍。

2. 流動比率為1.5。

3. 存貨週轉率10次，107年1月1日存貨10,000元。

4. 銷貨成本300,000元。

請完成(一)～(五)各項目金額。

答　(一)流動比率＝流動資產／流動負債＝1.5

流動資產＝現金＋應收帳款＋存貨＝200,000＋應收帳款＋存貨

流動負債＝應付帳款＋應付費用＝300,000＋100,000＝400,000

流動資產／流動負債＝1.5 → 流動資產／400,000＝1.5

流動資產＝600,000＝200,000＋應收帳款＋50,000

應收帳款＝350,000

(二)存貨周轉率＝銷貨成本／(期初存貨＋期末存貨)÷2

10＝300,000／(10,000＋期末存貨)÷2

期末存貨＝50,000

(三)總資產＝現金＋應收帳款＋存貨＋固定資產－累計折舊

900,000＝200,000＋350,000＋50,000＋固定資產－100,000

固定資產＝400,000

(四)負債＋股東權益＝900,000，負債為股東權益之2倍

因此，負債＝600,000，股東權益＝300,000

應付帳款＋應付費用＋長期負債＝負債

300,000＋100,000＋長期負債＝600,000

長期負債＝200,000

(五)負債及股東權益總額＝應付帳款＋應付費用＋長期負債＋普通股股本＋保留盈餘

900,000＝300,000＋100,000＋200,000＋200,000＋保留盈餘

保留盈餘＝100,000

二 精靈公司108年度損益表如下：

精靈公司
損益表
108年度

銷貨收入	$350,000
銷貨成本	200,000
銷貨毛利	150,000
營業費用	70,000
其他費用	30,000
本期純益	$50,000

此外，精靈公司108年度資產負債科目變動如下：

1. 應收帳款(淨額)減少10,000元。

2. 存貨增加15,000元。

3. 應付帳款增加25,000元。

4. 應付租金減少19,000元。

5. 預付保費減少15,000元。

6. 應付利息增加8,000元。

7. 營業費用中包含折舊費用25,000元，租金費用7,000元，保險費用
   20,000元，其餘為付現之營業費用，其他費用全為利息費用。
   請以直接法編製108年度營業活動之現金流量表。（以間接法計算者不
   予計分）

答　自客戶收取的現金＝銷貨收入＋應收帳款減少數－應收帳款增加數＋
　　　　　　　　　　　預收貨款增加數－預收貨款減少數
　　　　　　　　　＝350,000＋10,000＝360,000
　　支付供應商的現金＝銷貨成本＋存貨增加數－存貨減少數＋應付帳款
　　　　　　　　　　　減少數－應付帳款增加數
　　　　　　　　　＝200,000＋15,000－25,000＝190,000
　　支付營業費用的現金＝營業費用＋應付費用減少數－應付費用增加數
　　　　　　　　　　　＋預付費用增加數－預付費用減少數
　　　　　　　　　＝70,000＋19,000（應付租金減少）－15,000（預付保
　　　　　　　　　　費減少）－25,000（折舊）－7,000（租金費用）－
　　　　　　　　　　20,000（保險費用）
　　　　　　　　　＝22,000
　　利息付現＝利息費用＋應付利息減少數－應付利息增加數＋應付公司
　　　　　　　債溢價攤銷數－應付公司債
　　　　　　＝30,000－8,000＝22,000

精靈公司 現金流量表 民國108年		
營業活動之現金流量：		
自客戶收取的現金		360,000
支付供應商的現金	(190,000)	
支付營業費用的現金	(22,000)	
支付利息費用	(22,000)	(234,000)
由營業活動所產生的現金淨流入		126,000

三 兔兔公司在X1年初購入一設備,預估耐用年限5年。下表為在直線法及倍數餘額遞減法之折舊方法下,該設備提列折舊費用之資料。試問:

年度	直線法	倍數餘額遞減法
X1	$90,000	$200,000
X2	90,000	120,000
X3	90,000	72,000
X4	90,000	43,200
X5	90,000	25,920

(一) 該設備成本為何?殘值為何?

(二) 若兔兔公司採年數合計法提列折舊,則X2年底結帳後該設備之帳面金額為何?

(三) 若兔兔公司採直線法提列折舊,X2年底因法令改變,評估該設備已產生減損,估計可回收金額為200,000元,但耐用年限及殘值仍維持不變,則該設備X2年底應認列減損金額為何?X3年度應提列折舊費用為何?

答 (一)直線法折舊提列:(成本－殘值)／估計耐用年限

X1年:(500,000－殘值)／5＝90,000

殘值＝50,000

倍數餘額遞減法折舊提列:

折舊率＝2／耐用年限

每年之折舊＝期初帳面價值(原始取得成本－累計折舊)×折舊率

X1年:原始取得成本×2／5＝200,000

原始取得成本＝500,000

(二)X1年折舊率＝5／(1＋2＋3＋4＋5)＝5／15

X1年折舊＝(成本－殘值)×5／15

＝(500,000－50,000)×5／15

＝150,000

X2年折舊率＝4／(1＋2＋3＋4＋5)＝4／15

X2年折舊＝(500,000－50,000)×4／15＝120,000

X2年底帳面金額＝成本－累計折舊

$$=500,000-(150,000+120,000)$$

$$=230,000$$

(三)X2年底帳面價值＝$500,000-(90,000+90,000)=320,000$

估計可回收金額200,000

減損損失＝$320,000-200,000=120,000$

借：減損損失　　　　　　　　120,000

　　貸：累計減損－設備　　　　　　　　120,000

X3年折舊：$[(320,000-120,000)-50,000]\div 3=50,000$

四 天籟公司108年底之股東權益資料如下：

普通股(面額$10)	$5,000,000
資本公積－庫藏股票交易	100,000
資本公積－普通股發行溢價	300,000
保留盈餘	7,600,000
庫藏股(100,000股)	(1,000,000)

已知天籟公司107及108年度並未有任何公司股票之交易，107年度也未發放股利，108年度之稅後淨利為1,800,000元。試問天籟公司：

(一) 108年度之每股盈餘為何？

(二) 108年度之股東權益報酬率為何？

(三) 108年底每股市價為45元，其本益比為何？

答 (一)每股盈餘＝本期稅後淨利÷普通股流通在外的加權平均股數

每股盈餘＝$1,800,000\div(500,000-100,000)=4.5$

(二)股東權益報酬率＝稅後盈餘÷股東權益

股東權益＝$5,000,000+(100,000+300,000)+7,600,000-1,000,000$

$$=12,000,000$$

ROE＝$1,800,000\div 12,000,000=0.15=15\%$

(三)本益比＝現在股價÷預估未來每年每股盈餘

$$=45\div 4.5=10$$

109年 臺灣菸酒從業評價職位人員（初級會計學）

一 A公司20X9年度銷貨淨額為$2,000,000，淨利$320,000，利息費用
$27,400，屬於權益之特別股股利$42,000，而20X9年12月31日的股價
是$30，該公司適用稅率為25%。其20X9年期初及期末總資產分別為
$2,790,000、$2,880,000；20X9年期初及期末普通股股東權益分別為
$1,860,000、$1,920,000；20X9年度加權平均流通在外普通股139,000
股；20X9年底流通在外特別股200,000股。請計算20X9年下列項目：
(一) 每股盈餘。
(二) 本益比。
(三) 普通股股東權益報酬率。
(四) 淨利率。
(五) 總資產報酬率。

答 每股盈餘 $= \dfrac{(淨利-特別股股利)}{加權平均流通在外股數} = \dfrac{320,000-42,000}{139,000} = 2$

本益比 $= \dfrac{每股股價}{每股盈餘} = \dfrac{2}{30} = 15$

普通股股東權益報酬率 $= \dfrac{(淨利-特別股股利)}{平均普通股權益}$

$$= \dfrac{320,000-42,000}{1,860,000+1,920,000 \div 2}$$

$$= 14.71\%$$

淨利率 $=$ 稅後淨利 / 銷貨淨額 $= \dfrac{320,000}{2,000,000} = 16\%$

總資產報酬率 $= \dfrac{淨利}{平均總資產} = \dfrac{320,000}{2,790,000+2,880,000 \div 2} = 11.29\%$

二 假設B公司的正常毛利率為35%，20X9年期初存貨為$85,000，帳上顯示該年1月份的銷貨收入淨額與進貨的相關資料如下表：

答 銷貨成本＝55,000×(1－35%)＝35,750
可供銷售商品成本＝85,000＋(32,500－1,000－3,500＋3,000)＝116,000
期末存貨＝116,000－35,750＝80,250

三 台北公司20X2年12月31日帳上銀行存款餘額300,000元，與銀行月結單（或稱銀行對帳單）餘額不符，經核對出來原因如下：

1. 在途存款30,000元。
2. 銀行代台北公司收票據16,000元收訖並已入帳，公司尚未入帳。
3. 銀行扣收手續費400元，公司尚未入帳。
4. 台北公司存入客戶丙公司支票40,000元，因為存款不足退票，銀行已自存款餘額中扣除，公司尚未入帳。
5. 台北公司支付供應商支票，其中60,000元，持票人尚未向銀行兌現。
6. 台北公司購買文具用品開出即期支票6,000元，帳上誤記為9,000元。

(一) 業的許多交易經常涉及現金收支，企業管理當局通常會擔心無法如期償付債務，且因現金為高流動性的資產，現金不需要經過任何變現程序，就可以用來購買資產、支付費用及償還債務，故容易產生舞弊、遭竊、盜用或挪用等風險，因此如何做好企業的現金管理極為重要。何謂「銀行存款調節表」，其功用為何？

(二) 20X2年12月31日銀行月結單餘額為多少元？

(三) 請作20X2年12月31日台北公司應有補正分錄？

答 (一)所謂「銀行存款調節表」，及功用：為了解特定日期真正存款餘額，以及調節帳列數與銀行對帳單不符的原因所編製的報表。

(二)正確餘額＝300,000＋16,000－400－40,000＋3,000＝278,600
銀行月結單餘額＝278,600＋60,000－30,000＝308,600

(三)借：手續費　　　　　　　　　　400

　　　應收帳款　　　　　　　　　　　　　40,000

　　　　貸：應收票據　　　　　　　　　　　　　　　16,000

　　　　　文具用品　　　　　　　　　　　　　　　　3,000

　　　　　銀行存款　　　　　　　　　　　　　　　21,400

四　香港公司在20X2年1月1日支付現金$1,000,000購買一台機器設備，估計耐用年限10年，估計殘值$100,000，採用直線法提列折舊。於20X4年底由於外部資訊顯示，該機器設備所屬市場發生不利的重大變動，因此有減損跡象存在。20X4年12月31日估計該機器的公允價值為$700,000，估計將發生出售機器成本$5,000，而估計該機器使用價值為$650,000。假設香港公司20X4年底估計該機器的殘值及耐用年限仍不變。請作：

(一) 該公司20X4年12月31日機器設備資產減損的分錄。

(二) 計算該公司20X5年底應提列之折舊金額。

請以毛利法，估計1月底該公司以下項目的金額：

(一) 銷貨成本。

(二) 可供銷售商品成本。

(三) 期末存貨。

答　(一)20X4年機器帳面價值$=1,000,000-[(1,000,000-100,000) \div 10 \times 3]$

　　　　　　　　　　　　$=730,000$

　　　淨公允價值$=700,000-5,000=695,000$

　　　資產減損$=730,000-695,000=35,000$

　　　借：減損損失　　　　　　35,000

　　　　貸：累計減損－機器設備 35,000

(二)20X5年折舊$=(695,000-100,000) \div 7=85,000$

109年　臺灣菸酒從業評價職位人員（中級會計學）

一 A公司於X3年發現以下事項：
1. X1年12月31日之應收利息漏列了$18,000，於X2年收現
2. X2年底之折舊$50,000重複記錄
3. X3年底未提列備抵損失，應收帳款因此高估了$60,000
4. X3年7月1日支付機器設備重大檢修支出$500,000（應屬資本支出），誤以當期維修費用處理。該機器預計自重大檢修日起，尚有五年之使用年限，採用直線法提列折舊。

X3年1月1日之保留盈餘為$880,000，X3年度未調整上述錯誤前之淨利為$500,000，X3年度發放了$300,000的股利。請問：
(一) 假設X3年度尚未結帳，X3年錯誤更正的分錄。
(二) 編製X3年度之保留盈餘表。

答 (一)

1. 無更正分錄
2. 借：累計折舊　　　　　　50,000
　　　貸：前期損益調整　　　　　　　50,000
3. 借：壞帳損失　　　　　　60,000
　　　貸：備抵損失　　　　　　　　　60,000
4. 借：機器設備　　　　　500,000
　　　貸：修繕費　　　　　　　　　500,000
　借：折舊　　　　　　　　50,000
　　　貸：累計折舊　　　　　　　　　50,000

(二)X3年淨利＝500,000－60,000－50,000＝390,000

A公司

保留盈餘表

X3年12月31日

期初保留盈餘	$880,000
加：前期損益調整	50,000
調整後期初保留盈餘	$930,000
加：本期淨利	390,000
可供分配盈餘	$1,320,000
減：股利	(300,000)
期末保留盈餘	$1,020,000

二 C公司於X1年初獲得政府補助款$20,000,000來進行某項新技術開發計畫，假定該計畫所需成本自X1年起5年間（X1年～X5年）平均發生，且X5年底可順利完成該計畫。

新技術開發完成後，C公司可完全取得新技術之所有權及專利。請問：

(一) X1年相關分錄。

(二) 若X2年初，C公司因違反政府補助規定，必須退還全部補助款，試作相關分錄。

(三) 若X2年初，C公司因違反政府補助規定，必須退還剩餘補助款，試作相關分錄。

答 (一)X1年初

借：現金	20,000,000	
貸：遞延政府補助之利益	20,000,000	
X1年底		
借：研究發展費用	4,000,000	
貸：現金		4,000,000
借：遞延政府補助之利益	4,000,000	
貸：政府補助之利益		4,000,000

(二)借：遞延政府補助之利益　16,000,000

　　　其他費用　　　　　　　　　　　　4,000,000

　　貸：現金　　　　　　　　　　　　　　　　　　　20,000,000

(三)借：遞延政府補助之利益　16,000,000

　　貸：現金　　　　　　　　　　　　　　　　　　　16,000,000

三　雲林公司於20X5年1月1日以現金（註：忽略交易成本）購買桃園公司發行之10年期公司債，此公司債之面額為\$100,000，票面年利率為3%，有效年利率為5%，桃園公司於每年12月31日支付利息。雲林公司對於購買之債券，係考量收取合約現金流量及出售為目的之經營模式，因此，將其分類為「透過其他綜合損益按公允價值衡量之債務工具投資」。雲林公司對於投資之債券以有效利息法攤銷溢折價，上述公司債在20X5年12月31日之市價為\$90,000。此外，雲林公司於20X6年1月1日以市價\$45,000出售半數投資。（不考慮預期信用損失之處理）

請計算：雲林公司持有桃園公司之債券，在下列日期之分錄或

項目金額。（註：P10,3%＝8.530203，P10,5%＝7.721735；

p10,3%＝0.744094，p10,5%＝0.613913）

(一) 20X5年1月1日之分錄。（註：認列之金額，請以現金利息及面額之現值計算，兩者「分別」四捨五入後，加總為之）

(二) 20X5年12月31日之分錄。（註：債券投資之評價科目請使用「其他綜合損益--透過其他綜合損益按公允價值衡量之債務工具投資未實現評價損益」及「透過其他綜合損益按公允價值衡量之債務工具投資評價調整」）

(三) 20X5年12月31日之「其他權益--透過其他綜合損益按公允價值衡量之債務工具投資未實現評價損益」之餘額。（請註記：借餘或貸餘）

(四) 20X6年1月1日之「處分投資（損）益」之認列金額。

答 $100,000 \times 0.613913 + (100,000 \times 3\%) \times 7.721735 = 61,391 + 23,165 = 84,557$

	收現	利息收入	攤銷	帳面價值	面值
X5年底	3%	5%		84,557	100,000
X6年底	3,000	4,228	1,228	85,785	100,000
X6年底	3,000	4,289	1,289	87,074	100,000
X6年底	3,000	4,354	1,354	88,428	100,000
X6年底	3,000	4,421	1,421	89,849	100,000
X6年底	3,000	4,492	1,492	91,341	100,000
X6年底	3,000	4,567	1,567	92,908	100,000
X6年底	3,000	4,645	1,645	94,553	100,000
X6年底	3,000	4,728	1,728	96,281	100,000
X6年底	3,000	4,814	1,814	98,095	100,000
X6年底	3,000	4,905	1,905	100,000	100,000

(一)借：透過OCI按公允價值衡量之債務工具投資　　　$84,557
　　貸：現金　　　　　　　　　　　　　　　　　　　　　$84,557

(二)20X5年12月31日
　　借：現金　　　　　　　　　　　　　　　　　　　　$3,000
　　　　透過OCI按公允價值衡量之債務工具投資　　　　$1,228
　　　　貸：利息收入　　　　　　　　　　　　　　　　　　$4,228
　　借：透過OCI按公允價值衡量之債務工具投資評價調整 $4215
　　　　貸：OCI－透過OCI按公允價值衡量之債務工具投資
　　　　　　未實現評價損益　　　　　　　　　　　　　　　$4,215

(三)20X5年12月31日之「其他權益透過其他綜合損益按公允價值衡量
　　之債務工具投資未實現評價損益」之餘額為貸餘$4,215

(四)20X6年1月1日之「處分投資（損）益」之認列金額為$0

（註：OCI為「其他綜合損益」）

四 請將下列項目適當地分類至資產、負債以及權益。

答 (一)待出售非動產資產—資產
　　(二)負債準備—負債
　　(三)其他權益—權益
　　(四)預付款項—資產
　　(五)避險之金融資產—資產
　　(六)庫藏股票—權益
　　(七)遞延所得稅負債—負債
　　(八)資本公積—權益
　　(九)投資性不動產—資產
　　(十)採用權益法之投資—資產

NOTE

109年 經濟部所屬事業機構新進職員－財會類

（中級會計學）

一 康橋公司成立於X1年初，X2年6月1日不幸發生火災，其存貨毀損泰半，損失慘重，帳簿亦付之一炬，經調查結果，發現下列事項：

1. 從客戶處得知帳列相關資料如下：

	X1年度	X2年1月1日至6月1日
期初存貨		$ 53,800
當年進貨	$ 388,000	298,500
進貨退回	23,000	25,000
銷貨收入	355,000	382,000
銷貨退回	15,000	10,000

2. X1年期末存貨低估$12,000。

3. X2年5月30日曾以「起運點交貨」方式賒購商品一批，成本$11,000已記進貨，但因尚在途中，故未受損。

4. 庫存商品大部分已燒毀，惟下列二項X2年購入之商品悻免於難：

　(1)標價$5,000之商品毫無受損。

　(2)標價$4,000之商品，部分焚毀，估計淨變現價值$700。

5. X2年之標價（售價）較X1年提高10%。

試作：

(一) 計算康橋公司X2年度之毛利率。

(二) 估算康橋公司存貨火災損失金額。

答 (一)X1年進貨淨額＝$388,000－$23,000＝$365,000

　　X1年銷貨淨額＝$355,000－$15,000＝$340,000

　　X1年銷貨成本＝$365,000－$53,800＝$311,200

　　題目說到X1年期末存貨低估$12,000

故X1年正確銷貨成本＝$365,000－($53,800＋$12,000)＝$299,200

題目又說到X2年之標價（售價）較X1年提高10%

銷貨淨額＝$340,000×1.1＝$374,000

毛利率＝1－($299,400÷$374,000)＝0.2，0.2×100%＝20%

(二)X2年6月1日帳上存貨

$65,800＋($298,500－$25,000)－存貨＝$297,600

存貨＝$41,700

火災損失＝$41,700－$11,000－[$5,000×(1－20%)]－$700＝$26,000

二 長億公司於X5年度曾取得下列資產：

1. X5年1月1日購買運輸設備，定價$200,000，付款條件為2/10，n/30，公司於10日內支付價款並作分錄，借記：運輸設備$200,000，貸記：現金$196,000及進貨折扣$4,000。該設備估計耐用年限5年，無殘值，以直線法提列折舊。

2. X5年4月1日以現金購入機器1部，發票價格為$120,000，取得現金折扣2%，現金折扣已列作其他收入，另付運費$5,000及安裝費$15,000均列為維護費。該機器估計可使用10年，無殘值，X5年記錄之折舊費用為$9,000。

3. X5年7月1日以面額$10之普通股50,000股換入房屋一棟，即以股票面額總數記錄房屋成本，同日該公司股票之市價為每股$16，房屋之公允價值無法可靠衡量，估計房屋可使用20年，無殘值。

4. X5年10月1日以現金$6,000,000購買一家清算中公司之土地、建築物及辦公設備，取得當時該公司各項資產原帳面金額及估計市價資料如下：

	原帳面金額	估計市價
土地	$ 2,500,000	$ 3,500,000
建築物（剩餘耐用年限10年，無殘值）	2,000,000	3,000,000
辦公設備（剩餘耐用年限10年，無殘值）	2,500,000	1,500,000

為求穩健，長億公司以帳面金額與市價較低者予以入帳，並作分錄如下：

土地	2,500,000
建築物	2,000,000
辦公設備	1,500,000
現金	6,000,000

試作：

(一) 資產應入帳成本（請就上述1.～4.情況分別作答）。

(二) 長億公司所採用之處理方法使X5年之淨利多計或少計金額（請就上述1.～4.情況分別作答）。

答 (一)

1. $\$200,000 \times (1-2\%) = \$196,000$

2. $\$120,000 \times (1.2\%) + \$5,000 + \$15,000 = \$137,600$

3. 50,000股 $\times \$16 = \$800,000$

4. 以現金$6,000,000購買土地、建築物、辦公設備應分攤各資產入帳金額

   估計市價 $= \$3,500,000 + \$3,000,000 + \$1,500,000 = \$8,000,000$

   土地 $= \$6,000,000 \times (\$3,500,000 \div \$8,000,000) = \$2,625,000$

   建築物 $= \$6,000,000 \times (\$3,000,000 \div \$8,000,000) = \$2,250,000$

   辦公設備 $= \$6,000,000 \times (\$1,500,000 \div \$8,000,000) = \$1,125,000$

(二)

1. 原題目折舊費用 $= \$200,000 \div 5年 = \$40,000$

   修改後折舊費用 $= \$196,000 \div 5年 = \$39,200$

   折舊費用減少$40,000-\$39,200=\$800$，使淨利增加$800

   多列進貨折扣使銷貨成本減少$4,000，正確銷貨成本應多加$4,000，使淨利減少$4,000

   上述影響使淨利應減少$4,000-\$800=\$3,200$

2. 現金折扣列為其他收入，現金折扣 $= \$120,000 \times 2\% = \$2,400$，

   不應列為其他收入，淨利應減少$2,400

   運費$5,000+安裝費$15,000=\$20,000，

   屬成本不可列為費用故淨利應加回$20,000

   修改後的折舊費用 $= \$137,600 \div 10年 \times 9 \div 12 = \$10,320$

原已提折舊費用＝$9,000

須補提折舊$1,320，淨利應減少$1,320

上述影響使淨利應增加－$2,400＋$20,000－$1,320＝$16,280

3. 原題目折舊費用＝$500,000÷20年×6÷12＝$12,500

修改後折舊費用＝$800,000÷20年×6÷12＝$20,000

折舊費用增加$20,000－$12,500＝$7,500，使淨利減少$7,500

4. 原題目折舊費用＝($2,000,000＋$1,500,000)÷10年×3÷12＝$87,500

修改後折舊費用＝($2,250,000＋$1,125,000)÷10年×3÷12＝$84,375

折舊費用減少$87,500－$84,375＝$3,125，使淨利增加$3,125

三　千葉公司X5年度計算每股盈餘相關資料如下：

1. 本期淨利$1,200,000，普通股加權平均流通在外股數200,000股。

2. X4年初發行5%可轉換累積特別股30,000股，面額$100，每股特別股可轉換成3股普通股。該特別股全年流通在外，年中未轉換。

3. X3年初發行面值$1,000，5%之可轉換公司債1,500張，每張可轉換成普通股40股。負債組成部分之有效利率為4%，應付公司債在X5年初帳面金額為$1,600,000。該公司債全年流通在外，年中無轉換。

4. X4年初發行面值$1,000，6%之可轉換公司債1,200張，每張可轉換成普通股20股及現金$100。負債組成部分之有效利率為8%，應付公司債在X5年初帳面金額為$1,150,000。該公司債全年流通在外，年中無轉換。

5. X5年初給與員工25,000單位認股權，給與日立即既得，每單位認股權可按$40認購普通股1股。X5年度流通在外認股權未行使。

6. X5年度未宣告發放股利，所得稅率為20%，普通股全年平均市價為$50。

試作：（計算至小數點後第二位，以下四捨五入）

(一) 計算千葉公司X5年之基本每股盈餘。

(二) 計算千葉公司X5年之稀釋每股盈餘。

答　(一) 特別股股利＝30,000×$100×5%＝$150,000

基本每股盈餘＝($1,200,000－$150,000)÷200,000＝$5.25

(二)可轉換累積特別股

$(\$100 \times 30,000 \times 5\%) \div (30,000 \times 3) = \$150,000 \div 90,000 = \$1.67$

5%可轉換公司債

$[\$1,600,000 \times 4\% \times (1-20\%)] \div (1,500 \times 40) = \$51,200 \div 60,000 = \$0.85$

6%可轉換公司債$(1,200 \times 100) \div 50 = 2,400$

$[\$1,150,000 \times 8\% \times (1-20\%)] \div (1,200 \times 20 - 2,400)$

$= \$73,600 \div 21,600 = \$3.41$

認股權

$25,000 - [(25,000 \times \$40) \div \$50] = 5,000$

依稀釋大小排序計算,須有稀釋效果才能算入

$(\$1,200,000 - \$150,000 + \$51,200 + \$150,000 + \$73,600) \div$

$(200,000 + 5,000 + 60,000 + 90,000 + 21,600)$

$= \$3.52$

四 大安公司於X6年1月1日以現金$800,000購入機器1部,估計耐用年限4年,無殘值,該公司帳上採直線法提列折舊,報稅則以年數合計法提列折舊。X6年至X8年稅前會計淨利(淨損)分別為$300,000、$600,000、($800,000),所得稅率為20%。其他相關資料如下:

1. X6年度稅前會計淨利包含免稅政府公債利息收入$50,000。

2. X7年1月1日大安公司辦理資產重估,該機器重估公允價值為$840,000,產生重估增值$240,000,剩餘耐用年限仍為3年,該公司對累計折舊採淨額法處理。惟稅法並不允許重估價,課稅基礎並未調整,該公司未實現重估增值係於資產除列時轉列保留盈餘。

3. X7年度帳列環保罰鍰$60,000,依稅法規定無法扣除。

4. 稅法允許營業虧損可遞轉以前2年已納稅款或遞轉以後5年之所得,大安公司優先選擇遞轉以前年度2年,並預期X9年度之後會有淨利。

試作:

(一) X6年所得稅相關分錄。　　(二) X7年初機器重估之分錄。

(三) X7年所得稅相關分錄。　　(四) X8年所得稅相關分錄

答 (一)折舊上的差異：

X6年會計－直線法：　　$800,000 \div 4年 = \$200,000$

　　稅上－年數合計法：$800,000 \times 4 \div (1+2+3+4) = \$320,000$

X7年會計－直線法：　　$800,000 \div 4年 = \$200,000$

　　稅上－年數合計法：$800,000 \times 3 \div (1+2+3+4) = \$240,000$

X8年會計－直線法：　　$800,000 \div 4年 = \$200,000$

　　稅上－年數合計法：$800,000 \times 2 \div (1+2+3+4) = \$160,000$

X9年會計－直線法：　　$800,000 \div 4年 = \$200,000$

　　稅上－年數合計法：$800,000 \times 1 \div (1+2+3+4) = \$80,000$

X6年課稅所得 $= \$300,000 - \$50,000 + (\$200,000 - \$320,000) = \$130,000$

　應付所得稅 $= \$130,000 \times 20\% = \$26,000$

　遞延所得稅負債 $= [(\$200,000 - \$240,000) + (\$200,000 - \$160,000)$
　　　　　　　　　$+ (\$200,000 - \$80,000)] \times 20\% = \$24,000$

X6/12/31

所得稅費用	$50,000	
遞延所得稅負債		$24,000
應付所得稅		$26,000

(二)X7年初機器重估

帳面金額 $= \$840,000$，課稅基礎 $= \$600,000$

X7/1/1

累計折舊－機器	$200,000	
機器設備		$200,000
機器設備	$240,000	
其他綜合損益－資產重估增值	$240,000	
其他綜合損益－資產重估增值	$48,000	
遞延所得稅負債		$48,000

(三)折舊上的差異

X7年會計－直線法：　　$840,000 \div 3年 = \$280,000$

　　稅上－年數合計法：$800,000 \times 3 \div (1+2+3+4) = \$240,000$

X8年會計－直線法：　　$840,000 \div 3年 = \$280,000$

　　稅上－年數合計法：$800,000 \times 2 \div (1+2+3+4) = \$160,000$

X9年會計－直線法：　　　$840,000÷3年＝$280,000

　　稅上－年數合計法：$800,000×1÷(1＋2＋3＋4)＝$80,000

X7年課稅所得

　　＝$600,000＋$60,000＋($280,000－$240,000)＝$700,000

　　應付所得稅＝$700,000×20%＝$140,000

　　遞延所得稅負債

　　＝[($280,000－$160,000)＋($280,000－$80,000)]×20%＝$64,000

　　原遞延所得稅負債＝$24,000＋$48,000＝$72,000

　　調整至X7年底遞延所得稅負債$64,000

X7/12/31

所得稅費用　　　　　　　　　$132,000

遞延所得稅負債　　　　　　　 $8,000

　　應付所得稅　　　　　　　　　　　　$140,000

(四)折舊上的差異

X8年會計－直線法：　　　$840,000÷3年＝$280,000

　　稅上－年數合計法：$800,000×2÷(1＋2＋3＋4)＝$160,000

X9年會計－直線法：　　　$840,000÷3年＝$280,000

　　稅上－年數合計法：$800,000×1÷(1＋2＋3＋4)＝$80,000

X8年課稅所得＝－$800,000＋($280,000-$160,000)＝－$680,000

稅法允許營業虧損可遞轉以前2年已納稅款或遞轉以後5年之所得，

大安公司優先選擇遞轉以前年度2年：

可退稅款＝$680,000×20%＝$136,000

比較X6年應付所得稅$26,000＋X7年應付所得稅$140,000＝$166,000

最多只能退$136,000

遞延所得稅負債＝($280,000－$80,000)×20%＝$40,000

原遞延所得稅負債＝$64,000

調整至X8年底遞延所得稅負債$40,000

X8/12/31

應收退稅款　　　　　　　　 $136,000

遞延所得稅負債　　　　　　　 $24,000

　　所得稅利益　　　　　　　　　　　　$160,000

109年 農田水利新進人員聯合統一（會計學概要）

一、選擇題

( ) **1** 將負債區分為短期與長期債權，使下列何種會計假設更具意義？
(A)重大性假設 (B)企業個體假設 (C)貨幣單位假設 (D)繼續經營假設。

( ) **2** 甲公司為一曆年制公司，本年度產生銷貨收入200萬元及銷貨成本70萬元，其他交易事項則包括：
(1)公司於本年度10月1日向乙公司租用辦公室，租金每月1萬元，租期為6個月，當日付清6個月的租金。
(2)經律師評估可能獲賠10萬元之官司仍在纏訟中。
請問甲公司本期淨利為何？
(A)124萬元 (B)127萬元 (C)134萬元 (D)137萬元。

( ) **3** 乙公司X1年10/1提供服務共計應自顧客收款$50,000，同意顧客先行支付60%，尾款於10/15支付即可，乙公司於10/15收到顧客支付尾款，則乙公司10/15之會計記錄，下列何者錯誤？ (A)總資產金額不變 (B)收入增加$20,000 (C)現金增加$20,000 (D)應收帳款減少$20,000。

( ) **4** 買賣業會計，有關起運點交貨之敘述，下列何者正確？
(A)商品所有權於起運時轉移予買方，運費由賣方負擔
(B)商品所有權於起運時轉移予買方，運費由買方負擔
(C)商品所有權於送達目的地時轉移予買方，運費由賣方負擔
(D)商品所有權於送達目的地時轉移予買方，運費由買方負擔。

( ) **5** 有關營業週期之敘述，下列何者正確？
(A)營業週期是指資產轉換成現金的速度
(B)買賣業用來管理存貨的方式
(C)營業週期是指公司償還流動負債所需時間
(D)公司投入現金取得商品，再出售商品給客戶，再取得現金的期間。

(　　) **6** 期初存貨$2,000，期末存貨$5,000，本期進貨$10,000，則可供銷售商品成本為何？

(A)$5,000　　　　　　　　(B)$10,000

(C)$12,000　　　　　　　　(D)$15,000。

(　　) **7** 公司之稅後淨利$16,000，所得稅費用$4,000，利息費用$20,000，則利息保障倍數為何？　(A)0.5倍　(B)0.8倍　(C)1倍　(D)2倍。

(　　) **8** 甲公司於10月下旬開立一張支票給乙供應商，此張支票於11月上旬才入帳兌現，此一交易事項對於甲公司在編製10月份銀行存款調節表時，應作何種處理？　(A)不必作任何調整　(B)銀行對帳單餘額的減項　(C)銀行對帳單餘額的加項　(D)公司帳載現金餘額的加項。

(　　) **9** 根據國際會計準則第41號「農業」，下列何者非屬該準則列舉之生物資產？　(A)乳牛　(B)棉花　(C)綿羊　(D)人造森林之林木。

(　　) **10** 下列何項資產非屬投資性不動產之適用範圍？

(A)土地開發公司供自用之土地

(B)正在建造或開發將供投資用途之不動產

(C)人壽保險公司持有為賺取租金或資本增值之不動產

(D)尚未決定將土地作為自用不動產或供正常營業短期出售。

(　　) **11** 當公司依公司法提撥法定盈餘公積時，公司的權益總額將有何種變動？　(A)增加　(B)減少　(C)不變　(D)不一定。

(　　) **12** 甲公司在X2年初取得乙公司35,000股普通股，同年4月1日又買進乙公司20,000股，乙公司在X2年全年流通在外之普通股為200,000股。請問X2年甲公司對乙公司之加權平均持股比例為何？　(A)13.75%　(B)17.5%　(C)25.0%　(D)27.5%。

(　　) **13** 丙公司X2年度認列現銷總額$56,000及賒銷總額$84,000，X2年應收帳款期初與期末金額分別為$28,000與$21,000，當年度因帳款無法收回沖銷備抵損失$6,000，則丙公司X2年度現金基礎下之銷貨收入為何？

(A)$85,000　　　　　　　　(B)$141,000

(C)$147,000　　　　　　　　(D)$153,000。

( ) **14** 甲公司X1年初之存貨金額為$1,800，購貨相關之應付帳款金額為貸餘$1,500，X1年底之存貨金額為$1,700，購貨相關之應付帳款金額為貸餘$1,900，且X1年之銷貨成本金額為$5,000。該公司X1年支付予存貨供應商之金額為何？　(A)$4,500　(B)$4,900　(C)$5,100　(D)$5,400。

( ) **15** 乙公司X1年1月1日以$210,000買進電腦一部，估計使用年限5年，殘值$30,000，公司採年數合計法計算折舊，假如電腦在X2年3月31日以$100,000出售，此項交易結果為何？　(A)虧損$38,000　(B)虧損$26,000　(C)虧損$8,000　(D)獲利$20,000。

( ) **16** 甲公司於X9年4月1日以98折之價格發行40張面額$1,000，年利率8%之公司債，票載發行日為X9年1月1日，到期日為X19年1月1日，每年1月1日及7月1日付息，發行公司債成本為$1,500，則甲公司發行公司債共得現金為何？　(A)$37,700　(B)$38,500　(C)$39,300　(D)$40,900。

( ) **17** 甲公司自108年起開始銷售電子鍋，保證服務期限為兩年，屬於保證型之保固性質，估計之保修費用，第一年為銷售額之2%，第二年為5%，民國108、109年之銷售與實際保修費用如下：

	108年	109年
銷售額	$500,000	$700,000
保修費支出	10,000	30,000

則109年底估計之保證修理負債餘額為何？　(A)$5,000　(B)$35,000　(C)$44,000　(D)$45,000。

( ) **18** 丙公司X3年由營業產生之現金流量為$36,500，其中應收帳款淨額減少$2,000，應付帳款增加$1,400，預付款項增加$800，長期債券投資折價攤銷$500，折舊費用$3,300，處分不動產、廠房及設備利得$2,600，請問丙公司X3年淨利為何？（該公司將收取之利息分類為營業活動現金流量）　(A)$32,700　(B)$33,700　(C)$37,900　(D)$39,300。

(　　) **19** 戊公司於X2年12月底因火災造成60%之存貨損失，存貨之相關資料如下：

	X1年	X2年
銷貨淨額	$45,000	$50,000
期初存貨	30,000	28,000
進貨	24,500	34,000
進貨運費	5,000	2,000
期末存貨	28,000	?

以毛利率法估計，戊公司於X2年12月底因火災造成之存貨損失數為何？　(A)$7,200　(B)$11,600　(C)$17,400　(D)$29,000。

(　　) **20** 請問下列哪種方法，可有效縮短營業週期（operating cycle）？
A.提高存貨週轉率　　　　　　B.提高存貨週轉天數
C.提高應收帳款週轉率　　　　D.降低應收帳款週轉天數
(A)僅ABD　(B)僅ABC　(C)僅BCD　(D)僅ACD。

(　　) **21** 公司經營若發生淨損，則期末結帳時本期淨損應：　(A)借記，並貸記「普通股股本」　(B)貸記，並借記「普通股股本」　(C)借記，並貸記「保留盈餘」　(D)貸記，並借記「保留盈餘」。

(　　) **22** 甲公司於X9年初與A客戶簽定不可取消之合約以出售商品。按合約約定，A客戶須於X9年第一季支付貨款，甲公司則須於第二季交付商品。若雙方均按合約履行義務，關於該合約對甲公司X9年第一季資產負債表之影響，下列何者正確？
(A)負債增加且權益減少　　(B)資產增加且權益增加
(C)資產增加且負債增加　　(D)資產減少且負債減少。

(　　) **23** 甲公司9月30日銀行對帳單上的存款餘額為$187,387。9月30日在途存款為$20,400，未兌現支票為$60,645。9月份因存款不足之退票$1,000，9月14日銀行誤將兌付他公司的支票$2,300記入甲公司帳戶，銀行未曾發現此項錯誤。9月份銀行代收票據$8,684，並扣除代收手續費$19。則該公司9月30日的正確存款餘額為何？
(A)$147,142　(B)$148,442　(C)$149,442　(D)$158,242。

（　）**24** 丁公司X1年底期末存貨金額為$45,000，其中包含下列項目：
(1)寄銷在外商品$13,500
(2)在途進貨$15,300，起運點交貨
(3)承銷他人商品$11,250
則該公司X1年期末存貨正確金額應為多少？
(A)$29,700　(B)$31,500　(C)$33,750　(D)$45,000。

（　）**25** 乙公司X1年初存貨成本$9,000（3,000件），該年度共採購三次，第
一次購貨3,000件，成本共計$12,000，第二次購貨2,000件，成本共
計$9,950，第三次購貨3,000件，成本共計$18,000，X1年度共出售
8,000件，依加權平均法計算，則其期末存貨之價值為多少金額？
(A)$18,000　(B)$13,350　(C)$12,500　(D)$11,200。

（　）**26** 丙公司於X1年1月1日購買一台設備，成本總額$250,000。該設備之
估計耐用年限為5年，估計殘值為$10,000。若公司採用雙倍餘額遞
減法提列折舊，則在X2年12月31日該設備之累計折舊應為何？
(A)$60,000　(B)$100,000　(C)$153,600　(D)$160,000。

（　）**27** 下列何者屬於適用國際會計準則第41號「農業」會計處理之生物資產？
(A)甲公司經營可愛動物咖啡廳，其所飼養用於陪伴顧客用餐的貓咪
(B)乙公司為肉品加工業者，其所飼養用於製造雞塊的肉雞
(C)丙公司經營海洋公園，其所飼養用於表演的鯨豚
(D)丁公司經營寵物店，其所購入用於販售的寵物狗。

（　）**28** 乙公司支付租金支出$14,000，代扣15%租賃所得稅，其分錄為何？
(A)借記：租金支出$14,000，貸記：現金$11,900，代扣所得稅$2,100
(B)借記：租金支出$14,000，貸記：現金$11,900，應付費用$2,100
(C)借記：租金支出$14,000，貸記：現金$14,000
(D)借記：租金支出$11,900，貸記：現金$11,900。

（　）**29** 甲公司持有乙公司30%的權益，投資成本與取得股權淨值無差異，
今年乙公司報導的淨利為$180,000及宣告並發放現金股利$50,000。
請問甲公司今年度的投資收益為何？
(A)$54,000　(B)$50,000　(C)$39,000　(D)$15,000。

(　) **30** 某公司本年度銷貨淨額$5,000,000，毛利率20%，存貨期初、期末
金額各為$350,000及$450,000，則其存貨週轉率為何？　(A)8次
(B)10次　(C)12.5次　(D)15次。

(　) **31** 因投資「透過其他綜合損益按公允價值衡量之金融資產」收到之股
票股利，應作何種會計記錄？　(A)借記：透過其他綜合損益按公允
價值衡量之金融資產　(B)不需作分錄，備忘記錄股數增加　(C)借
記：應收股票股利　(D)貸記：股利收入。

(　) **32** 甲公司向銀行團融資時被拒絕，理由之一是該公司之流動比率僅
1.2：1，且營運資金過少，公司高階主管乃召來財務長研商，財務
長提出先借一筆長期借款，再將公司之短期借款清償，請問此作法
對該公司之營運資金及流動比率有何影響？　(A)僅營運資金增加
(B)僅營運資金降低　(C)營運資金與流動比率皆增加　(D)營運資金
與流動比率皆下降。

(　) **33** 甲公司於X1年初購入股票投資$700,000並分類為透過其他綜合損
益按公允價值衡量之金融資產，此股票投資X1年底之公允價值為
$707,000，該公司於X2年中按當時公允價值$696,500全數處分該
項投資。若不考慮所得稅與交易成本影響，則該項投資對甲公司
X2年其他綜合損益之影響數為何？　(A)$(10,500)　(B)$(7,000)
(C)$(3,500)　(D)$7,000。

(　) **34** 甲公司於X2年1月1日購置機器一部，採年數合計法提列折舊，
估計耐用年限為10年，估計殘值為$10,000。已知該機器X4年折
舊費用為$48,000，請問該機器的原始成本為何？　(A)$490,000
(B)$480,000　(C)$340,000　(D)$330,000。

(　) **35** 丙公司於X2年初成立，並於2月1日發行每股面額$10的普通股
500,000股，發行價格為每股$12。該公司於8月1日首次購回庫藏
股，以每股$15的價格購回5,000股，並於兩個月及三個月後，分別
以每股$16及$13的價格各出售2,000股。請問這些交易會使保留盈餘
增加或減少多少金額？　(A)增加$8,000　(B)增加$6,000　(C)減少
$2,000　(D)增加$0。

（　）**36** 甲公司於X1年1月1日取得檢驗用電子儀器一台$600,000，預估耐用年限為6年，殘值$60,000，採用直線法提列折舊與成本模式衡量。甲公司於X5年初評估後，發現該儀器可再使用3年，且估計殘值改變為$15,000，則甲公司X5年度應提列多少折舊？　(A)$90,000　(B)$75,000　(C)$60,000　(D)$45,000。

（　）**37** 在X1年初D公司為讓印刷作業更有效率，欲重置一台印刷機，下列資料為當日的相關資訊：

新印刷機的購買價格	$1,500,000
舊印刷機的原始成本	980,000
舊印刷機的帳面價值	100,000
舊印刷機的公允價值	40,000
新印刷機的安裝成本	200,000

若D公司是以舊印刷機直接交換新印刷機，並支付對方現金$1,460,000，假設此一交換交易具商業實質，則該公司應記錄新印刷機的成本為多少金額？　(A)$1,700,000　(B)$1,660,000　(C)$1,600,000　(D)$1,500,000。

（　）**38** 甲公司於X1年初以$1,200,000承包為期三年之勞務合約，該合約為隨時間逐步滿足之單一履約義務且以已發生成本占總成本比例衡量其完成程度。甲公司X1年發生履行該合約之成本$200,000，且X1年底估計未來尚需投入成本$600,000始能完成該合約。然而，X2年實際發生履行該合約之成本$500,000，且X2年底估計未來尚需投入成本$700,000始能完成該合約，或亦得選擇於X2年底支付罰款$800,000以終止該合約。則該合約對甲公司X2年本期淨利（損）之影響數為何（不考慮重大財務組成部分與所得稅影響）？　(A)損失$300,000　(B)損失$500,000　(C)損失$600,000　(D)損失$800,000。

（　）**39** 乙公司淨利對資產總額的比率為10%，淨利加利息費用的和對資產總額的比率為13%，權益總額對負債比率為8比3，負債總額為$750,000，又全部負債均須負某一固定比率的利息，則當年度的利息費用為多少金額？　(A)$275,000　(B)$125,000　(C)$82,500　(D)$25,000。

(   ) **40** 甲公司X3年1月1日以$4,783,526售出票面金額$5,000,000，五年期、票面利率4%公司債，發行時市場利率5%，利息於每年1月1日支付利息一次。公司債折（溢）價採有效利率法攤銷。若債券於X4年1月1日於支付利息後，按面額98償還流通在外債券一半，請問X4年1月1日贖回債券之損益為何？   (A)損失$36,590   (B)利益$36,590   (C)損失$38,649   (D)損失$77,298。

解答及解析（答案標示為#者，表官方曾公告更正該題答案。）

1 (D)。 繼續經營慣例：假定企業在可預見的將來不會解散清算，而足以存續到履行應盡的義務及預定計劃。
舉例：
1.排除清算價值的使用。
2.為成本分攤提供一理論基礎，固定資產以帳面價值而不以市價評價。
3.流動負債與長期負債劃分的理論基礎。

2 (B)。 $2,000,000－$700,000－$30,000(10/1－12/31三個月)＝$1,270,000
可能獲賠款$100,000僅有在幾乎確定將收到該賠款時，才可以認列該金額。

3 (B)。 10/1

現金	$30,000	
應收帳款	$20,000	
服務收入		$50,000

10/15

現金	$20,000	
應收帳款		$20,000

10/15會計記錄將使總資產金額不變、現金增加$20,000、應收帳款減少$20,000。

4 (B)。 起運點交貨是指商品之所有權於起運點時由賣方移交給買方，故應由買方負擔運費成本。

5 (D)。 營業週期指自取得原物料或商品，至其銷售商品並收取現金或約當現金之時間。亦即商品自取得開始，儲存、銷售至收現為止所需要的時間，其時間長度通常不固定的，例如旺季則短，淡季則長。

6 (C)。 可供銷售商品成本＝期初存貨＋本期進貨淨額
                   ＝$2,000＋$10,000＝$12,000。

7 (D)。利息保障倍數＝稅前息前利潤÷利息費用
$$＝(\$16,000＋\$4,000＋\$20,000)÷\$20,000＝2倍。$$

8 (B)。未兌現支票屬於銀行對帳單減項的調整項目。

9 (B)。棉花屬於農產品。

10 (A)。投資性不動產係指為賺取租金或資本增值或兩者兼具，而由所有者或融資租賃之承租人所持有之不動產（土地或建築物之全部或一部分，或兩者皆有），而非：(1)用於商品或勞務之生產或提供，或供管理目的；或(2)於正常營業中出售。
故選項(A)土地開發公司供自用之土地不屬於投資不動產適用範圍。

11 (C)。提撥法定盈餘公積時分錄
　　　累積盈餘　　　　　　　　XXX
　　　　　法定盈餘公積　　　　　　　　XXX
權益科目一增一減總額不變。

12 (C)。(35,000股＋20,000股×9/12)÷200,000股＝0.25×100%＝25%

13 (B)。$28,000＋$56,000＋$84,000－$6,000－現金基礎之銷貨收入＝$21,000
現金基礎下之銷貨收入＝$141,000

14 (A)。$1,800＋進貨淨額－$1,700＝$5,000
進貨淨額＝$4,900
支付供應商金額＝$1,500＋$4,900－$1,900＝$4,500

15 (A)。X1年折舊＝($210,000－$30,000)×5/(1+2+3+4+5)＝$60,000
X2年1/1－3/31折舊＝($210,000－$30,000)×4/15×3/12＝$12,000
X2/3/31帳面金額＝$210,000－$60,000－$12,000＝$138,000
X2/3/31以$100,000出售
$100,000－$138,000＝($38,000)虧損

16 (B)。發行價格＝$40×$1,000×0.98＝$39,200
X9/1/1～3/31利息＝$40×$1,000×0.08×3/12＝$800
發行公司債成本＝$1,500
發行公司債可得現金＝$39,200＋$800－$1,500＝$38,500

17 (C)。($500,000＋$700,000)+(2%＋5%)＝$84,000
$84,000－$10,000－$30,000＝$44,000

18 (B)。淨利＋$2,000＋$1,400－$800－$500＋$3,300－$2,600＝$36,500
淨利＝$33,700

19 (C)。 X1年銷貨毛利＝$45,000－($30,000＋$24,500＋$5,000－$28,000)＝$13,500
X1年毛利率＝$13,500÷$45,000＝0.3
X2年銷貨成本＝$50,000×(1－0.3)＝$35,000
X2年期末存貨＝$28,000＋$34,000＋$2,000－$35,000＝$29,000
X2年底存貨損失＝$29,000×60%＝$17,400

20 (D)。 營業週期＝應收帳款週轉天數＋存貨週轉天數
存貨平均週轉天數＝360天（或365天）÷存貨週轉率
應收帳款平均週轉天數＝360天（或365天）÷應收帳款週轉率
故有效縮短營業週期方法：
(A)提高存貨週轉率，會使存貨週轉天數減少。
(C)提高應收帳款週轉率，會使應收帳款週轉天數減少。
(D)降低應收帳款週轉天數。

21 (D)。 借記：保留盈餘　　　　　　　　　　$XXX
　　　　貸記：本期損益　　　　　　　　　　　　$XXX

22 (D)。 X9年一季收到貨款分錄為：
　　　現金（銀行存款）　　　　　XXX
　　　　　預收貨款　　　　　　　　　　　XXX
使資產增加且負債增加

23 (C)。 $187,387＋$20,400－$60,645＋$2,300＝$149,442

24 (C)。 $45,000－$11,250＝$33,750

25 (B)。
X1年期初存貨	$9,000	3,000件
第一次購貨	$12,000	3,000件
第二次購貨	$9,950	2,000件
第三次購貨	$18,000	3,000件
	$48,950	11,000件

平均$4.45/件
期末存貨＝(11,000－8,000)×$4.45＝$13,350

26 (D)。 X1年折舊＝$250,000×2/5＝$100,000
X2年折舊＝($250,000－$100,000)×2/5＝$60,000
X2/12/31累計折舊＝$100,000＋$60,000＝$160,000

27 (B)。 乙公司為肉品加工業者，其所飼養用於製造雞塊的肉雞，屬於適用國際會計準則第41號「農業」之生物資產。

28 (A)。
租金支出	$14,000
現金	$11,900
代扣所得稅	$2,100

29 (A)。 $\$180,000 \times 30\% = \$54,000$

30 (B)。 銷貨成本＝$\$5,000,000 \times (1-20\%)=\$4,000,000$
存貨週轉率＝銷貨成本/平均存貨
$\$4,000,000 \div [(350,000+450,000) \div 2]=\$4,000,000 \div 400,000=10$次

31 (B)。 不需作分錄，僅需備忘記錄股數增加。

32 (C)。 營運資金＝流動資產－流動負債
流動比率＝流動資產÷流動負債
故借一筆長期借款再將短期借款清償，會使流動負債減少，流動負債減少使營運資金與流動比率皆增加。

33 (A)。 $\$696,500-\$707,000=\$(10,500)$

34 (C)。 $(X-\$10,000) \times (8 \div 55)=\$48,000$，$X=\$340,000$

35 (C)。 X2/2/1發行普通股

現金	$6,000,000	
普通股		$5,000,000
資本公積－普通股		$1,000,000

X2/8/1購回庫藏股

庫藏股	$75,000	
現金		$75,000

X2/10/1出售庫藏股

現金	$32,000	
庫藏股		$30,000
資本公積－庫藏股交易	$2,000	

X2/11/1出售庫藏股

現金	$26,000	
資本公積－庫藏股交易	$2,000	
保留盈餘	$2,000	
庫藏股		$30,000

以上交易會使保留盈餘減少$2,000

36 (B)。 X5年初帳面金額
$\$600,000-[(\$600,000-\$60,000) \div 6 \times 4]=\$240,000$
X5年折舊
$(\$240,000-\$15,000) \div 3=\$75,000$

37 (A)。 $\$40,000+\$1,460,000+\$200,000=\$1,700,000$

38 (A)。 合約總價＝$1,200,000
X1年$200,000＋$600,000＝$800,000
X1年完工比例＝$200,000÷$800,00＝25%
$1,200,000×25%＝$300,000
$300,000－$200,000＝$100,000，X1年利益
X2年$200,000＋$500,000＋$700,000＝$1,400,000
$1,200,000－$1,400,000＝$(200,000)損失要全數認列
$(200,000)－X1年已認列利益$100,000＝$(300,000)損失

39 (C)。 負債總額為$750,000÷3×11＝資產總額$2,750,000
利息費用＝0.03×資產總額＝0.03×$2,750,000＝$82,500

40 (C)。 X4年1月1日公司債帳面價值
$4,783,526＋($4,783,526×5%－$5,000,000×4%)＝$4,822,702
按面額98償還半數公司債＝0.98×($5,000,000÷2)＝$2,450,000
$4,822,702÷2－$2,450,000＝$(38,649)

二、問答與計算題

一 乙公司X1年10月2日以每股$17在市場上購買甲公司30,000股股票，購買時支付手續費$730，此股票乙公司意圖賺取短期價差，因此歸類為透過損益按公允價值衡量之股票投資，該股票於12/31時之市價為每股$20，乙公司於X2年2月10日以每股$25出清甲公司股票並支付該交易之稅捐及手續費$5,000，請作乙公司投資甲公司之有關分錄。

答 X1/10/2 $17×30,000＝$510,000

透過損益按公允價值衡量之金融資產	$510,000	
手續費支出	$730	
現金		$510,730

X1/12/31 ($20－$17)×30,000＝$90,000

透過損益按公允價值衡量之金融資產評價調整	$90,000	
透過損益按公允價值衡量之金融資產利益		$90,000

X2/2/10 ($25－$20)×30,000＝$150,000

透過損益按公允價值衡量之金融資產評價調整	$150,000	
透過損益按公允價值衡量之金融資產利益		$150,000

$(\$25 \times 30,000) - \$5,000 = \$745,000$

現金	$745,000	
手續費支出	$5,000	
透過損益按公允價值衡量之金融資產		$510,000
透過損益按公允價值衡量之金融資產評價調整		$240,000

二 甲公司採利息法攤銷折、溢價，其於X2年1月1日發行面額$1,400的公司債並將於X6年12月31日到期。甲公司於每年12月31日支付利息，下列為甲公司之公司債攤銷表的相關資料。

日期	利息支付數	利息費用	攤銷金額	公司債帳面價值
X2年1月1日				$ 1,460
X2年12月31日	$84	$73	$?	?

(一) 公司債的票面利率為何？
(二) 發行日的市場利率為何？
(三) 請作公司債發行分錄。
(四) 請作X3年12月31日付息分錄。

答 (一)公司債票面利率＝$84÷$1,400＝0.06×100%＝6%

(二)發行日市場利率＝$73÷$1,460＝0.05×100%＝5%

(三)現金 $1,460

       應付公司債 $1,400

       應付公司債溢價 $60

(四)X3/1/1公司債帳面價值＝$1,460－($84－$73)＝$1,449

     X3/12/31

     利息費用＝$1,449×5%＝$72

     現金＝$1,400×6%＝$84

     分錄如下：

       利息費用 $72

       應付公司債溢價 $12

         現金 $84

110年 關務特考四等（會計學概要）

一 甲公司從事服務業，其X3年底調整後試算表之資料如下。甲公司帳上各科目餘額均為正常餘額，但甲公司新任會計人員於編製試算表時，除漏列應收帳款餘額外，亦發生多項錯誤，導致試算表之借方及貸方餘額並不相等。

甲公司
調整後試算表
X3年12月31日

	借方餘額	貸方餘額
現金及約當現金		$ 780,000
應收帳款（？）		
用品盤存		60,000
辦公設備	$ 600,000	
預付保險費		24,000
累計折舊－辦公設備		180,000
預期信用減損損失	2,460	
應付帳款		224,000
保留盈餘（X3/1/1）	220,000	
備抵損失－應收帳款		4,460
普通股股本（每股面值$10）	680,000	
現金股利支出		40,000
服務收入		1,984,000
薪資費用	780,000	
租金費用		420,000
水電費用	60,000	
文具費用	156,000	
折舊費用	60,000	
保險費用	12,000	
其他費用	40,000	
合計	$2,610,460	$3,716,460

辦公設備係於X1年1月1日購買，並依耐用年限九年採直線法提列折舊。甲公司X3年度之股本並無變動。

試計算甲公司X3年度下列各項目：

(一) 試算表更正各項錯誤後的正確貸方餘額。

(二) 辦公設備之估計殘值。

(三) 應收帳款金額。

(四) 稅前淨利。

(五) 設所得稅為20%，計算平均股東權益報酬率（以百分比表達，四捨五入至整數）。

答 (一)

甲公司
調整後試算表
X3年12月31日

	借方餘額	貸方餘額
現金及約當現金	$ 780,000	
應收帳款（？）		
用品盤存	60,000	
辦公設備	600,000	
預付保險費	24,000	
累計折舊－辦公設備		$ 180,000
預期信用減損損失	2,460	
應付帳款		224,000
保留盈餘（X3/1/1）		220,000
備抵損失－應收帳款		4,460
普通股股本（每股面值$10）		680,000
現金股利支出	40,000	
服務收入		1,984,000
薪資費用	780,000	
租金費用	420,000	
水電費用	60,000	
文具費用	156,000	

甲公司
調整後試算表
X3年12月31日

	借方餘額	貸方餘額
折舊費用	60,000	
保險費用	12,000	
其他費用	40,000	
合計	$3,034,460	$3,292,460

試算表更正各項錯誤後的正確貸方餘額$3,292,460

(二)($600,000−殘值)÷9年×3年(X1,X2,X3)=$180,000

殘值=$60,000

(三)應收帳款金額如(一)表，

可推算出來=$3,292,460−$3,034,460=$258,000

(四)稅前淨利=$1,984,000−$2,460−$780,000−$420,000−$60,000−
$156,000−$60,000−$12,000−$40,000=$453,540

(五)稅後淨利=$453,540×(1−20%)=$362,832

期初股東權益=$680,000+$220,000=$900,000

期末股東權益=$900,000−$40,000+$362,832=$1,222,832

平均股東權益=($900,000+$1,222,832)÷2=$1,061,416

平均股東權益報酬率=$362,832÷$1,061,416=0.3418×100%=34.18%

二 乙公司於編製X6年12月31日的財務報表時，發現下列情況：

1. 乙公司因行業特性，具有較高的業務意外風險，因此無保險公司願意承保。在乙公司過去五年的經營期間，平均每年發生三起的意外事故，損失金額約在$800,000至$2,000,000的區間。極為幸運地，乙公司在X6年間並未發生任何意外事故，但乙公司之管理階層認為下年度將不會如此幸運。

2. 年底前發生未投保的意外事件的控訴案，乙公司被要求賠償$1,600,000。乙公司律師分析案情後，認為乙公司很有可能必須支付一半的賠償金額。

3. 乙公司在年底前因當年度銷貨之品質瑕疵，發生被客戶提告的訴訟案件，很有可能必須賠償$1,800,000。

4. 競爭者控告乙公司違反公平交易法，並要求賠償$3,200,000。乙公司否認有違法情事，經管理階層研議後，判斷賠償的可能性極低。

5. 乙公司工廠所在地的附近居民在年度中控告乙公司工廠污染溪流，乙公司很可能敗訴，但應賠償金額無法可靠估計。

試作：

(一) 針對各情況，逐項說明正確之會計處理，並提供必要的分錄或附註。

(二) 乙公司X6年度應認列的負債準備金額為何？

答 (一)

1. 損失未實際發生，也不存在現時義務，故不符合提列負債準備之條件。

2. 訴訟賠償損失　　　　　　　$800,000
　　訴訟賠償負債準備　　　　　　　　　$800,000

3. 訴訟賠償損失　　　　　　$1,800,000
　　訴訟賠償負債準備　　　　　　　　　$1,800,000

4. 可能性極低，不需認列負債準備及不需附註揭露或有負債。

5. 很有可能但應賠償金額無法可靠估計，故屬於或有負債需附註揭露。

(二) 乙公司X6年度應認列的負債準備金額

　　$1,400,000+$800,000+$1,800,000=$4,000,000

三 丙公司於X7年底提列減損損失前之應收帳款科目餘額為$14,720,000,備抵損失科目有貸方餘額$292,000。丙公司評估其應收帳款減損之情形如下:

個別重大應收帳款

客戶別	帳款金額	估計減損金額
A公司	$ 3,200,000	$ 3,200,000
B公司	3,840,000	
C公司	2,560,000	160,000
D公司	1,920,000	
合計	$ 11,520,000	

非屬個別重大應收帳款

客戶別	帳款金額
E公司	$ 320,000
其他帳款	2,880,000
合計	$ 3,200,000

丙公司的會計政策係先針對個別重大的應收帳款客戶進行評估,對個別不重大的應收帳款客戶及個別重大客戶無客觀證據顯示已減損者採集體評估,集體評估之估計減損損失比率為應收帳款金額的2%。

試作:

(一) X7年底採用集體評估應收帳款其估計減損損失金額。

(二) X7年底應收帳款應有之備抵損失餘額。

(三) X7年底認列應收帳款減損損失應有之分錄。

答 (一)個別重大應收帳款B公司及D公司,個別評估減損時並無減損,故併入個別不重大的應收帳款採集體評估結果如下:

($3,840,000 + $1,920,000 + $3,200,000) = $8,960,000

$8,960,000 × 2% = $179,200

(二)X7年底應收帳款應有之備抵損失餘額

$3,200,000 + $160,000 + $179,200 = $3,539,200

(三)X7年底減損損失分錄

$3,539,200－$292,000＝$3,247,200

預期信用減損損失	$3,247,200
備抵損失	$3,247,200

四 丁公司X6年12月31日資產負債表之權益資料如下所示：

權益：

特別股（6%，面值$10，累積，核准240,000股）	$1,200,000
普通股（面值$10，核准200,000股）	1,600,000
資本公積－普通股溢價發行	800,000
	3,600,000

保留盈餘

法定盈餘公積	$640,000	
未分配盈餘	960,000	1,600,000
		5,200,000
減：庫藏股－普通股（依每股成本$30買回）		(150,000)
權益總額		$5,050,000

特別股之贖回價格為每股$12，丁公司以前年度並未積欠特別股股利，但X6年度尚未宣告發放股利，且X6年中普通股股本科目亦無變動。試求算下列項目：

(一) 特別股已發行股數。　　　(二) 普通股已發行股數。

(三) 普通股流通在外股數。　　(四) 普通股每股發行價格。

(五) 普通股每股帳面淨值（計算至小數點後二位）。

答 (一)特別股已發行股數　$1,200,000÷$10＝120,000股

(二)普通股已發行股數　$1,600,000÷$10＝160,000股

(三)普通股流通在外股數160,000股－($150,000÷$30)＝155,000股

(四)普通股每股發行價格($1,600,000＋$800,000)÷160,000股＝$15

(五)普通股每股帳面淨值

[$5,050,000－($12×120,000＋$1,200,000×6%)]÷155,000＝$22.83

110年 台灣電力公司新進僱用人員（會計學概要）

一、填充題

1. 若某一普通年金及到期年金之計息次數、收付金額及利率皆相同，則到期年金現值＿＿＿＿＿＿普通年金現值。（大於／小於／等於）

2. 甲公司預計發行面額1,000,000元，利率8%的公司債，市場利率為9%，則債券預期按＿＿＿＿＿＿售出。（溢價／折價／平價）

3. 若甲公司發行的債券為溢價發行，則採有效利率法攤銷之溢價金額，每期會＿＿＿＿＿＿。（遞增／遞減／不變）

4. 甲公司收到銀行對帳單餘額為37,510元，公司帳列存款餘額為49,490元，另發現銀行代收票據6,000元、代扣手續費80元，而公司流通在外支票有6,700元，另有在途存款，則在途存款金額為＿＿＿＿＿＿元。

5. 甲公司X1年底總負債100,000元、總資產500,000元。X1年初總負債30,000元，X1年中業主無投入；X1年總收入260,000元，總費用120,000元，則X1年初總資產為＿＿＿＿＿＿元。

6. 甲公司收到客戶一張25,000元，6個月期，年息8%之本票，在收到2個月後，持向銀行貼現，貼現率9%，則甲公司自銀行收到現金為＿＿＿＿＿＿元。

7. 本期期末存貨高估，將使下期期末所編資產負債表之保留盈餘＿＿＿＿＿＿。（高估／低估／不變）

8. 甲公司於X1年底應收帳款餘額為55,000元，於X2年7月26日有客戶帳款1,000元不能收回予以沖銷，又X2年11月3日收回已沖銷呆帳300元，X2年底應收帳款餘額為65,000元，採應收帳款餘額法，呆帳率為3%，則X2年應認列之呆帳為＿＿＿＿＿＿元。

9. 已知成本加價率為25%，則銷貨毛利率為＿＿＿＿＿＿%。

10. 甲公司於X1年1月1日購進機械設備一套，成本為100,000元，估計耐用年數5年，殘值5,000元，採直線法提列折舊，則X3年應計提折舊費用＿＿＿＿＿＿元。

11. 甲公司流動比率大於1，如以部分現金償還應付帳款，將使流動比率
＿＿＿＿＿＿＿。（增加／減少／不變）

12. 期初存貨為30,000元，期末存貨為50,000元，銷貨400,000元，毛利率為
30%，則存貨週轉次數為＿＿＿＿＿＿＿次。

13. 甲公司賒購商品一批，若以總額法入帳，為貸記應付帳款70,000元；若以
淨額法入帳，為貸記應付帳款68,600元，今於折扣期間內支付現金48,510
元，則獲得之折扣金額為＿＿＿＿＿＿＿元。

14. 甲公司支付上年度購買固定資產之應付款項，於現金流量表中應屬於
＿＿＿＿＿＿＿活動。（營業／投資／籌資）

15. 甲公司於X1年1月1日買進乙公司20%之股票10,000股作長期投資，每股
價格21元，另支付佣金千分之2，則甲公司應借計長期股權投資＿＿＿＿＿＿＿
元。

16. 甲公司X4年1月1日折價發行公司債一批，依公司會計政策應採有效利率法
攤銷折溢價，但會計人員採用直線法，此項錯誤將會造成甲公司X4年底保
留盈餘＿＿＿＿＿＿＿。（高估／低估／不變）

17. 甲公司X5年現金流量表中營業活動之淨現金流入為630,000元，已知折舊
費用360,000元，長期債券投資折價攤銷24,000元，承作貸款230,000元，
則甲公司X5年淨利為＿＿＿＿＿＿＿元。

18. 甲公司X3年底之分類帳中有下列資料：存出保證金50,000元、著作權30,000
元、購併他公司淨資產之公允價值較取得成本之金額低50,000元、專利權
30,000元，則甲公司X3年底資產負債表上之無形資產總額為＿＿＿＿＿＿＿元。

19. 稅前淨利240,000元，所得稅率25%，普通股於年初有100,000股，9月1日
增資發行60,000股，則每股盈餘為＿＿＿＿＿＿＿元。

20. 甲公司X8年底流動資產有現金、應收款項及存貨三項，合計數為500,000
元，流動比率2.5，速動比率1.5，存貨週轉率4次。若X8年銷貨收入為
750,000元，毛利率為20%，則X8年期初存貨為＿＿＿＿＿＿＿元。

解答

1. **大於**

   普通年金現值－期末收或支
   到期年金現值－期初收或支
   舉例說明：每年$100、利息3%、3年
   普通年金＝$100×P3,3%＝$100×2.8286＝$283
   到期年金＝$100＋$100×P2,3%＝$100＋$191＝$291
   到期年金大於普通年金。

2. **折價**

   票面利率小於市場利率為折價發行。

3. **遞增**

   舉例說明：
   溢價發行公司債，成本$10,000、票面利率5%、市場利率4%、3年期，計算如下：
   公司債溢價發行金額＝$10,000×5%×P3,4%＋$10,000×p3,4%＝$10,278

	支付利息	利息費用	攤銷金額	公司債面額
1/1				$10,278
12/31	$500	$411	$89	$10,189
12/31	$500	$408	$92	$10,097
12/31	$500	$403	$97	$10,000

   由上述可知攤銷金額為每期遞增。

4. **$24,600**

   公司帳上正確金額＝$49,490＋$6,000－$80＝$55,410
   銀行帳上正確金額＝$37,510＋在途存款－$6,700＝$55,410
   在途存款＝$24,600。

5. **$290,000**

   資產＝負債＋權益
   X1/12/31　$500,000＝$100,000＋$400,000
   X1/1/1負債＝$30,000
   推算X1/1/1權益＝$400,000－($260,000－$120,000)＝$260,000
   X1/1/1資產＝$30,000＋$260,000＝$290,000

6. **$25,220**

$25,000＋$25,000×8%×6÷12＝$26,000

$26,000×9%×4÷12＝$780

$26,000－$780＝$25,220

7. **不變**

本期期末存貨高估，對資產負債表來說於次期期末存貨為正確，次期期末保
留盈餘也為正確，故於次期（下期）不受影響。

8. **$1,000**

期初備抵呆帳＝$55,000×3%＝$1,650

期末備抵呆帳＝$65,000×3%＝$1,950

呆帳＝$1,650－$1,000＋$300＋呆帳＝$1,950

呆帳＝$1,000

9. **20%**

成本加價率公式＝銷貨毛利÷銷貨成本

25%＝25÷100×100%

銷貨收入＝銷貨成本100＋銷貨毛利25＝125

銷貨毛利率＝25÷125×100%＝20%

10. **$19,000**

（$100,000－$5,000）÷5＝$19,000

11. **增加**

流動比率大於1舉例說明：

流動資產＝8

流動負債＝4

流動比率＝8÷4＝2

以部分現金償還應付帳款，應付帳款＝2

流動比率＝（8－2）÷（4－2）＝3

故流動比率增加。

12. **7次**

存貨週轉次數＝銷貨成本÷平均存貨

銷貨成本＝$400,000×（1－30%）＝$280,000

平均存貨＝（$30,000＋$50,000）÷2＝$40,000

存貨週轉次數＝$280,000÷$40,000＝7次。

13. **$990**

   折扣率＝($70,000－$68,600)÷$70,000＝0.02×100%＝2%
   總額×(1－2%)＝$48,510，總額＝$49,500
   折扣金額＝$49,500－$48,510＝$990

14. **籌資**

   償付延期固定資產價款屬籌資活動。

15. **$210,420／$210,000**

   10,000股×$21×(1＋0.002)＝$210,420；或
   10,000股×$21＝$210,000（佣金費用$420）

16. **低估**

   折價發行公司債初期公司債帳面金額小，算出的利息費用較使用直線法平均
   分攤折價金額時算出的利息費用小，故會計人員錯誤使用直線法算出的利息
   費用較高，費用高使得淨利減少，保留盈餘低估。

17. **$294,000**

   X5年淨利＋$360,000－$24,000＝$630,000
   X5年淨利＝$294,000
   承作貸款不屬於營業活動。

18. **$110,000**

   著作權$30,000＋購併他公司淨資產之公允價值較取得成本之金額低$50,000＋
   專利權$30,000＝$110,000

19. **$1.5**

   [$240,000×(1－25%)]÷100,000＋60,000×4÷12＝$1.5

20. **$100,000**

   流動比率＝$500,000÷流動負債＝2.5，流動負債＝$200,000
   速動比率＝速動資產÷$200,000＝1.5，速動資產＝$300,000
   流動資產$500,000－速動資產$300,000＝$200,000差額為存貨金額
   存貨週轉率＝[$750,000×(1－20%)]÷平均存貨＝4
   平均存貨＝$150,000
   (期初存貨＋$200,000)÷2＝$150,000，期初存貨＝$100,000

二、問答與計算題

一 甲公司於X2年有關損益資料如下：

銷貨	$ 27,400	期初存貨	$ 1,200	郵電費	$ 1,300
銷貨折讓	200	期末存貨	800	租金收入	360
銷貨運費	120	進貨運費	600	利息支出	240
進貨	19,000	廣告費	480	保險費	420

試作：

(一) 銷貨成本。　　(二) 銷貨毛利。　　(三) 營業淨利。

(四) 本期淨利。　　(五) 成本加價率。

答 (一)銷貨成本＝$1,200＋$19,000＋$600－$800＝$20,000

(二)銷貨毛利＝$27,400－$200－$20,000＝$7,200

(三)營業淨利＝$7,200－$120－$480－$1,300－$420＝$4,880

(四)本期淨利＝$4,880＋$360－$240＝$5,000

(五)成本加價率＝$7,200÷$20,000＝0.36×100%＝36%

二 甲公司購入乙公司普通股，採權益法之長期股權投資，相關資料如下：

X1年1月1日甲公司依市價購入乙公司普通股20,000股，並支付5,000元手續費，乙公司流通在外總股數為80,000股。

X1年6月1日及7月1日為乙公司的除息日及股利發放日，每股除息2元，X1年淨利為200,000元。

X2年6月1日及7月1日為乙公司的除息日及股利發放日，每股除息2.5元，X2年淨利為300,000元。

X2年12月31日採權益法之長期股權投資餘額為700,000元。

試作：

(一) 計算甲公司X1年1月1日購入乙公司普通股之成本。

(二) 計算乙公司X1年1月1日每股市價。

(三) 計算甲公司X1年12月31日採權益法之長期股權投資餘額。

答 (一)持有乙公司普通股20,000股，占乙公司流通在外總股數80,000股之25%

　　X1年1月1日購入乙公司普通股之成本，設為X

　　$X+(\$200,000\times25\%-\$2\times20,000股)+(\$300,000\times25\%-$
　　$\$2.5\times20,000股)=\$700,000$，$X=\$665,000$

　　X1年1月1日購入乙公司普通股之成本$665,000

(二)X1年1月1日每股市價＝$(\$665,000-5,000)\div20,000股=\$33$

(三)甲公司X1年12月31日採權益法之長期股權投資

　　$=\$665,000+(\$200,000\times25\%-2\times20,000股)=\$675,000$

三 甲公司購買專利權，相關資料如下：

X2年1月1日支付現金500,000元購買專利權，並評估該專利權將持續為公司帶來效益。

X3年間與乙公司發生專利權訴訟，共支付訴訟費80,000元，並於X3年10月初確定勝訴。

X4年初評估市場環境改變，決定自該年初開始5年後，停止生產該專利權有關的產品，且專利權採直線法攤銷，殘值為零。

X5年底由於科技進步，公司預期專利權的淨公允價值減為270,000元。

試作：

(一) X3年底專利權的帳面價值。

(二) X4年底專利權的帳面價值。

(三) X6年底專利權的攤銷費用。

答 (一)X2/1/1支付$500,000購買專利權，X3年發生專利權訴訟支付訴訟費$80,000，僅能維持該專利權現有之預期未來經濟效益，尚難以增加其未來經濟效益，故應於發生時認列為費用。

　　故X3年底專利權帳面價值＝$500,000

(二)X4年底專利權的帳面價值＝$500,000-(\$500,000\div5)=\$400,000$

(三)X5年底專利權的帳面價值＝$500,000-(\$500,000\div5\times2)=\$300,000$

　　X5年底淨公允價值＝$270,000

　　帳面價值$300,000大於淨公允價值$270,000，產生減損。

　　故X6年專利權攤銷費用$270,000\div(5年-2年)=\$90,000$

四 甲公司X1年1月交易如下：

日期	交易	數量(個)	單價(元)	金額(元)
1/1		30	5	150
1/7	進貨	60	8	480
1/15	銷貨	40	12	480
1/26	進貨	30	11	330
1/30	銷貨	50	13	650

請就下列存貨成本評價方法，計算期末存貨：
(一) 先進先出法。　　　(二) 加權平均法。　　　(三) 移動平均法。

答 (一)先進先出法的期末存貨＝30×$11＝$330

(二)平均價格＝($150＋$480＋$330)÷(30＋60＋30)＝$8
　　加權平均法的期末存貨＝30×$8＝$240

(三)移動平均法
　　1/7平均價格＝($150＋$480)÷(30＋60)＝$7
　　1/15出售40個
　　1/26平均價格＝($7×50＋$11×30)÷(50＋30)＝$8.5
　　1/30出售50個
　　期末存貨＝30×$8.5＝$255

110年 經濟部所屬事業機構新進職員－財會類

（中級會計學）

一 寶元公司110年11月1日與客戶簽訂不可取消的銷貨合約，按每件$10售價出售10,000件商品，預定111年5月1日交貨收款。至110年12月31日會計年度結束日，寶元公司尚未備有該數量的存貨，假設110年12月31日寶元公司若購入該存貨，每件價格為$12。寶元公司在111年4月15日實際購入該商品10,000件，每件價格$11，銷售費用均為售價之5%。

試作：

(一) 110年12月31日分錄。

(二) 111年4月15日分錄。

(三) 111年5月1日出售分錄。

答 (一)110年12月31日商品重置成本：$12×10,000=$120,000

合約淨變現價值：($10-$10×5%)×10,000=$95,000

110年12月31日可能認列之損失與負債=$120,000-$95,000=$25,000

（餘額）

110年12月31日分錄如下：

銷貨合約損失	25,000	
銷貨合約負債準備		25,000

(二)111年4月15日商品購入成本：$11×10,000=$110,000

合約淨變現價值：$95,000

截至111年4月15日止，可能認列之損失與負債：

$-110,000-$95,000=$15,000（餘額）

111年4月15日應調整之損失與負債=$15,000-$25,000=$(10,000)

111年4月15日分錄：

銷貨合約負債準備	10,000	
銷貨合約跌價回升利益		10,000
存貨	110,000	
應付帳款		110,000

(三)111年5月1日分錄：

應收帳款	95,000	
銷貨合約負債準備	15,000	
銷貨收入		110,000
銷貨成本	110,000	
存貨		110,000

二 東方公司110年度及111年度會計利潤分別為$850,000及$1,000,000，下列為東方公司財稅差異之項目：

①110年1月1日購入汽車一部，成本$5,000,000，耐用年限5年，估計無殘值，按直線法折舊。報稅上依稅法規定僅$2,500,000之成本可以計提折舊，且該汽車之折舊方法、耐用年限及殘值均與財務會計上相同。

②110年1月1日購入機器設備一台，成本$2,400,000，耐用年限4年，估計無殘值，財務會計上用年數合計法計提折舊，報稅時用直線法折舊，耐用年限及殘值均與財務會計上相同。

③所得稅率各年均為20%。

試作：

(一) 計算東方公司110年及111年之課稅所得。

(二) 東方公司110年及111年有關所得稅之相關分錄。

答 (一)①

折舊	110年	111年	112年	113年	114年	合計
會計	$1,000,000	1,000,000	1,000,000	1,000,000	1,000,000	5,000,000
報稅	500,000	500,000	500,000	500,000	500,000	2,500,000
差異	$500,000	500,000	500,000	500,000	500,000	2,500,000

②

折舊	110年	111年	112年	113年	合計
會計	$960,000	720,000	480,000	240,000	2,400,000
報稅	600,000	600,000	600,000	600,000	2,400,000
差異	$360,000	120,000	(120,000)	(360,000)	0

	110年	111年
會計利潤	$850,000	$1,000,000
永久性差異：		
成本超帳（帳上折舊多提）	500,000	500,000
暫時性差異：		
折舊方法不同（帳上折舊多提）	360,000	120,000
課稅所得	$1,171,000	$1,620,000
稅率	20%	20%
本期所得稅負債	$342,000	$324,000

東方公司課稅所得：

110年=$1,710,000

111年=$1,620,000

(二)110年分錄

所得稅費用	270,000	
遞延所得資產	72,000	
本期所得稅負債		342,000

111年分餘

所得稅費用	300,000	
遞延所得資產	24,000	
本期所得稅負債		324,000

三 天美公司於數年前訂立確定福利退休計畫，今年期初及期末的淨確定福利負債調節表如下：

	期初	期末
確定福利義務現值	$（300,000）	$（329,250）
計畫資產公允價值	180,000	236,000
淨確定福利負債	$（120,000）	$（93,250）

天美公司今年認列退休金的分錄如下：

退休金費用	20,250	
其他綜合損益-淨確定福利負債再衡量數	3,000	
應計退休金負債	26,750	
現金		50,000

今年內並未支付任何退休俸，精算假設亦未改變，且服務成本為利息成本的95%。

試作今年下列各項：

(一) 計畫資產報酬。

(二) 折現率。

(三) 當期服務成本。

(四) 計畫資產報酬減利息收入。

答

項目	備：退休金費用	借：OCI	貸：現金	貸：應計退休金負債	確定福利義務現值	計畫資產價值
期初餘額				$(120,000)	$(300,000)	$180,000
當期服務成本	0.95X14,250				0.95(X)(14,250)	
利息成本	X15,000				(X)(15,000)	
利息收入	y(9000)					y9000
計畫資產損失		3,000				(3000)
提撥			(50,000)			50,000
支付						
年度分錄	$20,250	$3,000	$(50,000)	26,750		
期末餘額				$(93,250)	$(329,250)	$236,000

(一)設利息成本為X，當期服務成本為0.95X，利息收入為y

$300,000+0.95X+X=$329,500

X=$15,000，利息成本=$15,000，當期服務成本

=$15,000×0.95=$14,250

(二)利息成本＝期初確定福利義務現值×折現率

$15,000=$300,000×折現率

求出折現率=5%

利息收入=期初計畫資產公允價值×折現率

$4180,000×5%=$9,000，利息收入=9,000

(三)計畫資產實際報酬=$9,000-$3,000=$6,000

　　計畫資產報酬減利息收入=$6,000-$9,000=$(3,000)

答：(一)計畫資產報酬=$6,000

　　(二)折現率=5%

　　(三)當期服務成本=$14,250

　　(四)計畫資產報酬減利息收入=$(3,000)

四 中興公司為了建造自用之廠房，於110年1月1日向銀行借專案借款，分兩次動撥款項，110年1月1日動撥專案借款$3,000,000，110年5月1日再動撥款項$6,000,000。此項廠房建造於110年1月初開始，並符合借款成本資本化條件，專案借款利率為4%。

工程支出如下：

①110年1月1日$3,000,000

②110年5月1日$6,000,000

試作：

(一) 計算110年度借款成本應資本化金額。

(二) 110年12月31日借款成本資本化之分錄。

(三) 假設銀行於110年1月1日即動撥$9,000,000之款項予中興公司之銀行存款帳戶內，未動用之專案借款閒置資金可存放於銀行，存款利率為2%，其餘資料相同。請計算110年度應資本化之借款成本金額。

答 110年度專案借款之借款成本應資本化金額

(一)$3,000,000 \times 4\% + \$6,000,000 \times 4\% \times \dfrac{8}{12} = \$280,000$

(二)110年12月31日資本化之分錄：

未完工程	280,000	
利息費用		280,000

(三)110年度專案借款之借款成本應資本化金額：

$\$9,000,000 \times 4\% - \$6,000,000 \times 2\% \times \dfrac{4}{12} = \$320,000$

110年 中華郵政職階人員專業職 (會計學概要)

一 A公司於X1年1月1日以現金購入機器設備一台，總成本為$700,000。該機器設備預計使用5年，估計殘值為$100,000。A公司於X1年對該機器設備採用年數合計法提列折舊，X2年及X3年改採直線法（平均法）提列折舊，殘值不變。請根據上述資料回答下列問題：【第(一)至(三)小題必須列出詳細計算過程，否則不給分；第(四)、(五)小題，各自獨立不相關。】

(一) X1年度該機器設備之折舊費用為多少？

(二) X2年度該機器設備之折舊費用為多少？

(三) X3年12月31日該機器設備之帳面價值（帳面金額）為多少？

(四) 若X4年1月1日以$285,000出售該機器設備，請作此筆交易之分錄。

(五) 若X4年1月1日將該機器設備來交換其他公司的機器設備一台（公允價值為$290,000），若此資產交換具有商業實質，請作此筆交易之分錄。

答 (一)X1年度折舊費用：

$$($700,000-$100,000) \times \frac{5}{15} = $200,000$$

(二)X2年度折舊費用：

$$[($700,000-$200,000)-$100,000] \div 4 = $100,000$$

(三)X3年12月31日機器設備帳面價值

$$= $700,000-$200,000-$100,000-$100,000=$300,000$$

(四)X4年1月1日

現金	285,000	
累計折舊	400,000	
處分資產損失	15,000	
機器設備		700,000

(五)機器設備（新）	290,000	
累計折舊	400,000	
處分資產損失	10,000	
機器設備（舊）		700,000

二 B公司以間接法來編製現金流量表，請根據下列B公司X1年度相關資料分別說明這些事項對編製現金流量表的影響，必須說明是何種現金流量表活動（營業活動、投資活動、籌資活動），以及其增加數或減少數（金額）。【第(一)至(五)小題4分，現金流量活動歸類與增減金額全對才給分；第(六)小題5分，現金增減與金額全對才給分】

※作答範例：營業活動增加$1,000、投資活動減少$800、籌資活動增加$2,100。

(一) 存貨增加$200,000。

(二) 遞延所得稅負債增加$35,000。

(三) 收到投資公司債之利息$50,000。

(四) 支付貸款利息$22,000。

(五) 購買庫藏股票$100,000。

(六) 由第(一)至(五)小題的資料加總合計，對B公司X1年度現金流量增減的影響為何？

答 (一)營業活動減少$200,000

(二)營業活動增加$35,000

(三)營業活動或投資活動增加$50,000

(四)營業活動或籌資活動減少$22,000

(五)籌資活動減少$100,000

(六)$-200,000+$35,000+$50,000-$22,000-$100,000=-$237,000

B公司X1年度現金流量減少$237,000

110年 全國各級農會九職等以下新進人員

（會計學試題卷）

一、是非題

1. 簽發票據清償對供應商之欠款會導致資產減少、權益減少。

2. 一筆調整分錄一定會同時影響資產負債表項目及綜合損益表項目。

3. 在物價上漲時，期末存貨採用先進先出法評價是最能接近目前的市價。

4. 應收帳款之呆帳採用備抵法處理時，沖銷呆帳會造成應收帳款淨變現價值減少。

5. 若不動產、廠房及設備採用重估價模式，當公允價值大於帳面金額時，其差額應認列為當期利得。

6. 2個月到期且市場交易活絡的商業本票屬於「約當現金」。

7. 採用權益法認列之權益工具投資，收到現金股利應貸記投資收益。

8. 「待分配股票股利」應列為保留盈餘之減項。

9. 投資性不動產係指為賺取租金或資本增值或兩者兼具所持有之不動產。

10. 償還長期負債一年內到期部分應列在現金流量表的籌資活動。

解答

1. **X**

   簽發票據清償供應商之欠款分錄如下：

   借：應付帳款

   　貸：應付票據

   不影響資產及權益。

2. ○

   調整分錄可能會有實帳戶及虛帳戶會計項目，因此將同時影響資產負債表項目及綜合損益表項目。

3. **○**

先進先出法係先買進來的先賣出，因此期末存貨為後續購入的，其成本最能接近目前的市價。

4. **X**

沖銷呆帳分錄如下：
借：備抵呆帳
　　貸：應收帳
不影響應收帳款淨變現價值

5. **X**

採重估價模式，當公允價值大於帳面金額時，其差額應認列為其他綜合損益－資產重估增值。

6. **○**

約當現金係指可隨時轉換成定額現金且價值變動風險甚小之短期並高度流動性之投資。2個月到期且市場交易活絡係短期且可隨時轉換，故該商業本票數屬「約當現金」。

7. **X**

採用權益法認列之權益工具投資，收到現金股利應貸採用權益法之投資。

8. **X**

待分配股票股利應列為股本之加項。

9. **○**

依據IAS40.5投資性不動產係指為賺取租金或資本增值或兩者兼具所持有（由所有者所持有或由承租人以使用權資產所持有）之不動產（土地或建築物之全部或一部分，或兩者皆有）

10. **○**

借入款項之現金償還係屬籌資活動。

二、單選題

（　　）**1** 下列何帳戶的結帳分錄應貸記「本期損益」？　(A)薪資費用　(B)服務收入　(C)預付保費　(D)預收收入。

（　　）**2** 下列何種調整事項可於下期的期初作轉回分錄？　(A)期末調整提列備抵呆帳　(B)記虛轉實預收收入期末調整　(C)記實轉虛預付費用期末調整　(D)期末調整提列折舊費用。

(　　) **3** 甲公司X1年12月31日調整前用品盤存餘額為$8,000、用品費用餘額為$0，當日盤點發現尚有$1,200的文具用品未耗用，則甲公司X1年12月31日之調整分錄為：　(A)借記：用品費用$1,200，貸記：用品盤存$1,200　(B)借記：用品盤存$6,800，貸記：用品費用$6,800　(C)借記：用品盤存$1,200，貸記：用品費用$1,200　(D)借記：用品費用$6,800，貸記：用品盤存$6,800。

(　　) **4** 目的地交貨條件下，出售商品支付運費，會計上應借記：　(A)存貨　(B)應收帳款　(C)進貨運費　(D)銷貨運費。

(　　) **5** 甲公司11月30日銀行對帳單上存款餘額為$175,000，經查證得知該公司11月份有在途存款$50,000，未兌現支票$40,000，存款不足支票$12,000，銀行手續費$500，則甲公司11月30日銀行存款正確餘額應是多少？　(A)$185,000　(B)$184,500　(C)$173,000　(D)$172,500。

(　　) **6** 甲公司存貨採定期盤存制，X1年度進貨$500,000，進貨運費$20,000，銷貨淨額為$800,000，依毛利率40%推估期末存貨為$100,000，則期初存貨是多少？　(A)$60,000　(B)$80,000　(C)$100,000　(D)$120,000。

(　　) **7** 甲公司呆帳政策採用備抵法，期初備抵呆帳為$95,000，期末備抵呆帳為$100,000，當年度甲公司曾沖銷一筆呆帳，當期綜合損益表列示呆帳費用$45,000，則本期沖銷之呆帳金額為：　(A)$50,000　(B)$55,000　(C)$40,000　(D)$45,000。

(　　) **8** 甲公司X2年4月1日購入機器一部，成本$252,000，估計耐用年限6年，殘值$3,000。若公司採雙倍餘額遞減法提列折舊，則X2年機器之折舊為何？　(A)$84,000　(B)$83,000　(C)$63,000　(D)$62,250。

(　　) **9** X2年底甲公司面臨一件法律訴訟，依辯護律師之意見，甲公司很有可能敗訴而必須賠償對方。經估計，賠償金額為$1,000,000發生之機率為10%，$2,000,000之機率為60%，$3,000,000之機率為30%，則X2年12月31日甲公司應認列之負債準備為何？　(A)$1,000,000　(B)$2,000,000　(C)$2,200,000　(D)$3,000,000。

(　　) **10** 甲乙二人於X2年10月1日成立合夥商店，甲投入現金$100,000，乙投入成本$40,000、公允價值$80,000之設備，甲乙約定損益均分，則X2年10月1日乙之資本額應為：　(A)$100,000　(B)$80,000　(C)$60,000　(D)$40,000。

(　　) **11** 甲公司於X1年成立時發行面額$10之普通股100,000股，發行價格為$15，X1年度虧損$200,000。X2年公司辦理現金增資發行普通股50,000股，發行價格為$12，X2年度獲利$100,000。甲公司X2年底投入資本餘額為何？　(A)$1,500,000　(B)$1,900,000　(C)$2,000,000　(D)$2,100,000。

(　　) **12** 有關溢價發行公司債之敘述，下列何者正確？
(A)票面金額高於發行價格
(B)公司債發行日之市場利率高於票面利率
(C)採有效利率法攤銷溢價時，利息費用逐年增加
(D)採有效利率法攤銷溢價時，應付公司債帳面金額逐年減少。

(　　) **13** 甲公司於X1年初取得乙公司流通在外普通股30%作為長期投資，採權益法處理。X2年間甲公司收到乙公司發放股票股利應如何處理？
(A)不作分錄，僅作備忘記錄　(B)貸記股利收入　(C)貸記投資收益
(D)貸記投資乙公司。

(　　) **14** 甲公司購入乙公司發行之公司債，甲公司持有該債券之目的係為了收取合約現金流量及出售之經營模式，則甲公司應將該投資分類為何？
(A)透過其他綜合損益按公允價值衡量之金融資產
(B)透過損益按公允價值衡量之金融資產
(C)按攤銷後成本衡量之金融資產
(D)採用權益法之投資。

(　　) **15** 甲公司X1年12月初以$55,000購入乙公司之普通股作為「透過損益按公允價值衡量之金融資產」，該筆投資X1年底之公允價值為$58,000。X2年1月25日甲公司出售時之公允價值為$60,000，則X2年應認列之相關利益是多少？　(A)$5,000　(B)$3,000　(C)$2,000　(D)$0。

( ) **16** 甲公司以面額$600,000、一年期不附息之票據購得一部機器，機器現金價為$570,000，另支付運費$15,000、安裝費$6,000、三年期火險保費$9,000，因運送途中不慎發生碰撞之修理費$8,000，則該機器認列之成本為何？ (A)$608,000 (B)$629,000 (C)$591,000 (D)$599,000。

( ) **17** 甲公司X1年度淨利為$100,000，若X1年度折舊費用為$20,000、應收帳款增加$30,000、存貨減少$80,000、應付帳款增加$10,000，則甲公司X1年度營業活動之現金流量為何？ (A)$180,000 (B)$100,000 (C)$80,000 (D)$20,000。

( ) **18** 甲公司X1年自顧客收到的現金為$500,000，期初應收帳款為$300,000，期末應收帳款為$200,000，期初預收收入為$0，期末預收收入為$100,000，則甲公司X1年度銷貨收入是多少？ (A)$700,000 (B)$300,000 (C)$500,000 (D)$400,000。

( ) **19** 若公司淨值為正數，則下列何者將使公司的負債對資產比率增加： (A)發放股票股利 (B)支付應付現金股利 (C)處分設備產生損失 (D)贖回公司債產生利益。

( ) **20** 甲公司X1年稅後淨利為$780,000，所得稅稅率為20%，已知利息費用為 $150,000(稅前)，則甲公司X1年利息保障倍數為： (A)5.2 (B)6.2 (C)6.5 (D)7.5。

三、複選題

( ) **1** 期末公司需做調整分錄係與下列哪些會計假設、原則有關： (A)繼續經營 (B)會計期間假設 (C)費用認列原則 (D)收入認列原則。

( ) **2** 下列會計項目中，哪些是虛帳戶？ (A)預收收入 (B)水電費用 (C)本期損益 (D)股利。

( ) **3** 有關結帳之敘述，下列何者正確？ (A)結帳後試算表僅剩下實帳戶之金額 (B)資產、負債及權益帳戶餘額結清歸零 (C)收益、費損及本期損益帳戶餘額結清歸零 (D)將所有資產、負債及權益帳戶之餘額結轉下期。

( ) **4** 定期盤存制下，有關存貨之敘述，下列何者正確？ (A)平時存貨帳戶一直維持期初餘額 (B)出售商品時應同時記錄存貨的減少 (C)可供銷售商品成本減去期末存貨等於銷貨成本 (D)報導期間結束日尚未出售之商品即為期末存貨。

( ) **5** 下列何者屬於以「公允價值減出售成本」衡量之生物資產？ (A)畜牧業飼養的牛 (B)養雞場飼養的雞隻 (C)寵物店的狗 (D)水族館的白鯨。

( ) **6** 甲公司零用金額度為$3,000，撥補日之現金餘額為$250，各項費用支出憑證總和為$2,800，則有關零用金撥補的會計記錄何者正確？ (A)貸記現金$2,750 (B)貸記現金短溢$50 (C)借記現金短溢$50 (D)貸記現金$2,800。

( ) **7** 下列何項交易發生時會影響應收帳款的帳面金額？ (A)沖銷呆帳 (B)提列呆帳損失 (C)已沖銷之呆帳全額收回 (D)已沖銷之呆帳部分收回。

( ) **8** 下列有關存貨之敘述，何者正確？ (A)「承銷品」屬於承銷公司之存貨 (B)在「起運點交貨」條件下，「在途存貨」屬於買方存貨 (C)在「目的地交貨」條件下，「在途存貨」屬於賣方存貨 (D)商品成本包含買方「進貨運費」之支出。

( ) **9** X5年12月31日甲公司設備成本為$1,000,000，累計折舊為$400,000，淨公允價值為$550,000，預計該設備產生未來淨現金流量之折現值(使用價值)為$500,000，則X5年12月31日有關設備之敘述何者正確？ (A)可回收金額為$500,000 (B)可回收金額為$550,000 (C)認列設備減損損失$50,000 (D)認列設備減損損失$100,000。

( ) **10** 甲公司與乙公司進行機器交換，甲公司機器帳面金額$100,000、公允價值$120,000，乙公司機器帳面金額$116,000、公允價值$150,000，甲公司另支付乙公司現金$30,000。若此項交換具有商業實質，則甲公司之會計記錄何者正確？ (A)借記「處分資產損失」$30,000 (B)借記「機器(新)」$150,000 (C)貸記「處分資產利得」$20,000 (D)借記「機器(新)」$130,000。

（　）**11** 銀行透支在資產負債表上之表達，下列何者為可能之選項：　(A)預付項目　(B)預收項目　(C)流動負債　(D)現金及銀行存款減項。

（　）**12** 甲公司於X1年4月1日以每股$15購入面額$10之庫藏股票8,000股，並於6月1日以每股$18再行發庫藏股票5,000股。則X1年6月1日會計記錄應為：　(A)借記「庫藏股票」$90,000　(B)貸記「處分庫藏股票利得」$15,000　(C)貸記「庫藏股票」$75,000　(D)貸記「資本公積_庫藏股票交易」$15,000。

（　）**13** 有關資本之敘述，下列何者正確？　(A)投入資本包括股本與資本公積　(B)法定盈餘公積非屬資本公積　(C)股票的面額部分為公司之法定資本　(D)公司收到股東捐贈資產時，應列為資本公積。

（　）**14** 有關大額股票股利與小額股票股利對公司之影響，下列敘述何者正確？　(A)二者皆造成公司股本增加　(B)二者皆造成公司股份總數增加　(C)二者皆造成公司保留盈餘減少　(D)二者皆不會造成公司權益總額變動。

（　）**15** X2年1月1日甲公司以$97,277之價格發行面額$100,000、利率4%之三年期應付公司債，每年12月31日付息，有效利率為5%，甲公司採有效利率法攤銷。下列X3年有關應付公司債之敘述何者正確？(A)X3年利息費用為$4,907　(B)X3年利息費用為$4,864　(C)X3年應付公司債折價攤銷數為$907　(D)X3年12月31日應付公司債帳面金額為$99,048。

（　）**16** 下列哪些項目屬於投資活動之現金流量？　(A)出售設備　(B)發行公司債　(C)貸款給其他公司　(D)購入按攤銷後成本衡量之債券。

（　）**17** 採用間接法編製現金流量表時，下列何者正確：　(A)折舊費用為營業活動現金流量之加項　(B)購入機器設備為投資活動現金流量之減項　(C)出售土地利得為營業活動現金流量之減項　(D)出售庫藏股票為籌資活動現金流量之加項。

（　）**18** 下列哪些比率可作為短期償債能力的指標：　(A)速動比率　(B)淨營業週期　(C)應收帳款週轉率　(D)存貨週轉率。

( ) **19** 上期銷售附有保證之產品，客戶於本期送修時，公司會計記錄何者正確？ (A)借記產品保證費用 (B)貸記現金、零件、勞工等 (C)借記產品保證負債 (D)貸記預付產品保證成本。

( ) **20** 下列哪些方法可以有效縮短營業週期： (A)提高存貨週轉天數 (B)提高存貨週轉率 (C)降低應收帳款週轉天數 (D)降低應收帳款週轉率。

解答及解析 (答案標示為#者，表官方曾公告更正該題答案。)

單選題

1 (B)。(A)借：本期損益，貸：薪資費用。
(B)借：服務收入，貸：本期損益。
(C)(D)預付保費及預收收入為實帳戶項目，結帳時為結轉下期。

2 (B)。(A)(D)提到備抵呆帳及折舊為估升項目調整，不可依轉回分錄。
(C)記實轉虛之預付費用係期末已調整已耗用之部分至損益，不得於下期期初回轉，僅有採記虛轉實時方可回轉。

3 (D)。期末帳上用品盤存剩下$1,200，因此須將已耗用部分$6,800轉列用品費用，分錄如下：
借：用品費用　　　　　　　　6,800
　　貸：用品盤存　　　　　　　　　　6,800

4 (D)。目的地交貨條件下，賣方需負擔運費，故出售商品支付運費，應借記：銷貨運費。

5 (A)。$175,000+$50,000-$40,000=$185,000。

6 (A)。期初存貨+$500,000+$20,000-$100,000=$800,000×60%
期初存貨=$60,000

7 (C)。

備抵呆帳	
	$95,000
？	45,000
	$100,000

？=沖銷之呆帳
？=$95,000+$45,000-$100,000=$40,000

8 (C)。$\$252,000 \times \dfrac{1}{6} \times 2 \times \dfrac{9}{12} = \$63,000$

9 (B)。賠償金額$2,000,000之機率為60%為最高，故甲公司應認列之負債準備為
$2,000,000，分錄如下：

訴訟損失	2,000,000	
負債準備		2,000,000

10 (B)。X2年10月1日分錄如下：

現金	100,000	
設備	80,000	
甲合夥人資本		100,000
乙合夥人資本		80,000

11 (D)。100,000×$15+50,000×$12=$2,100,000。

12 (D)。舉例說明：
溢價發行公司債，面額$10,000，票面利率5%、市場利率4%、3年期，
計算如下：
溢價發行公司債，金額$10,000×5%×$P\overline{3}|4\%$+$10,000×$P\overline{3}|4\%$=$10,278

	支付利息	利息費用	攤銷金額	公司債面額
1/1				$10,278
12/31	$500	$411	$89	$10,189
12/31	$500	$408	$82	$10,097
12/31	$500	$403	$97	$10,000

由上表可知
(1) 票面金額$10,000低於發行價格$10,278
(2) 公司債發行日之市場利率4%高於票面利率5%
(3) 攤銷溢價時，利息費用逐年減少
(4) 攤銷溢價時，應付公司債帳面金額逐年減少

13 (A)。採用權益法處理權益工具投資，當投資公司收到被投資公司股票股利時，
由於不影響被投資公司之權益總額，故投資公司不作分錄，僅作備忘分錄。

14 (A)。持有目的係為了收取合約現金流量及出售之經營模式應分類至透過其他綜
合損益按公允價值衡量之金融資產。

15 (C)。購入乙公司之普通股係分類為「透過損益按公允價值衡量之金融資
產」，公允價值變動列入當期損益。X2年1月25日認列金融資產評價利益
=$60,000-$58,000=$2,000，X2年應認列之相關利益為$2,000。

16 (C)。 機器認列之成本=$570,000+$15,000+$6,000=$591,000。

17 (A)。 營業活動之現金流量=$100,000+$20,000-$30,000+$80,000+$10,000
=$180,000。

18 (B)。 銷貨收入=$500,000+($200,000-$300,000)+($0-$100,000)=$300,000

19 (C)。 (A)發放股票股利：
    保留盈餘   XXX
        股本   XXX
    不影響資產，負債及權益
(B)支付應付現金股利：
    應付股利   XXX
        現金   XXX
    資產負債同時減少，不影響負債對資產比率
(C)處分設備損失
    現金   XXX
    處分資產損失   XXX
        設備（淨額）   XXX
    資產減少，負債不影響，故負債對資產比率增加
(D)贖回公司債：
    應付公司債   XXX
    公司債溢價   XXX
        現金   XXX
        公司債收回利益   XXX
    負債減少金額大於資產減少金額，故使負債對資產比率減少

20 (D)。 $\dfrac{78,000 \div (1-20\%)+150,000}{15,000}$=7.5倍。

複選題

1 (BCD)。
    繼續經營假設係假設在企業可預見未來會繼續存在下去，不會解散，與
    調整分錄無關。

2 (BCD)。
    預收收入為負債科目，為實帳戶。

3 (ACD)。
    資產負債及權益帳戶餘額為結轉下期，非結清歸零。

4 (ACD)。

出售商品時應同時記錄存貨的減少為永續盤存制。

5 (AB)。

寵物店的狗與水族館的白鯨不符合消耗性及生產性生物資產之定義。

6 (AB)。

零用金撥補之分錄如下：

各項費用	2,800	
銀行存款		2,750
現金短溢		50

7 (BCD)。

呆帳相關分錄如下：

(1) 提列呆帳損失

呆帳	XXX	
備抵呆帳		XXX

(2) 沖銷呆帳

備抵呆帳	XXX	
應收帳款		XXX

(3) 沖銷後又收回

應收帳款	XXX	
備抵呆帳		XXX
現金	XXX	
應收帳款		XXX

由上述得知僅沖銷呆帳不影響應收帳款的帳面金額。

8 (BCD)。

「承銷品」係屬於寄銷公司之存貨。

9 (BC)。

可回收金額為設備淨公允價值與使用價值較高者，故可回收金額=$550,000
設備帳面價值$600,000＞可回收金額$550,000，資產確已減損，應認列
減損損失=$600,000-$550,000=$50,000。

10 (BC)。

此交換具商業實質，應認列處分資產損益，甲公司之會計記錄如下：

機器（新）	150,000	
處分資產利益		20,000
機器（舊）		100,000
現金		30,000

11 (CD)。

銀行透支係指公司與銀行訂有信用額度，當存款不足時，由銀行代墊，使公司帳上之銀行存款帳戶發生貸方餘額之情形。

透支期間常常在一年之內，故列為流動負債，亦可表達於現金及銀行存款減項。

12 (CD)。

相關分錄如下：

X4年4月1日

庫藏股票	120,000	
現金		120,000

X4年6月1日

現金	90,000	
資本公積－庫藏股交易		15,000
庫藏股票		75,000

13 (ABCD)。

(B)法定盈餘公積屬保留盈餘。

14 (ABCD)。

股票股利為盈餘轉增資，不論股票股利之比例大小，皆按股票面值將未分配盈餘轉作股本，最終股東權益之總數不變。

因此發放股票股利將使保留盈餘減少、股本增加、股份總額增加，權益總額不變。

15 (ACD)。

公司債相關分錄如下：

X2年1月1日

現金	97,277	
公司債折價		2,723
應付公司債		100,000

X2年12月31日

利息費用	4,864	
公司債折價		864
現金		4,000

X3年12月31日

利息費用	4,907	
公司債折價		907
現金		4,000

X3年12月31日應付公司債帳面金額=$97,277+$864+$907=$99,048

16 (ACD)。
　　發行公司債係籌資活動之現金流量。

17 (ABCD)。

18 (ABCD)。

19 (BC)。
　　保證（保固）相關分錄如下：
　　(1) 銷貨時
　　　　現金　　　　　　　　XXX
　　　　　　銷貨收入　　　　　　　　XXX
　　　　產品保證費用　　　XXX
　　　　　　產品保證負債　　　　　　XXX
　　(2) 維修時
　　　　產品保證負債　　　XXX
　　　　　　現金（或零件存貨、勞工）XXX

20 (BC)。
　　營業週期=應收帳款週轉天數+存貨週轉天數
　　應收帳款週轉天數=$\dfrac{365}{應收帳款週轉率}$
　　存貨週轉天數=$\dfrac{365}{存貨週轉率}$
　　因此需降低應收帳款週轉天數（提高應收帳款週轉率）及存貨週轉天數（提高存貨週轉率）方可縮短營業週期。

111年 經濟部所屬事業機構新進職員－財會類

（中級會計學）

一 平安公司與健康公司達成協議，平安公司在110年9月30日以其持有的一筆土地交換健康公司的一棟房屋建築，該項交換具有商業實質，且交換後兩家公司對於換入資產仍將供營業使用。於交換日時，平安公司的土地帳面金額為$1,200,000,000，經評估公允價值為$1,400,000,000、健康公司的房屋建築帳面金額為$1,500,000,000，經評估公允價值為$1,200,000,000；健康公司另支付現金$200,000,000給平安公司。

試作(計算至整數位，以下四捨五入)：

(一) 計算交換日時健康公司換入土地及平安公司換入房屋建築之入帳金額。

(二) 承上，平安公司換入房屋建築係作為營運總部使用，採年數合計法計提折舊費用，預估剩餘耐用年限為20年，預估淨殘值為$20,000,000。計算平安公司換入房屋建築後110及111年度折舊費用。

(三) 承上，自112年起平安公司該房屋建築改採直線法計提折舊費用，預估剩餘耐用年限為19年，預估淨殘值為$20,000,000，112年12月31日平安公司就該房屋建築認列減損損失$200,000,000，預估淨殘值不變。另由於營運總部遷移，決定將該房屋建築出租，並於113年8月1日出租給幸福公司，平安公司將採用公允價值模式衡量該筆投資性不動產，113年8月1日該房屋建築公允價值為$1,270,000,000。試作113年8月1日該房屋建築之相關分錄。

答 (一) 此資產交換具商業實質，資產之價值依公允價值衡量，認列處分資產損益

110年9月30日

平安公司		健康公司	
房屋建築 1,200,000,000		土地　　　1,400,000,000	
現金　　 200,000,000		處分資產損失300,000,000	
土地　　　　 1,200,000,000		房屋及建築　1,500,000,000	
處分資產利益 200,000,000		現金　　　　 200,000,000	

1.交換日健康公司換入土地之入帳金額＝$1,400,000,000
2.交換日平安公司換入房屋建築入帳金額＝$1,200,000,000

(二)①110年折舊

$$(\$1,200,000,000-\$20,000,000)\times\frac{20}{210}\times\frac{3}{12}=\$28,095,238$$

110年12月31日

折舊	28,095,238	
累計折舊		28,095,238

②111年折舊

$$(\$1,200,000,000-\$20,000,000)\times\frac{20}{210}\times\frac{9}{12}+(\$1,200,000,000-$$

$$\$20,000,000)\times\frac{19}{210}\times\frac{3}{12}$$

=$84,285,714+$26,690,476=$110,976,190

111年12月31日

折舊	110,976,190	
累計折舊		110,976,190

111年12月31日資產帳面價值

=$1,200,000,000-$28,095,238-$110,976,190=$1,060,928,572

(三)112年折舊：

($1,060,928,572-$20,000,000)÷19=$54,785,714

112年12月31日分錄

折舊	54,785,714	
累計折舊		54,785,714
減損損失	200,000,000	
累計減損		200,000,000

①112年12月31日未認列減損前之帳面價值

　=$1,060,928,572-$54,785,714=$1,006,142,858

②112年12月31日認列減損後之帳面價值

　=$1,006,142,858-$200,000,000=$806,142,858

113年1月1日～8月1日折舊費用

①未認列減損前之折舊=\$54,785,714×$\frac{7}{12}$=\$31,958,333

②認列減損後之折舊=

　($806,142,858-$20,000,000)÷18×$\frac{7}{12}$=\$25,476,852

113年8月1日分錄：

折舊	25,476,852	
累計減損	6,481,481	
累計折舊		31,958,333
投資性不動產	1,270,000,000	
累計折舊	225,815,475	
累計減損	193,518,519	
房屋建築		1,200,000,000
減損損失迴轉利益		193,518,519
其他綜合損益-資產重估增值		295,815,475

二 下列情況獨立，請分別作答：

(一) 歡喜公司於111年1月1日承租一層附裝潢設備之辦公大樓，含中央空調及辦公設備，租期5年，每年租金\$1,800,000，年初付款。租約規定，出租人負責所有維修(包含空調主機、燈火照明、家具維修及清潔打掃等)工作。

辦公大樓之房屋建築與辦公設備並非高度關聯，且承租人可自兩者本身單獨獲益，出租人出租未裝潢辦公大樓之單獨價格為每年租金\$1,250,000、出租辦公設備之單獨價格為每年\$550,000、提供設備維修及清潔打掃服務之單獨價格為每年\$200,000。

租賃之隱含利率非輕易可以知悉，承租人之增額借款利率為6%，使用權資產採直線法計提折舊。

試作：歡喜公司111年度該租賃相關分錄(計算至整數位，以下四捨五入)。

(二) 高興公司於111年1月1日向福氣公司承租200坪之辦公大樓，租期10年，每年租金$2,000,000，年底付款，租期屆滿標的資產返還出租人，估計殘值為$3,000,000，高興公司未保證殘值，福氣公司評估該租賃為融資租賃，其隱含利率為5%，高興公司無法推知租賃隱含利率，其增額借款利率為6%，使用權資產採直線法計提折舊。

117年初，高興公司與福氣公司協議將原合約租賃期間延長2年，每年租金不變，福氣公司估計延長期間後，租期屆滿之殘值為$1,000,000，並判斷租賃修改後仍屬融資租賃，高興公司在117年初之增額借款利率為7%。

相關現值資料補充如下：

① 利率5%，每期$1，4期複利現值為0.822702。

② 利率5%，每期$1，6期複利現值為0.746215。

③ 利率5%，每期$1，4期年金現值為3.545951。

④ 利率5%，每期$1，6期年金現值為5.075692。

⑤ 利率6%，每期$1，4期年金現值為3.465106。

⑥ 利率6%，每期$1，10期年金現值為7.360087。

⑦ 利率7%，每期$1，6期年金現值為4.766540。

試作 (計算至整數位，以下四捨五入)：

(1)計算高興公司117年初租賃修改後使用權資產之帳面金額及117年底租賃負債之帳面金額。

(2)計算福氣公司117年初租賃修改租約利益金額。

答 (一)此租約包含辦公大樓，辦公設備及維修清潔工作，因此須辨認租賃合約拆分租賃組成專業及非租賃組成專業，企業應將合約中每一租賃組成部分作為單獨租賃，並與合約中之非租賃組成部分分別處理。

此合約包含兩項租賃要素（辦公大樓+辦公設備）及一項非租賃組成要素（維修清潔），租賃組成要素應認列使用權資產及租賃負債，非租賃組成要素則於發生時直接認列費用。

辦公大樓$=\$1,800,000\times\dfrac{\$1,250,000}{\$1,250,000+\$550,000+\$200,000}=\$1,125,000$

$$辦公設備=\$1,800,000\times\frac{\$550,000}{\$1,250,000+\$550,000+\$200,000}=\$495,000$$

$$維修清潔=\$1,800,000\times\frac{\$200,000}{\$1,250,000+\$550,000+\$200,000}=\$180,000$$

111年度租賃相關分錄如下：

111年1月1日

使用權資產－辦公大樓	5,023,244	
使用權資產－辦公設備	2,210,227	
租賃負債		7,233,471

*$1,125,000×(1+3.465106)=$5,023,244

*$495,000×(1+3.465106)=$2,210,227

租賃負債	1,620,000	
維修清潔費用	180,000	
現金		1,800,000

111年12月31日

利息費用	336,808	
租賃負債		336,808

*($7,233,471-$1,620,000)×6%=$336,808

折舊	1,466,694	
累計折舊－辦公大樓		1,004,649
累計折舊－辦公設備		442,045

*$5,023,244÷5=$1,004,649

*$2,210,227÷5=$442,045

(二)(1)117年初租約修改前租賃負債餘額

　　　=$2,000,000×3.465106=$6,930,212

　　　117年初租約修改後租賃負債餘額

　　　=$2,000,000×4.766540=$9,533,080

　　　租約修改後租賃負債增加=$9,533,080-$6,930,212=$2,602,868

　　　增加部分相對應調整使用權資產

　　　111年初使用權資產帳面金額

　　　=$2,000,000×7.360087=$14,720,174

117年初租約修改前使用權資產帳面價值＝

$\$14,720,174 \times \dfrac{4}{10} = \$5,888,070$

117年初租約修改後使用權資產帳面價值＝

$\$5,888,070 + \$2,602,868 = \$8,490,938$

117年租賃相關分錄如下：

117年1月1日

使用權資產	2,602,868	
租賃負債		2,602,868

117年12月31日

利息費用	667,316	
租賃負債		667,316

＊$\$9,533,080 \times 7\% = \$667,316$

租賃負債	2,000,000	
現金		2,000,000
折舊	1,415,156	
累計折舊		1,415,156

＊$\$8,490,938 \div 6 = \$1,415,156$

117年底租賃負債餘額＝

$\$9,533,080 + \$9,533,080 \times 7\% - \$2,000,000 = \$8,200,396$

答：①117年初租賃修改後使用權資產之帳面金額$8,490,938

　　②117年底租賃負債之帳面金額$8,200,396

(2)

	修改前	修改後
福氣公司（出租人）	$11,000,000	$13,000,000
減：未賺得融資租賃	(1,439,992)	(2,103,400)
應收租賃款淨額	$9,560,008	$10,897,600

＊$\$2,000,000 \times 3.549591 + \$3,000,000 \times 0.822702 = \$9,560,008$

　$\$2,000,000 \times 5.075692 + \$1,000,000 \times 0.746215 = \$10,897,600$

117年1月1日

應收租賃款	2,000,000	
未賺得融資租賃		662,408
修改租約利益		1,337,592

*$10,897,600-$9,560,008=$1,337,592

答：福氣公司117年初租賃修改租約利益$1,337,592

三 好運公司111年度資料如下：

①本期淨利$2,000,000。

②普通股111年1月1日流通股數500,000股。

③4%可轉換累積特別股1,000,000股，每股面值$10，全年流通在外，每4股可轉換成普通股1股。

④5%可轉換公司債$5,000,000，平價發行，每$1,000可轉換普通股20股，於111年10月1日全部轉換。該公司債負債組成部分的有效利率為6%，111年1月1日的帳面金額為$4,800,000。

⑤6%可轉換公司債$2,000,000，平價發行，每$1,000可轉換普通股16股，全年流通皆未轉換。該公司債負債組成部分的有效利率為7%，111年1月1日的帳面金額為$1,800,000。

⑥111年1月1日給與員工認股權2,000單位，員工於服務滿3年後，每單位得按每股$20認購普通股1股，給與日每單位員工認股權之公允價值為$6。普通股111年平均市價為$32。

⑦111年7月1日另發行認股證，得按每股$22認購普通股1,000股，截至111年底均未行使，111年7月1日至12月31日平均市價為$40。

⑧所得稅率25%。

試作(計算至小數點後第2位，以下四捨五入)：

(一) 計算好運公司111年之基本每股盈餘。

(二) 計算好運公司111年之稀釋每股盈餘。

答 1.加權平均流通在外股數：

$$500,000 \times \frac{12}{12} + \frac{5,000,000}{1,000} \times 20 \times \frac{3}{12} = 525,000$$

2. 分析潛在普通股：

(1) 4%可轉換特別股：

$$個別EPS=\frac{\$1,000,000\times10\times4\%}{1,000,000\div4}=\frac{\$400,000}{250,000}=\$1.6②$$

(2) 5%可轉換公司債：

$$個別EPS=\frac{\$4,800,000\times6\%\times(1-25\%)\times\dfrac{9}{12}}{5,000,000\div1,000\times20\times\dfrac{9}{12}}=\frac{\$162,000}{75,000}=\$2.16③$$

(3) 6%可轉換公司債：

$$個別EPS=\frac{\$1,800,000\times7\%\times(1-25\%)}{2,000,000\div1,000\times16}=\frac{\$94,500}{32,000}=\$2.95④$$

(4) 員工認股權：

$$2,000-\frac{\$2,000\times(20+6\times\dfrac{2}{3})}{32}=500，個別EPS=\frac{\$0}{500}①$$

3.①基本EPS$=\dfrac{\$2,000,000-\$400,000}{525,000}=\$3.05$

②稀釋EPS$=\dfrac{\$1,600,000+\$0}{525,000+500}=\$3.04$

$\rightarrow\dfrac{\$1,600,000+\$0+\$400,000}{525,000+500+250,000}=\$2.58$

$\rightarrow\dfrac{\$1,600,000+\$0+\$400,000+\$162,000}{525,000+500+250,000+7,500}=\$2.54$

答：

(一)基本每股盈餘：$3.05

(二)稀釋每股盈餘：$2.54

四 下列為安康公司比較財務狀況表及綜合損益表資料：

安康公司 比較財務狀況表			安康公司 綜合損益表		
	112年底	111年底		112年度	
現金及約當現金	$470,000	$265,000	銷貨收入		$8,500,000
應收帳款	850,000	600,000	減：銷貨成本		(5,950,000)
減：備抵壞帳	(120,000)	(80,000)	銷貨毛利		$2,550,000
存貨	800,000	650,000	營業費用		
預付費用	250,000	120,000	壞帳費用	$90,000	
採用權益法之投資	550,000	500,000	折舊費用	250,000	
土地	1,000,000	1,000,000	薪資	300,000	
房屋	2,200,000	1,500,000	專利權攤銷	50,000	
減：累計折舊	(495,000)	(720,000)	其他	230,000	(920,000)
設備	1,000,000	800,000	營業淨利		$1,630,000
減：累計折舊	(250,000)	(320,000)	非營業收益及費用		
專利權(淨值)	200,000	250,000	採用權益法認 　列之損益份額	$80,000	
資產合計	$6,455,000	$4,565,000	出售設備利益	20,000	
應付帳款	$400,000	$360,000	火災損失	(175,000)	
應付薪資	180,000	280,000	償債損失	(75,000)	
應付利息	0	100,000	利息費用	(144,000)	(294,000)
應付所得稅	182,000	250,000	本期稅前淨利		$1,336,000
應付公司債	1,500,000	1,000,000	所得稅		
應付公司債折價	0	(75,000)	本期應付	$372,000	
應付公司債溢價	294,000	0	遞延	150,000	(522,000)
遞延所得稅負債	470,000	320,000	本期淨利		$814,000
股本	2,600,000	1,500,000			
資本公積	320,000	100,000			
法定盈餘公積	536,000	450,000			
保留盈餘	188,000	280,000			
庫藏股票(成本)	(215,000)	0			
負債及股東權益合計	$6,455,000	$4,565,000			

　　該公司所有的進貨與銷貨均為賒帳交易，112年度補充資料如下：

①本期淨利$814,000，本年度發放現金股利$700,000、股票股利10,000
股，每股面值$10，按市價$12沖轉保留盈餘。

②本期提列壞帳費用$90,000，沖銷應收帳款$50,000。

③採用權益法之投資，本年度認列投資收益$80,000，收到被投資公司分配現金股利$30,000。

④出售設備成本$300,000，累計折舊$220,000，售價為$100,000；本年度新購設備$500,000。

⑤房屋一棟被火焚毀，成本$500,000，累計折舊$325,000，無殘值，認列火災損失。

⑥發行股票100,000股以交換房屋一棟，每股面值$10，市價為$12，房屋的公允價值為$1,200,000。

⑦1月1日發行公司債面額$1,500,000，票面利率10%，按$120價格發行，有效利率為8%，20年到期，溢價按有效利息法攤銷。

⑧1月1日贖回舊公司債面額$1,000,000，未攤銷折價$75,000，贖回價格為$1,000,000。

⑨購買庫藏股票20,000股，成本$215,000。

⑩安康公司收取股利及支付利息均列為營業活動之現金流量，發放股利列為籌資活動之現金流量。

試作：

(一) 以直接法計算安康公司112年營業活動之現金流量。

(二) 計算安康公司112年投資活動之現金流量。

(三) 計算安康公司112年籌資活動之現金流量。

答 (一) 營業活動之現金流量

銷貨收現數＝$8,500,000＋($600,000-$850,000)-$50,000＝$8,200,000

進貨付現數＝$5,950,000＋($360,000-$400,000)＋($800,000-$650,000)
＝$6,060,000

薪資費用付現數＝$300,000＋($280,000-$180,000)＝$400,000

其他費用付現數＝$230,000＋($250,000-$120,000)＝$360,000

利息費用付現數＝$144,000＋$6000＝$150,000

股利收現數＝$30,000

所得稅付現數＝$522,000＋($250,000-$182,000)＋($320,000-$470,000)
＝$440,000

營業活動之現金流入=$8,200,000-$6,060,000-$400,000-$360,000-$150,000+$30,000-$440,000=$820,000

(二)投資活動之現金流量：

購置設備	(500,000)
投資活動之現金流出	$(500,000)

(三)籌資活動之現金流量：

發行公司債：$1,500,000×1.2=$1,800,000	
贖回公司債：	(1,000,000)
發放現金股利：	(700,000)
購買庫藏股：	(215,000)
籌資活動之現金流出	$(115,000)

NOTE

111年 台灣電力公司新進僱用人員（會計學概要）

一、填充題

1. 灰熊科技折價發行公司債，並採利息法攤銷公司債折價，則公司債發行期間各期認列的利息費用將逐期＿＿＿＿＿。(增加/減少/不變)

2. 晨光公司X4年進貨成本170,000元，銷貨收入520,000元，過去3年平均毛利率為銷貨收入的25%。X4年底晨光公司不幸發生火災，倉庫存貨全部燒毀，該公司依毛利法估計之存貨火災損失為38,000元，則晨光公司X4年期初存貨為＿＿＿＿＿元。

3. 思源公司以780,000元購買土地一筆，其他相關支出尚有：產權調查支出22,000元、過戶手續費12,000元、丈量土地面積支出26,000元、整地支出14,000元、圍牆支出60,000元、車道建設支出34,000元及依合約思源公司需支付之土地增值稅80,000元，試問思源公司取得該筆土地之帳列成本為＿＿＿＿＿元。

4. 克拉公司銷售液晶電視，保證為顧客免費維修2年，X3年度其銷貨收入為1,800,000元，估計保修費為銷貨金額之4%，X4年實際發生之保修費為60,000元，則克拉公司在X3年銷售產品時應認列「應付保修負債準備」＿＿＿＿＿元。

5. 愛國者公司X1年10月1日增資發行普通股30,000股，X1年年度淨利為540,000元，普通股基本每股盈餘3.6元，並宣告及發放普通股每股現金股利1.4元，非累積特別股股利180,000元，試問愛國者公司X1年普通股共發放現金股利＿＿＿＿＿元。

6. 和平公司出售一台機器，其帳面淨值為65,000元，出售利益為12,000元，則在現金流量表中，有關出售機器「從投資活動而來之現金流量」為＿＿＿＿＿元。

7. 忠孝公司於X2年4月1日支付1,242,000元（含交易成本及應計利息）購入仁愛公司面額1,200,000元公司債，票面利率為4%，每年12月31日付息，有效利率為3%。若忠孝公司對仁愛公司之債券投資採用攤銷後成本衡量，則忠孝公司X2年4月1日該筆公司債投資之帳面金額為_____元。(不考慮預期信用損失減損)

8. 東北公司於X7年初購入一專利權，成本為4,200,000元，法定年限為10年，預估經濟年限為7年，無殘值，採直線法攤銷。X8年初因該專利權受西南公司侵害而提起訴訟，發生訴訟費用700,000元，東北公司獲得勝訴，使該專利權之效益得以維持，惟效益僅與當初預期相同，並未增加，則該專利權X9年底之帳面金額為_____元。

9. 信義公司應收帳款期初與期末餘額分別為670,000元與830,000元，本年度賒銷淨額為6,750,000元，則本年度應收帳款之平均收帳期間為_____天。(一年以360天計算)

10. 微風公司於X2年1月1日以1,050,000元購買海山科技35%之流通在外股票35,000股，海山科技X2年度的淨利為400,000元，該年度發放現金股利共計200,000元，X2年底海山科技的市價為每股31元，則微風公司X2年底該投資科目之每股帳面金額為_____元。

11. 蘭陽公司於X4年初買入使用年限6年，殘值為2,000元之機器設備，採年數合計法提列折舊，X5年底該設備帳面金額為12,000元。X6年初該公司將折舊方法由年數合計法改為直線法，若所得稅率為20%，則改變折舊方法將使X6年稅後淨利增加_____元。

12. 會計師查核南方企業時，發現財務資料裡包含：玉山銀行支票戶調整後餘額25,000元、零用金3,000元、員工借支15,000元、郵票6,200元、銀行支票80,000元、庫存現金100,000元，試問該公司資產負債表上的「現金及銀行存款」餘額為_____元。

13. 大倉公司於年底實地盤點存貨時，得知其倉庫及賣場裡的存貨共有48,000元，其中包含小黑公司委託代銷之商品4,000元。另有2筆在途存貨：起運點交貨的18,000元商品正在運往顧客指定地點的途中；購貨14,000元，約定起運點交貨，已在海運途中。試問大倉公司之期末存貨共有_____元。

14. 新城科技於X9年初收到政府補助款1,800,000元，該補助款係為補助該公司購置專供研究使用之儀器設備，X9年初該設備以12,000,000元購入，預估使用年限6年，無殘值，採直線法提列折舊，則在不考慮所得稅的情況下，前述交易事項對新城科技X9年度的淨利影響為_____元。(請註記增加或減少，全對才給分)

15. 台南公司X1年銷貨收入為2,200,000元，銷貨毛利為630,000元，年初應收帳款1,100,000元，存貨1,360,000元，應付帳款550,000元；年底應收帳款1,020,000元，存貨1,500,000元，應付帳款380,000元，則台南公司X1年度支付給供應商之現金數額為_____元。

16. 花蓮公司於X8年度收到其股票投資之股利為：6月15日收到台中公司現金股利40,000元，花蓮公司擁有台中公司36%股權；另收到屏東公司600股股票股利，當日屏東公司股票市價每股32元，花蓮公司持有屏東公司1.2%股權。試問X8年度花蓮公司在損益表應列報的股利收入為_____元。

17. 道奇公司的存貨紀錄採用定期盤存制，以下為道奇公司X6年進銷貨相關資訊：1月1日期初存貨300單位，每單位14元；4月18日進貨200單位，每單位16元；7月30日銷貨400單位，每單位20元；11月25日進貨300單位，每單位10元。若道奇公司採用加權平均法，則該公司期末存貨為_____元。

18. 下述項目在編製現金流量表時，有_____項係屬營業活動現金流量。(1)因進貨支付給供應商貨款之現金流出。(2)提撥員工退休基金所產生之現金流出。(3)以償債基金償付公司債。(4)因他人侵犯公司專利權而產生之訴訟受償款。(5)年底時將存貨賣給他公司所收到之現金，出售時同時簽約，於下年度按較原售價為高之價格再買回。

19. 新北公司於X3年初購買設備，成本680,000元，估計使用年限6年，殘值20,000元，採直線法提列折舊。X6年初新北公司支付220,000元加以整修，預估可使設備延長2年之使用年限，殘值仍為20,000元，則X6年底新北公司該設備之帳面金額為_____元。

20. 藍精靈公司於X4年中買回公司之普通股，購買價格高於普通股之面值及原發行價格，但低於每股帳面價值，試問此項交易將使股東權益總額_____，每股帳面價值_____。(請以提高/降低/無影響作答)。

解答及解析

1. 增加

舉例說明：

折價發行公司債面額$10,000，票面利率4%，市場利率5%，3年期，計算如下：公司債折價發行金額=$1,000×4%×$P_{\overline{3}|5\%}$+10,000×$p_{\overline{3}|5\%}$=9,728

	支付利息	利息費用	攤銷金額	公司債面額
1/1				$9,728
12/31	$400	$486	$86	$9,814
12/31	$400	$491	$91	$9,905
12/31	$400	$495	$95	$10,000

折價是變相的利息，由上表可知利息費用逐期增加。

2. $258,000

銷貨成本=$520,000×(1-25%)=$390,000

期初存貨=$390,000-$170,000+$38,000=$258,000

3. $934,000

土地的入帳成本=$780,000+$22,000+$12,000+$26,000+$14,000+$80,000
=$934,000

圍牆支出與車道建設支出非土地達可供使用狀態前一切合理必要支出，非屬土地成本，應列為「土地改良物」。

4. $72,000

X3年應認列之應付保修負債準備=$1,800,000×4%=$72,000

5. $171,500

基本EPS=$3.6=$\dfrac{\$540,000-\$180,000}{\text{加權流通平均股數}}$，加權流通平均在外股數=100,000

期初普通股股數+30,000×$\dfrac{3}{12}$=100,000，期初普通股股數=92,500

期末普通股股數=92,500+30,000=122,500

X1年共發放普通股現金股利=122,500×$1.4=$171,500

6. $77,000

出售機器價款=$65,000+$12,000=$77,000

7. $1,230,000

$1,200,000×4%×$\dfrac{3}{12}$=12,000

$1,242,000-$12,000=$1,230,000

8. **$2,400,000**

訴訟費用僅維持原專利效益，應費用化。

X9年應專利權帳面價值=$4,200,000-$4,200,000÷7×3=$2,400,000

9. **40天**

$$\frac{\$6,750,000}{(\$670,000+\$830,000)/2}=9, \frac{360}{9}=40天$$

10. **32元**

X2年度投資科目餘額=$1,050,000+$400,000×35%-$200,000×35%=$1,120,000

每股帳面價值=$1,120,000÷35,000=$32

11. **$1200**

X6年折舊費用

採年數合計法=($12,000-$200)×$\frac{4}{10}$=$4,000

採直線法=($12,000-$2,000) ÷4=$2,500

折舊費用減少　　　　　　　　$1,500

改變折舊方法將使X6年後淨利增加$1,500×(1-20%)=$1,200

12. **$208,000**

現金及約當現金餘額=$25,000+$3,000+$80,000+$100,000=$208,000

13. **$58,000**

大倉公司期末存貨=48000-4000+14,000=$58,000

14. **減少$1,700,000**

收到補助款購置設備分錄如下：

X9年初

現金	1,800,000	
遞延政府捐助收入		1,800,000
不動產、廠房及設備－儀器	2,000,000	
現金		12,000,000

X9年底

遞延政府捐助收入	300,000	
政府捐助收入		300,000

(1,800,000÷6=300,000)

折舊	2,000,000	
累計折舊－不動產、廠房及設備－儀器		2,000,000

淨利增加（減少）=$300,000-$2,000,000=($1,700,000)

15. **$1,880,000**

支付供應商之現金數=
$2,200,000-$630,000+($550,000-$380,000)+($1,500,000-$1,360,000)
=$1,880,000

16. **0元**

花蓮公司持有台中公司36%股權,採權益法之會計處理,故收到台中公司現金股利36,000,帳上為借:現金,貸:採權益法之投資。
花蓮公司收到屏東公司股票股利600股,帳上僅作備忘記錄。
綜上述X8年花蓮公司在損益表應列報的股利收入為0元。

17. **$5,200**

加權平均單位存貨成本=$\dfrac{300\times\$14+200\times\$16+300\times\$10}{300+200+300}=\dfrac{\$10,400}{800}=\$13$

期末存貨數量=300+200-400+300=400
期末存貨成本=$400×$13=$5,200

18. **三項**

(1)營業活動之現金流量
(2)營業活動之現金流量
(3)籌資活動之現金流量
(4)投資活動之現金流量
(5)營業活動之現金流量

19. **$460,000**

X3年~X5年累計折舊=($680,000-$20,000)÷6×3=$330,000
X5年底帳面價值=$680,000-$330,000=$350,000
X6年折舊=($350,000+$220,000-$20,000)÷(3+2)=$110,000
X6年底帳面價值=$350,000+$220,000-$110,000=$460,000

20. **降低／提高**

買回庫藏股之金額大於普通股之面額及原發行價格,由於庫藏股為股東權益減項,故使股東權益總額降低;買回庫藏股使普通股流通在外股數減少,故使每股帳面價值提高。

二、問答與計算題

一 東方公司前3年的部分財務資料如下：

	X6年	X7年	X8年
期初存貨 (1/1)	$ 46,000	$20,000	$27,000
進貨成本	56,000	62,000	68,000
期末存貨 (12/31)	20,000	27,000	42,000

該公司X6、X7及X8年的淨利分別為72,000元、61,000元及53,000元。
由於公司淨利逐年下降，因此公司成立調查小組調查原因，調查小組
發現：
• X6年有進貨28,000元未入帳。
• X6年12月31日的存貨應該是27,000元。
• X7年的期末存貨裡包括一筆4,000元之進貨，為目的地交貨，但尚在
運送途中。
• X8年的期末存貨裡未包括一筆5,200元，在12月28日已運給客戶的貨
物，其交貨條件為起運點交貨，該筆貨物尚在運送途中。
試問：計算X6、X7及X8年的正確淨利。

答		X6年	X7年	X8年
	帳列淨利	$72,000	$61,000	$53,000
	(1) X0年進貨低估	(28,000)		
	(2) X6年期末存貨低估	7,000		
	（$27000-$20,000）			
	X7年期初存貨低估		(7,000)	
	(3) X7年期末存貨高估		(4,000)	
	X8年期初存貨高估			4,000
	正確淨利	$51,000	$50,000	$57,000

註：X8年期末存貨未包括一筆5,200元，由於為起運點交貨之銷貨，已
於12月28日起運，故不列入東方公司存貨。

二 光榮實業於X6年7月1日購入一台機器設備，並於X6年7月22日完成付款；另與該機器使用相關之其他資訊為：購買價格15,000,000元，付款條件為：2/20, n/60，運費65,000元，安裝支出85,000元，場地整理支出95,000元，試車費120,000元，試車產出之樣品銷售可得之淨價款30,000元，訓練員工使用機器之支出80,000元，預計管理機器將產生之支出420,000元，機器使用年限為5年，殘值35,000元。試問：

(一) 計算光榮實業應認列之機器設備成本。

(二) 依年數合計法計算該機器設備X6年及X7年之折舊費用。

(三) 依倍數餘額遞減法計算該機器設備X6年及X7年之折舊費用。

答 (一) 機器設備成本：

$15,000,000×(1-2%)+$65,000+$85,000+$95,000+$120,000-$30,000=$15,035,000

(二) X6年折舊=($15,035,000-$35,000)$\times\dfrac{5}{15}\times\dfrac{6}{12}$=$2,500,000

X7年折舊=($15,035,000-$35,000)$\times\dfrac{5}{15}\times\dfrac{6}{12}$+

($15,035,000-$35,000)$\times\dfrac{4}{15}\times\dfrac{6}{12}$=$4,500,000

(三) X6年折舊=$15,035,000$\times\dfrac{1}{5}\times2\times\dfrac{6}{12}$=$3,007,000

X7年折舊=($15,035,000-$3,007,000)$\times\dfrac{1}{5}\times2$=$4,811,200

三 下列3家公司之財務報表資訊如下，請分別作答：

(一) 平安公司X5年之銷貨收入為800,000元，毛利率25%。期初應收帳款為120,000元，期末應收帳款為80,000元。另平安公司X5年之期初存貨為105,000元，期末存貨為95,000元。則平安公司之營業週期為何？(一年以360天計算)

(二) 健康公司X2年的部分財務資料為：資產總額2,000,000元，負債比率40%，負債的有效利率為8%，若權益報酬率為15%，所得稅率為25%，期初資產總額等於期末資產總額，期初權益總額等於期末權益總額，則健康公司之利息保障倍數為何？(計算至小數點後第2位，以下四捨五入)

(三) 第一公司之流動資產包括現金、應收帳款、存貨及預付費用，在X1年12月31日之流動比率為2.4，速動比率為1.5。該公司於X2年1月間出售一批售價96,000元，毛利率為25%之商品後，速動比率變為1.8，試問商品售出後，第一公司的流動比率變為多少？(計算至小數點後第2位，以下四捨五入)

答 (一)應收帳款週轉率=$\dfrac{\$800,000}{(\$120,000+\$80,000)/2}$=8

應收帳款平均收回天數=$\dfrac{360}{8}$=45天

存貨週轉率=$\dfrac{\$800,000\times(1-25\%)}{(\$105,000+\$95,000)/2}$=6

存貨週轉平均天數=$\dfrac{360}{6}$=60天

→營業週期=45+60=105天

(二)負債比率=$\dfrac{負債總額}{資產總額}$=40%=$\dfrac{?}{2,000,000}$

∴負債總額=$800,000

期末權益=$2,000,000-$800,000=$1,200,000

權益報酬率=$\dfrac{本期淨利}{平均股東權益}$=15%=$\dfrac{?}{\$1,200,000}$

∴本期淨利=$180,000

利息保障倍數=$\dfrac{\$180,000\div(1-25\%)+\$800,000\times8\%}{\$800,000\times8\%}$=4.75倍

(三)X2年1月間出售一批存貨之交易，將使現金增加$96,000，存貨減少$7,300($96,000×(1-25%))，流動資產增加$24,000，速動資產增加$96,000，而流動負債總數不變。將使流動比率上升，速動比率上升。

$\dfrac{\$120,000}{流動負債}$=1.8-1.5=0.3，流動負債=$400,000

商品出售前流動資產=$400,000×2.4=$960,000

商品出售後之流動比率=$\dfrac{\$960,000+\$24,000}{\$400,000}$=2.46

四 他里霧公司X7與X6年財務報表資訊如下：

他里霧公司
資產負債表

	X7/12/31	X6/12/31
現金	$112,000	$ 82,000
應收帳款	68,000	37,000
存貨	42,000	110,000
預付費用	36,000	33,000
專利權	22,000	30,000
機器設備	700,000	700,000
累計折舊	(240,000)	(180,000)
土地	—	340,000
合計	$740,000	$1,152,000
應付帳款	$202,000	$ 196,000
應付薪資	82,000	110,000
應付票據(6年到期)	330,000	550,000
股東權益	126,000	296,000
合計	$740,000	$1,152,000

X7年度應計基礎下的稅後淨利為118,000元(扣除所得稅40,000元)；當年度支付利息費用44,000元(該公司將之歸屬於營業活動)；發放現金股利78,000元(該公司將之歸屬於籌資活動)；土地按照成本出售。

試問：

(一) X7年度由營業而來的淨現金流量。

(二) X7年度收回普通股所支付之現金。

(三) X7年度籌資活動之淨現金流量。

答 (一)

稅前淨利	$158,000
調整項目	
折舊費用	60,000
攤銷費用	8,000
利息費用	44,000
應收帳款增加	(31,000)
存貨減少	68,000
預付費用增加	(3,000)
應付帳款增加	6,000
應付薪資減少	(28,000)
利息費用付現數	(44,000)
所得稅付現數	(40,000)
營業活動淨現金流量	$198,000

(二)收回普通股所支付之現金：

$96,000+$118,000-$78,000-$126,000=$210,000

(三)籌資活動之現金流量：

發放現金股利	$(78,000)
償還應付票據	(220,000)
籌資活動之淨現金流量	$(298,000)
註：投資活動之現金流量	
出售土地價款	$340,000
買回庫藏股	(210,000)
投資活動之淨利現金流金	$130,000

X7年現金增加數=$198,000-$298,000+$130,000=$30,000

+X6年現金 82,000

=X7年12月31日現金 $112,000

112年 台灣電力公司新進僱用人員（會計學概要）

一、填充題

1. 在X1年報導期間結束日後，財務報表公布前，新興公司與中和公司訂定合約，很有可能因此發生重大財務損失，且損失金額可以合理估計，則新興公司應於X1年財務報表_____。(認列損失/附註揭露/不需認列或揭露)

2. 東泉公司賒購商品1,000元卻誤記為現購商品1,000元，會造成財務報表資產_____，負債_____。(高估/低估/不變)

3. 知本公司採預售方式出售泡湯券，每張300元，X3年預收泡湯券收入期初餘額42,000元，期末餘額54,000元，當年從泡湯遊客收回了1,000張泡湯券，試問知本公司X3年共賣出_____張泡湯券。

4. 大雄公司X4年銷貨收入800,000元，支付供應商現金550,000元，存貨期末較期初增加50,000元，應付帳款期末較期初增加30,000元，試問大雄公司X4年之銷貨毛利為_____元。

5. 文明公司X4年銷貨收入270,000元，銷貨退回20,000元，銷貨運費10,000元，進貨成本150,000元，進貨運費20,000元，進貨折讓10,000元，薪資費用59,000元，試計算文明公司X4年銷貨毛利率為_____％。

6. 太郎公司設有零用金制度，12月31日零用金保管箱有現金1,400元，此外，請款憑證包含：郵資2,500元、運費3,690元、雜支2,110元、交通費450元，另外，傳票上分錄中出現「借：現金短溢350元」，試計算當初設置零用金的額度為_____元。

7. 好味公司X4年期初存貨成本4,200元，零售價6,000元，X4年購入之商品成本40,800元，零售價54,000元。好味公司採零售價法估計X4年期末存貨成本為9,000元，試計算好味公司X4年銷貨淨額為_____元。

8. 六合公司將X7年2月1日收到面額200,000元、年利率6％、8個月期的票據，向銀行貼現，貼現率8％，並收到現金203,840元，試計算六合公司持票據向銀行貼現日期為X7年_____月1日。(請填月份)

9. 閒雲公司X5年1月1日以每股20元共640,000元買進春香公司股票，具有重大影響力，春香公司流通在外股數共80,000股。X5年12月31日春香公司宣告當年度淨利並發放現金股利，閒雲公司共收到現金股利60,000元，閒雲公司X5年12月31日「採用權益法投資-春香公司」帳面價值為780,000元，試計算春香公司X5年淨利為_____元。

10. 藍天公司的倉庫於4月30日遭受火災，導致倉庫存貨全部損毀，僅有起運點交貨之在途存貨4,000元未受波及，經查4月份淨銷貨300,000元，期初存貨50,000元，進貨250,000元，估計毛利率30%，若採毛利率法估計，試計算藍天公司火災損失為_____元。

11. 安心公司3月31日銀行對帳單上的存款餘額為120,000元，3月31日在途存款為15,000元，未兌現支票為40,000元，3月12日銀行誤將兌付其他公司的支票4,000元計入安心公司帳戶，銀行未發現此項錯誤，3月份銀行代收票據8,000元，並扣除手續費50元，試計算安心公司3月31日的正確餘額為_____元。

12. 旭光公司X5年底每股盈餘8元，每股現金股利4元，已知X5年底每股帳面金額40元，每股市價56元，試計算旭光公司X5年底股票之本益比為_____倍。

13. 北方公司採帳齡分析法提列呆帳，X2年期初備抵呆帳餘額為45,000元，期末備抵呆帳餘額為34,000元。已知X2年實際沖銷呆帳40,000元，嗣後又收回已沖銷之呆帳10,000元，試計算X2年北方公司提列呆帳費用_____元。

14. 艾莎公司以面額600,000元、一年期之不附息票據(現金價560,000元)購得機器乙台，另支付運費10,000元、安裝費6,000元、二年期保險費8,000元，運送途中不慎損害之修理費4,500元，試計算該機器入帳成本為_____元。

15. 橘子公司為冷氣製造商，每台冷氣售價20,000元，銷售冷氣時提供自銷售日起一年內保固，對非個人因素造成之損壞免費維修，每台冷氣維修成本400元。X4年橘子公司共賣出2,000台冷氣，預估有10%會在保固期內送修，其中20%為人為因素損壞，80%為產品瑕疵損壞，試計算橘子公司應認列負債準備_____元。

16. 旺來公司X1年7月1日發行年利率10%、面額2,000,000元之分期還本公司債,每年6月30日及12月31日各付息一次,該公司債自X4年起至X7年止,每年7月1日償還本金500,000元,試計算旺來公司X5年因償還此公司債本金及利息共支付現金_____元。

17. 鍾熙公司於X5年7月1日以270,000元購入一台機器,估計耐用年限5年,殘值20,000元,使用直線法提列折舊,並採成本模式衡量,X6年底由於經營環境改變,使得該機器之價值有重大跡象顯示已經發生減損,鍾熙公司於X6年底作減損測試,估計該機器公允價值180,000元,使用價值175,000元,處分成本10,000元,試計算鍾熙公司X6年應認列之減損損失為_____元。

18. 奇美公司X1年期末存貨少計4,000元,X2年期末存貨多計3,000元,X3年期末存貨少計5,000元,試計算前述錯誤使奇美公司X3年淨利將會_____元。(請加註高估或低估)

19. 獨行俠公司X1年相關資料如下:X1年淨利100,000元,購買一台機器付款75,000元,根據關聯企業淨利認列投資收益55,000元,簽發票據100,000元取得一筆土地,發行公司債300,000元。X1年折舊費用25,000元,應收帳款餘額減少30,000元,存貨淨額增加20,000元,應付帳款增加30,000元,預付費用增加40,000元。獨行俠公司X1年的營業活動淨現金流入為_____元。

20. 達爾公司X8年7月1日以一台舊機器,向興文公司交換一台新機器,達爾公司舊機器原始成本80,000元,帳面金額42,000元,交換日市價40,000元,興文公司新機器定價75,000元,達爾公司另外尚須支付現金30,000元予興文公司,新機器估計耐用年限5年,無殘值,使用直線法提列折舊,若此交換具有商業實質,試計算達爾公司X8年該新機器應提列折舊費用_____元。

解答及解析

1. 附註揭露

依據證券發行人財務報告編製準則第十六條規定：「財務報告對於資產負債表日至通過財務報告日間所發生之下列期後事項，應加註釋：

一、資本結構之變動。

二、鉅額長短期債款之舉借。

三、主要資產之添置、擴充、營建、租賃、廢棄、閒置、出售、質押、轉讓或長期出租。

四、生產能量之重大變動。

五、產銷政策之重大變動。

六、對其他事業之主要投資。

七、重大災害損失。

八、重大訴訟案件之進行或終結。

九、重大契約之簽訂、完成、撤銷或失效。

十、重大之組織調整及管理制度之重大改革。

十一、因政府法令變更而發生之重大影響。

十二、其他足以影響今後財務狀況、財務績效及現金流量之重大事故或措施。

本題為簽署重大合約而很有可能發生之財務損失，屬於上述第九款重大契約之簽訂及第十二款其他足以影響今後財務狀況者。

故本題答案為附註揭露。

2. 低估／低估

正確分錄：	錯誤分錄：
借：存貨（或進貨）	借：存貨（或進貨）
貸：應付帳款	貸：現金

因此上述錯誤造成資產低估（現金減少）、負債低估（應付帳款減少）

3. 1,040張

預收泡湯券

本期回收 300元*1000張 ＝309,000元	X3年初 $42,000 ?
	X3年底 $54,000

本期出售泡湯券＝$54,000＋$300,000－$42,000＝312,000元

$312,000/300＝1,040張

故本題答案為共賣出1,040張。

4. **270,000**

(1) 假設期初應付帳款為0，應付帳款期末較期初增加30,000元，故賒購商品30,000元。本期現購商品為550,000元，故本期進貨＝$550,000＋$30,000＝$580,000。

(2) 假設期初存貨為0 ，存貨期末較期初增加50,000元，故可得出期末存貨為50,000元，故銷貨成本＝$0＋$580,000－$50,000＝$530,000，銷貨毛利＝$800,000－$530,000＝$270,000。

5. **36%**

銷貨收入淨額＝$270,000－$20,000＝$250,000
銷貨成本＝$150,000＋$20,000－$10,000＝$160,000
銷貨毛利＝$250,000－$160,000＝$90,000
故銷貨毛利率＝$90,000÷$250,000＝36%

6. **10,500**

撥補零用金分錄如下：

借：郵電費　　　　　　　2,500
　　運費　　　　　　　　3,690
　　雜支　　　　　　　　2,110
　　交通費用　　　　　　 450
　　現金短溢　　　　　　 350
　　　貸：銀行存款　　　　　　　9,100

12/31零用金保管箱現金餘額為1,400元，故零用金額度為$1,400＋$9,100＝$10,500

7. **48,000**

可供銷售商品成本＝$4,200＋$40,800＝$45,000
可供銷商品零售價＝$6,000＋$54,000＝$60,000

$$成本比率＝\frac{可供銷售商品成本}{可供銷售商品零售價}＝\frac{\$45,000}{\$60,000}＝75\%$$

期末存貨零售價＝$9,000÷75%＝$12,000
銷貨淨額＝可供銷商品零售價－期末存貨零售價
$60,000－$12,000＝$48,000

8. **七月**

$$票據到期值＝\$200,000×(1＋6\%×\frac{8}{12})＝\$208,000$$

貼現息＝$203,840－$208,000＝$4,160＝$208,000×8%×期間
貼現金額＝$208,000－$4,160＝$208,000
由上可得出貼現期間為三個月，故貼現期日為7月1日

9. **500,000**

   閒雲公司投資春香公司持股比率 $=\dfrac{64,000 \div 20}{80,000}=40\%$

   採權益法投資－春香公司12月31日帳面價值＝\$780,000＝\$640,000＋認列春香
   公司投資收益－春香公司發放股利\$60,000

   認列春香公司投資收益＝\$780,000－\$640,000＋\$60,000＝\$200,000

   春香公司本期淨利＝\$200,000÷40%＝\$500,000

10. **86,000**

   推估銷貨成本＝\$300,000×(1－30%)＝\$210,000

   期末存貨＝\$50,000＋\$250,000－\$210,000＝\$90,000

   火災損失＝\$90,000－\$4,000＝\$86,000

11. **99,000**

銀行對帳單3/31調整前餘額	\$120,000
＋在途存款	＋15,000
－未兌現支票	－40,000
＋銀行誤記	＋4,000
安心公司3/31日正確餘額	$ \underline{\underline{\$\ 99,000}} $

12. **7**

   本益比＝每股市價／每股盈餘

   56÷8＝7

13. **19,000**

   備抵呆帳

實際沖銷 40,000	X2年初 45,000 又收回10,000 本期提列？
	X2年底 34,000

   本期提列呆帳＝\$34,000＋\$40,000－\$45,000－\$10,000＝\$19,000

14. **576,000**

   \$560,000＋\$10,000＋\$6,000＝\$576,000

15. **64,000**

   負債準備＝2,000台×400元×10%×80%＝\$64,000

16. **625,000**

    本金：$500,000

    利息：$1,500,000 \times 10\% \times \dfrac{6}{12} + $1,000,000 \times 10\% \times \dfrac{6}{12} = $125,000

    本金及利息共支付現金＝$500,000＋$125,000＝$625,000

17. **20,000**

    截至X6年底累計折舊＝($270,000－$20,000)÷5×1.5＝$75,000

    X6/12/31帳面價值＝$270,000－$75,000＝$195,000

    可回收金額為淨公允價值及使用價值較高者，淨公允價值＝$180,000－$10,000＝$170,000，使用價值＝$175,000，故可回收金額＝$175,000

    帳面價值＜可回收金額，資產確已減損，減損損失＝$195,000－$175,000＝$20,000

18. **低估8,000**

    X1年期末存貨少計4,000元→X1年淨利低估4,000元，X2年淨利高估4,000，不影響X3年度。

    X2年期末存貨多計3,000元→X3年期初存貨多計3,000元→X3年淨利低估3,000元；X3年期末存貨少計5,000元，X3年淨利低估5,000元。

    故X3年淨利共低估$3,000＋$5,000＝$8,000。

19. **70,000**

    營業活動現金流入＝$100,000－$55,000＋$25,000＋$30,000－$20,000＋$30,000－$40,000＝$70,000

    註：

    (1) 購買一台機器付款70,000元：屬投資活動之現金流量

    (2) 簽發票據100,000元取得土地：不影響現金流量之投資及籌資活動

    (3) 發行公司債300,000元：屬籌資活動之現金流量

20. **7,000**

    資產交換分錄如下：

    | 新機器 | 70,000 | |
    | 累計折舊 | 38,000 | |
    | 　舊機器 | | 42,000 |
    | 　現金 | | 35,000 |
    | 　處份資產利益 | | 3,000 |

    新機器折舊費用＝$70,000÷5×\dfrac{6}{12}＝$7,000

二、問答與計算題

一 希奇公司所有收支均透過銀行支票戶，其X4年11月30日的銀行調節表如下：

公司帳上餘額	$70,000
加：銀行代收票據	5,000
未兌現支票	50,000
減：在途存款	(25,000)
銀行手續費	(4,000)
銀行對帳單餘額	$96,000

X4年 12月交易資料如下：

	銀行對帳單	公司帳載
存款紀錄	$290,000	$315,000
支票紀錄	280,000	275,000
手續費	3,000	4,000
代收票據	2,000	5,000

希奇公司發現12月25日購買辦公設備所開立之支票96,000元，銀行已兌付，但公司帳上誤記為99,000元。依據以上資料，試計算希奇公司X4年底下列數值：

(一) 在途存款。

(二) 未兌現支票。

(三) 正確之銀行存款餘額。

答 (一)公司帳X5年12月31日銀行存款餘額
　＝$70,000＋$5,000－$4,000＋$315,000－$275,000＝$111,000
　銀行帳X5年12月31日銀行存款餘額
　＝$96,000＋$290,000－$280,000－$3,000＋$2,000＝$105,000

(二)在途存款＝公司帳存款記錄＋期初在途存款－銀行帳存款記錄
　未兌現支票＝公司帳支票記錄＋期初未兌現支票－銀行帳支票記錄
　在途存款＝$315,000＋$25,000－$290,000＝$50,000
　未兌現支票＝$275,000－$3,000[註]＋$50,000－$280,000＝$42,000

註：此題公司帳上誤記開立之支票99,000元，正確銀行兌付金額為96,000元，故公司帳上多扣3,000元，需從公司支票記錄扣除。

(一)在途存款：$50,000

(二)未兌現支票：$42,000

(三)正確之銀行存款餘額，計算如下：

X4年12月31日銀行調節表

公司帳上餘額	$111,000	銀行對帳單餘額	$105,000
加：託收票據	2,000	加：在途存款	50,000
錯誤更正	3,000	減：未兌現支票	(42,000)
減：手續費	(3,000)		
正確餘額	$113,000		$113,000

二 鳴人公司進貨時均採賒購，銷貨時均採賒銷，110、111年資料如下表：

項目	110年12月31日	111年12月31日
應收帳款	$600,000	$400,000
應付帳款	360,000	500,000
存貨	320,000	280,000
	110年	111年
進貨	1,200,000	860,000
銷貨收入	1,600,000	2,000,000

依據以上資料，試計算鳴人公司111年下列數值(1年以360天計)：

(一) 存貨週轉率。

(二) 平均收帳期間。

(三) 融資期間。

答 (一)銷貨成本＝期初存貨＋進貨－期末存貨

銷貨成本＝$320,000＋$860,000－$280,000＝$900,000

$$存貨週轉率 = \frac{\$900,000}{(\$320,000+\$280,000) \div 2} = 3$$

∴存貨週轉率＝3次

(二)應收帳款週轉率 $= \dfrac{\$2,000,000}{(\$600,000+\$400,000)\div 2} = 4$

應收帳款收現天數（平均收帳期間）$= \dfrac{360}{4} = 90$

∴平均收帳期間＝90天

(三)應付帳款週轉率 $= \dfrac{\$860,000}{(\$360,000+\$500,000)\div 2} = 2$

應付帳款收現天數（融資期間）$= \dfrac{360}{2} = 180$

∴融資期間＝180天

三 牽牛公司X1年初普通股流通在外股數為10,000股，X1及X2年普通股股數的變動情形列示如下：

X1年4月1日	現金增資	5,000股
X1年8月1日	宣告股票股利	20％
X2年3月1日	買回庫藏股	3,000股
X2年7月1日	出售庫藏股	3,000股
X2年10月1日	宣告股票股利	10％

牽牛公司X1及X2年稅後淨利分別為36,300元及56,100元。在X1及X2年比較損益表上，試計算牽牛公司下列數值：

(一) X1年每股盈餘。

(二) X2年每股盈餘。

答 (一)X1年加權流通在外股數 $= 10,000\times 1.2\times 1.1\times \dfrac{3}{12}$

$+ 15,000\times 1.2\times 1.1\times \dfrac{4}{12} + 18,000\times 1.1\times \dfrac{5}{12} = 18,150$

X1年度每股盈餘 $= \dfrac{\$36,300}{\$18,150} = \$2$

X2年加權流通在外股數 $= 18,000\times 1.1\times \dfrac{2}{12} + 15,000\times 1.1\times \dfrac{4}{12}$

$+ 18,000\times 1.1\times \dfrac{3}{12} + 19,800\times \dfrac{3}{12} = 18,700$

X2年度每股盈餘 $= \dfrac{\$56,100}{\$18,700} = \$3$

四 光華公司存貨採定期盤存制，X1年及X2年損益表如下：

	X2年度		X1年度	
銷貨淨額		$2,0000,000		$1,800,000
銷貨成本				
期初存貨	$ 200,000		$ 100,000	
進貨	1,200,000		1,000,000	
可售商品	$ 1,400,000		$ 1,100,000	
期末存貨	260,000	1,140,000	200,000	900,000
銷貨毛利		$ 860,000		$ 900,000
營業費用		400,000		360,000
本期淨利		$ 460,000		$ 540,000

經查核有關帳簿，發現該公司曾發生下列錯誤：

- X1年底存貨盤點後，編製盤存表時，漏列一批成本8,000元的商品。
- X1年底收到商品16,000元，雖已存入存貨內，但該批進貨直至X2年初才入帳。
- X1年底銷售商品一批，目的地交貨，成本10,000元，售價20,000元，尚未到達買方，但已列入 X1年底銷貨，公司未將該批商品包括在存貨內。
- X2年底購入商品一批，起運點交貨，仍在運送途中，該批存貨雖然依購價15,000元入帳，但未包括在X2年底存貨內。

依據以上資料，試計算光華公司下列數值：

(一) X1年正確淨利。

(二) X2年正確淨利。

答

	X1年	X2年
帳列淨利	$540,000	$460,000
(1)X1年期末存貨低估		
X2年期初存貨低估	8,000	(8,000)
(2)X1年進貨低估		
X2年進貨高估	(16,000)	16,000
(3)X1年期末存貨低估	10,000	
X2年期初存貨低估		(10,000)
X1年銷貨收入高估	(20,000)	
X2年銷貨收入低估		20,000
(4)X2年期末存貨低估		15,000
正確淨利	$522,000	$493,000

(一)X1年正確淨利522,000元
(二)X2年正確淨利493,000元。

NOTE ....

....

....

....

....

....

....

....

112年 桃園機場新進從業人員（會計學）

( ) **1** 下列何項交易最可能使資產與負債同時減少？
(A)以現金購入設備　　　　(B)以現金支付電話費
(C)應收票據收現　　　　　(D)以現金清償銀行借款。

( ) **2** 由期初到期末，總資產減少$350,000、總負債增加$150,000，則權益增減數為：　(A)增加$200,000　(B)減少$200,000　(C)增加$500,000
(D)減少$500,000。

( ) **3** 收到客戶預付之貨款，將使：　(A)收入增加　(B)權益增加　(C)費用增加　(D)負債增加。

( ) **4** 下列何者與調整分錄最攸關？　(A)繼續經營假設　(B)貨幣單位假設
(C)會計個體假設　(D)會計期間假設。

( ) **5** 用品盤存期初餘額為$10,000，期中購入$20,000，期末盤點尚有
$5,000，則下列期末調整分錄之敘述何者最適當？
(A)費用增加$25,000　　　　(B)資產減少$15,000
(C)借方為用品盤存$25,000　(D)貸方為用品盤存$15,000。

( ) **6** 期初帳上有預收服務收入$100,000，本期已完成提供服務的有
$40,000，則下列期末調整分錄之敘述何者最不適當？
(A)收入增加$40,000　　　　(B)負債增加$40,000
(C)借方為預收收入$40,000　(D)貸方為服務收入$40,000。

( ) **7** 進貨運費最可能列入下列何項？　(A)銷貨收入減項　(B)銷貨成本
(C)營業費用　(D)營業外費用。

( ) **8** 期初存貨高估$12,000，期末存貨低估$15,000，對本期淨利之影響為
何？　(A)高估$3,000　(B)低估$3,000　(C)高估$27,000　(D)低估
$27,000。

（　）**9** X1年度銷貨收入總額$100,000，銷貨退回與折讓$1,000，銷貨折扣$1,000，銷貨運費$1,000，則X1年度之銷貨收入淨額為：　(A)$97,000　(B)$98,000　(C)$99,000　(D)$100,000。

（　）**10** 公司設有零用金制度，若以零用金支付水電費時，下列敘述何項最適當？　(A)借記零用金　(B)貸記零用金　(C)借記交通費　(D)不作分錄，作備忘錄即可。

（　）**11** 賒銷商品$25,000，付款條件為2/10，1/20，n/30，客戶於第9天先付現$9,800，並於第19天再付現$13,860，則該筆賒銷所產生之應收帳款尚有借餘多少？　(A)$0　(B)$1,000　(C)$1,140　(D)$1,340。

（　）**12** X1年期末應收帳款餘額$300,000，採期末應收帳款餘額百分比法估計呆帳，呆帳率為1%，而期末調整前備抵呆帳有借方餘額$1,000，則期末應提呆帳費用：　(A)$1,000　(B)$2,000　(C)$3,000　(D)$4,000。

（　）**13** 將面額$10,000，年利率6%的6個月期應收票據，於到期前3個月向銀行貼現，貼現率8%，可收到現金為何？　(A)$9,947　(B)$10,094　(C)$10,100　(D)$10,150。

（　）**14** 於X1年11月1日收到面額$12,000票據，附息2%，到期日為次年2月1日，X1年應認列相關利息收入為：　(A)$0　(B)$20　(C)$40　(D)$60。

（　）**15** 交貨條件為起運地交貨之在途商品，貨品之所有權應屬：　(A)貨運公司　(B)買方　(C)賣方　(D)買賣雙方。

（　）**16** 期末盤點存貨時，若遺漏計算某批商品，致期末存貨低估，則會導致該公司當年度的：　(A)淨利高估　(B)銷貨毛利低估　(C)保留盈餘不變　(D)流動資產高估。

（　）**17** X3年出售附有3年保證期間之商品2,000件，估計有2%的商品於保證期間送修，預估每件修理成本$500。X3年修理成本$5,000，X4年修理成本$9,000，則X4年底產品保證負債之帳戶餘額為：　(A)$0　(B)$6,000　(C)$14,000　(D)$16,000。

（　）**18** 下列何者為或有負債？　(A)銷售產品所附與之保證　(B)很有可能敗訴，金額能可靠估計的訴訟賠償案件　(C)很有可能敗訴，金額不能可靠估計的訴訟賠償案件　(D)未來很有可能被訴訟，金額能可靠估計的訴訟賠償案件。

（　）**19** 或有資產之金額能可靠估計且很有可能發生應：　(A)估計入帳　(B)毋需入帳，僅需揭露即可，但應避免誤導閱表者認為利益已實現　(C)毋需入帳，也不必揭露　(D)可入帳，亦可僅揭露。

（　）**20** 支付土地購價$20,000及仲介佣金$1,000取得土地一筆，相關拆除及清運舊屋成本$3,000、整地支出$1,000及設置圍牆$1,000，該土地入帳成本應為：　(A)$21,000　(B)$24,000　(C)$25,000　(D)$26,000。

（　）**21** X1/1/1賒購設備：定價$50,000，九折成交，付款條件5/10、n/30，另支付運費$500，安裝費$1,000，不慎損壞修繕費$1,000，X1/1/25付款，則該機器設備之入帳成本為何？　(A)$42,750　(B)$44,250　(C)$46,500　(D)$47,500。

（　）**22** X3年初以$28,000購入設備，估計耐用年限5年，殘值$8,000，採用年數合計法提列折舊，X4年底該設備累計折舊帳戶之餘額為：　(A)$8,000　(B)$11,200　(C)$12,000　(D)$16,800。

（　）**23** X1年初以$880,000購置設備，估計耐用年限4年，殘值$80,000，採雙倍餘額遞減法提列折舊，則X2年度應提列折舊：　(A)$200,000　(B)$220,000　(C)$240,000　(D)$264,000。

（　）**24** 以$12,000出售成本$80,000、累計折舊$70,000之設備，應認列：　(A)處分利益$2,000　(B)處分利益$12,000　(C)處分損失$2,000　(D)處分損失$12,000。

（　）**25** 公司於X1年初以$20,000購入機器設備，耐用年限5年，殘值$2,000，採直線法提列折舊。若X3年底作減損測試，估計該資產之可回收金額為$7,000，則應認列之減損損失為：　(A)$0　(B)$200　(C)$1,000　(D)$2,200。

（　）**26** 公司先於X1年研究階段投入$300,000，再於X2年初已符合發展階段之特定條件時再投入$300,000。X2年7月1日確定取得專利權開始生產，法定年限10年。X3年初決定縮短經濟年限至X7年底，X4年專利權之攤銷費用為：　(A)$30,000　(B)$57,000　(C)$60,000　(D)$114,000。

（　）**27** X1年初以$30,000取得特許權，每10年得以極小之成本申請延展使用年限。由於市場競爭因素，X5年底估計剩餘耐用年限為5年，淨公允價值為$15,000，使用價值為$10,000，則X6年應認列攤銷費用為：　(A)$0　(B)$2,000　(C)$3,000　(D)$6,000。

（　）**28** 宣告股票股利：　(A)資產減少　(B)股本減少　(C)權益增加　(D)保留盈餘減少。

（　）**29** 公司於X1年初發行面額$100,000、票面利率5%、每年底付息的4年期公司債，發行折價$3,465，依有效利率法攤銷，有效利率為6%，則X2年底未攤銷折價金額為：　(A)$1,733　(B)$1,823　(C)$1,833　(D)$2,673。

（　）**30** 公司於X6年初發行面額$50,000、票面利率6%、每年底付息的4年期公司債，發行溢價$1,773，依有效利率法攤銷，有效利率為5%，則X7年利息費用為：　(A)$2,568　(B)$2,645　(C)$3,000　(D)$3,355。

（　）**31** 將面額$60,000，按98的價格提前贖回，債券贖回損失為$600，贖回時債券帳面金額為：　(A)$58,200　(B)$58,800　(C)$59,400　(D)$60,600。

（　）**32** 甲公司X1年初以$96,454購入4年期、面額$100,000，票面利率4%、每年底付息之公司債，並將其分類為按攤銷後成本衡量債券投資。甲公司採有效利率法攤銷溢折價，有效利率5%。甲公司於X3年初以$98,000出售該公司債，則該債券投資出售時產生之損益為：
(A)損失$141　　　　　　　　(B)損失$1,048
(C)利益$1,546　　　　　　　(D)損失$4,141。

（　）**33** 甲公司X1年中以$65,000購入乙公司之普通股作為「透過損益按公允價值衡量之金融資產」，若該投資X1年底之公允價值為$63,000，而X2年中甲公司出售時之公允價值為$68,000，則 X2年應認列之相關利益為：　(A)$0　(B)$2,000　(C)$3,000　(D)$5,000。

（　）**34** 甲公司於X1年初以每股$99價格購入乙公司股票1,000股，另支付手續費$1,000，並將其分類為透過其他綜合損益按公允價值衡量證券投資，X1年底乙公司股票之每股市價為$98，則應認列投資未實現損益為：　(A)$0　(B)損失$1,000　(C)損失$2,000　(D)損失$3,000。

（　）**35** 透過其他綜合損益按公允價值衡量證券投資所支付之交易成本，帳上應列為：　(A)營業費用　(B)營業外費用　(C)損失　(D)投資成本。

（　）**36** 甲公司持有乙公司40%股權，乙公司X1年度淨利$10,000，並發放現金股利$5,000，則X1年度甲公司帳上長期股權投資增加若干？(A)$0　(B)$2,000　(C)$4,000　(D)$10,000。

（　）**37** 採直接法或間接法編製現金流量表之主要差異在於：　(A)營業活動　(B)營業及籌資活動　(C)投資活動　(D)籌資活動。

（　）**38** 本期淨利$50,000、存貨增加$1,000，應付帳款減少$2,000，折舊費用$3,000，處分資產損失$4,000，則來自營業活動現金流量為：(A)$51,000　(B)$52,000　(C)$53,000　(D)$54,000。

（　）**39** X5年度發行公司債得款$500,000，從市場購入之庫藏股票$150,000，現購設備$300,000，發行特別股收現$350,000，支付特別股現金股利$100,000，則X5年度籌資活動之淨現金流入為：(A)$900,000　(B)$800,000　(C)$650,000　(D)$600,000。

（　）**40** 下列何者最不適合列入「現金」？　(A)二個月內到期之國庫券　(B)一個月內到期之定期存款　(C)10天內到期之商業本票　(D)可出售之上市公司股票。

解答及解析（答案標示為#者，表官方曾公告更正該題答案。）

1 (D)。(A)現金購入設備：資產總額不變

(B)以現金支付電話費：費用增加，資產減少

(C)應收票據收現：資產總額不變

(D)以現金償還銀行借款：資產減少（現金減少）、負債減少（銀行借款減少）

故此題選項(D)使資產及負債同時減少，故本題答案為(D)。

2 (D)。資產＝負債＋業主權益

$-350,000 = +150,000 +$ 權益$= -350,000 - 150,000 = -500,000$

故權益減少500,000，此題答案為(D)。

3 (D)。收到客戶之預付貨款分錄如下：

借：現金或銀行存款

　貸：預收貨款

將使資產及負債增加，故本題答案為(D)。

4 (D)。會計期間假設係指在預期繼續經營情況之下，將期間劃分段落，以做為計算損益的時間單位，每一段落為一會計期間。會計上必須依照權責基礎入帳，因此必須以會計期間上時否實現或發生以及法律觀點上之權利及責任之依據調整，作為入帳之依據。

故與調整分錄最攸關者為會計期間假設，本題答案為(D)。

5 (A)。

用品盤存

期初餘額 10,000 期中購入 20,000	耗用25,000
期末餘額 5,000	

本期用品盤存消耗＝10,000＋20,000－5,000＝25,000，將使費用增加25,000元，用品盤存減少25,000元。

故此題答案為(A)。

6 (B)。

預收收入

	期初餘額100,000
已提供服務 40,000	
	期末餘額 60,000

已提供服務40,000，沖轉預收收入40,000，轉列收入40,000元，使負債減少，收入增加，分錄如下：

借：預收收入　　　　40,000
　　貸：服務收入　　　　　40,000
故本題選項(B)負債增加40,000元錯誤，應為減少40,000元。

7 (B)。進貨運費為進貨成本之一部分，故最有可能為銷貨成本。
故此題答案為(B)。

8 (D)。期初存貨高估12,000→本期淨利低估12,000
期末存貨低估15,000→本期淨利低估15,000
故本期淨利合計低估27,000元
此題答案為(D)。

9 (B)。銷貨收入淨額＝$100,000－$1,000－$1,000＝$98,000

10 (D)。零用金設置時及變動額度時會借記或貸記零用金，撥補時貸記銀行存款，借記各項費用，平時動支時不做分錄，僅記錄在備忘簿。
故此題答案為(D)。

11 (B)。1. 付款條件2/10，1/20，n/30，表示自成交日起，10天內付款可得2%折扣，第11～第20天付款可取得1%，超過20天則無折扣。
2. 此題第9天付款9,800元，故取得2%折扣，故帳款金額為9,800÷98%＝10,000；第19天付款13,860，故取得1%折扣，故帳款金額為$13,860÷99%＝$14,000
3. 應收帳款餘額＝$25,000－$10,000－$14,000＝$1,000
故此題答案為(B)。

12 (D)。X1年期末應有之備抵呆帳餘額＝$300,000×1%＝$3,000

備抵呆帳

期初餘額 $1,000	
	本期提列 4,000
	期末餘額 $3,000

期末應提列之呆帳費用＝$3,000＋$1,000＝$4,000元
故此題答案為(D)。

13 (B)。到期值＝$10,000×$(1+6\%\times\frac{6}{12})$＝$10,300
貼現息＝$10,300×8\%\times\frac{3}{12}$＝$206
貼現金額＝$10,300－$206＝$10,094
故此題答案為(B)。

14 (C)。$\$12,000 \times 2\% \times \dfrac{2}{12} = \$40$

故此題答案為(C)。

15 (B)。起運點交貨：係指運送途中，進銷貨交易已完成，所有權係屬買方。故在途商品雖未達買方，但依據起運點交貨之條件，其貨品所有權應屬買方。

故此題答案為(B)。

16 (B)。期末存貨低估→銷貨毛利低估→本期淨利低估→本期保留盈餘低估

期末存貨低估→流動資產低估

故此題答案為(B)。

17 (B)。估計保證負債＝2,000件×$500×2%＝$20,000

X3年~X4年實際修理成本＝$5,000＋$9,000＝$14,000

X4年底估計產品保證負債餘額＝$20,000－$14,000＝$6,000

故此題答案為(B)。

18 (C)。或有負債定義及規定如下：

項目	或有負債
定義	指因下列二者之一而未認列為負債者： 1. 屬潛在義務，企業是否有會導致須流出經濟資源的現時義務尚待證實。 2. 或屬於現時義務，但未符合IAS 37所規定的認定標準（因其並非很有可能會流出含有經濟利益的資源以履行該義務，或該義務的金額無法可靠地估計）。
發生可能性	1. 發生機率大於50%，但金額不能可靠估計者。 2. 或發生機率小於50%，不論金額能否可靠估計。
常見於企業中之項目	公司因訴訟賠償，金額尚未協議時所產生的或有損失、企業對他人債務提供保證可能造成違約時連帶賠償的損失等。

(A)銷售產品所附與之保證係屬負債準備

(B)很有可能敗訴，且金額能可靠估計，不符合或有負債之要件

(C)很有可能敗訴（發生機率大於50%），但金額不能可靠估計，符合或有負債之要件

(D)未來很有可能被訴訟，該訴訟尚未發生，非屬潛在義務，不符合或有負債之要件

故此題答案為(C)。

19 (B)。或有資產係屬或有利益，基於收益實現原則，不得入帳。故此題答案為
(B)。

20 (C)。土地入帳成本＝$20,000＋$1,000＋$3,000＋$1,000＝$25,000
故此題答案為(C)。

21 (B)。$50,000×90%×95%＋$500＋$1,000＝$44,250
故此題答案為(B)。

22 (C)。X3年折舊＝($28,000－$8,000)×$\frac{5}{15}$＝$6,667

X4年折舊＝($28,000－$8,000)×$\frac{4}{15}$＝$5,333

X4年底累計折舊＝$6,667＋$5,333＝$12,000
故此題答案為(C)。

23 (B)。$880,000×$\frac{2}{4}$×$\frac{2}{4}$＝$220,000
故此題答案為(B)。

24 (A)。帳面價值＝$80,000－$70,000＝$10,000
處份利益＝$12,000－$10,000＝$2,000
故此題答案為(A)。

25 (D)。X1年～X3年累計折舊＝($20,000－$2,000)×$\frac{3}{5}$＝$10,800

X3年底帳面價值＝$20,000－$10,800＝$9,200
可回收金額$7,000＜帳面價值$9,200
∴資產確已減損，應認列之減損損失＝$9,200－$7,000＝$2,200
故此題答案為(D)。

26 (B)。X1年研究階段之支出300,000應作當期費用，不得資本化。
縮短經濟年限之前專利權攤銷費用：$300,000÷10＝$30,000

X3年初累積攤銷：$30,000×$\frac{6}{12}$＝$15,000

X3年初專利權帳面價值＝$300,000－$15,000＝$285,000
X3年初縮短經濟耐用年限至X7年底，故耐用年限剩餘5年
X3年專利權攤銷費用：$285,000÷5＝$57,000
故此題答案為(B)。

27 (C)。特許權攤銷費用＝$30,000÷10＝$3,000
X5年底特許權帳面價值＝$30,000－$3,000×5＝$15,000
X5年底特許權可回收金額為$15,000等於帳面價值$15,000

∴未發生減損
X6年特許權攤銷費用＝$15,000÷5＝$3,000
故此題答案為(C)。

28 (D)。宣告股票股利：
借：保留盈餘　　　XXX
　　貸：應分配股票股利　　　　XXX
將使保留盈餘減少，權益總額不變。
故此題答案為(D)。

29 (C)。發行價格＝$100,000－$3,465＝$96,535
攤銷表如下：

日期	現金(貸)	利息費用(借)	公司債折價(貸)	帳面價值
X1/1/1				96,535
X1/12/31	5,000	5,792	792	97,327
X2/12/31	5,000	5,840	840	98,167
X3/12/31	5,000	5,890	890	99,057
X4/12/31	5,000	5,943	943	100,000

X2年底未攤銷折價＝$3,465－$792－$840＝$1,833
故此題答案為(C)。

30 (A)。發行價格＝$50,000＋$1,773＝$51,773
攤銷表如下：

日期	現金(貸)	利息費用(借)	公司債折價(貸)	帳面價值
X6/1/1				51,773
X6/12/31	3,000	2,589	411	51,362
X7/12/31	3,000	2,568	432	50,930
X8/12/31	3,000	2,547	454	50,476
X9/12/31	3,000	2,524	476	50,000

X7年度利息費用＝$2,568
故此題答案為(A)。

31 (A)。贖回價格＝$60,000×0.98＝$58,800
贖回時債券帳面價值＝$58,800－$600＝$58,200
故此題答案為(A)。

32 (A)。截至X2/12/31攤銷表如下：

日期	現金(貸)	利息費用(借)	公司債折價(貸)	帳面價值
X1/1/1				96,454
X1/12/31	4,000	4,823	823	97,277
X2/12/31	4,000	4,864	864	98,141

X2年底公司債之帳面價值＝$98,141
出售損失＝$98,000－$98,141＝$(141)
故此題答案為(A)。

33 (D)。透過損益按公允價值衡量金融資產於每年年底依照公允價值評價調整認
列評價損益且公允價值變動計入損益。
X2年度應認列公允價值變動(損)益：$68,000－$63,000＝$5,000
故此題答案為(D)。

34 (C)。透過其他綜合損益按公允價值衡量金融資產於每年年底依照公允價值評
價調整認列評價損益且公允價值變動計入其他綜合損益，手續費等交易
成本列入金融資產成本。
X1年初金融資產成本＝$99×1,000＋$1,000＝100,000
X1年底金融資產公允價值＝$98×1,000＝$98,0000
X1年應認列之其他綜合(損)益＝$98,000－$100,000＝$(2,000)
故此答案為(C)。

35 (D)。透過其他綜合損益按公允價值衡量金融資產之交易成本應列入金融資產
成本。
故此題答案為(D)

36 (B)。($10,000－$5,000)×40%＝$2,000
故此題答案為(B)。

37 (A)。僅有營業活動有區分直接法及間接法，故此題答案為(A)

38 (D)。來自營業活定現金流量＝$50,000－$1,000－$2,000＋$3,000＋$4,000
＝$54,000
故此題答案為(D)。

39 (D)。籌資活動現金流量＝$500,000－$150,000＋$350,000－$100,000
　　　＝$600,000
　　　故此題答案為(D)。

40 (D)。會計學上所稱的現金，應同時具備以下幾個特性：
　　　(一)法定通貨：現金必須是法律上許可，可以在當地自由流通的。
　　　(二)可自由運用：現金必須是可以隨時動用，不受限制的資產。若是已
　　　　　限定用途或指定用途的財源，則屬於基金。
　　　會計上所稱的現金，還包含約當現金，約當現金係指隨時可轉換成定額
　　　的現金，並且即將到期（通常為自投資日起算三個月內）的債務證券投
　　　資。而現行會計規定，須將約當現金併入現金科目，在財務狀況表上以
　　　「現金及約當現金」列載。
　　　選項(D)可出售之上市公司股票不符合上述要件，故最不適合列入現金，
　　　選項(A)～(C)屬現金及約當現金。
　　　故此題答案為(D)。

NOTE

112年 關務特考四等（會計學概要）

一 下列為A公司之財務資訊：

銷貨收入	$1,000,000
銷貨成本	250,000
期初應收帳款	420,000
期末應收帳款	403,045
期初存貨	80,100
期末存貨	84,170
期初應付帳款	69,000
期末應付帳款	70,216

請計算：

(一) A公司之營業週轉天數。

(二) A公司所需外部融資之天數（現金循環週期）。

答 應收帳款週轉率 $= \dfrac{\$1,000,000}{(\$420,000+\$403,045)\div 2} = 2.43$

應收帳款週轉天數 $= \dfrac{365}{2.43} = 150$天

存貨週轉率 $= \dfrac{\$250,000}{(\$80,100+\$84,170)\div 2} = 3.04$

存貨週轉天數 $= \dfrac{365}{3.04} = 120$天

本期進貨 $= \$250,000 - \$80,100 + \$84,170 = \$254,070$

應付帳款週轉率 $= \dfrac{\$254,070}{(\$69,000+\$70,216)\div 2} = 3.65$

應付帳款週轉天數 $= \dfrac{365}{3.65} = 100$天

(一)A公司之營運週轉天數為 $150 + 120 = 270$天

(二)A公司現金循環週期為 $270 - 100 = 170$天

二 A公司使用定期盤存制，會計師發現2021年有下列之錯誤：

1. 購買$51,000的存貨有被正確的記錄，然而相應的應付帳款只貸記了$4,000。

2. 價值$4,400的存貨於年底送達並入帳，然而期末盤點時卻並未被記入期末存貨。

3. $5,600的進貨被錯誤地記成了$6,500。

4. $1,200的進貨並未被入帳。

5. 價值$3,100的瑕疵品被送回，購買時有正確的入帳，然而送回卻沒有被記錄。

6. 實體盤點時，價值$800的存貨被重複盤點。

請問：

(一) A公司 2021年的毛利報導為$25,000，正確的毛利應為多少？

(二) 若以上錯誤並未被改正，2022年的淨利將被錯估多少？

答	2021年	2022年
帳列毛利	$25,000	
(1) 2021年進貨低估47,000	(47,000)	
2022年進貨高估47,000→淨利低估		(47,000)
(2) 2021年期末存貨低估4,400	4,400	
2022年期初存貨低估4,400→淨利高估		4,400
(3) 2021年進貨高估900	900	
2022年進貨低估900→淨利高估		900
(4) 2021年進貨低估1,200	(1,200)	
2022年進貨高估1,200→淨利低估		(1,200)
(5) 2021年進貨退出低估3,100	3,100	
2022年進貨退出高估3,100→淨利高估		3,100
(6) 2021年期末存貨高估800	(800)	
2022年期初存貨高估800→淨利低估		(800)
正確毛利(損)/淨利高(低)估	$(15,600)	(40,600)

(一)2021年正確毛利(損)為$(15,600)

(二)2022年淨利將被低估$40,600

三　A公司收到X1年9月之銀行對帳單，資訊如下：

	借方	貸方	餘額
9月1日餘額			$ 5,100
存款	$ 27,000		32,100
兌現之支票		$ 27,300	4,800
存款不足退票		50	4,750
銀行服務費		10	4,740
9月30日餘額			4,740

A公司於X1年9月1日及9月30日之手頭現金為$200。X1年9月1日時無在途存款及流通在外支票。X1年9月之現金帳如下：

現金

X1年9月1日	餘額 5,300	X1年9月	支票 28,000
X1年9月	存入 29,500		

請問：

(一) 調整前現金餘額為多少？

(二) A公司帳上應調增項目之金額為多少？

(三) A公司帳上應調減項目之金額為多少？

(四) 銀行應調增項目之金額為多少？

(五) 銀行應調減項目之金額為多少？

答

X1年9月30日銀行存款餘額

公司帳上餘額	$6,800	銀行對帳單餘額	$4,740
減：手續費	(10)	加：在途存款	2,500
存款不足退票	(50)	手頭現金	200
		減：未兌現支票	(700)
正確餘額	$6,740		$6,740

註：

1. 調整前現金餘額＝$5,300＋$29,500－$28,000＝$6,800

2. 在途存款＝$29,500－$27,000＝$2,500

3. 未兌現支票＝$28,000－$27,300＝$700

(一)調整前現金餘額＝$6,800

(二)A公司帳上應調增項目之金額＝0

(三)A公司帳上應調減項目之金額＝$10＋$50＝$60

(四)銀行應調增項目之金額＝$2,500＋$200＝$2,700

(五)銀行應調減項目之金額＝$700

四 2022年1月5日A公司以$600,000之價格委託B公司升級其資訊系統。該升級預計耗費一年完成。若準時完成，A公司願意提供$120,000之獎金若延後一週完成獎金減少10%，若延後兩週完成獎金減少25%，若延後三，週完成獎金減少70%，若延後超過三週則沒有獎金。B公司每季編製財報且預計第一季結束時的完工比例為20%。B公司估計的結果如下：

結果	機率
準時完工	70%
延後一週完工	20%
延後兩週完工	10%
延後三週完工	0%
延後超過三週完工	0%

請分別以期望值及最可能結果分別計算下列金額：

(一) 該合約之總價金。

(二) 該合約之獎金。

(三) 第一季認列之收入金額。

答

	價格＋獎金	機率	期望值	最有可能結果
準時完工	600,000＋120,000＝720,000	70%	504,000	
延後一周完工	600,000＋120,000×90%＝708,000	20%	141,600	708,000
延後兩周完工	600,000＋120,000×75%＝690,000	10%	69,000	
延後三周完工	600,000＋120,000×30%＝636,000	0%	0	
			$714,600	$708,000

	價格＋獎金	機率	期望值	最有可能結果
準時完工	120,000	70%	84,000	
延後一周完工	120,000×90%＝108,000	20%	21,600	108,000
延後兩周完工	120,000×75%＝90,000	10%	9,000	
延後三周完工	120,000×30%＝36,000	0%	0	
			$114,600	$108,000

第一季收入期望值＝$600,000×20%＋$114,600×20%＝$142,920

第一季收入最有可能結果＝$600,000×20%＋$108,000×20%

＝$141,600

	期望值	最有可能結果
(一) 總價金	$714,600	$708,000
(二) 獎金	$114,600	$108,000
(三) 第一季收入	$142,920	$141,600

五 A公司、B公司及C公司有寄銷之關係，具體來說，B公司將商品送至A公司寄銷且A公司將商品送至C公司寄銷，A公司之相關資訊如下：

來自B公司之寄銷商品　　　$8,000

送至C公司之寄銷商品　　　$10,000

請問：

(一) 若盤點後發現手頭存貨有$30,000，A公司期末存貨應報導之金額為何？

(二) 若期初存貨為$27,000且該年度有$59,000之進貨，該年度之銷貨成本為何？（以(一)作為期末存貨之假設）

答 (一)A公司期末存貨應報導之金額＝$30,000－$8,000＋$10,000＝$32,000

(二)銷貨成本＝$27,000＋$59,000－$32,000＝$54,000

NOTE

112年 普考（會計學概要）

一、申論題

一 甲公司於X1年1月1日以$500,000購入設備，該設備以直線法作折舊，估計耐用年限為5年，殘值為$0。甲公司以重估價模式作該設備之會計處理。X1年12月31日與X2年12月31日該設備之公允價值分別為$360,000及$412,500。

試作：

(一) 甲公司X1及X2年度因該設備產生之損益及其他綜合損益各為若干？（須註明利益或費損）

(二) 若該公司以等比例重編法處理所有資產重估價，則X2年12月31日該設備之累計折舊餘額為若干？

答　(一)X1年設備折舊費用＝$500,000÷5＝$100,000

　　　　X1年資產重估損失＝$360,000－$400,000＝$(40,000)

　　　　X1年設備產生之損益＝$100,000＋$40,000＝費損$140,000，其他綜合損益＝$0

　　　　X2年設備折舊費用$360,000÷4＝$90,000

　　　　X2年資產重估回升利益＝$412,500－$300,000＝$112,500→列入其他綜合損益

　　　　X2年資產重估回升利益＝$300,000－$270,000＝$30,000→列入損益

　　　　X2年設備產生之損益＝$90,000－$30,000＝費損$60,000，其他綜合損益＝利益$112,500

　　(二)X2年12月31日累計折舊餘額＝$180,000 \times \dfrac{412,500}{270,000} = \$275,000$

二 甲公司於X1年1月1日以總成本$138,554.33買進面額$200,000、10年期、票面利率5%、每年底付息債券，前述價格推算可得該債券之原始有效利率為10%。該債券X1年及X2年底公允價值分別為$160,000及$180,000。試作：（計算至小數點下兩位）

(一) 若該債券被列入「按攤銷後成本衡量之投資」，則X2年度甲公司因該債券產生之損益為何？

(二) 若該債券被列入「透過損益按公允價值衡量之投資」，則X2年度甲公司因該債券產生之損益為何？

(三) 若該債券被列入「透過其他綜合損益按公允價值衡量之債券投資」則X2年度甲公司因該債券產生之損益及其他綜合損益各為何？

答 攤銷表如下：

日期	現金	利息收入	攤銷數	帳面價值
X1/1/1				$138,554.33
X1/12/31	$10,000	$13,855.43	$3,855.43	$142,409.76
X2/12/31	$10,000	$14,240.98	$4,420.98	$146,650.74

(一)分類為按攤銷後成本衡量之投資，X2年度所產生之損益：利息收入$14,240.98

(二)分類為透過損益按公允價值衡量之投資X2年度所產生之損益：

　1.攤銷：利息收入$14,240.98＋金融資產評價利益$15,759.02＝$30,000

　2.不攤銷：利息收入$10,000＋金融資產評價利益$20,000＝$30,000

(三)分類為透過其他綜合損益按公允價值衡量之投資X2年度所產生之損益：

　1.損益：利息收入$14,240.98

　2.其他綜合損益：金融資產未實現評價損益$15,759,02

三 甲公司X1年與X2年之有關財務資料如下：

甲公司
資產負債表
X2年與X1年12月31日

	X2年	X1年
資產現金與約當現金	$ 5,542,500	$ 2,787,750
應收帳款（淨額）	2,052,000	2,016,000
存貨	1,102,500	4,410,000
預付租金	212,625	100,125
透過損益按公允價值衡量之金融資產 -債券投資	103,500	0
透過其他綜合損益按公允價值衡量之金融資產 -股票投資	46,500	0
土地	6,312,375	5,749,875
機器設備	1,822,500	1,147,500
累計折舊 -機器設備	(234,000)	(247,500)
資產總額	$16,960,500	$15,963,750
負債		
應付帳款	$ 697,500	$ 1,647,000
應付薪資	50,625	80,550
應付利息	45,000	0
應付所得稅	67,500	33,750
應付票據 -短期	2,532,375	3,307,500
長期借款	4,833,000	4,527,450
負債總額	$ 8,226,000	$ 9,596,250
權益		
普通股股本（每股面額為$10）	$ 2,002,500	$ 652,500
資本公積 -股本溢價	2,880,000	2,475,000
其他權益	9,000	0
保留盈餘	3,843,000	3,240,000
權益總額	$ 8,734,500	$ 6,367,500
負債及權益總額	$16,960,500	$15,963,750

甲公司
綜合損益表
X2年1月1日至12月31日

銷貨收入		$ 6,525,000
銷貨成本		(4,635,000)
毛利		$ 1,890,000
營業費用		
行銷費用	$(495,000)	
管理費用	(373,500)	(868,500)
營業淨利		$ 1,021,500
營業外收入及支出		
利息費用	(112,500)	
處分機器設備利益	45,000	(67,500)
稅前淨利		$ 954,000
所得稅費用		(238,500)
本年度淨利		$ 715,500
其他綜合損益		9,000
本年度綜合損益		$ 724,500

其他補充資訊：

(1)甲公司以$562,500現金購買土地。

(2)於X2年12月31日，甲公司以向銀行舉借長期借款方式，新增購買成本為 $1,125,000之機器設備。

(3)甲公司於X2年中以現金$405,000處分部分機器設備，處分日有關該機器設備之原始成本與累計折舊分別為$450,000與$90,000。

(4)於X2年12月31日，甲公司以現金$103,500之對價投資乙公司之債券，此債券投資之目的係為交易目的而持有。

(5)於X2年6月1日，甲公司以現金$37,500之對價投資丙公司之普通股股票，甲公司於該日作一不可撤銷之選擇，將該股票投資分類為「透過其他綜合損益按公允價值衡量之金融資產-股票投資」；於

X2年末，甲公司仍持有該股票投資，且X2年12月31日該股票投資之公允價值為$46,500。

(6)於X2年度，甲公司償還短期應付票據$775,125。

(7)於X2年度，甲公司償還長期借款$819,450。

(8)於X2年度，甲公司增資新發行普通股135,000股，每股發行價格為$13。

(9)於X2年度，甲公司發放現金股利$112,500。

(10)甲公司於X2年度之綜合損益表中，管理費用$373,500之明細項目包含：折舊費用$76,500、薪資費用$94,500、租金費用$51,300與其他費用$151,200。

(11)甲公司於編製現金流量表時，利息費用並未分類為籌資活動，而支付現金股利分類為籌資活動。

試作：

(一) 編製甲公司X2年度間接法下之現金流量表中，來自營業活動之現金流量。（注意：必須由稅前淨利開始編製）

(二) 若甲公司以直接法編製X2年度之現金流量表，下列金額為何？（未列示計算過程或說明者，不予計分）

　　A.自客戶收取之現金金額

　　B.支付給供應商之現金金額

(三) 甲公司X2年度之現金流量表中，下列金額為何？（未列示計算過程或說明者，不予計分）

　　A.來自投資活動之淨現金流入（流出）為何？

　　B.來自籌資活動之淨現金流入（流出）為何？

答 (一)

現金流量表
X2年度

營業活動現金流量		
稅前淨利		$ 954,000
調整項目：		
折舊費用	76,500	
利息費用	112,500	

處份機器設備利益	(45,000)	
應收帳款增加	(36,000)	
存貨減少	3,307,500	
預付租金增加	(112,500)	
應付帳款減少	(949,500)	
應付薪資減少	(29,925)	
應付票據－短期減少	(775,125)	
透過損益按公允價值衡量之金融資產增加	(103,500)	1,444,950
營業產生之現金流入		2,398,950
支付之利息		(67,500)
支付之所得稅		(204,750)
營業活動之淨現金流入		2,126,700
投資活動現金流量		
處份機器設備	405,000	
取得土地	(562,500)	
取得透過其他綜合損益按公允價值衡量之投資	(37,500)	
投資活動淨現金流出		(195,000)
籌資活動現金流量		
償還長期借款	(819,450)	
現金增資	1,755,000	
發放現金股利	(112,500)	
籌資活動淨現金流入		823,050
本期現金及約當現金增加數		2,754,750
期初現金及約當現金		2,787,750
期末現金及約當現金		$ 5,542,500

來自營業活動之現金流入＝$2,126,700

(二)A.自客戶收取之現金＝$6,525,000＋$2,016,000－$2,052,000＝
　　$6,489,000
　　B.支付給供應商之現金＝$4,635,000＋$1,647,000－$697,500＋
　　$1,102,500－$4,410,000＝$2,277,000

(三)A.來自投資活動之現金流出：$195,000
　　B.來自籌資活動之現金流入：$823,050

二、選擇題

(　　) **1** 甲公司於X1年中以現金購買文具用品$15,000，購買當天全數借記
虛帳戶。X1年底盤點尚有 $8,000未使用，若會計人員於年底未進行
調整程序，此錯誤對當年度之財務報表影響為何？　(A)資產低估
(B)資產高估　(C)費用低估　(D)費用高估。

(　　) **2** 下列關於收入與利益之敘述，何者錯誤？　(A)就經濟效益之增加而
言，收入與利益並無不同　(B)利益通常以減除相關費損後之淨額表
達　(C)利益包括未實現之外幣兌換利益　(D)若收入符合與交易有
關之經濟效益很有可能流向企業，或收入金額能可靠衡量時，可認
列該收入。

(　　) **3** 甲公司X1年底持有應收帳款組合$2,000,000，其中未逾n/30信用政策
之金額為$1,500,000，均不含重大財務組成部分且僅於一個地理地
區營運。甲公司採用準備矩陣法計提備抵損失，觀察應收帳款存續
期間之歷史損失率，未逾期及逾期分別為5%及10%，考量未來一年
經濟狀況好轉，損失率估計分別減少3%及6%。試問甲公司X1年底
「備抵損失」金額為多少？　(A)$20,000　(B)$50,000　(C)$75,000
(D)$275,000。

(　　) **4** 甲公司在X1年1月1日收到一紙面額$100,000，利率6%，4個月到期
之附息票據。甲公司因資金需求於X1年3月1日持該票據向乙銀行貼
現，貼現率為6%，不附追索權，則甲公司此筆交易之貼現損益為：
(A)產生貼現損失　(B)產生貼現利益　(C)貼現損益為零　(D)無從判
斷。

( ) **5** 甲公司於X1年3月1日以每股市價$55購入每股面額$10之乙公司普
通股20,000股，另支付手續費$5,500，指定為透過其他綜合損益按
公允價值衡量之權益工具投資。X1年10月1日乙公司發放股票股利
每股$2及現金股利每股$1.5，X1年底乙公司普通股每股市價$48。
甲公司於X2年4月15日以每股$50出售全部持有之乙公司普通股。
甲公司X2年度依公司法規定應提撥法定公積，未分配盈餘增加
$252,000，請問甲公司X2年度「本期淨利」為多少？　(A)$153,500
(B)$156,000　(C)$157,500　(D)$175,000。

( ) **6** 甲公司於X2年12月31日以$200,000平價買入乙公司發行之公司債，
並將該債券分類為按攤銷後成本衡量之金融資產。認列減損之相關
資料如下：

	12個月預期信用損失	存續期間預期信用損失
X2/12/31	$4,000	$12,000
X3/12/31	$11,000	$24,000

若X3年底，該債券的信用風險已顯著增加，則甲公司於X2年
及X3年底應認列於本期淨利之預期信用減損損失分別為何？
(A)$4,000、$11,000　(B)$12,000、$12,000　(C)$4,000、$20,000
(D)$4,000、$24,000。

( ) **7** 假設下列資產之公允價值能可靠衡量，則那些資產於報導日因公允
價值變動產生之「未實現損失」或「未實現利益」必皆計入當期損
益中？　①按公允價值衡量之投資性不動產 ②採用重估價模式衡量
之生產性植物，過去未有減損而首次辦理重估 ③生產性生物資產
（但排除生產性植物）④使用權資產（承租公司承租租賃標的主要
為營業使用，且帳上之不動產、廠房與設備皆採用成本模式衡量）
⑤採用重估價模式之不動產、廠房及設備產生公允價值之未實現利
益調整數　(A)①②③④⑤　(B)①②⑤　(C)①②③　(D)①③。

( ) **8** 下列有關於資產減損之敘述，何者正確？　(A)商譽在有減損跡象時
才需提列減損損失　(B)資產之帳面金額高於使用價值時需提列減損
(C)資產減損迴轉金額無上限　(D)當單一資產無法衡量其使用價值
及公允價值減出售成本時，要併成一個最小的資產群組，稱為現金
產生單位。

(　　) **9** 甲公司發行10,000股普通股股票向乙公司購買機器設備A與運輸設備B，甲公司之股票面額每股$5，交易當天收盤價每股$24。A與B之公允價值分別為$90,000與$180,000，下列敘述何者正確？　(A)機器設備A應以$80,000入帳　(B)機器設備A應以$240,000入帳　(C)運輸設備B應以$160,000入帳　(D)運輸設備B應以$180,000入帳。

(　　) **10** 甲公司X1年1月1日以$300,000買入一塊土地以建造一幢建築物，完工後將以營業租賃方式出租，甲公司對投資性不動產後續衡量採公允價值模式。X1年4月1日，甲公司開始建造工作，至X3年5月31日建造完成，總建造成本為$120,000。若建造期間，無法可靠決定上述在建資產之公允價值，但X3年5月31日完工後，公允價值開始能可靠決定，而當日土地及建築物之公允價值分別為$400,000及$180,000，X3年12月31日土地及建築物之公允價值分別為$500,000及$150,000。則甲公司X3年12月31日投資性不動產之期末評價對當期損益之影響為何？　(A)淨增加$30,000　(B)淨增加$70,000　(C)淨增加$130,000　(D)應列入其他綜合淨利，故對損益影響為$0。

(　　) **11** 下列有幾項為農業產品？　①乳牛　②已砍伐之林木　③葡萄酒　④屠宰後的豬隻　⑤已收成之乳膠　(A)五項　(B)四項　(C)三項　(D)二項。

(　　) **12** 甲公司於X1年開始生產並銷售筆記型電腦，每台售價$30,000，並提供顧客二年期保證型保固。甲公司預估有2%的筆記型電腦在第一年發生損壞，3%的筆記型電腦在第二年發生損壞，95%的筆記型電腦不會在二年內發生損壞；筆記型電腦發生損壞的情況可分為三種，維修成本$5,000的機率有30%、維修成本$3,500的機率有50%、維修成本$1,000的機率有20%。X1年與X2年筆記型電腦銷售與實際發生之維修成本如下：

年度	筆記型電腦銷售數量	實際發生之維修成本
X1年	1,500	$99,730
X2年	2,200	$120,420

則X2年底甲公司的產品保證負債科目餘額為何？　(A)$638,250　(B)$418,100　(C)$220,150　(D)$190,400。

( ) **13** 甲公司於X1年底售出5,000台冷氣機，每台產品之售價為$60,000、成本為$30,000，並對所售出冷氣機提供保證型保固。依過去經驗需提供保固之數量為所售出數量之10%，每台之保固成本為$2,000。甲公司X1年底關於該產品保固之會計處理，下列敘述何者正確？(A)無須估計入帳，僅須附註揭露　(B)須認列$2,000負債　(C)須認列$1,000,000負債　(D)須認列$15,000,000負債。

( ) **14** 當企業以發行債券籌措長期資金時，為吸引投資人或增加資金彈性，可於公司債中嵌入其他衍生性工具合併發行複合工具（compound instrument）或混合工具（hybrid instrument）。下列那幾項符合IFRS定義之複合工具？　①可買回公司債（callable bond）②可賣回公司債（puttable bond）③可轉換公司債（convertible bond），轉換時可轉換為5,000股　④可轉換公司債（convertible bond），轉換時可轉換為價值$5,000,000之普通股　⑤附認股證公司債（bond with warrants）　(A)①②④⑤　(B)①②③⑤　(C)③⑤ (D)③。

( ) **15** 甲公司X1年1月1日發行面額$1,000,000之公司債，2年期，票面利率2%，每年底付息，有效利率為2.4%，則該公司債券之發行價格為：（答案四捨五入至元）　(A)$953,674　(B)$972,747　(C)$992,279 (D)$1,000,000。

( ) **16** 甲公司X1年底權益內容如下：

普通股股本（每股面額$10）	$4,000,000
可贖回特別股股本（8%累積，每股面額$10）	1,000,000
資本公積－普通股發行溢價	500,000
資本公積－特別股發行溢價	100,000
保留盈餘	2,200,000
其他權益	850,000
庫藏股票（5,000股，每股成本$18）	(90,000)
權益總額	$8,560,000

已知甲公司X1年普通股每股帳面金額為$18，X0年發放特別股6%股利、X1年未發放，請問特別股每股贖回價格為多少？　(A)$12.6　(B)$13.5　(C)$13.7　(D)$14.2。

(　) **17** 甲公司本期設備總帳面金額增加$17,000，相關累計折舊金額增加$2,000，相關變動原因分析如下：折舊費用$3,000、出售設備（成本$8,000，累計折舊$1,000）產生損失$3,000、購買設備並支付現金$25,000。上述交易對現金流量之淨影響為何？　(A)現金淨流入$4,000　(B)現金淨流入$21,000　(C)現金淨流出$21,000　(D)現金淨流出$25,000。

(　) **18** 甲公司在X1年底以成本$500,000，累計折舊$200,000的運輸設備換入公允價值$400,000之機器設備，另支付現金$60,000。假設此交換交易具有商業實質，若甲公司採間接法編製現金流量表，該交易對甲公司X1年於計算營業活動現金流量時之淨利調整數為何？　(A)增加$60,000　(B)減少$40,000　(C)減少$60,000　(D)增加$100,000。

(　) **19** 甲公司X1年的銷貨毛利率為40%、淨利率20%、資產報酬率為10%；X1年初，存貨餘額$77,750、應收帳款餘額$106,000；X1年底，存貨餘額$70,750、應收帳款餘額$114,000、資產總額$2,016,000；X1年間，銷貨收入$1,050,000、銷貨折扣$20,000、銷貨運費$12,000、銷貨折讓$40,000。假設甲公司均以賒帳方式銷貨，則甲公司X1年的營業週期為多少天？（相關比率中之資產金額均以期初餘額與期末餘額之簡單平均數計算，一年以365天計，答案四捨五入至小數點第二位）　(A)81.26天　(B)86.19天　(C)88.18天　(D)88.23天。

(　) **20** 承上題，甲公司X1年初的資產總額為多少金額？　(A)$1,896,000　(B)$1,932,000　(C)$1,944,000　(D)$2,184,000。

解答及解析（答案標示為#者，表官方曾公告更正該題答案。）

1 (B)。文具用品期末盤點尚有$8,000未使用，年底結帳時需將未使用之文具用品調整至用品盤存。會計人員於年底未進行調整，將使資產低估$8,000、費用高估$7,000。
故本題答案為(B)。

2 (D)。認列收入除了需考量該交易有關之經濟效益很有可能流向企業，或收入金能可靠衡量之外，還需符合IFRS15「客戶合約之收入」是否取得控制之要件，並依照IFRS15規定之五步驟認列收入。
故此題選項(D)錯誤，答案為(D)。

3 (B)。X1年底甲公司帳齡分析表如下

逾期天數	金額	損失率	備抵損失
未逾期	$1,500,000	2%	$30,000
逾期~	500,000	4%	20,000
合計	$2,000,000		$50,000

X1年底損失率計算如下：
未逾期減少3%：5%－3%＝2%
逾期減少6%：10%－6%＝4%
故本題答案為(B)。

4 (A)。到期值＝$100,000×$(1+6\%\times\frac{4}{12})$＝$102,000

貼現息＝$102,000×6%×$\frac{2}{12}$＝$1,020

貼現金額＝$102,000－1,020＝$100,980

應收利息＝$100,000×6%×$\frac{2}{12}$＝$1,000

貼現分錄如下：

現金	100,980	
貼現損失	20	
應收票據		100,000
應收利息		1,000

故此題答案為(A)。

5 (D)。X1/3/1證券投資成本＝$55×20,000＋$5,500＝$1,105,500
X1年10月1日發放股票股利2元/股，2元×20,000股＝40,000元

40,000元÷10元＝4,000股→乙公司發放股票股利使甲公司投資乙公司之普通股由20,000股增加至24,000股

X1/12/31公允價值＝$48×24,000＝$1,152,000

X1年12月31應認列之其他綜合損益＝$1,152,000－$1,105,500＝46,500（利益）

X2年4月15日以每股50元出售乙公司全部股票，出售前評價應認列之其他綜合損益＝$50×24,000－$1,152,000＝$48,000（利益）

截至X2年4月15日其它綜合損益－金融資產未實現損益餘額＝$46,500＋$48,000＝94,500（利益）

處份金融資產時，其他綜合損益將轉至保留盈餘94,500

甲公司X2年度未分配盈餘變動明細如下：

本期淨利	?
減：提列法定盈餘公積	?×10%
加：其他綜合損益轉入	94,500
未分配盈餘增加	$252,000

故可得出本期淨利＝$175,000，提列法定盈餘公積＝$17,500

故此題答案為(D)。

6 (C)。X2年信用風險未顯著增加，故依照IFRS9之規定，只需認列未來十二個月預期信用減損損失即可，X3年底信用風險已顯著增加，應認列整個存續期間預期信用減損損失。

X2年應認列預期信用減損損失為$4,000元。

X3年應認列減損損失為$24,000－$4,000＝$20,000

故此題答案為(C)。

7 (D)。

	項目	未實現損益
①	按公允價值衡量之投資性不動產	計入當期損益
②	採用重估價模式衡量之生產性植物，過去未有減損而首次辦理重估	計入其他綜合損益
③	生產性生物資產（但排除生產性植物）	計入當期損益
④	使用權資產（承租公司承租租賃標的主要為營業使用，且帳上不動產與設備皆採用成本模式衡量）	採成本模式無未實現損益之情事
⑤	採用重估價模式之不動產、廠房及設備產生公允價值之未實現利益調整數	計入其他綜合損益

8 (D)。(A)商譽不論有無減損跡象皆需評估是否發生減損，選項(A)錯
(B)帳面價值係高於可回收金額時需提列減損。選項(B)錯
(C)減損損失迴轉不得超過原帳面價值（未考慮減損前之帳面價值）及可回金額兩者較低者，選項(C)錯。
故此題答案為(D)。

9 (D)。發行證券交換固定資產，依照IFRS2規定，企業發行權益證券之方式取得不動產時，應以不動產、廠房及設備之公允價值為其取得成本，並據以決定權益證券之發行價格。但若所取得不動產、廠房及設備之公允價值無法可靠衡量，則依所發行權益證券之公允價值作為不動產、廠房及設備之取得成本。
此題分錄如下：

機器設備A	90,000	
機器設備B	180,000	
普通股股本		50,000
資本公積－普通股發行溢價		220,000

故此題答案為(D)。

10 (B)。投資性不動產公允價值之變動應列入損益X3年5月31日土地及建築物公允價值＝$400,000＋$180,000＝$580,000，X3年12月31日土地及建築物公允價值＝$500,000＋$150,000＝$650,000，公允價值利益＝$650,000－$580,000＝$70,000
故此題答案為(B)。

11 (C)。生物資產：乳牛
農產品：已砍伐之林木、屠宰後的豬隻、已收成之乳膠
收成後經加工而成之產品：葡萄酒
故屬農業產品有三項，此題答案為(C)。

12 (B)。估計產品保證負債計算如下：
X1年度銷售1,500

數量	損壞機率	維修成本	維修機率	產品保證負債
1,500	(2%＋3%)	$5,000	30%	$112,500
1,500	(2%＋3%)	$3,500	50%	$131,500
1,500	(2%＋3%)	$1,000	20%	15,000
			合計	$258,750

X2年度銷售2,200

數量	損壞機率	維修成本	維修機率	產品保證負債
2,200	(2%＋3%)	$5,000	30%	$165,000
2,200	(2%＋3%)	$3,500	50%	192,500
2,200	(2%＋3%)	$1,000	20%	22,000
			合計	$379,500

X2年底產品保證負債餘額＝$258,750＋$379,500－$99,730－$120,420
＝$418,100
故此題答案為(B)。

13 (C)。 產品保固成本係屬負債準備，須估列入帳，須估列之負債準備：
$5,000 \times 10\% \times \$2,000 = 1,000,000$
故此題答案為(C)。

14 (D)。 複合工具係包含有負債組成分及權益組成分之混合工具，例如可轉換公司債。則不可以指定整體複合工具為透過損益按公允價值衡量，而應將兩者分拆，因為權益組成部分不能按公允價值再衡量。
本題①與②僅有負債組成部分，④係可轉換價值5,000,000之普通股，其普通股價值已確定，⑤附認股證之公司債，其認股證可單獨行使。上述皆未符合IFRS定義之複合工具。故此題答案為(D)。

15 (C)。 $\$1,000,000 \times P\overline{2}|4\% + \$20,000 \times P_{\overline{2}|4\%} = 992,279$
故此題答案為(C)。

16 (B)。 普通股每股帳面價值＝$\dfrac{\text{股東權益總額-特別股權益}}{\text{期末流通在外股數}}$

特別股權益＝清算價值＋積欠股利

$18 = \dfrac{\$8,560,000 - (\text{特別股贖回價格} \times 100,000) + 100,000}{400,000 - 5,000}$

積欠股利＝$(8\% - 6\%) \times 1,000,000 + 8\% \times 1,000,000 = 100,000$
∴可得出特別股贖回價格＝13.5元

17 (C)。 出售設備收現數＝$8,000 - $1,000 - $3,000 = $4,000
購買設備付現數＝$25,000
現金流出合計＝＋$4,000 - $25,000 = $(21,000)
故此題答案為(C)。

18 (B)。該資產交換分錄如下：

運輸設備(新)	400,000	
累計折舊(舊)	200,000	
運輸設備(舊)		500,000
現金		60,000
處份資產利益		40,000

故上述交易對營業活動之現金流量之淨利調整數需扣除處分資產利益40,000，故此題答案為(B)。

19 (B)。應收帳款週轉率＝$\dfrac{1,050,000-20,000-40,000}{(106,000+114,000)\div2}$＝9次

應收帳款週轉天數＝$\dfrac{365}{9}$＝40.56天

存貨週轉率＝$\dfrac{(1,050,000-20,000-40,000)\times(1-40\%)}{(77,750+70,750)\div2}$＝8次

存貨週轉天數＝$\dfrac{365}{8}$＝45.63天

X1年甲公司營業週期＝40.56＋45.63＝86.19天
故此題答案為(B)。

20 (C)。資產報酬率＝$\dfrac{(1,050,000-20,000-40,000)\times20\%}{(期初資產總額+2,016,000)\div2}$＝10%

故可推算出期初資產總額＝1,944,000
故此題答案為(C)。

NOTE

國家圖書館出版品預行編目(CIP)資料

(國民營事業)會計學(包含國際會計準則 IFRS)/陳智音,
歐欣亞編著. -- 第10版. -- 新北市：千華數位文化股份
有限公司, 2024.02

　面；　公分

　ISBN 978-626-380-271-1(平裝)

1.CST: 會計學

495.1　　　　　　　　　　　　113000630

[國民營事業]　　**會計學(包含國際會計準則IFRS)**

編　著　者：陳智音、歐欣亞

發　行　人：廖雪鳳
登　記　證：行政院新聞局局版台業字第 3388 號
出　版　者：千華數位文化股份有限公司
　　　　　　地址：新北市中和區中山路三段 136 巷 10 弄 17 號
　　　　　　電話：(02)2228-9070　　傳真：(02)2228-9076
　　　　　　網路客服信箱：chienhua@chienhua.com.tw

法律顧問：永然聯合法律事務所
編輯經理：甯開遠
主　　編：甯開遠
執行編輯：黃郁純
校　　對：千華資深編輯群
設計主任：陳春花
編排設計：林婕瀅

千華官網
／購書

千華蝦皮

出版日期：2024 年 3 月 1 日　　第十版／第一刷

本書如有勘誤或其他補充資料，
將刊於千華官網，歡迎前往下載。